CW01641949

Notre Univers mathématique

En quête de la nature ultime du Réel

Traduit de l'anglais (États-Unis)
par Benoît Clenet

EKHO

L'édition originale de cet ouvrage a été publiée
en anglais en 2014 par Alfred A. Knopf,
une division de Random House *LLC* sous le titre :
Our Mathematical Universe:
My Quest for the Utimate Nature of Reality.

Our Mathematical Universe: My Quest for the Utimate Nature of Reality, first edition was originally published in English in 2014 by Alfred A. Knopf, a division of Random House LLC.

Couverture : Delphine Dupuy

11 rue Paul Bert 92240 Malakoff
www.dunod.com
ISBN 978-2-10-077981-9

Avant-propos

Je suis profondément reconnaissant envers tous ceux qui m'ont encouragé et aidé à écrire ce livre, à savoir :

- Ma famille, mes amis, mes professeurs, mes collègues et collaborateurs pour leur soutien et l'inspiration qu'ils m'ont transmise depuis des années ;
- Maman pour avoir su partager sa passion et sa curiosité pour les grandes questions sur la vie ;
- Papa pour m'avoir fait part de sa fascination et de sa clairvoyance sur les mathématiques et leur signification ;
- Mes fils, Philip et Alexander, pour m'avoir posé toutes ces grandes questions sur le monde et pour avoir, sans le vouloir, enrichi ce livre en anecdotes ;
- Tous les férus de science de par le monde qui m'ont sollicité au cours des ans avec des questions, des commentaires et des encouragements à poursuivre et publier mes idées ;
- Mes agents, John et Max Brockman, pour m'avoir convaincu d'écrire ce livre et avoir pu concrétiser ce projet ;
- Tous ceux ayant corrigé des parties du manuscrit, à savoir maman, mon frère Per, Josh Dillon, Marty Asher, David Deutsch, Louis Helm, Andrei Linde, Jonathan Lindström, Roy Link, David Raub, Shevaun

Mizrahi, Mary New, Sandra Simpson, Carl Shulman et Jaan Tallinn ;

- Les superhéros pour leurs commentaires sur des épreuves du livre, notamment Meia, papa, Paul Almond, Julian Barbour, Phillip Helbig, Adrian Liu, Howard Messing, Dan Roberts, Edward Witten et mon éditeur, Dan Frank ;
- Mais par-dessus tout, ma femme chérie Meia, ma muse et partenaire de ce voyage, en qui j'ai puisé plus d'encouragement, de soutien et d'inspiration que j'en ai jamais rêvé.

1
Qu'est-ce que la réalité ?

[...] les arbres sont essentiellement constitués d'air. Lorsqu'ils s'embrasent, ils retournent dans l'air, et dans la chaleur brûlante dégagée on retrouve celle du Soleil qui a été nécessaire pour transformer l'air en arbre. De même, la cendre représente l'infime résidu de ce qui ne provient pas de l'air, mais plutôt de la terre solide.

Richard Feynman

Il y a plus de choses sur la terre et dans le ciel, Horatio, qu'il n'en est rêvé dans votre philosophie.

William Shakespeare, *Hamlet*, acte 1, scène 5

L'illusion de la réalité

Une seconde plus tard, j'étais mort. Je cessai de pédaler puis écrasai les freins, mais il était trop tard. Phares. Barrière. Quarante tonnes d'acier rugissaient furieusement, à l'instar d'un dragon des temps modernes. J'entrevis furtivement la panique dans le regard du chauffeur du camion. J'avais l'impression que le temps ralentissait. Des images de ma vie défilaient devant moi, et ma toute dernière pensée, vivant, fut « j'espère que c'est simplement un cauchemar ».

Malheureusement, je pressentais au plus profond de mes entrailles que c'était la réalité.

Mais comment aurais-je pu savoir avec certitude que je ne rêvais pas ? Et si j'avais perçu, juste avant le choc, quelque chose qui ne pouvait se produire qu'au royaume des songes, par exemple Ingrid, mon institutrice décédée, en chair et en os, assise sur mon porte-bagages de vélo ? Ou si, cinq secondes plus tôt, un message d'avertissement avait surgi dans le coin supérieur gauche de mon champ de vision, avec les mots suivants « Êtes-vous sûr de vouloir sortir précipitamment de ce tunnel sans regarder à votre droite ? » inscrits au-dessus des deux boutons « Continuer » et « Annuler » ? Si j'avais visionné des films tels que *Matrix*, j'aurais pu commencer à me demander si toute ma vie n'était, finalement, qu'une simulation informatique, remettant en question certaines de mes hypothèses les plus fondamentales sur la nature de la réalité. Or rien de tel ne se produisit, et je mourus avec la conviction que mon malheur était bel et bien réel. Après tout, qu'est-ce qui peut être plus solide et tangible qu'un poids lourd de quarante tonnes ?

Cependant, toutes les choses ne sont pas telles qu'elles apparaissent au premier abord, et il en va de même pour les camions et la réalité. Ce type de suggestion ne provient pas uniquement des philosophes et des auteurs d'ouvrages de science-fiction, mais également des physiciens expérimentateurs. En vérité, ceux-ci savent depuis un siècle que l'acier solide est majoritairement constitué d'espace vide, car les noyaux atomiques qui représentent 99,95 % de la masse sont de minuscules billes qui occupent 0,0000000000001 % seulement du volume, et que ce quasi-vide ne paraît solide que parce que les forces électriques qui assurent la cohésion de ces noyaux sont très puissantes. De surcroît, les mesures précises des particules subatomiques ont révélé qu'elles semblent capables de se trouver à différents endroits au même moment, une énigme célèbre résidant au cœur de la physique quantique (nous l'explorerons au chapitre 7). Or je suis composé de ces particules, donc si elles possèdent ce don d'ubiquité, ne le puis-je pas également ? En réalité, trois secondes environ avant l'accident, mon subconscient avait décidé, parce qu'il n'y a jamais de circulation à ce carrefour, qu'il suffisait de jeter un œil à gauche, où je tournais toujours pour regagner *Blackebergs Gymnasium*, mon lycée suédois, au lieu de regarder aussi à droite par précaution. Ma décision brutale et fatale en ce matin de 1985 tenait à très peu de chose. Elle reposait sur un seul atome de calcium et sur son entrée dans une jonction synaptique particulière de mon cortex préfrontal, engendrant la transmission d'un signal électrique par un neurone spécifique capable de déclencher une cascade d'activités chez les autres neurones de mon cerveau, encodant collectivement le message « Ne t'inquiète pas ». Donc, si cet atome de calcium se trouvait initialement en deux endroits légèrement différents au même moment, une demi-seconde plus tard, mes pupilles auraient pointé dans deux directions opposées en même temps, deux secondes plus tard mon vélo aurait été situé simultanément en deux endroits, et en peu de temps, j'aurais été à la fois mort et vivant. Les plus éminents chercheurs en physique quantique débattent avec véhémence de cette question : notre monde se sépare-t-il effectivement en univers parallèles dotés d'histoires différentes, ou l'équation de Schrödinger, la loi toute-puissante du mouvement quantique, doit-elle être amendée d'une façon ou d'une autre ? Donc suis-je réellement mort ? Je me suis tout juste sorti d'affaire dans cet univers présent, mais suis-je décédé dans un autre univers tout aussi réel où ce livre n'aurait jamais vu le jour ? Si je suis à la fois mort et vivant, pouvons-nous nous faire une autre idée de ce qu'est la réalité, de sorte qu'elle retrouve tout son sens ?

Si vous pensez que ce que je viens d'avancer est absurde et que les physiciens se sont embourbés dans des questions inextricables, alors la situation empire si nous considérons ma perception personnelle du récit. Si je suis présent en deux endroits distincts dans ces univers parallèles, alors l'un de mes avatars survivra. Si vous appliquez le même raisonnement à toutes les occasions futures où je pourrais mourir, il semble qu'il y aura toujours au moins un univers parallèle où je ne meurs jamais. Puisque ma conscience n'existe que là où je suis vivant, cela signifie-t-il que je sois subjectivement immortel ? S'il en est ainsi, vous sentirez-vous également subjectivement immortel, de même que le doyen de l'humanité ? Nous répondrons à ces interrogations dans le chapitre 8.

Serez-vous étonné d'apprendre que la physique a découvert que notre réalité est beaucoup plus étrange que nous venons de l'imaginer ? Bien entendu, cela n'est pas surprenant si nous considérons sérieusement l'évolution darwinienne ! L'évolution nous a légué de l'intuition uniquement pour les aspects de la physique ayant contribué à la survie de nos lointains ancêtres, tels que les orbites paraboliques des lancers de pierre (expliquant notamment notre inclination pour le rugby). Une Jane de la jungle méditant trop profondément sur l'ultime composition de la matière pourrait ne pas remarquer le tigre sournoisement dissimulé derrière elle, prêt à bondir, et se voir instantanément rayée de la carte du patrimoine génétique.

La théorie de Darwin propose donc la prédiction vérifiable stipulant qu'à chaque fois que nous tirons parti de la technologie pour entrevoir la réalité située au-delà de l'échelle humaine, notre intuition en gestation est battue en brèche. Nous avons maintes fois testé cette prédiction, et les résultats corroborent implacablement Darwin. Einstein avait compris qu'aux vitesses élevées, le temps ralentit, mais les esprits hermétiques du comité Nobel ont trouvé cette idée si saugrenue qu'ils refusèrent de lui accorder le prix Nobel pour sa théorie de la relativité. À basse température, l'hélium liquide peut s'écouler vers le haut. À température élevée, les particules en collision changent d'identité : à mon sens, la vision d'un électron heurtant un positron pour se transformer en boson Z semble aussi intuitive que celle où deux véhicules entrant en collision se transforment en un bateau de croisière. Aux échelles microscopiques, les particules surgissent frénétiquement en deux lieux en même temps, ce qui conduit aux problèmes quantiques mentionnés ci-dessus. Aux vastes échelles astronomiques – surprise ! – la bizarrerie frappe à nouveau : si vous appréhendez intuitivement toutes les facettes des trous noirs – je pense que vous êtes peu nombreux dans ce cas – alors vous devriez immédiatement poser ce livre puis publier vos découvertes avant que quelqu'un ne vous vole la vedette pour le prix Nobel sur la gravité quantique. Si nous considérons des échelles encore plus grandes, nous sommes confrontés à une réalité toujours plus étrange et considérablement plus sublime que tout ce que nous pouvons contempler à l'aide de nos meilleurs télescopes. Comme nous le verrons dans le chapitre 5, le paradigme décrivant les tout premiers instants de l'Univers, l'*inflation cosmologique*, suggère que l'espace n'est pas simplement réel, incommensurablement réel, mais en réalité infini : il contient un nombre infini de copies exactes de vous, et encore plus de copies approximatives évoluant dans toutes les variantes possibles de votre vie dans deux types différents d'univers parallèles. Si cette théorie s'avère vraie, cela signifie que même si mon raisonnement fondé sur la physique quantique (où un de mes avatars n'arrive jamais à l'école) est défectueux, il existera un nombre infini d'autres Max sur des systèmes planétaires très éloignés dans l'espace, vivant des vies identiques jusqu'à cet instant fatidique puis décidant de ne pas regarder à droite.

En d'autres termes, les découvertes en physique mettent au défi certaines de nos idées les plus élémentaires sur la réalité *aussi bien* lorsque nous zoomons sur le microcosme *que* lorsque nous effectuons un zoom arrière sur le macrocosme. Tel que nous l'examinerons dans le chapitre 11, de nombreuses idées sur la réalité se trouvent bousculées même à l'échelle intermédiaire humaine si nous explorons les rouages de nos cerveaux par le truchement des neurosciences.

Enfin, nous savons que les équations mathématiques ouvrent une fenêtre sur les mécanismes de la Nature, comme l'illustre la métaphore de la figure 1.1. Mais pourquoi notre monde physique revêt-il une régularité mathématique si absolue, au point que l'éminent astronome Galilée proclamât que « le livre de la Nature est écrit en langage mathématique » et que le prix Nobel Eugene Wigner soulignât la « déraisonnable efficacité des mathématiques en physique » ? Ce mystère mérite une explication. Comme le suggère son titre, l'objectif principal de cet ouvrage est de répondre à cette question. Dans les chapitres 10 à 12, nous explorerons les relations fascinantes entre le calcul, les mathématiques,

Figure 1.1 Lorsque nous contemplons la réalité au travers des équations de la physique, nous observons qu'elles décrivent des motifs réguliers. Or, à mon sens, les mathématiques sont plus qu'une fenêtre sur le monde extérieur : dans ce livre, je prétends que notre monde physique est non seulement *décrit* par les mathématiques, mais qu'il *est* mathématique – une structure mathématique devant être précisée.

la physique et l'intelligence humaine, et aborderons ma conviction peut-être insensée que notre monde physique n'est pas seulement *décrit* par les mathématiques, mais qu'il *est* mathématique, faisant de nous des éléments, rétrospectivement conscients, d'un objet mathématique géant. Nous verrons que cette idée introduit une collection inédite et ultime d'univers parallèles, si vaste et exotique que toutes les bizarreries susmentionnées deviennent insignifiantes, nous obligeant à renoncer à la plupart de nos concepts les plus profondément enracinés sur la réalité.

Quelle est l'ultime question ?

Depuis la nuit des temps où nos ancêtres foulaient du pied la terre ferme, nous nous sommes sans cesse interrogés sur ce qu'est finalement la réalité, mettant en exergue des questions existentielles profondes. *D'où proviennent toutes les choses ? Comment cela finira-t-il ? Quelle est la taille du cosmos ?* Ce questionnement est si fascinant que pratiquement toutes les cultures humaines de par le monde se sont évertuées à y répondre, transmettant leurs réponses d'une génération à la suivante sous la forme de mythes, de légendes et de doctrines religieuses élaborés sur la Création. Comme l'illustre la figure 1.2, ces interrogations sont si épineuses qu'aucun consensus global n'a pu émerger en guise de réponse. Au lieu d'une convergence de toutes les cultures vers une vision unifiée du monde pouvant potentiellement incarner l'ultime

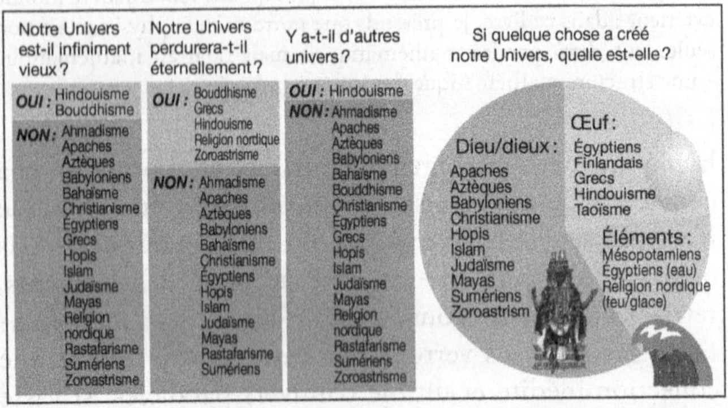

Figure 1.2 Plusieurs des questions cosmologiques qui nous tarauderont tout au long de ce livre ont fasciné les penseurs à travers les siècles, mais aucun consensus global n'a pu émerger. La classification reproduite ci-dessus se fonde sur une présentation donnée par un étudiant du MIT, David Hernandez, pour mon cours de cosmologie. De telles taxinomies sont beaucoup trop simplistes et doivent être prises avec des pincettes : de nombreuses religions exhibent plusieurs branches et interprétations, et certaines d'entre elles tombent dans plusieurs catégories. Par exemple, l'hindouisme fait appel aux trois sources de création mentionnées : selon l'une des légendes, le dieu créateur Brahma (représenté) et notre Univers ont tous deux émergé d'un œuf qui lui-même proviendrait de l'eau.

vérité, les réponses ont largement divergé, et certaines de ces différences semblent pour le moins refléter des modes de vie dissemblables. Par exemple, dans la cosmogonie de l'Antiquité égyptienne, où le Nil préservait la fertilité des terres, notre monde émergeait de l'eau. Dans ma Suède natale, où, au contraire, le feu et la glace ont permis d'assurer la survie de l'espèce humaine, la mythologie nordique soutient, sans surprise, que la vie tire son origine de la glace et du feu.

D'autres grandes questions soulevées dès l'Antiquité sont tout aussi radicales. *Qu'est-ce qui est réel ? La réalité se limite-t-elle simplement à notre perception visuelle des choses* ? Non ! répondit Platon il y a plus de deux mille ans. Dans sa célèbre allégorie, il nous compare à des prisonniers condamnés à rester enchaînés à vie dans une caverne, face à une paroi vierge, observant les ombres formées par les choses évoluant dans notre dos, et finissant finalement par croire, à tort, que ces ombres incarnent toute la réalité. Platon avança que ce que nous désignons comme étant notre réalité quotidienne est, de façon analogue, une représentation limitée et déformée de la véritable réalité, et que nous devons nous affranchir de nos chaînes mentales pour commencer à l'appréhender.

En fin de compte, si ma carrière de physicien m'a enseigné une chose, c'est bien que Platon avait raison : la physique moderne a établi de façon irréfutable que l'ultime nature de la réalité n'est pas celle que l'on croît. Mais si tel est le cas, quelle est-elle ? Quelle est la relation entre la réalité interne de notre esprit et la réalité externe ? De quoi les choses sont-elles finalement constituées ? Comment tout ceci fonctionne-t-il ? Pourquoi ? Y a-t-il une signification sous-jacente, et si oui quelle est-elle ? Comme l'exprima Douglas Adams dans sa saga humoristique de science-fiction *Le Guide du voyageur galactique* : « Quelle est la réponse à l'ultime question sur la Vie, l'Univers et tout le reste ? »

Les savants de toutes les époques ont proposé une palette éblouissante de réponses à la question « Qu'est-ce que la réalité ? » – tentant tantôt d'y répondre et tantôt de l'esquisser. En voici quelques exemples (cette liste ne prétend pas être exhaustive, et toutes les alternatives ne s'excluent pas mutuellement).

Dans ce livre (ainsi que dans toute ma carrière scientifique), j'ai personnellement tenté de répondre à cette question. La raison qui explique en partie la vaste panoplie de réponses proposées par les savants repose sur leurs différents choix d'interprétation de cette interrogation, donc je me dois de vous expliquer ma manière de l'interpréter et de l'aborder. Le terme *réalité* peut revêtir de nombreuses connotations différentes. Je l'emploie dans son acception de « nature ultime du monde physique extérieur qui nous entoure », et je suis fasciné par cette quête d'une meilleure compréhension. Donc, quelle est mon approche ?

Un soir, alors que j'étais au lycée, j'entamai la lecture du roman policier *Mort sur le Nil* d'Agatha Christie. Même si j'étais pleinement conscient du fait que mon réveil devait sonner à 7 heures du matin, je ne pus me résigner à refermer le livre tant que le mystère n'était pas résolu, c'est-à-dire jusqu'à 4 heures environ. J'étais inexorablement attiré par les récits de détectives depuis mon enfance, et lorsque j'eus environ douze ans, je montai un club de détectives avec mes camarades Andreas Bette, Matthias Bothner et Ola Hansson. Nous n'avons jamais capturé de criminel, mais cette idée de résoudre des mystères a captivé mon imagination. Pour moi, la question « Qu'est-ce que la réalité ? » représente l'ultime énigme policière, et je considère avoir eu une chance incroyable de pouvoir passer tant de temps à tenter de la résoudre. Dans les chapitres qui suivent, je vous relaterai d'autres occasions où ma curiosité m'a tenu éveillé jusqu'aux premières heures du matin, parfaitement incapable de cesser ma lecture tant que le mystère demeurait sans réponse. Sauf que je ne lisais pas un roman, mais que j'étais en train d'écrire, et je couchais sur le papier une ribambelle d'équations mathématiques dont je savais qu'elles devaient finalement me livrer une réponse.

Quelques réponses à « Qu'est-ce que la réalité ? »	
La question possède une réponse ayant un sens.	Des particules élémentaires en mouvement.
	La Terre, le vent, le feu, l'air et la quintessence.
	Des atomes en mouvement.
	Des cordes en mouvement.
	Des champs quantiques dans l'espace-temps courbe.
	La théorie M (ou toute autre lettre, comme bon vous semble…).
	Une création divine.
	Une construction sociale.
	Une construction neurophysiologique.
	Un rêve.
	L'information.
	Une simulation (à l'instar de *Matrix*).
	Une structure mathématique.
	Le multivers de niveau IV.

Quelques réponses à « Qu'est-ce que la réalité ? »	
La question recèle une réponse dépourvue de sens.	La réalité existe, mais nous, humains, ne pouvons pleinement l'appréhender : nous ne pouvons accéder à ce qu'Emmanuel Kant appelait « la chose en soi ».
	La réalité est fondamentalement insaisissable.
	Non seulement nous ne pouvons l'appréhender, mais nous ne pourrions pas la décrire si nous la connaissions.
	La science n'est rien d'autre qu'une histoire (réponse post-moderne de Jacques Derrida).
	La réalité réside entièrement dans notre cerveau (réponse constructiviste).
	La réalité n'existe pas (solipsisme).

Je suis physicien, et j'emprunte une approche de physicien au sujet des mystères de la réalité. À mon sens, nous devons tout d'abord nous poser les questions fondamentales telles que « Quelle est la taille de notre Univers ? » et « De quoi les choses sont-elles constituées ? » et devons les traiter exactement comme des énigmes policières : combiner des observations judicieuses et des raisonnements astucieux, et poursuivre sans relâche chaque indice où qu'il mène.

Le voyage commence

Une approche physique ? N'est-ce pas la meilleure façon de rendre ennuyeux un sujet initialement excitant ? Lorsqu'une personne assise à côté de moi dans un avion me demande ce que je fais, j'ai deux alternatives. Si je me sens disposé à discuter, je réponds « astronome » ce qui ne manque pas de susciter une conversation intéressante[1].

1. Cette conversation commence parfois ainsi : « Ah ! L'astrologie ! Je suis

Sinon, je réponds « physicien » si bien que les gens disent typiquement quelque chose comme « Oh ! J'étais nulle dans cette matière au lycée », ce qui me laisse tranquille pour le reste du vol.

En réalité, la physique était également la matière que *je* détestais le plus au lycée. Je me souviens toujours de mon tout premier cours de physique. Sur un ton monotone et soporifique, notre professeur annonçait que nous allions étudier la densité : c'est la masse divisée par le volume. Donc si la masse était ceci et le volume cela, nous devions calculer que la densité valait ceci par cela. À partir de ce moment, tous mes souvenirs restent confus. Hormis qu'à chaque fois que son expérience échouait, il maudissait l'humidité et marmonnait « cela marchait ce matin ! », tandis que certains de mes camarades ne comprenaient pas pourquoi leur expérience ne fonctionnait pas jusqu'à ce qu'ils découvrent que j'avais disposé par machiavélisme un aimant sous leur oscilloscope…

Lorsqu'est venu le temps de m'orienter après le lycée, je me suis détourné de la physique et des autres disciplines techniques pour me consacrer aux problèmes environnementaux, puis j'ai achevé mes études à l'École de commerce de Stockholm. J'aspirais à apporter ma modeste contribution afin de mieux préserver notre planète, et étais persuadé que le principal problème n'était pas le manque de solutions techniques, mais plutôt l'usage inapproprié de la technologie disponible. J'avais réalisé que la meilleure façon de bousculer le comportement des gens consistait à mettre à contribution leur porte-monnaie, et j'étais séduit

---

Vierge ». Lorsque je donne à la place la réponse plus précise « cosmologiste », j'obtiens des répliques telles que « Oui, la cosmétologie ! » – ce qui ne manque pas de déclencher des questions sur les crayons de maquillage et les mascaras.

par l'idée de créer des initiatives économiques afin de faire converger l'égoïsme individuel et l'intérêt de la communauté. Hélas ! Je déchantais rapidement, m'apercevant finalement que l'économie est en grande partie une forme de prostitution intellectuelle où vous êtes récompensé pour dire ce que le pouvoir en place souhaite entendre. Quel que soit le dessein d'un homme politique, il ou elle trouvera toujours un économiste qui lui conseillera d'agir de la sorte. Franklin Roosevelt souhaitait accroître la dépense pour relancer l'économie, il se fit donc conseiller par John Maynard Keynes, tandis que Ronald Reagan cherchait à réduire la dépense publique et écouta Milton Friedman.

C'est à cette époque que mon camarade de classe Johan Oldhoff me procura le livre qui a bouleversé ma vie : *Vous voulez rire, monsieur Feynman !* Je n'ai jamais rencontré Richard Feynman, mais c'est grâce à lui que j'ai bifurqué vers la physique. Même si ce livre ne traite pas vraiment de physique, s'étendant plutôt sur la manière de forcer un coffre-fort ou de draguer une femme, je pouvais lire entre les lignes et m'apercevoir que ce type était tout simplement passionné par la physique. Ce qui m'intrigua réellement. Si vous croisez un individu d'aspect médiocre marchant main dans la main avec une splendide créature, vous vous demanderez probablement si quelque chose vous échappe : peut-être que la femme trouve dans cet homme une qualité cachée. D'un seul coup, je ressentis la même chose pour la physique : qu'avait perçu Feynman que je n'avais pas saisi au lycée ?

Je me mis en tête de résoudre ce mystère, et m'installai donc avec le volume 1 du *Cours de physique de Feynman* que j'avais déniché dans la bibliothèque de mon père, puis commençai ma lecture : « Si, lors d'un cataclysme, toute notre connaissance scientifique devait être anéantie et qu'une seule phrase puisse être transmise aux générations futures, quelle affirmation contiendrait le maximum d'information dans le minimum de mots ? »

Ouah ! Ce type ne ressemblait *absolument pas* à mon professeur de physique du lycée ! Feynman poursuit : « Je pense que c'est l'hypothèse atomique [...] que toutes les choses sont faites d'atomes – des petites particules qui se déplacent en mouvement perpétuel, s'attirant mutuellement à petite distance les unes les autres et se repoussant lorsqu'on veut les faire fusionner ».

Un éclair me traversa brièvement l'esprit. Je poursuivis longtemps ma lecture, tenu en haleine. J'avais l'impression de participer à une célébration religieuse. Puis finalement je compris ! Je levais le voile sur le secret qui révélait ce qui m'avait échappé depuis si longtemps, et que Feynman avait réalisé : la physique est l'ultime aventure intellectuelle, la quête de la compréhension des mystères les plus profonds de notre Univers. La physique ne se saisit pas d'une chose fascinante pour la rendre ennuyeuse. Au lieu de cela, elle affûte notre perception, rehaussant la beauté et l'émerveillement du monde qui nous entoure. Lorsque je me rends au travail en vélo en automne, je contemple la beauté dans les arbres teintés de rouge, d'orange et d'or. Mais l'observation de ces arbres sous l'œil de la physique révèle une beauté encore plus puissante, dégagée par la citation de Feynman au début de ce chapitre. Et plus j'observe profondément, plus j'entrevois de l'élégance : nous verrons au chapitre 3 comment les arbres proviennent en fin de compte des étoiles, et au chapitre 8 comment l'étude de leurs éléments fondamentaux suggère leur existence dans des univers parallèles.

À cette époque, ma petite amie étudiait la physique à l'Institut royal de technologie, et ses manuels semblaient beaucoup plus intéressants que les miens. Notre relation ne perdura pas, mais mon amour pour la physique, si. Puisque les études sont gratuites en Suède, je m'inscrivis dans son université sans même informer les responsables de l'École de commerce de Stockholm de ma double vie secrète. Je venais de coiffer officiellement ma casquette de détective, et cet ouvrage est le rapport de mes investigations réalisées depuis un quart de siècle.

Ainsi, qu'est-ce que la réalité ? Mon objectif, avec ce chapitre au titre si audacieux, ne consiste pas à vous livrer prétentieusement une réponse ultime (même si nous allons explorer des possibilités fascinantes dans la dernière partie), mais plutôt à vous inviter à prendre part à mon voyage d'exploration, et à partager avec vous mon exaltation et mes réflexions sur ces mystères se prolongeant jusque dans notre âme. Comme moi, je pense que vous conclurez que quelle que soit la réalité, elle est complètement différente de ce que nous imaginions, et que c'est une énigme palpitante qui réside au cœur même de nos vies quotidiennes. J'espère que vous découvrirez, comme moi, que cela redonne aux soucis de la vie courante, tels que le stationnement et les problèmes sentimentaux, une perspective rafraîchissante, de sorte qu'il soit plus facile de vivre avec et de prendre réellement plaisir à la vie et ses mystères les plus profonds.

Lorsque j'ai discuté pour la première fois de mes idées au sujet de cet ouvrage avec John Brockman, désormais mon agent littéraire, il me donna des instructions claires : « Je ne veux pas que ce soit un manuel, je veux que ce soit votre livre ». Ainsi, c'est une autobiographie scientifique dégénérée : même s'il relève plus de la physique que de ma vie, ce n'est assurément pas un ouvrage de vulgarisation scientifique tentant de survoler de manière objective la physique afin de rendre compte du consensus en vigueur, et accordant une place égale à toutes les alternatives proposées. Au lieu de cela, il reflète ma quête personnelle sur la nature ultime de la réalité, et j'ose espérer que vous vous délecterez à la contempler avec mes yeux. Ensemble, nous allons explorer les indices que je trouve les plus fascinants, et tenter de comprendre ce que tout ceci signifie.

Nous allons commencer notre voyage en examinant comment le contexte de la question « Qu'est-ce que la réalité ? » a été entièrement remodelé par les découvertes scientifiques récentes, où la physique a éclairé sous un jour nouveau notre réalité externe, des échelles les plus vastes (chapitres 2 à 6) à celles les plus petites (chapitres 7 à 8). Dans la première partie du livre, nous considérerons la question « Quelle est la taille de l'Univers ? » et poursuivrons son ultime conclusion en voyageant à des échelles cosmiques sans cesse croissantes, explorant tant nos origines cosmiques que deux types d'univers parallèles, et découvrant que l'espace est dans un certain sens mathématique. Dans la deuxième partie, nous pourchasserons sans relâche la question « De quoi toutes les choses sont-elles constituées ? » en s'immisçant dans le microcosme subatomique, examinant une troisième espèce d'univers parallèle et découvrant que les constituants fondamentaux de la matière sont également, d'un certain point de vue, mathématiques. Dans la troisième partie, nous considérerons rétrospectivement le chemin parcouru et sa signification concernant la nature ultime de la réalité. Nous commencerons par remarquer que notre difficulté à appréhender la conscience n'entrave en rien la compréhension complète de la réalité physique externe. Nous aborderons alors mon idée la plus radicale et contestable : l'ultime réalité est purement mathématique, dévalorisant des concepts familiers tels que le hasard et la complexité, les reléguant même au rang d'illusions, et impliquant qu'il existe un quatrième et dernier niveau d'univers parallèles. Nous achèverons notre voyage au chapitre 13, en nous demandant quelles sont les implications sur la quête de la vie dans l'Univers, pour nous, êtres humains, et pour vous, personnellement. Découvrez notre itinéraire de voyage dans la figure 1.3 ainsi que mes conseils de lecture. Un voyage fascinant nous attend : allons-y !

Lecteur assidu d'ouvrages de vulgarisation

Comment lire ce livre :	Lecteur curieux	Lecteur assidu	Physicien	*Titre du chapitre*	*Focus*	*Statut*
	1	1	1	Qu'est-ce que la réalité ?	Introduction	
Zoom arrière (Quelle est la réalité aux échelles les plus vastes ?)	2	sauter	sauter	Notre place dans l'espace	Quelle est la taille de l'espace	***Consensuel***
	3			Notre place dans le temps	Histoire de notre Univers	
	4			Notre Univers en nombres	Cosmologie de précision	
	5	5		Nos origines cosmiques	Inflation cosmologique	
	6	6	6	Bienvenue au multivers	Univers parallèles de niveaux I et II	***Controversé***
Zoom avant (Quelle est la réalité aux échelles les plus minuscules ?)	7	sauter	sauter	Legos cosmiques	Mécanique quantique	***Consensuel***
	8	8	8	Le multivers de niveau III	Univers parallèle quantique	***Controversé***
Rétrospective (La réalité est-elle mathématique ?)	9	9	9	Réalité interne et externe	Le rôle de la conscience	
	10	10	10	Réalité physique et mathématique	Idée « la réalité est mathématique »	***Extrêmement controversé***
	11	11	11	Le temps est-il une illusion ?	Lui donner un sens	
	12	12	12	Le multivers de niveau IV	L'ultime multivers	
	13	13	13	La vie, notre Univers et tout le reste	L'avenir de l'Univers et de l'humanité	***Controversé***

Figure 1.3 Comment lire ce livre. Si vous avez déjà consulté de nombreux ouvrages récents de vulgarisation scientifique et que vous pensez comprendre des notions telles que l'espace courbe, le Big Bang, le fond diffus cosmologique, l'énergie sombre, la mécanique quantique, etc., alors vous pouvez sauter les chapitres 2, 3, 4 et 7 après avoir passé en revue les encarts « En bref » situés à la fin. Si vous êtes physicien professionnel, vous pouvez également sauter le chapitre 5. Mais de nombreux concepts qui semblent familiers sont incroyablement subtils, et si vous ne pouvez répondre aux questions 1 à 16 du chapitre 2, j'espère que vous tirerez un enseignement des sections citées ci-dessus et comprendrez comment les derniers chapitres s'articulent logiquement à partir de celles-ci.

En bref

- Je pense que l'enseignement le plus important de la physique concernant l'ultime nature de la réalité est que, quelle qu'elle soit, elle est radicalement différente de celle dictée par notre intuition.
- Dans la première partie de ce livre, nous allons faire un zoom arrière et explorer la réalité physique aux échelles les plus vastes, des planètes aux étoiles, galaxies et superamas, ainsi que l'Univers et deux niveaux possibles d'univers parallèles.
- Dans la deuxième partie, nous allons zoomer en avant et explorer la réalité physique aux échelles les plus petites, des atomes à leurs constituants les plus fondamentaux, faisant connaissance avec un troisième niveau d'univers parallèles.
- Dans la troisième partie, nous allons examiner le chemin parcouru et la nature ultime de cette étrange réalité physique, investiguant la possibilité qu'elle soit finalement purement mathématique, ou plus précisément, une structure mathématique résidant dans un quatrième et dernier niveau d'univers parallèles.
- La *réalité* possède des connotations très différentes selon les personnes. J'emploie ce terme dans son acception de nature ultime du monde physique extérieur qui nous entoure, et depuis mon enfance, j'ai puisé mon inspiration et ma fascination dans cette quête d'une meilleure compréhension.
- Ce livre relate mon voyage personnel dans l'exploration de la nature de la réalité : rejoignez-moi !

I
ZOOM ARRIÈRE

2
Notre place dans l'espace

L'espace… est immense. Vraiment immense. Vous ne pourrez tout simplement jamais imaginer à quel point il est aussi incroyablement et prodigieusement immense.

Douglas Adams, *Le Guide du voyageur galactique*

Questions cosmiques

Il leva la main et je lui fis signe qu'il pouvait poser sa question. « Est-ce que l'espace se prolonge à l'infini ? » demanda-t-il.

J'étais bouche bée. Je venais de terminer une petite présentation d'astronomie au *Kids' Corner*, le centre de loisirs de mes enfants à Winchester, et ce groupe particulièrement malin de gamins était assis sur le sol, m'observant avec de grands yeux inquisiteurs, avides de réponses. Or ce garçon de cinq ans venait de me poser une question à laquelle je ne pouvais répondre ! En réalité, une question à laquelle personne sur notre planète ne peut répondre. En fait, ce n'est pas une question métaphysique stérile, mais une interrogation scientifique sérieuse pour laquelle des théories que je vais bientôt vous présenter font des prédictions précises, et dont l'une d'elles fait l'objet actuellement d'expériences riches d'enseignement. Je pense que c'est une question réellement profonde concernant la nature fondamentale de notre réalité physique – comme nous le verrons au chapitre 5, elle nous entraînera vers deux types distincts d'univers parallèles.

Je devenais au fil du temps de plus en plus misanthrope à force de suivre les actualités mondiales, mais en quelques secondes seulement, cet enfant venait inconsciemment de me redonner une confiance inébranlable dans le potentiel de l'humanité. Si un bambin de cinq ans pouvait demander des choses aussi profondes, alors imaginez ce que nous, adultes, serions capables d'accomplir ensemble dans des circonstances idoines ! Il me rappela également toute l'importance d'une bonne éducation. Nous naissons tous curieux, mais à un certain stade, l'école parvient généralement à inhiber cette faculté. Je suis persuadé que mon principal rôle en tant qu'enseignant ne consiste pas à transmettre un savoir, mais à rallumer la flamme éteinte de cet enthousiasme à poser des questions.

J'adore les questions, surtout celles qui sont grandioses. Je considère avoir beaucoup de chance de pouvoir consacrer autant de mon temps à méditer sur ces problèmes intéressants : je peux qualifier cette activité de professionnelle, et le fait de gagner ma vie grâce à elle dépasse tout simplement mon rêve le plus insensé. Voici la liste des seize questions que l'on m'a le plus souvent posées :

1) *Sous quelles formes l'espace pourrait-il ne pas être infini ?*
2) *Comment un espace infini pourrait-il être créé en un temps fini ?*
3) *Dans quoi notre Univers se dilate-t-il ?*
4) *En quel endroit de l'espace l'explosion du Big Bang s'est-elle produite ?*

5) *Le Big Bang a-t-il eu lieu en un point unique ?*
6) *Si notre Univers n'est âgé que de 14 milliards d'années, comment pouvons-nous observer des objets distants de 30 milliards d'années-lumière ?*
7) *La fuite des galaxies à des vitesses supérieures à celle de la lumière ne viole-t-elle pas la théorie de la relativité ?*
8) *Les galaxies s'éloignent-elles réellement de nous, ou l'espace est-il simplement en expansion ?*
9) *La Voie lactée est-elle en expansion ?*
10) *Avons-nous une preuve de l'existence de la singularité du Big Bang ?*
11) *La création de matière, par l'inflation, autour de nous à partir de presque rien ne viole-t-elle pas la conservation de l'énergie ?*
12) *Qu'est-ce qui a donné naissance à notre Big Bang ?*
13) *Que s'est-il passé avant le Big Bang ?*
14) *Quel est le destin ultime de notre Univers ?*
15) *Que sont la matière noire et l'énergie sombre ?*
16) *Sommes-nous insignifiants ?*

Focalisons-nous sur ces questions. Nous répondrons à onze d'entre elles dans les quatre prochains chapitres, et découvrirons des embûches subtiles et intéressantes pour les cinq autres. Mais tout d'abord, revenons à la question de cet enfant, qui formera le fil d'Ariane de toute la première partie de cet ouvrage : *l'espace se prolonge-t-il à l'infini ?*

Quelle est la taille de l'espace ?

Mon père m'avait autrefois énoncé le conseil suivant : « Si tu as un jour une question épineuse à laquelle tu ne peux trouver réponse, considère d'abord une question plus simple à laquelle tu peux répondre ». Dans cet esprit, commençons par nous demander quelle taille minimale l'espace doit-il avoir pour ne pas contredire nos observations. La figure 2.1 montre que la réponse à cette question s'est considérablement agrandie au cours des siècles : nous savons désormais que notre espace est au moins mille milliards de milliards (10^{21}) de fois plus grand que les plus grandes distances connues de nos ancêtres chasseurs-cueilleurs – lesquelles représentaient environ la distance parcourue à pied au cours d'une vie. De surcroît, la figure révèle que cette expansion de nos horizons ne s'est pas opérée une seule fois, mais à de multiples reprises. Chaque fois que nous, êtres humains, sommes parvenus à cartographier l'Univers et à décupler sans cesse sa taille,

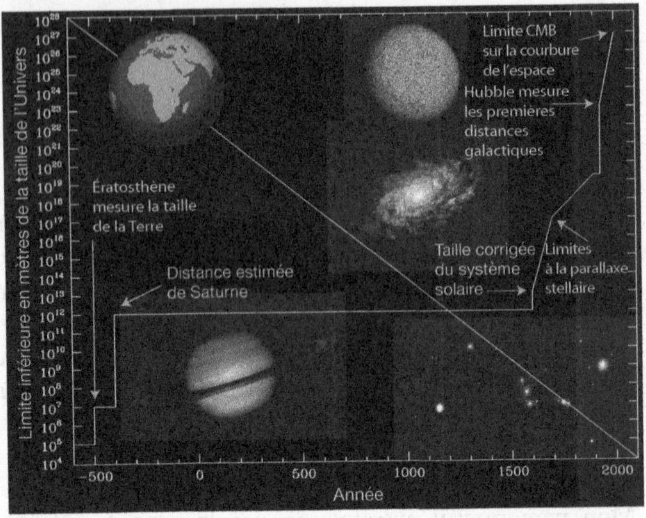

Figure 2.1 Notre limite inférieure concernant la taille de l'Univers s'est sans cesse accrue, comme nous le décrivons dans ce chapitre. Notez que l'échelle verticale est extrême : elle s'accroît d'un facteur 10 à chaque graduation.

nous avons découvert que tout ce que nous savions auparavant fait partie d'un ensemble beaucoup plus vaste. Comme l'illustre la figure 2.2, notre pays est situé sur une planète, qui fait partie d'un système solaire, qui appartient à une galaxie, qui participe à la figure cosmique dessinée par un amas de galaxies, lequel fait partie de notre univers observable, qui, comme nous le verrons, contribue à un ou plusieurs niveaux d'univers parallèles.

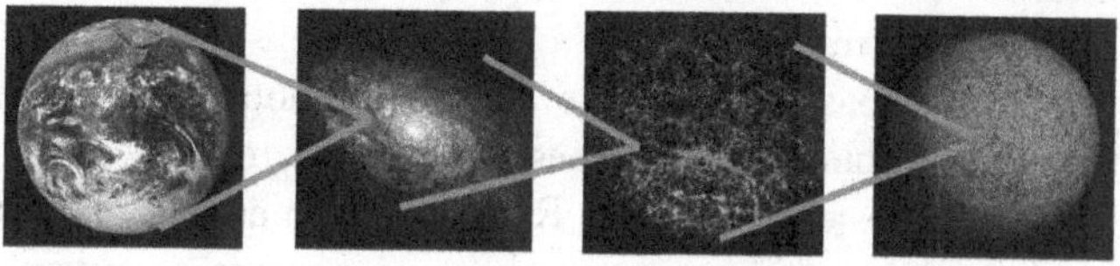

Figure 2.2 Chaque fois que nous sommes parvenus à prendre de la distance, nous avons découvert que tout ce que nous savions n'était qu'une partie d'un ensemble plus vaste : notre pays est situé sur une planète (à gauche), qui appartient à un système solaire, qui compose une galaxie (milieu gauche), qui dessine le motif cosmique d'un amas de galaxies (milieu droite), qui fait partie de notre Univers observable (à droite), qui pourrait contribuer à un ou plusieurs niveaux d'univers parallèles.

À l'instar d'une autruche ayant enfoui sa tête dans le sable, nous avons perpétuellement supposé que tout ce que nous pouvions observer représentait tout ce qui existait, et notre orgueil nombriliste nous poussait à nous imaginer au centre du monde. Dans notre quête de la compréhension du cosmos, le fil conducteur a donc été la sous-estimation. Néanmoins, les éléments illustrés dans la figure 2.1 soulèvent également une deuxième idée que je trouve pleine d'inspiration : *nous avons sans cesse sous-estimé non seulement la taille de notre cosmos, mais également la puissance de notre intelligence humaine pour l'appréhender*. Nos ancêtres vivant dans les cavernes avaient des cerveaux aussi volumineux que les nôtres, mais puisqu'ils ne passaient pas leurs soirées à regarder la télé, je suis certain qu'ils se posaient des questions du style « Qu'est-ce que tout ce fatras là-haut dans le ciel ? » et « D'où tout cela provient-il ? » Ils se transmettaient des histoires et des mythes fantastiques, mais réalisaient à peine qu'ils avaient la capacité d'appréhender par eux-mêmes les réponses à ces questions. De fait, le secret ne réside pas dans l'art d'apprendre à voler dans l'espace pour examiner les objets célestes, mais à laisser voltiger son imagination.

Il n'y a pas de meilleure chance d'échouer que de se convaincre que la réussite est impossible, et par conséquent de ne jamais tenter. Rétrospectivement, la plupart des grands bonds en avant en physique auraient pu survenir plus tôt parce que les prérequis nécessaires étaient déjà en place. L'équivalent en hockey sur glace serait de rater un but dégagé parce vous pensez à tort que votre crosse est brisée. Dans les chapitres qui suivent, je vous ferai part d'exemples remarquables où de tels échecs patents furent finalement surpassés par Isaac Newton, Alexander Friedmann, George Gamow et Hugh Everett. En ce sens, cette citation du prix Nobel de physique Steven Weinberg résonne en moi : « Il en est très souvent ainsi en physique : notre erreur n'est pas due au fait que nous prenons nos théories trop au sérieux, mais que nous ne les prenons pas assez au sérieux ».

Explorons d'abord comment nous pouvons évaluer la taille de la Terre et les distances de la Lune, du Soleil, des étoiles et des galaxies. Je trouve personnellement que c'est l'une des énigmes policières les plus passionnantes qui soient, et indubitablement à l'origine de la science moderne : je suis donc impatient de vous la faire partager en préambule à notre principale discussion – les dernières avancées en cosmologie. Comme vous le verrez, les quatre premiers exemples n'invoquent rien de plus sorcier que quelques mesures d'angles. Ils illustrent également l'importance de se laisser entraîner par les mystères d'observations apparemment banales, du fait qu'elles pourraient dévoiler des indices déterminants.

La taille de la Terre

Dès que le commerce maritime a commencé à prospérer, les gens ont remarqué que lorsque des navires s'éloignaient à l'horizon, leurs coques disparaissaient avant leurs voiles. Cela leur suggéra l'idée que la surface de l'océan est arrondie et que la Terre est sphérique, de même que semblaient l'être le Soleil et la Lune. Les Grecs de l'Antiquité découvrirent également des pièces à conviction en remarquant que la Terre forme une ombre ronde sur la Lune au cours d'une éclipse, comme vous pouvez l'observer sur la figure 2.3. Même s'il est facile d'estimer la taille de la Terre grâce à la navigation maritime[1], Ératosthène obtint une valeur beaucoup plus précise, il y a plus de 2 200 ans, grâce à un usage astucieux de mesures angulaires. Il savait que le Soleil était au zénith dans la ville égyptienne de Syène, à midi lors du solstice d'été, mais qu'il était à 7,2 degrés au sud de la verticale à Alexandrie au même moment, 794 kilomètres plus au nord. Il en conclut par conséquent que parcourir 794 kilomètres équivalait à se déplacer de 7,2 degrés sur les 360 degrés que compte la circonférence de la Terre, de sorte que cette circonférence doit être égale à environ 794 km × 360°/7,2° ≈ 39 700 km, valeur remarquablement proche de celle moderne de 40 000 km.

1. Le rayon de la Terre s'élève approximativement à $d^2/2h$, où d est la plus grande distance vous permettant d'observer un navire de hauteur h depuis le niveau de la mer.

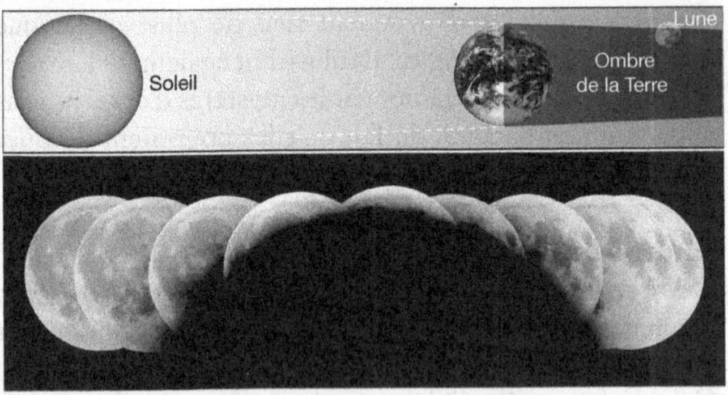

Figure 2.3 Au cours d'une éclipse, la Lune traverse l'ombre formée par la Terre (voir ci-dessus). Il y a plus de deux mille ans, Aristarque de Samos compara la taille de la Lune à celle de l'ombre de la Terre produite au cours d'une éclipse lunaire pour en déduire à juste raison que notre satellite est environ quatre fois plus petit que notre planète. (Montage photographique de Scott Ewart.)

Ironie de l'histoire, Christophe Colomb galvauda complètement ce résultat en se fondant sur des calculs ultérieurs beaucoup moins précis et en confondant les unités de distances arabe et italienne, concluant qu'il lui suffisait de naviguer sur 3 700 km pour atteindre l'Orient, lorsque la véritable valeur est de 19 600 km. Indubitablement, il n'aurait jamais pu financer son expédition si ses maths avaient été correctes, et il n'aurait jamais pu survivre si l'Amérique n'existait pas, de sorte qu'il est parfois plus important d'avoir de la chance que d'avoir raison.

Distance de la Lune

Depuis la nuit des temps, les éclipses ont inspiré la peur, les sacrifices et les mythes. En réalité, alors qu'il avait échoué en Jamaïque, Christophe Colomb parvint à intimider les indigènes en prédisant l'éclipse de lune du 29 février 1504.

Les éclipses de lune nous révèlent également un indice magnifique sur la taille du cosmos. Il y a plus de deux mille ans, Aristarque de Samos remarqua ce que vous pouvez observer vous-mêmes sur la figure 2.3 : lorsque la Terre se trouve entre le Soleil et la Lune et donne lieu à une éclipse de lune, l'ombre qu'elle forme sur notre satellite possède un bord arrondi – et l'ombre ronde de la Terre est plus grande que la Lune. Aristarque réalisa également que cette ombre est légèrement plus petite que la Terre elle-même, du fait que celle-ci est plus petite que le Soleil, et parvint à s'accommoder de manière correcte de cette complication pour conclure que la Lune est environ 3,7 fois plus petite que la Terre. Comme Ératosthène avait déjà calculé la taille de la Terre, Aristarque la divisa tout simplement par 3,7 et obtint celle de la Lune ! À mon sens, c'est à partir de ce moment que notre imagination humaine a délibérément quitté la terre ferme pour commencer à conquérir l'espace. De nombreuses personnes avant Aristarque avaient observé la Lune et s'interrogeaient sur sa taille, mais il fut le premier à la calculer, simplement grâce à la puissance du raisonnement et non celle d'une fusée.

Une découverte scientifique en entraîne souvent une autre, et dans cette situation, la taille de la Lune a immédiatement révélé sa distance. Écartez vos doigts au bout de votre bras tendu et recherchez quels objets de votre entourage vous pouvez occulter de votre vue avec votre auriculaire. Celui-ci recouvre un angle d'environ un degré, ce qui est à peu près le double de ce dont vous avez besoin pour recouvrir la Lune – ne manquez pas de vérifier cela la prochaine fois que vous observerez notre astre nocturne ! Pour qu'un objet puisse recouvrir un demi-degré, sa distance doit s'élever à environ 115 fois sa taille, donc si vous jetez un œil par-dessus le hublot de votre avion et parvenez à couvrir une piscine olympique de 50 mètres avec la moitié de votre petit doigt, vous saurez que votre altitude s'élève à 115 × 50 m ≈ 6 km. De la même manière, Aristarque calcula que la distance de la Lune équivaut à 115 fois sa taille, laquelle s'avère être égale à 30 fois environ le diamètre de la Terre.

Distance du Soleil et des planètes

Or, qu'en est-il du Soleil ? Tentez de l'occulter à l'aide de votre auriculaire et vous verrez qu'il recouvre à peu près le même angle que la Lune, soit un demi-degré. Il est incontestablement plus éloigné que notre satellite, car celui-ci le masque (tout juste) au cours d'une éclipse totale de soleil, mais dans quelle proportion ? Cela dépend de sa taille : par exemple, s'il était trois fois plus grand que la Lune, il devrait être trois fois plus éloigné pour recouvrir le même angle.

Aristarque de Samos était en avance sur son temps, et répondit également de façon astucieuse à cette question. Il comprit que le Soleil, la Lune et la Terre forment les trois sommets d'un triangle rectangle au cours du « premier quartier de Lune », lorsque nous observons exactement la moitié de la surface lunaire faisant face à la Terre, illuminée par la lumière du Soleil (voir la figure 2.4). Il estima que l'angle entre la Lune et le Soleil devait faire 87 degrés environ à ce moment-là. Il connaissait donc tant la forme du triangle que la longueur du côté Terre-Lune, et tira parti de la trigonométrie pour évaluer la longueur du côté Terre-Soleil, c'est-à-dire la distance entre la Terre et le Soleil. Il en conclut que le Soleil était environ 20 fois plus éloigné que la Lune et par conséquent 20 fois plus gros que celle-ci. En d'autres termes, le Soleil est énorme : son diamètre devait être plus de cinq fois plus grand que celui

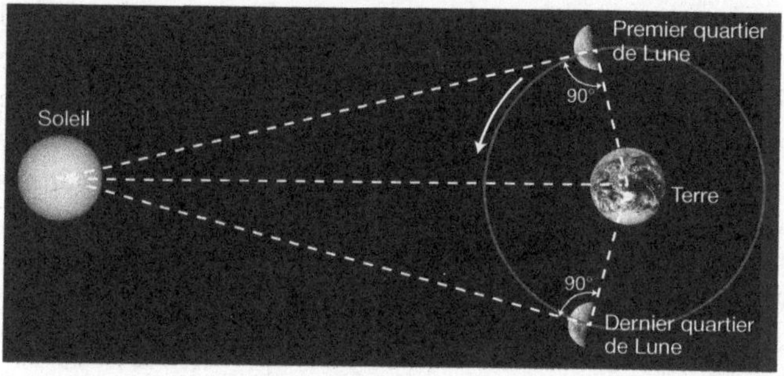

Figure 2.4 En mesurant l'angle entre le quartier de lune et le Soleil, Aristarque fut capable d'estimer notre distance à l'astre du jour. (Ce croquis n'est pas à l'échelle : le Soleil est plus de cent fois plus gros que la Terre et environ 400 fois plus éloigné que la Lune.)

de la Terre. Cette révélation poussa Aristarque à proposer l'hypothèse héliocentrique longtemps avant Nicolas Copernic : il pressentait qu'il était plus raisonnable que la Terre gravite autour d'un Soleil beaucoup plus gros que l'inverse.

Cette histoire suscite à la fois de l'inspiration et de la circonspection, nous enseignant qu'intelligence et quantification des incertitudes de nos mesures sont tout aussi importantes. Les Grecs de l'Antiquité étaient moins versés dans cette dernière aptitude, et Aristarque ne dérogeait malheureusement pas à la règle. Il s'avérait assez difficile de dire précisément à quel moment la Lune était illuminée à 50 %, et l'angle Lune-Soleil correct à cet instant ne s'élevait pas à 87 degrés mais à environ 89,85 degrés, soit extrêmement proche de l'angle droit. Cela conduit à un triangle (figure 2.4) extrêmement long et effilé : en réalité, le Soleil est quasiment 20 fois plus éloigné que ce qu'avait estimé Aristarque, et à peu près 109 fois plus grand que le diamètre de la Terre – vous pouvez donc entasser plus d'un million de Terres dans le volume du Soleil. Quoi qu'il en soit, cette erreur flagrante se perpétua durant presque deux mille ans, de sorte que lorsque Copernic calcula la taille et la forme de notre système solaire grâce à des considérations géométriques plus élaborées, il obtint les bonnes formes et tailles relatives pour toutes les orbites planétaires, mais l'échelle globale de son modèle de système solaire était environ 20 fois trop petite – cela revenait à confondre une véritable maison avec une maison de poupée.

Distance des étoiles

Et qu'en est-il des étoiles ? À quelle distance se trouvent-elles ? Que sont-elles ? Je pense personnellement que c'est l'une des plus grandes énigmes policières parmi les « affaires non classées ». La découverte des distances de la Lune et du Soleil est impressionnante, mais nous avions au moins quelques indices à exploiter : ils changent de position dans le ciel de manière remarquable, et possèdent des formes et des tailles angulaires que nous pouvons mesurer. Or une étoile semble totalement inaccessible ! Elle ressemble à une minuscule tache blanchâtre. Si vous l'observez plus attentivement vous ne verrez… qu'une minuscule tache blanchâtre n'exhibant ni forme ni taille discernable, à l'instar d'un point de lumière. De surcroît, les étoiles semblent immobiles sur la voûte céleste, exceptée la rotation générale apparente de l'ensemble des figures stellaires due, comme nous le savons, à une simple illusion engendrée par la rotation de la Terre.

Certains savants conjecturèrent que les étoiles étaient de petits trous dans une sphère opaque, laissant passer la lumière d'une source resplendissante située au-delà. L'astronome italien Giordano Bruno suggéra au contraire que c'était des objets tels que notre Soleil, tout simplement beaucoup plus éloignés, hébergeant peut-être leurs propres planètes et civilisations – cela ne convenait nullement aux opinions de l'Église catholique, ce qui le conduisit au bûcher en 1600.

En 1608, une lueur soudaine d'espoir jaillit : l'invention du télescope ! Galilée perfectionna rapidement le dispositif, observa les astres à travers ses télescopes qu'il améliorait sans cesse, et vit… à nouveau de minuscules taches blanchâtres. Retour à la case départ. Je me souviens de la douce époque où, enfant, je jouais « Brille, brille, petite étoile » sur piano de ma grand-mère. En 1806, où cette berceuse[2] fut diffusée pour la première fois, le refrain « Je me demande ce que tu es » vibrait *toujours* dans l'esprit des gens, et personne ne pouvait honnêtement proclamer connaître la véritable réponse.

Si les étoiles sont vraiment de lointains soleils comme le suggéra Bruno, alors elles doivent être considérablement plus éloignées que notre Soleil pour paraître si pâles. Mais de combien ? Cela dépend de leur luminosité intrinsèque, que nous aimerions également connaître. 32 ans après que la chanson fut diffusée, le mathématicien et astronome allemand Friedrich Bessel parvint finalement à réaliser une percée dans cette affaire policière. Tenez votre pouce à bout de bras puis fermez alternativement votre œil gauche et droit plusieurs fois. Voyez-vous que votre pouce semble bondir de gauche à droite, et *vice versa*, d'un certain angle par rapport aux objets en arrière-plan ? Rapprochez maintenant votre pouce de vos yeux et vous verrez que cet intervalle angulaire s'accroît. Les astronomes ont baptisé

---

2. Les paroles originales de cette berceuse anglaise sont
Twinkle, twinkle, little star
How I wonder what you are

cet angle de saut la *parallaxe*, et vous pouvez en faire un usage judicieux pour calculer la distance de votre pouce. En réalité, vous n'avez pas besoin de vous soucier de faire des maths car votre cerveau le fait pour vous de façon si inconsciente que vous ne vous en apercevez même pas – le fait que vos deux yeux mesurent les objets à des angles différents en fonction de leur distance est le fondement même de la manière dont le système de perception de profondeur de votre cerveau agit pour vous procurer une vision tridimensionnelle.

Si vos yeux étaient plus écartés, vous auriez une meilleure perception de la profondeur aux grandes distances. En astronomie, nous pouvons judicieusement tirer parti de la parallaxe et prétendre être des géants aux yeux distants de 300 milliards de mètres, ce qui représente le diamètre de l'orbite terrestre autour du Soleil. Cela est possible parce que nous pouvons comparer les photographies de télescopes prises à six mois d'intervalle, lorsque la Terre se trouve en deux points opposés de part et d'autre du Soleil. Ce faisant, Bessel remarqua que, alors que la majorité des étoiles apparaissaient à des positions exactement identiques sur ses deux photographies, une étoile particulière faisait exception : celle au nom sibyllin de 61 Cygni. Au lieu de cela, celle-ci s'était déplacée d'un petit angle, révélant que sa distance s'élevait à environ un million de fois celle du Soleil – une distance si colossale qu'il faut onze années à sa lumière pour nous parvenir, alors que celle du soleil ne met que huit minutes !

Assez rapidement, on mesura la parallaxe de nombreuses autres étoiles, si bien que ces mystérieuses taches blanchâtres se virent affublées d'une distance ! Si vous observez une automobile s'éloigner la nuit, la luminosité de ses feux arrière chute comme l'inverse du carré de sa distance (deux fois plus loin implique quatre fois plus pâle). Du coup, comme Bessel connaissait la distance de 61 Cygni, il utilisa la loi du carré inverse pour calculer sa luminosité. Sa réponse lui révélait une luminosité du même ordre de grandeur que celle du Soleil, suggérant que, tout compte fait, Giordano Bruno avait bel et bien raison !

À peu près au même moment, un deuxième progrès notable eut lieu mais empruntant une approche radicalement différente. En 1814, l'opticien allemand Joseph von Fraunhofer inventa un dispositif baptisé *spectrographe*, qui lui permettait de séparer la lumière blanche en un arc-en-ciel des couleurs qui la composent et de les mesurer avec une excellente précision. Il découvrit de mystérieuses raies sombres dans l'arc-en-ciel (voir la figure 2.5) et que la position détaillée de ces raies au sein du spectre coloré dépendait de la constitution de la source lumineuse, incarnant ainsi une espèce d'empreinte digitale spectrale. Dans les décennies qui suivirent, ces spectres furent mesurés et

Figure 2.5 L'arc-en-ciel encadrant mon fils Alexander ne mène pas à un chaudron rempli d'or, mais à une mine d'or d'informations sur le fonctionnement des atomes et des étoiles. Comme nous l'explorerons au chapitre 7, les intensités relatives des diverses couleurs s'expliquent par le fait que la lumière est constituée de corpuscules (les photons), et les positions et largeurs des nombreuses raies sombres peuvent être calculées grâce à l'équation de Schrödinger de la mécanique quantique.

catalogués pour de nombreuses substances communes. Vous pouvez utiliser cette information pour mettre en scène un tour de magie et impressionner vos amis en leur prédisant ce qui brille dans leur lanterne, sans même l'approcher, simplement en analysant la lumière émise. De façon sensationnelle, le spectre de la lumière du jour révèle que le Soleil, ce mystérieux globe flamboyant dans le ciel, contient des éléments bien connus sur la Terre, tels que l'hydrogène. Qui plus est, lorsque la lumière stellaire provenant d'un télescope est observée dans un spectroscope, elle révèle que les étoiles sont constituées approximativement de la même mixture de gaz que le Soleil ! Cela corrobore Bruno : les étoiles sont des soleils éloignés, similaires au nôtre tant dans l'énergie émise que dans le contenu. Ainsi, en quelques décennies seulement, les étoiles étaient passées du rang de taches blanchâtres insondables à celui de boules géantes de gaz brûlant dont nous pouvions analyser la composition chimique.

Le spectre est une mine d'or d'informations astronomiques et chaque fois que vous pensez en avoir tiré tout ce que vous pouviez, vous découvrez qu'il renferme d'autres indices encore. En premier lieu, le spectre permet de mesurer la température d'un objet sans même le mettre en contact avec un thermomètre. Vous savez que, sans la toucher, une pièce métallique est plus chaude lorsqu'elle émet une lueur blanche qu'une rouge, et de façon analogue une étoile blanchâtre est plus chaude qu'une étoile rougeâtre. Grâce au spectrographe, vous pouvez déterminer assez fidèlement la température. Or – surprise ! – cette information permet de déterminer la taille de l'astre, de même que la découverte d'un mot dans des mots croisés peut en dévoiler un autre. La subtilité, c'est que la température nous indique quelle quantité de lumière émerge de chaque mètre carré de la surface stellaire. Puisque nous pouvons évaluer la quantité totale de lumière rayonnée par l'astre (à partir de sa distance et de sa luminosité apparente), nous pouvons désormais savoir combien de mètres carrés la surface de l'étoile doit recouvrir, et par conséquent quelle est sa taille.

Comme si cela ne suffisait pas, le spectre d'une étoile recèle également des indices cachés sur son mouvement, lequel décale très légèrement la fréquence (la couleur) de la lumière par le truchement de ce que l'on appelle le décalage Doppler, un effet qui explique également que le *vroooooooom* d'une voiture filant à toute vitesse passe de l'aigu au grave : la fréquence augmente lorsque le véhicule se rapproche puis diminue lorsqu'il s'éloigne. Contrairement à notre Soleil, la plupart des étoiles entretiennent une relation binaire stable avec une étoile appariée, et les deux partenaires dansent l'une autour de l'autre sur une orbite régulière. Nous pouvons souvent déceler ce ballet grâce à l'effet Doppler, qui décale d'avant en arrière les raies spectrales des étoiles, à raison d'une fois par révolution. La grandeur du décalage révèle la vitesse du mouvement, et en examinant les deux astres, nous pouvons parfois mesurer leur éloignement mutuel. En manipulant cette information, nous pouvons tirer une autre conclusion primordiale : nous pouvons peser les étoiles sans même les poser sur un gigantesque pèse-personne, en mettant à profit les lois de Newton sur le mouvement et la gravitation pour calculer la masse qu'elles doivent avoir afin d'effectuer les orbites observées. Dans certaines situations, ces décalages Doppler ont également permis d'attester que des planètes gravitent autour de certaines étoiles. Si la planète passe devant l'étoile, la légère diminution de la luminosité stellaire est un indicateur de la taille de la planète, et la légère variation dans les raies spectrales peut révéler si la planète en question possède une atmosphère et quelle est sa composition. Le spectre est un trésor d'une richesse intarissable. Par exemple, la mesure de la largeur des raies spectrales d'une étoile de température donnée permet de déterminer sa pression gazeuse. De même, si nous mesurons la distance au sein de laquelle les raies spectrales se divisent en deux ou plusieurs raies se jouxtant, nous pouvons quantifier l'intensité du magnétisme présent à la surface de l'astre.

Pour conclure, la seule information dont nous disposons sur les étoiles est leur pâle lueur qui nous parvient, mais grâce à un astucieux travail de détective, nous sommes capables de décoder cet indice en renseignements sur leur distance, leur taille, leur masse, leur composition, leur température, leur pression, leur magnétisme et sur le fait qu'elles hébergent ou non un système planétaire. C'est une prouesse enivrante que notre intelligence humaine ait pu déduire tout cela de ces taches blanchâtres apparemment insondables, prouesse digne de Sherlock Holmes et Hercule Poirot !

Distance des galaxies

Lorsque ma grand-mère nous a quittés à 102 ans, j'ai passé un certain temps à méditer sur sa vie, et ce qui me frappa, c'est qu'elle ait grandi dans un univers différent. Lorsqu'elle est allée à l'école, notre Univers connu se limitait à notre système solaire et une nuée d'étoiles l'enveloppant. Elle a dû probablement imaginer avec ses amies que ces astres étaient extraordinairement lointains : leur lumière devait mettre plusieurs années à nous parvenir pour les plus proches, et des milliers d'années pour les plus éloignés encore visibles. Ce sont dorénavant des objets familiers de notre paysage cosmique.

S'il y avait eu des astronomes dans son école, ils auraient débattu sur ce que l'on nomme des nébuleuses, des objets ressemblant à des nuages diffus dans le ciel nocturne, certaines exhibant de magnifiques spirales comme celles de la célèbre toile de van Gogh *La Nuit étoilée*. Mais que sont-elles ? De nombreux astronomes les négligeaient, les considérant comme des nuages de gaz inintéressants situés entre les étoiles, mais d'autres soutenaient un point de vue plus radical : ce sont des « univers-îles », que nous appelons aujourd'hui *galaxies* : des regroupements énormes d'étoiles si éloignées que nous ne pouvons les observer individuellement à l'aide de nos télescopes, et apparaissant plutôt sous la forme d'une tache nébuleuse. Pour lever cette controverse, les astronomes devaient mesurer l'éloignement de certaines nébuleuses. Mais comment ?

La technique de la parallaxe, qui avait si bien fonctionné pour les étoiles proches, ne convenait plus aux nébuleuses : elles sont si éloignées que leurs angles de parallaxe sont trop infimes pour être décelés. Comment pouvons-nous alors mesurer de si grandes distances ? Si vous observez au télescope une ampoule électrique lointaine et remarquez qu'il est inscrit « 100 watts » sur celle-ci, vous êtes fixé : vous utilisez tout simplement la loi du carré inverse pour calculer la distance à laquelle elle se situe de la Terre pour paraître aussi brillante. Les astronomes ont baptisé ces objets utiles, de luminosité connue, des *chandelles standard*. Or, en tirant parti des méthodes de détective déjà décrites, les astronomes avaient malheureusement découvert que les étoiles n'ont rien de standard : certaines brillent un million de fois plus que le Soleil et d'autres sont un millier de fois plus pâles. Cependant, si vous pouviez observer une étoile et affirmer qu'il est inscrit « 4×10^{26} watts » sur celle-ci (ce qui serait l'inscription correcte pour notre Soleil), vous auriez votre chandelle standard et pourriez évaluer sa distance comme pour l'ampoule. Par chance, la nature nous a légué un type particulier d'étoiles, nommé étoiles variables céphéides. Leur luminosité varie dans le temps à mesure que leur taille oscille. L'astronome de Harvard Henrietta Swan Leavitt découvrit en 1912 que la fréquence de leurs pulsations agit comme un métronome : plus il s'écoule de jours entre deux pulsations successives, plus il y a de watts de lumière rayonnée.

Ces étoiles céphéides revêtent également l'avantage d'être suffisamment brillantes pour être vues sur de vastes distances (certaines peuvent briller 100 000 fois plus que notre Soleil), et l'astronome américain Edwin Hubble en découvrit plusieurs dans la nébuleuse d'Andromède – un nuage de la taille de la Lune que vous pouvez contempler à l'œil nu si vous êtes loin de toute lumière urbaine. Utilisant le télescope Hooker récemment mis en place en Californie (son miroir de 2,5 mètres était à l'époque le plus grand au monde), il mesura leur fréquence de pulsation, appliqua la formule de Leavitt pour calculer leur luminosité, et la compara à leur luminosité apparente pour en déduire leur éloignement. Lorsqu'il annonça ses résultats lors d'une conférence en 1925, ce fut la consternation : il proposait qu'Andromède soit une galaxie distante d'environ un million d'années-lumière, un millier de fois plus que la plupart des étoiles vues par ma grand-mère dans son ciel nocturne ! Nous savons désormais que la galaxie d'Andromède est encore plus lointaine que l'avait estimé Hubble, elle se trouve à trois millions d'années-lumière de nous, de sorte que Hubble avait par inadvertance perpétué la tradition de la sous-estimation fortuite remontant à Aristarque et Copernic.

Dans les années qui suivirent, Hubble et d'autres astronomes découvrirent des galaxies encore plus lointaines, extrapolant nos horizons à des milliards d'années-lumière de nous ; le chapitre 5 nous propulsera dans les milliers de milliards d'années-lumière, voire plus.

Qu'est-ce que l'espace ?

Ainsi, comme l'a demandé notre élève de maternelle : l'espace se prolonge-t-il à l'infini ? Nous pouvons aborder cette question de deux manières : phénoménologiquement et théoriquement. Jusqu'à présent dans ce chapitre, nous avons suivi la première, explorant comment des mesures judicieuses ont progressivement révélé des régions toujours plus distantes de l'espace, sans limite en perspective. Néanmoins, de nombreux progrès ont été effectués également sur le plan théorique. En premier lieu, sous quelles formes l'espace pourrait-il *ne pas* être infini ? Comme je l'ai exposé à ces enfants, il serait assez bizarre que l'on rencontre un panneau tel que celui indiqué dans la figure 2.6, nous mettant en garde sur le fait que nous sommes

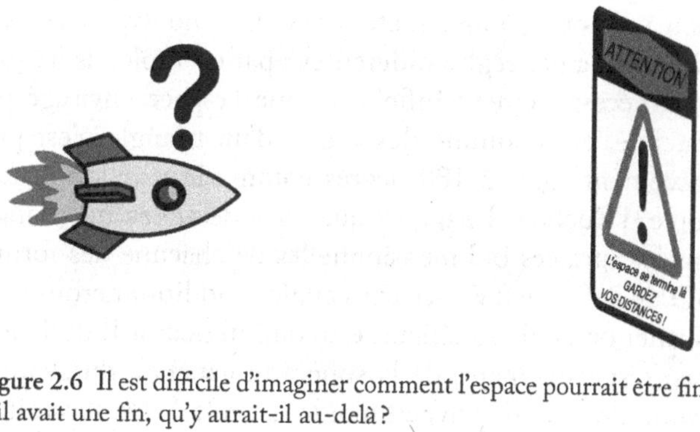

Figure 2.6 Il est difficile d'imaginer comment l'espace pourrait être fini. S'il avait une fin, qu'y aurait-il au-delà ?

parvenus au bout de l'espace. Je me souviens y avoir réfléchi lorsque j'étais enfant : qu'y aurait-il au-delà de ce panneau ? Pour moi, la crainte d'atteindre la limite de l'espace semblait aussi idiote que l'appréhension des anciens marins qui redoutaient de sombrer au bout de la Terre. J'en conclus par conséquent, de façon purement logique, que l'espace doit tout simplement se prolonger à jamais et être infini. En vérité, selon un raisonnement logique qui remonte à l'Antiquité grecque, Euclide avait réalisé que la géométrie est réellement mathématique, et que l'espace infini en 3D peut être décrit avec la même rigueur que les autres structures mathématiques, telles que les ensembles de nombres. Il développa sa magnifique théorie mathématique de l'espace tridimensionnel infini et ses propriétés géométriques, et tout le monde s'accorda à la considérer comme la seule représentation logiquement possible de notre espace physique.

Malgré tout, dans les années 1800, les mathématiciens Carl Friedrich Gauss, János Bolyai et Nikolaï Lobatchevski découvrirent qu'il existait d'autres possibilités logiques que l'espace tridimensionnel uniforme, et Bolyai, exalté, écrivit à son père : « J'ai créé à partir de rien un nouvel univers étrange ». Ces nouveaux espaces obéissent à des règles différentes : par exemple, ils ne sont plus nécessairement infinis comme l'espace envisagé par Euclide, et la somme des angles d'un triangle n'est plus forcément égale à 180 degrés comme le stipulait la formule d'Euclide. Imaginez que vous dessiniez un triangle sur les surfaces bidimensionnelles de chacune des formes 3D de la figure 2.7 : ses trois angles s'additionneront pour former un angle supérieur, égal ou inférieur à 180° dans le cas, respectivement, de la sphère (à gauche), du cylindre (au milieu) ou de l'hyperboloïde (à droite). De surcroît, la

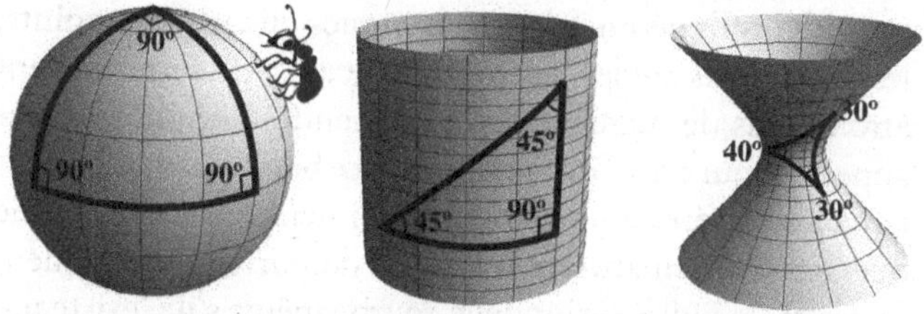

Figure 2.7 Si vous dessinez des triangles sur ces surfaces, la somme de leurs angles donne respectivement plus de 180° (à gauche), exactement 180° (au milieu) et moins de 180° (à droite). Einstein nous a appris que ces trois alternatives sont également possibles pour des triangles de notre espace physique tridimensionnel.

surface bidimensionnelle de la sphère est finie même si elle ne possède aucun bord.

Cet exemple montre qu'une surface peut violer les règles de la géométrie d'Euclide si elle n'est pas plate. Néanmoins, Gauss et d'autres géomètres soutenaient une perspective plus radicale : un espace peut être intrinsèquement courbe, même si ce n'est la surface de rien du tout ! Supposez que vous soyez une fourmi aveugle et désirez deviner sur laquelle des trois surfaces de la figure 2.7 vous marchez. Vous avez l'impression de vivre effectivement dans un espace bidimensionnel, parce que vous n'avez pas accès à la troisième dimension (s'éloigner de la surface), mais cela n'entrave en rien votre travail de détective : vous pouvez toujours définir une droite (comme étant la trajectoire la plus courte entre deux points), et il vous suffit donc d'additionner les trois angles d'un triangle. Par exemple, si vous obtenez 270°, vous proclamez « Ah, ah ! Cela fait plus de 180° donc je suis sur une sphère ! » Pour impressionner davantage vos amies fourmis, vous pouvez même calculer la distance que vous devrez parcourir en ligne droite avant de revenir au point de départ. Autrement dit, tous les outils géométriques classiques que sont les points, les droites, les angles, la courbure et ainsi de suite peuvent être définis de manière rigoureuse en faisant uniquement appel à ce qui existe dans votre espace bidimensionnel, sans jamais se référer à une troisième dimension. Cela signifie que les mathématiciens peuvent définir rigoureusement une surface bidimensionnelle courbe même s'il n'existe pas de troisième dimension : elle est autosuffisante, elle n'a pas besoin d'être la surface d'autre chose.

Pour la plupart des gens, cette découverte mathématique des espaces non euclidiens donnera un peu l'impression d'être une abstraction mathématique ésotérique, sans utilité pratique dans notre monde physique. Mais lorsqu'Einstein leva le voile sur sa théorie de la relativité générale, celle-ci disait en substance : « Nous sommes des fourmis ! » La théorie d'Einstein permet à notre espace tridimensionnel d'être courbe – même s'il est dépourvu de quatrième dimension cachée dans laquelle il se serait incurvé. Donc la question de savoir dans quel type d'espace nous vivons *ne peut pas* être résolue uniquement par la logique pure, comme l'auraient espéré certains admirateurs d'Euclide. Elle ne peut être levée que par l'élaboration de mesures – telle que la formation d'un gigantesque triangle dans l'espace (dont les côtés seraient des rayons lumineux, par exemple) et la vérification si la somme des angles est égale à 180°. Dans le chapitre 4, je vous indiquerai comment mes collègues et moi-même sommes amusés à faire précisément cela : la réponse s'avère être d'environ 180° pour des triangles de la taille de l'Univers, mais largement plus de 180° si une étoile à neutrons ou un trou noir occupe une portion significative du triangle, donc la forme de notre espace physique est plus compliquée que les trois options élémentaires indiquées dans la figure 2.7.

Si nous revenons à la question de notre élève de maternelle, nous voyons que la théorie d'Einstein permet à l'espace d'être fini, sous une forme qui n'est pas celle ridicule de la figure 2.6 : il peut être fini du fait de sa courbure. Par exemple, si notre espace tridimensionnel est courbé comme la surface d'une hypersphère à quatre dimensions, alors nous pouvons voyager en ligne droite suffisamment loin de façon à rejoindre finalement le point de départ dans la direction opposée. Nous ne sombrerions pas au bord de notre espace 3D parce qu'il n'en aurait pas, de même que notre fourmi de la figure 2.7 ne rencontre aucun bord lorsqu'elle déambule tout autour de la sphère.

En vérité, Einstein permet à notre espace tridimensionnel d'être fini même s'il n'est pas courbé ! Le cylindre de la figure 2.7 est plat, et non courbe, au sens mathématique du terme : si vous dessinez un triangle sur une feuille cylindrique, la somme de ses angles est égale à 180°. Pour s'en convaincre, découpez simplement le triangle à l'aide d'une paire de ciseaux, et remarquez que vous pouvez l'aplatir sur une table ; vous ne pouvez pas faire cela avec une feuille sphérique ou hyperboloïdale sans déchirer ou froisser le papier. Cependant, même si le cylindre de la figure 2.7 paraît donc plat pour une fourmi marchant sur une petite région de celui-ci, sa surface semble connectée sur elle-même : la fourmi peut revenir à son point de départ en marchant sur une ligne horizontale droite. Les mathématiciens désignent la connexité d'un espace par *topologie*. Ils ont défini un espace plat qui se connecte à lui-même dans *toutes* ses dimensions, et appellent un tel espace un *tore*. Un tore bidimensionnel possède la même topologie que la surface d'une bouée ou d'un beignet troué en son centre. La théorie d'Einstein permet l'éventualité que l'espace physique dans lequel nous vivons soit un tore tridimensionnel, qui serait dans ce cas à la fois plat et fini. Mais il pourrait également être infini.

En résumé, l'espace dans lequel nous vivons pourrait se prolonger à l'infini, ou non – les deux alternatives étant tout aussi raisonnables selon la meilleure des théories que nous ayons sur la nature de l'espace, la relativité générale d'Einstein. Alors, qu'en est-il ? Nous reviendrons sur cette question fascinante dans les chapitres 4 et 5, où nous donnerons des preuves que l'espace est véritablement infini. Mais notre réflexion au sujet de la question profonde posée par notre enfant en soulève une autre : qu'*est-ce* que l'espace, au fond ? Bien que spontanément l'espace soit pour nous quelque chose de *physique*, tissant la véritable étoffe de notre monde matériel, nous voyons désormais comment les mathématiciens parlent des espaces comme s'il s'agissait d'entités *mathématiques*. Pour eux, l'étude de l'espace revient simplement à étudier la géométrie, et la géométrie est une branche des mathématiques. Nous pourrions, en vérité, alléguer que l'espace est un objet mathématique au sens où seules ses propriétés intrinsèques sont des entités mathématiques – des propriétés telles que le nombre de dimensions, la courbure et la topologie. Nous détaillerons davantage cet argument dans le chapitre 10, en proposant que dans un sens bien défini, notre réalité physique tout entière soit un objet purement mathématique.

Nous avons consacré ce chapitre à explorer notre place dans l'espace, levant le voile sur un univers beaucoup plus vaste que l'imaginaient nos ancêtres. Pour comprendre réellement ce qu'il s'y trouve dans les contrées les plus lointaines, nous pouvons l'observer grâce aux télescopes. Néanmoins, il ne suffit pas d'explorer uniquement notre place dans l'espace : nous devons également examiner notre place dans le temps. C'est l'objet du prochain chapitre.

En bref

- Nous, êtres humains, avons réalisé à plusieurs reprises que notre réalité physique est considérablement plus vaste que nous l'imaginions, et que tout ce que nous appréhendions n'était qu'un élément d'une structure encore plus grande : une planète, un système solaire, une galaxie, un superamas de galaxies, etc.
- La théorie de la relativité générale d'Einstein autorise la possibilité que l'espace se prolonge à l'infini.
- Elle permet également l'option alternative où l'espace serait fini et sans bord, de sorte que si vous pouviez voyager suffisamment loin, vous rejoindriez votre point de départ dans la direction opposée.
- Le véritable tissu de notre monde physique, l'espace lui-même, pourrait être un objet purement mathématique au sens où seules ses propriétés intrinsèques sont des entités mathématiques – des valeurs caractérisant le nombre de dimensions, la courbure et la topologie.

3
Notre place dans le temps

La véritable connaissance consiste à mesurer l'étendue de son ignorance.

Confucius

La forme la plus élevée d'ignorance revient à rejeter quelque chose dont vous ne savez absolument rien.

Wayne Dyer

D'où provient notre système solaire ? Mon fils Philip a participé à une ardente discussion à ce sujet, lorsqu'il était à l'école primaire, qui a dû se dérouler à peu près avec ces mots :

« Je pense qu'il a été fabriqué par Dieu », affirma une fille de sa classe.

« Mais mon père m'a dit qu'il a été fait par un nuage moléculaire géant ! », rétorqua Philip.

« Oui mais d'où vient alors ce nuage moléculaire géant ? » demanda un autre garçon.

« Peut-être que Dieu a fabriqué le nuage moléculaire géant, puis celui-ci a fait notre système solaire », déclara la fille.

Je suis certain que depuis que l'Homme a foulé la surface de la Terre, il n'a cessé de s'émerveiller du ciel nocturne et de s'interroger sur l'origine des objets célestes. À mesure que le temps s'écoule, il y a des choses que nous comprenons et d'autres qui restent mystérieuses. Nous appréhendons assez bien notre situation actuelle et l'instant présent. Nous avons également une idée assez précise des événements proches dans l'espace et le temps, comme ce qui vient de nous arriver et ce que nous avons pris au petit-déjeuner. En nous éloignant dans l'espace et le temps, nous parvenons finalement à la frontière de notre connaissance, là où notre ignorance débute. Dans le précédent chapitre, nous avons vu comment le génie humain a su progressivement refouler cette limite dans l'*espace*, étendant notre domaine du savoir pour y incorporer successivement notre planète toute entière, notre système solaire, notre galaxie, et même des milliards d'années-lumière dans toutes les directions de l'espace. Aventurons-nous maintenant dans une deuxième expédition intellectuelle, et explorons comment l'humanité a progressivement repoussé cette frontière dans le *temps*.

Pourquoi la Lune ne tombe-t-elle pas ? La réponse à cette question a permis de réaliser notre première avancée.

D'où notre système solaire provient-il ?

Il y a quatre cents ans seulement, cette question semblait toujours inaccessible. Nous venons de voir comment un ingénieux travail de détective a levé le voile sur l'emplacement de ses constituants élémentaires, visibles à l'œil nu : le Soleil, la Lune, Mercure, Vénus, Mars, Saturne et Jupiter. Une enquête minutieuse menée, entre autres, par Nicolas Copernic, Tycho Brahe et Johannes Kepler a également révélé le mouvement de ces objets : il s'est avéré que notre système solaire ressemble beaucoup aux rouages d'une horloge, ses éléments se déplaçant invariablement sur des orbites précises, apparemment pour l'éternité. Aucun indice ne nous permettait de suggérer que cette horloge cosmique s'arrêterait un jour, ni même qu'elle ait commencé à un instant particulier du passé. Mais est-elle réellement éternelle ? Si ce n'est pas le cas, d'où provient-elle ? Rien ne nous permettait de le savoir.

À l'époque, pour les horloges construites par l'Homme puis disponibles à la vente, les lois qui gouvernent le mouvement de leurs roues dentées et autres ressorts étaient si bien comprises que nous pouvions faire des prédictions. Nous pouvions annoncer qu'une horloge maintiendrait la cadence de son tic-tac, mais également qu'à cause du frottement, elle cesserait finalement de fonctionner si elle n'était pas remontée. En l'examinant minutieusement, vous pouviez conclure qu'elle avait dû être remontée au cours du mois écoulé, par exemple. S'il existait des lois aussi précises pour décrire et rendre compte des mouvements célestes, pourraient-elles également invoquer quelques effets semblables perturbant notre système solaire, et nous laissant ainsi entrevoir des indices sur l'instant et le déroulement de sa formation ?

La réponse semblait être un *non* retentissant. De la Terre, nous avions développé une compréhension assez complète de la manière dont les choses se meuvent dans l'espace, des pierres projetées par les catapultes romaines aux boulets de fer tirés par les canons. Mais quelles que fussent les lois gouvernant les objets célestes, elles semblaient irrémédiablement différentes de celles dirigeant les choses ici-bas, sur Terre. Par exemple, que pouvons-nous dire sur la Lune ? Si c'est une sorte de rocher géant dans le ciel, pourquoi ne tombe-t-elle pas comme les autres pierres ordinaires ? La réponse classique stipulait que la Lune est un objet céleste, et les objets célestes obéissent tout simplement à des lois différentes comme, par exemple, être insensible à la gravité et ne pas chuter. Certains allèrent plus loin et proposèrent une explication : il en est ainsi parce que les objets célestes sont parfaits. Ils possèdent une forme sphérique parce que la sphère est une forme parfaite ; ils se meuvent sur des orbites circulaires parce que les cercles sont également parfaits ; et la chute était à milles lieues de toute idée de perfection. Sur la Terre, l'imperfection abonde : le frottement ralentit les choses, le feu les dévore et les gens meurent. Dans les cieux, au contraire, les mouvements semblent exempts de tout frottement, le Soleil ne brûle rien et il n'y a aucune fin en perspective.

Cette notoriété de perfection céleste n'empêcha cependant pas une investigation scrupuleuse. En analysant les mesures de Tycho Brahe, Johannes Kepler établit que le mouvement des planètes n'est pas circulaire mais elliptique, une variante plus allongée et indiscutablement moins parfaite des cercles. Grâce à ses télescopes, Galilée vit que la perfection du Soleil est maculée de taches sombres hideuses, et que la Lune n'est pas une sphère parfaite mais arbore un *relief*: des plaines accidentées, des montagnes et des cratères géants. Donc, pourquoi ne tombait-elle pas ?

Isaac Newton répondit finalement à cette question en explorant une idée aussi simple que révolutionnaire : les objets célestes obéissent aux *mêmes* lois que ceux situés sur la Terre. Assurément, la Lune ne chute pas vers le sol comme une pierre lâchée en hauteur, mais était-il possible de lancer une pierre ordinaire de sorte qu'elle ne tombe pas ? Newton savait que toutes choses sur la Terre chutent vers le sol plutôt que vers le Soleil beaucoup plus massif, et conclut que cela devait être dû au fait que le Soleil est nettement plus éloigné et que l'attraction gravitationnelle d'un objet diminue avec la distance. Était-il donc possible de projeter une pierre en l'air si rapidement qu'elle échappe à l'attraction gravitationnelle de la Terre avant que celle-ci n'ait le temps d'inverser son mouvement ? Newton ne l'a personnellement pas tenté, mais il a réalisé qu'un hypothétique canon superpuissant pouvait y parvenir, à condition qu'il transmette à la pierre une vitesse suffisante. Vous pouvez remarquer dans la figure 3.1 que le destin d'un boulet de canon tiré horizontalement dépend de sa vitesse initiale : il s'écrase au sol uniquement si elle est en deçà d'une valeur magique. Si vous projetez des boulets à des vitesses sans cesse croissantes, ils voyageront de plus en plus loin avant d'atterrir, jusqu'à atteindre la vitesse magique où ils maintiennent une altitude constante et ne

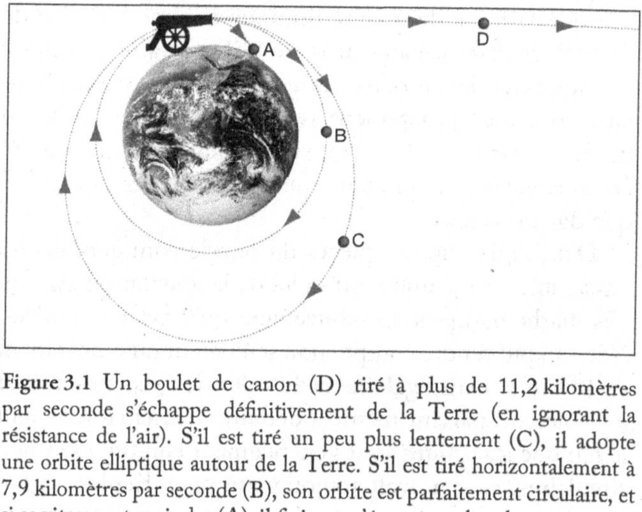

Figure 3.1 Un boulet de canon (D) tiré à plus de 11,2 kilomètres par seconde s'échappe définitivement de la Terre (en ignorant la résistance de l'air). S'il est tiré un peu plus lentement (C), il adopte une orbite elliptique autour de la Terre. S'il est tiré horizontalement à 7,9 kilomètres par seconde (B), son orbite est parfaitement circulaire, et si sa vitesse est moindre (A), il finit par s'écraser sur le sol.

s'écrasent jamais, dessinant simplement une orbite circulaire autour de la Terre – exactement comme la Lune ! Puisque Newton connaissait l'intensité de la gravité à proximité de la surface terrestre grâce à des expériences sur la chute des pierres, des pommes, etc., il parvint à calculer que cette vitesse magique s'élevait approximativement à 7,9 kilomètres par seconde. Supposant que la Lune vérifiait réellement les mêmes lois qu'un boulet de canon, il pouvait prédire de façon similaire quelle vitesse elle devait avoir pour suivre une orbite circulaire – il ne restait plus qu'à dénicher une loi exprimant la diminution de la gravité terrestre avec la distance, de façon à trouver celle s'exerçant sur la Lune. Or, puisque la Lune met un mois pour parcourir un cercle dont la circonférence avait été déterminée par Aristarque, Newton connaissait sa vitesse : à peu près 1 kilomètre par seconde. C'est là qu'il fit une découverte sensationnelle : s'il supposait que la force de gravité diminue comme l'inverse du carré de la distance au centre de la Terre, alors la vitesse magique qui devait octroyer à la Lune une orbite circulaire coïncidait exactement avec celle mesurée ! Il venait de découvrir la loi de la gravitation et remarqua qu'elle est universelle, s'appliquant aussi bien ici-bas, sur Terre, que dans les cieux.

D'un seul coup, les pièces du puzzle commençaient à s'assembler. En combinant sa loi de la gravitation avec les lois mathématiques du mouvement qu'il avait formulées, Newton put rendre compte non seulement du mouvement de la Lune, mais également de celui des planètes autour du Soleil : il parvint même à déduire mathématiquement le fait que les orbites sont généralement elliptiques et non circulaires, ce qui avait toujours été pour Kepler un fait mystérieux et inexpliqué.

Comme la plupart des progrès majeurs en physique, les lois de Newton répondaient à d'autres questions que celles à l'origine de la découverte. Par exemple, elles expliquaient les marées : l'attraction gravitationnelle de la Lune et du Soleil est plus forte sur les océans les plus proches d'eux, entraînant l'élévation du niveau de la mer à mesure que la Terre tourne. Les lois de Newton montraient également que la quantité totale d'énergie est conservée (en physique, nous employons le terme *conservé* pour dire « préservé » et « constant »), de sorte que si de l'énergie se manifeste quelque part, elle ne peut avoir été créée à partir de rien, mais doit provenir d'autre part. Les marées dissipent beaucoup d'énergie (dont une partie peut être récupérée par les usines marémotrices), mais d'où provient toute cette énergie ? En grande partie de la rotation terrestre, qui est ralentie par le frottement des marées : si vous pensez que les jours ne sont pas assez longs, attendez simplement 200 millions d'années et vous pourrez profiter de journées de 25 heures !

Tout ceci implique que le frottement affecte le mouvement même des planètes, ce qui enterre définitivement toute idée d'un système solaire éternel : la Terre a dû tourner plus vite sur elle-même dans le passé, et vous pouvez calculer que le système Terre-Lune, sous sa forme actuelle, ne peut être âgé de plus de 4 ou 5 milliards d'années car sinon la Terre aurait jadis tourné si rapidement sur elle-même que les forces centrifuges l'auraient disloquée. En fin de compte, nous avons en main notre premier indice sur l'origine de notre système solaire : l'estimation de l'heure du crime !

Les découvertes de Newton invitaient nos esprits humains à conquérir l'espace : il a montré que nous pouvions, dans un premier temps, découvrir les lois physiques en réalisant des expériences sur le plancher des vaches, puis les extrapoler afin d'expliquer ce qui se passe dans les cieux. Même si Newton n'appliqua cette idée qu'au mouvement et à la gravité, ce concept fit tache d'huile et fut progressivement associé à d'autres sujets tels que la lumière, les gaz, les liquides, les solides, l'électricité et le magnétisme. On le généralisa audacieusement non seulement au macrocosme de l'espace, mais également au microcosme, découvrant que de nombreuses propriétés des gaz entre autres pouvaient s'expliquer en appliquant les lois du mouvement de Newton aux atomes les composant. La révolution scientifique était en marche. Elle ouvrit la voie à la Révolution industrielle et à l'ère de l'information. Ce formidable bond en avant nous permit en retour de concevoir des ordinateurs puissants qui permettaient de progresser plus encore dans les sciences, résolvant nos équations de physique et calculant les réponses à de nombreuses questions intéressantes sur la nature, qui nous avaient toujours semblées laborieuses.

Nous pouvons tirer parti, de différentes manières, des lois de la physique. Nous aspirons souvent à utiliser notre connaissance du présent pour prédire le futur, à l'instar des prévisions météorologiques. Cependant, les équations peuvent également être résolues dans l'autre sens, en exploitant notre connaissance du présent pour découvrir le passé – par exemple en reconstituant tous les détails de l'éclipse dont fut témoin Christophe Colomb en Jamaïque. Une troisième alternative consiste à imaginer une situation hypothétique et à tirer parti de nos équations de physique pour calculer comment elle doit évoluer dans le temps – comme lorsque nous simulons le lancement d'une fusée sur Mars et observons si elle parvient à la destination souhaitée. Cette troisième approche a produit des indices inédits sur l'origine de notre système solaire.

Imaginez un vaste nuage de gaz dans l'espace lointain : comment se comportera-t-il dans le temps ? Les lois de la physique prédisent que deux forces s'affronteront pour fixer son destin : la gravité tentera de l'effondrer tandis que la pression cherchera à l'éclater. Si la gravité commence par prédominer, et comprime le nuage, celui-ci s'échauffera (c'est pour cette raison que ma pompe à vélo devient chaude quand je l'utilise), ce qui augmentera sa pression et freinera l'action de la gravité. Le nuage peut demeurer stable pendant longtemps tant que la gravité et la pression se contrebalancent mutuellement, mais cette trêve inconfortable sera finalement bouleversée. Puisqu'il est chaud, le nuage de gaz rayonne dans l'espace une partie de l'énergie thermique engendrée par la pression. Cela permet à la gravité de comprimer davantage le nuage. En incorporant les lois de la gravitation et de la physique des gaz dans nos ordinateurs, nous pouvons simuler en détail cette compétition imaginaire pour savoir ce qui va se produire. Finalement, la partie la plus comprimée du nuage devient si chaude et si dense qu'elle déclenche un réacteur à fusion nucléaire : les atomes d'hydrogène s'amalgament en hélium, pendant que l'intense gravité qui y règne empêche l'ensemble de se disloquer. Une étoile est née. Les parties externes de l'astre en gestation deviennent suffisamment chaudes pour briller de mille feux, et cet éclat stellaire commence à souffler le reste du nuage de gaz, dévoilant la nouvelle étoile à nos télescopes.

Rembobinons cette séquence puis rejouons-la. À mesure que le nuage gazeux se contracte, toute infime rotation de sa part s'amplifie, à l'instar de la patineuse artistique qui tourne plus rapidement lorsqu'elle rapproche ses bras de son corps. La force centrifuge, émanant de cette rotation qui accélère, empêche la gravité d'écraser le nuage de gaz en un unique point – mais l'aplatit plutôt en forme de pizza, de même que le pizzaïolo près de mon ancienne école primaire faisait tournoyer sa pâte du bout des doigts pour l'aplatir. Les principaux ingrédients de ces pizzas cosmiques sont l'hydrogène et l'hélium gazeux, mais si cette liste contient également des atomes plus lourds tels que le carbone, l'oxygène et le silicium, alors pendant que le centre de cette pizza gazeuse donne naissance à une étoile, les parties externes peuvent s'agréger en objets plus froids, des *planètes*, qui ne seront dévoilés que lorsque l'étoile en formation soufflera le reste de la pâte à pizza. Puisque tout ce tournoiement (ou *moment cinétique*, comme disent les physiciens) provient de la rotation initiale du nuage, il n'est pas surprenant que toutes les planètes de notre système solaire gravitent autour du Soleil en tournant dans le même sens (qui est horaire si vous regardez l'ensemble au-dessus du pôle Nord), ce qui est également le sens dans lequel le Soleil tourne sur lui-même en un mois environ.

Cette explication des origines de notre système solaire est désormais étayée non seulement par les calculs théoriques, mais également par les observations au télescope de nombreux autres systèmes planétaires « pris sur le fait », à divers stades du processus de gestation. Notre galaxie renferme un très grand nombre de nuages moléculaires géants, des nébuleuses gazeuses contenant des molécules qui favorisent la perte de chaleur par rayonnement, se refroidissant et se contractant, et nous pouvons contempler des étoiles en formation dans nombre d'entre eux. Dans certains cas, nous pouvons même voir des bébés étoiles avec leur disque gazeux protoplanétaire en forme de pizza quasiment intact autour d'elles. La récente découverte d'un vaste nombre de systèmes planétaires autour d'autres étoiles apporte aux astronomes une profusion d'indices nouveaux permettant d'affiner notre compréhension de la formation du système solaire.

Si ce processus de formation est *ce qui* a dû se produire pour façonner notre système solaire, *quand* a-t-il dû survenir exactement ? Il y a un siècle seulement, on pensait que le Soleil s'était formé 20 millions d'années plus tôt, parce que si nous antidations sa naissance, la perte d'énergie rayonnée sous forme lumineuse aurait permis à la gravité de le comprimer davantage, lui donnant une taille plus petite que celle observée. De manière similaire, on calculait qu'en allongeant de beaucoup cet âge, la majeure partie de la chaleur interne de la Terre (dégagée par les volcans et les cheminées géothermiques) aurait été dissipée.

Le mystère de la conservation de la chaleur du Soleil ne fut pas résolu avant les années 1930, lorsque la fusion nucléaire fut découverte. Or, avant cette date, la découverte en 1896 de la radioactivité avait anéanti les anciennes estimations de l'âge de la Terre et procurait une méthode performante pour en faire de meilleures. L'isotope le plus courant de l'atome d'uranium se désintègre spontanément en thorium et d'autres atomes plus légers à une allure telle que la moitié des atomes se brisent au bout de 4,47 milliards d'années. Une telle radioactivité génère suffisamment de chaleur pour maintenir la température du cœur de la Terre sur des milliards d'années, expliquant pourquoi celle-ci reste aussi chaude même si elle a plus de 20 millions d'années. De surcroît, en mesurant la fraction des atomes d'uranium qui se sont désintégrés dans un morceau de roche, vous pouvez déterminer l'âge du minerai, et c'est ainsi qu'on s'est aperçu que certaines roches de *Jack Hills* en Australie occidentale datent de 4,404 milliards d'années. L'âge record pour les météorites est de 4,56 milliards d'années, suggérant que notre planète et le reste du système solaire se soient formés il y a approximativement 4,5 milliards d'années – en bon accord avec les estimations plus grossières données par les marées.

En résumé, la découverte et l'exploitation des lois de la physique nous ont procuré une réponse tant qualitative que quantitative à l'une des questions les plus ancestrales et profondes : *Comment et quand notre système solaire a-t-il été créé ?*

D'où les galaxies proviennent-elles ?

Nous avons ainsi repoussé les frontières de notre connaissance jusqu'à 4,5 milliards d'années, lorsque notre système solaire s'est formé par l'effondrement gravitationnel d'un nuage moléculaire géant. Mais comme l'a demandé le camarade de Philip, *d'où ce nuage moléculaire géant provient-il* ?

La formation des galaxies

Armés de télescopes, de crayons et d'ordinateurs, les astronomes ont également découvert une explication plausible de ce mystère, même si d'importants détails demeurent toujours inexpliqués. En essence, la même compétition entre la gravité et la pression qui a donné naissance à notre système solaire en forme de pizza se renouvelle à des échelles beaucoup plus grandes, comprimant une région gazeuse considérablement plus vaste en une pizza de plusieurs millions à plusieurs milliers de milliards de fois la masse du Soleil. Cet effondrement s'avère assez instable, il ne forme donc pas un gigantesque système planétaire composé d'une unique méga-étoile entourée de méga-planètes. Au lieu de cela, le nuage se fragmente en d'innombrables nébuleuses plus petites qui forment des systèmes planétaires distincts : une galaxie est née. Notre système solaire est un élément de l'une de ces galaxies, la Voie lactée, qui en compte des centaines de milliards, et nous achevons une révolution autour d'elle tous les deux cents millions d'années, à mi-chemin à peu près du centre (voir la figure 2.2).

Les galaxies entrent parfois en collision entre elles, ce qui donne lieu aux cataclysmes cosmiques les plus titanesques qui soient. Mais cela n'est pas aussi catastrophique pour autant, car la majeure partie des étoiles réussissent à s'éviter et, au final, la gravité les fusionne en une nouvelle galaxie plus grosse. La Voie lactée et sa plus proche voisine, Andromède, sont des galaxies aplaties, généralement appelées galaxies spirales du fait de leurs magnifiques bras spiraux, que vous pouvez admirer dans la figure 2.2. Lorsque deux galaxies spirales entrent en collision, le résultat semble assez confus au premier abord, puis il se forme un globule arrondi d'étoiles que l'on appelle une galaxie elliptique. C'est le sort qui nous attend, car nous nous précipitons vers une collision avec Andromède devant avoir lieu dans quelques milliards d'années – nous ne savons pas si nos descendants baptiseront leur galaxie hôte « Lactomède », mais nous sommes quasiment persuadés qu'elle sera elliptique, car nos télescopes ont photographié de nombreuses autres collisions semblables à divers stades, et les résultats corroborent assez bien nos prédictions théoriques.

Si les galaxies actuelles sont nées de la fusion d'autres plus petites, quelle était la taille de ces galaxies primordiales ? Le sujet de mon tout premier projet de recherche qui m'absorba complètement consistait précisément à répondre à cette question et à repousser les frontières de notre connaissance plus loin dans le temps. Une partie cruciale de mes calculs devait évaluer dans quelle mesure les réactions chimiques du gaz produisaient des molécules qui devaient à leur tour réduire la pression gazeuse par le rayonnement dispersif d'énergie thermique. Or, à chaque fois que je pensais mes calculs achevés, je découvrais que les formules que j'utilisais pour les molécules étaient fondamentalement erronées, invalidant toutes mes conclusions et m'obligeant à tout recommencer. Quatre ans après que mon directeur de thèse, Joe Silk, m'assigna cette tâche, j'étais si frustré que j'envisageais d'imprimer un tee-shirt personnalisé avec ces mots « JE HAIS LES MOLÉCULES », surplombant mon principal ennemi, la molécule d'hydrogène, barré d'une grosse bande rouge, à l'instar du symbole d'interdiction de fumer. C'est là que ma chance intervint : après un déplacement à Munich pour un travail postdoctoral, je rencontrai un sympathique étudiant du nom de Tom Abel, qui venait de parachever un inventaire réellement encyclopédique de toutes les formules que je cherchais pour les molécules. Il se joignit à notre équipe et 24 heures plus tard nous étions fixés. Nous prédisions que les toutes premières galaxies étaient « seulement » un million de fois plus massives que notre Soleil. Nous avions de la chance car cette découverte concorde fondamentalement avec les simulations informatiques beaucoup plus sophistiquées que Tom réalise désormais à Stanford.

Notre Univers pourrait être *en expansion*

Nous avons vu que le grand spectacle de la Terre – où des générations successives d'organismes naissent, interagissent puis meurent – a débuté il y a environ 4,5 milliards d'années. De plus, nous avons découvert que tout ceci n'est qu'une partie d'une scène beaucoup plus vaste, où des générations successives de galaxies naissent, interagissent puis s'éteignent finalement dans une sorte d'écosystème cosmique. Y aurait-il un troisième acte à cette composition théâtrale, où les univers-mêmes sont enfantés puis meurent ? Plus précisément, y a-t-il un quelconque indice sur le fait que notre Univers lui-même ait eu une sorte de commencement ? Si oui, que s'est-il passé et quand ?

Pourquoi les galaxies ne chutent-elles pas ? La réponse à cette question a déclenché une autre avancée de notre connaissance dans l'exploration du temps. Nous avons vu que la Lune ne chute pas parce qu'elle gravite autour de nous à une vitesse suffisante. Notre Univers est parsemé de galaxies dans toutes ses directions, et il est manifestement évident que cette explication ne peut s'appliquer pour elles : elles ne tournent pas toutes autour de nous. Si notre Univers était éternel et principalement statique, de sorte que les galaxies lointaines ne se meuvent pas, pourquoi ne chuteraient-elles pas finalement vers nous comme le ferait la Lune si nous l'arrêtions dans sa course, l'immobilisions puis la relâchions ?

En revenant à l'époque de Newton, ses contemporains ne savaient évidemment rien des galaxies. Or s'ils avaient médité, comme Giordano Bruno, sur un univers infini, statique et uniformément constellé d'étoiles, alors ils auraient eu au moins une excuse boiteuse pour se rassurer sur le fait qu'il n'en vienne pas à s'écraser sur nous : les lois de Newton montrent que chaque étoile ressentirait une force puissante (en réalité infinie) qui la tire de toute part de façon égale, donc vous pourriez imaginer que ces forces opposées se contrebalancent mutuellement de sorte que toutes les étoiles resteraient immobiles.

Mais en 1915, cette excuse fut réfutée par la nouvelle théorie de la gravitation en vogue, la théorie de la relativité générale d'Albert Einstein. Celui-ci réalisa qu'un univers infini et statique, uniformément empli de matière, n'obéissait pas à ses nouvelles équations sur la gravité. Que fit-il alors ? Bien entendu, il avait assimilé l'enseignement fondamental de Newton l'exhortant à extrapoler courageusement, à imaginer quelle sorte d'univers *vérifie* ses équations, puis à se demander s'il existait des observations qui pouvaient confirmer qu'un tel univers existe ou pas. Par ironie de l'histoire, même Einstein, l'un des scientifiques les plus créatifs qui soient, dont la perpétuelle obsession consistait à remettre en question des hypothèses et des vérités indiscutables, achoppa sur la remise en cause de la plus importante de toutes les vérités : lui-même, et son préjugé que nous vivons dans un univers éternel et immuable. Au lieu de cela, dans ce qu'il décrira par la suite comme sa plus grosse bévue, il modifia ses équations pour ajouter un terme supplémentaire permettant à l'Univers de rester statique et éternel. Double ironie du sort, il semble dorénavant que ce terme supplémentaire existe réellement sous la forme d'une énergie sombre cosmique ! Comme nous le verrons plus tard, sa valeur diffère et fait que l'Univers n'est pas statique.

La personnalité qui eut finalement l'audace et la présence d'esprit d'écouter réellement les équations d'Einstein fut le physicien et mathématicien russe Alexander Friedmann. Il les résolut pour le cas le plus général d'univers uniformément empli de matière, et découvrit quelque chose de consternant : la plupart des solutions *ne sont pas* statiques, mais varient au cours du temps ! La solution stationnaire d'Einstein n'était pas simplement une exception à une situation particulière, mais était instable, de sorte qu'un univers quasiment statique ne pouvait le demeurer bien longtemps. De même que les travaux de Newton avaient montré que l'état naturel du système solaire est un état de mouvement (la Terre et la Lune ne peuvent être immobiles pour toujours), les travaux de Friedmann révélaient que l'état naturel de notre Univers tout entier est un état de mouvement.

Mais quelle sorte de mouvement, au juste ? Friedmann découvrit que la situation la plus naturelle consistait à se trouver dans un univers qui est soit en *expansion*, soit en *contraction*. S'il se dilate, cela signifie que tous les objets distants s'éloignent les uns des autres, à l'instar des pépites de chocolat dans un muffin qui gonfle (figure 3.2). Dans ce cas, toutes les choses ont dû être plus rapprochées par le passé. En réalité, dans les solutions les plus simples de Friedmann pour un univers en expansion, il existe un instant particulier où tout ce que nous pouvons observer

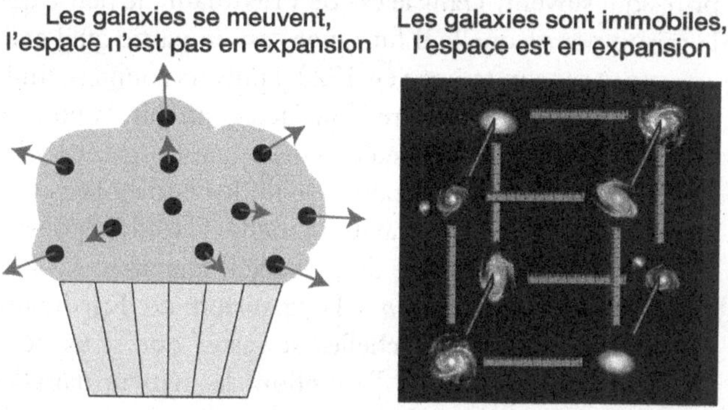

Figure 3.2 Les galaxies distantes s'éloignent les unes des autres comme les pépites de chocolat dans un muffin qui gonfle (à gauche) : du point de vue de l'une d'elles, toutes les autres fuient à une vitesse proportionnelle à leur distance. Mais si nous imaginons que l'espace se dilate comme la pâte du muffin, alors les galaxies sont immobiles par rapport lui, et ce sont uniquement ses distances qui sont uniformément étirées (à droite), comme si les graduations millimétriques de nos règles devenaient centimétriques.

aujourd'hui se situait en un point unique de densité infinie. Autrement dit, notre Univers eut un commencement, et cette naissance cosmique fut l'explosion cataclysmique d'une chose infiniment dense. Le Big Bang était né.

La réponse du Big Bang de Friedmann fut très largement ignorée. Même si son article était paru dans l'une des revues allemandes de physique les plus prestigieuses et fut débattu, entre autres, par Einstein, il fut passé sous silence et n'eut essentiellement aucun impact sur la vision prédominante du temps, quelle qu'elle fut. L'ignorance des grands traits de génie est une tradition vénérable en cosmologie (et, en vérité, en science plus généralement) : nous avons déjà discuté de l'héliocentrisme d'Aristarque et des systèmes solaires distants de Bruno, mais nous rencontrerons de nombreux autres exemples dans les chapitres qui suivent. Dans le cas de Friedmann, je pense que la raison pour laquelle il fut ignoré est en partie qu'il était en avance sur son temps : en 1922, l'univers connu se limitait essentiellement à notre Voie lactée (en fait, la portion qu'on peut en observer seulement), et notre galaxie *n'est pas* en expansion, ses centaines de milliards d'étoiles étant liées par son attraction gravitationnelle. C'est la réponse à la *question 9* de notre liste du précédent chapitre : *La Voie lactée est-elle en expansion ?* L'expansion de Friedmann ne s'applique qu'à des échelles si vastes que nous pouvons faire abstraction de l'accrétion de matière dans les galaxies et amas de galaxies. Nous pouvons voir dans la figure 2.2 que la distribution des galaxies semble assez régulière et uniforme aux échelles colossales de 100 millions d'années-lumière, impliquant que les solutions de Friedmann pour les univers homogènes s'appliquent et que toutes les galaxies séparées par des distances aussi grandes doivent s'éloigner les unes des autres. Or, comme nous l'avons vu, Hubble n'a établi l'*existence* des galaxies qu'en 1925, trois années plus tard ! Le temps a depuis joué en la faveur de Friedmann, mais il était malheureusement trop tard pour lui : il décéda de la fièvre typhoïde la même année, à seulement 37 ans.

À mon sens, Friedmann est l'un des plus grands héros méconnus de la cosmologie. En écrivant ces lignes, je ne peux résister à la tentation de relire son article original de 1922, et remarque qu'il s'achève en citant un exemple intrigant d'un vaste univers contenant cinq mille milliards de milliards de soleils de masse similaire au nôtre, pour lequel il calcula une durée de vie d'environ dix milliards d'années – du même ordre de grandeur que la valeur moderne admise pour l'âge de notre Univers. Il n'explique pas comment il obtient ce résultat, des années avant que les galaxies ne fussent découvertes, mais c'est indubitablement une conclusion admirable, pour un article remarquable rédigé par une personnalité exceptionnelle.

Notre Univers est en expansion

Cinq ans plus tard, l'histoire se répète : un étudiant du MIT, le prêtre et astrophysicien belge Georges Lemaître, publia de nouveau la solution du Big Bang de Friedmann, qu'il ne connaissait pas et avait redécouverte. Une fois de plus, elle fut largement ignorée par la communauté scientifique.

Or ce qui attira finalement l'attention des gens sur l'idée du Big Bang n'était pas de nouveaux travaux théoriques, mais de nouvelles mesures. Désormais, puisque Edwin Hubble avait établi l'existence des galaxies, l'étape suivante consistait évidemment pour lui à cartographier leur distribution dans l'espace et à évaluer leur mouvement. Comme je l'ai mentionné dans le chapitre précédent, il est souvent aisé de mesurer la vitesse à laquelle un objet s'éloigne ou se rapproche de nous, parce que son mouvement décale les raies de son spectre. La lumière rouge possède la plus basse fréquence de toutes les couleurs de l'arc-en-ciel, donc si une galaxie s'éloigne de nous, les couleurs de toutes ses raies spectrales seront *décalées vers le rouge*, et plus la vitesse est élevée, plus le décalage sera important. Par contre, si la galaxie se rapproche de nous, ses couleurs seront *décalées vers le bleu*, vers les fréquences plus élevées.

Si les galaxies déambulent au hasard autour de nous, nous devrions nous attendre à ce que la moitié d'entre elles soient décalées vers le rouge et le reste décalé vers le bleu. Étonnamment, presque toutes les galaxies que Hubble a étudiées sont décalées vers le rouge. Pourquoi s'éloignent-elles toutes de nous ? Ne nous aiment-elles pas ? Avons-nous dit quelque chose d'offensant ? Et ce n'est pas tout : Hubble a découvert que plus la distance d de la galaxie est importante, plus sa vitesse v de fuite est élevée, selon la formule :

$$v = Hd$$

que nous avons baptisée *loi de Hubble*. Ici, H représente la constante de Hubble, que celui-ci avait modestement notée K dans son éminent article de 1929 sur ce sujet, pour ne pas paraître trop prétentieux. De manière intéressante, Georges Lemaître avait montré dans son article ignoré de 1927 que la solution de l'univers en expansion *prédisait* la loi de Hubble : si toutes les choses étaient en expansion par rapport au reste, alors nous devions observer que les galaxies distantes s'éloignent de nous.

Si une galaxie nous fuit en ligne droite, cela suggère qu'elle devait être beaucoup plus proche dans le passé.

Mais il y a combien de temps ? Si vous voyez une voiture filer à vive allure suite au cambriolage d'une banque, vous pouvez estimer la durée écoulée depuis qu'elle a quitté la banque en divisant la distance par sa vitesse. Si vous faites de même pour la fuite des galaxies, la loi de Hubble donne une réponse identique pour toutes les galaxies $d/v = 1/H$! Cette valeur s'élève à $1/H \approx 14$ milliards d'années, d'après les mesures actuelles, donc la découverte de Hubble suggère qu'un phénomène assez fantastique se serait déroulé il y a environ 14 milliards d'années, sous-entendant que des quantités phénoménales de matière furent comprimées ici même à une densité colossale. Pour obtenir une réponse plus exacte, nous devons prendre en compte également les phases d'accélération et/ou de décélération de l'Univers depuis cet instant fatidique. Lorsque nous le faisons aujourd'hui, grâce aux équations de Friedmann et aux mesures récentes, nous découvrons que la correction requise est infime, de l'ordre du pourcent : après le Big Bang, notre Univers a passé la première moitié de son temps environ à décélérer, puis le reste du temps à accélérer, de sorte que les corrections s'annulent réciproquement.

Interpréter l'expansion de l'Univers

Dès que les mesures de Hubble furent annoncées, Einstein lui-même fut convaincu, et depuis notre Univers est officiellement en expansion. Mais qu'est-ce que cela *signifie* ? Nous sommes dorénavant prêts à aborder quatre questions supplémentaires de la liste du début du chapitre 2.

En premier lieu, *les galaxies s'éloignent-elles réellement de nous, ou l'espace est-il simplement en expansion ?* À ce propos, la théorie de la gravitation d'Einstein (la relativité générale) affirme que ce sont deux points de vue équivalents et tout aussi valides, comme l'illustre la figure 3.2, donc libre à vous d'imaginer la situation qui vous semble la plus intuitive[1]. Selon le premier point de vue (à gauche), l'espace ne change pas mais les galaxies se déplacent à l'intérieur, comme les pépites de chocolat dans un muffin qui gonfle parce que vous y avez incorporé de la levure. Les galaxies s'éloignent toutes les unes des autres, et plus une paire est distante plus elle s'écarte rapidement. En particulier, si vous vous trouvez sur une galaxie donnée, vous verrez que le mouvement de toutes les autres par rapport à vous vérifie la loi de Hubble : elles s'éloignent toutes de vous, la vitesse de fuite doublant comme la distance d'éloignement. De façon remarquable, les choses seront exactement identiques quelle que soit la galaxie sur laquelle vous vous trouvez, donc si la distribution des galaxies est infinie, l'expansion n'a pas de centre – elle semble identique partout.

Selon le second point de vue, l'espace est comme la pâte du muffin : il se dilate, donc, de même que les pépites de chocolat ne se déplacent pas par rapport à la pâte, les galaxies ne se meuvent pas dans l'espace. Nous pouvons plutôt imaginer les galaxies comme étant au repos dans l'espace (figure 3.2, à droite) tandis que toutes les distances entre elles doivent être redéfinies. Les graduations des règles imaginaires reliant les galaxies doivent être réétalonnées de façon à ce que leur espacement ne corresponde plus à un millimètre mais à un centimètre – les distances intergalactiques se trouvant dorénavant dix fois plus grandes.

Cela répond à une autre de nos questions : *la fuite des galaxies à des vitesses supérieures à celle de la lumière ne*

---

1. Mathématiquement, ces différents points de vue correspondent à des choix distincts de coordonnées d'espace, et la théorie d'Einstein vous permet de choisir n'importe quel système de coordonnées pour l'espace et le temps.

viole-t-elle pas la théorie de la relativité ? La loi de Hubble $v = Hd$ implique que des galaxies s'éloignent de nous à des vitesses supérieures à celle de la lumière, notée c, si leur distance est supérieure à $c/H \approx 14$ milliards d'années-lumière, et nous n'avons aucune raison de douter de leur existence, donc cela ne viole-t-il pas la revendication d'Einstein que rien ne peut aller plus vite que la lumière ? La réponse est oui et non : cela viole la théorie de la relativité restreinte d'Einstein de 1905 mais pas la théorie de la relativité générale de 1915, et cette dernière est l'ultime réponse d'Einstein sur cette question, donc nous sommes quittes. La relativité générale libère la vitesse limite : en dépit du fait que la relativité restreinte affirme que deux objets ne peuvent se déplacer plus vite que la lumière l'un par rapport à l'autre *quelles que soient les circonstances*, la relativité générale insiste expressément sur le fait qu'ils ne peuvent pas se déplacer plus vite que la lumière l'un par rapport à l'autre *lorsqu'ils se trouvent à proximité l'un de l'autre* – au contraire, les galaxies nous fuyant à une allure supraluminique sont toutes très éloignées de nous. Si nous imaginons que l'espace est en expansion, nous pouvons reformuler cette proposition en disant que rien ne peut se déplacer plus vite que la lumière *dans l'espace*, mais que l'espace lui-même est libre de se dilater aussi vite qu'il le souhaite.

Au sujet des galaxies lointaines, j'ai lu des articles de revues relatant l'existence de certaines situées à environ 30 milliards d'années-lumière de nous. *Si notre Univers n'est âgé que de 14 milliards d'années, comment pouvons-nous observer des objets distants de 30 milliards d'années-lumière ?* Comment leur lumière a-t-elle pu nous parvenir ? De surcroît, nous venons de voir qu'elles s'éloignent de nous à une vitesse supérieure à celle de la lumière, ce qui fait que l'éventualité de pouvoir les contempler semble bien surnaturelle. La réponse, ici, est que nous ne voyons pas ces galaxies lointaines là où elles se trouvent en ce moment, mais où elles étaient lorsqu'elles ont émis la lumière qui nous atteint aujourd'hui. De même que nous voyons toujours le Soleil tel qu'il était huit minutes plus tôt à la position qu'il occupait alors, nous devons observer une galaxie lointaine telle qu'elle était il y a 13 milliards d'années, à la position qu'elle occupait alors – laquelle était à peu près huit fois plus proche de la Terre qu'elle ne l'est maintenant ! Ainsi, la lumière de cette galaxie n'a nullement eu besoin de traverser plus de 13 milliards d'années-lumière de l'espace pour nous atteindre, parce que la dilatation spatiale explique la différence – c'est comme si vous marchiez sur un escalier roulant et vous déplaciez de vingt mètres tout en ne franchissant que dix marches d'un mètre.

Dans quoi notre Univers se dilate-t-il ?

N'y aurait-il pas un gigantesque trafic cosmique, quelque part très loin de nous, dans lequel les galaxies nous fuyant sombreraient ? Si notre Univers se dilate en accord avec les équations de Friedmann, il n'y a plus de problème : comme l'illustre la figure 3.2, l'expansion est la même partout dans l'espace, donc il ne peut y avoir de telles pierres d'achoppement préoccupantes. Si nous considérons le point de vue où les galaxies distantes sont réellement en train de s'éloigner dans un espace statique, alors la raison pour laquelle elles ne heurtent jamais des galaxies plus lointaines est que celles-ci s'éloignent encore plus vite : vous ne pourrez jamais emboutir l'arrière d'une Porsche à vive allure si vous êtes au volant d'une deux-chevaux ! Si l'on considère plutôt le point de vue où l'espace est en expansion, l'explication est simplement que le volume n'est pas conservé. En écoutant les nouvelles du Moyen-Orient, nous nous sommes accoutumés à l'idée que nous ne pouvons avoir plus de place sans la confisquer à quelqu'un d'autre. Toutefois, la relativité générale dit exactement le contraire : un volume plus important peut être engendré dans une région particulière entre certaines galaxies sans que ce volume supplémentaire ait besoin d'empiéter sur d'autres régions – ce nouveau volume réside simplement entre ces mêmes galaxies (figure 3.2, à droite).

La salle de cours cosmique

En d'autres termes, aussi insensée et contre-intuitive qu'elle puisse paraître, l'expansion de l'Univers est logique et étayée par les observations astronomiques. En réalité, les pièces à conviction phénoménologiques se sont considérablement renforcées depuis l'époque d'Edwin Hubble, grâce à la technologie moderne et des nouvelles découvertes que nous allons explorer. La conclusion la plus élémentaire que nous puissions tirer est simplement que notre Univers lui-même est sujet au changement : lorsque nous repoussons les frontières de notre connaissance de plusieurs milliards d'années, nous découvrons un univers qui n'était pas aussi étendu, et était par conséquent beaucoup plus dense et encombré. Cela signifie que l'espace que nous occupons n'est pas celui statique et monotone axiomatisé jadis par Euclide, mais un espace dynamique en perpétuel changement qui eut il y a très longtemps une certaine enfance – et dont la naissance remonte très probablement à 14 milliards d'années environ.

De façon époustouflante, nos meilleurs télescopes ont perfectionné notre vision au point que nous pouvons désormais observer presque directement notre cosmos en évolution. Imaginez que vous donniez une conférence à un large auditoire. Soudain, vous remarquez quelque chose d'amusant chez ces auditeurs : les rangées de chaises les plus proches de vous sont toutes occupées par des gens ayant à peu près votre âge. Mais dix rangées plus loin, vous ne voyez que des adolescents. Derrière eux se trouvent une poignée d'enfants plus jeunes, et derrière eux encore une rangée de bambins. Derrière ceux-ci, pratiquement au fond de la salle, vous ne voyez que des nourrissons. Vous constatez que la toute dernière rangée est entièrement vacante. Lorsque nous contemplons notre Univers avec nos meilleurs télescopes, nous observons quelque chose de similaire : à proximité se trouvent beaucoup de galaxies larges et matures comme la nôtre, mais au loin nous ne voyons principalement que des bébés galaxies en pleine gestation. Derrière elles nous ne voyons plus de galaxie, tout semble sombre. Puisque la lumière met plus de temps à nous parvenir d'une distance plus éloignée, contempler au loin revient à regarder dans le passé. L'obscurité en toile de fond est l'époque avant la formation des premières galaxies. Avant, l'espace était empli d'hydrogène et d'hélium gazeux que la gravité n'avait pas encore eu le temps d'agréger en galaxies, et puisque ce gaz est transparent, à l'instar de l'hélium que l'on utilise pour gonfler les ballons d'anniversaire, il est invisible à nos télescopes.

Mais un mystère surgit : pendant votre cours, vous réalisez d'un seul coup que de l'énergie se dégage de cet endroit situé au-delà de la dernière rangée inoccupée : le mur du fond de la salle n'est pas parfaitement sombre, mais répand une frêle lueur de micro-ondes ! Pourquoi ? Aussi bizarre que cela puisse paraître, c'est ce que nous voyons lorsque nous plongeons dans les profondeurs les plus abyssales de notre Univers. Pour comprendre cela, nous devons poursuivre notre exploration au fin fond du temps, et refouler les frontières de notre connaissance.

D'où ces mystérieuses micro-ondes proviennent-elles ?

Pour moi, la leçon essentielle que nous ont enseignée Newton et Friedmann se résume à ce mantra très simple : « Osez extrapoler ! » Plus précisément, considérez votre compréhension du moment des lois de la physique, appliquez-les à une situation nouvelle et inexpliquée, et examinez si elles prédisent quelque chose d'intéressant que nous pouvons observer. Newton considéra les lois du mouvement que Galilée avait établies sur Terre et les extrapola à la Lune et au-delà. Friedmann prit en considération les lois du mouvement et de la gravité qu'Einstein avait établies pour notre système solaire et les extrapola à notre Univers tout entier. Étant donné les succès de ce mantra, vous pourriez penser qu'il serait devenu le paradigme de la communauté scientifique. Plus particulièrement, vous pourriez penser qu'après 1929, lorsque l'idée de Friedmann de l'Univers en expansion remportait tous les suffrages, les scientifiques du monde entier auraient rivalisé pour l'extrapoler de manière systématique à ce qui a pu survenir plus loin dans le temps. Oui, si vous l'avez pensé, vous auriez tort… Peu importe l'énergie avec laquelle nous, scientifiques, proclamons être des chercheurs de vérité, nous sommes aussi enclins que quiconque aux faiblesses humaines telles que le préjugé, la pression sociale et l'instinct grégaire. Indubitablement, il ne suffit pas d'être un prodige du calcul pour surpasser tous ces défauts !

À mon sens, le super-héros suivant en cosmologie qui fit preuve de cette finesse d'esprit est un autre russe :

George Gamow. Son directeur de thèse à Léningrad n'était autre qu'Alexander Friedmann lui-même, et bien que ce dernier décédât deux ans après le début des études de son étudiant, ses idées et sa témérité intellectuelles résonnaient dans l'esprit de Gamow.

L'écran plasma cosmique

Étant donné que notre Univers est actuellement en expansion, il a dû être plus tassé et plus dense par le passé. Or, a-t-il toujours été en expansion ? Peut-être pas : les travaux de Friedmann autorisent la possibilité que notre Univers se contractait jadis, puis que toute la matière se déplaçant vers nous ralentit lentement, s'immobilisa et commença à s'éloigner de nous en accélérant. Un tel rebond cosmique n'aurait pu survenir que si la densité matérielle était beaucoup plus ténue que celle que nous connaissons aujourd'hui. Gamow décida d'explorer systématiquement l'autre alternative, qui était plus générale et radicale : une expansion continue depuis le début. Comme il l'expliqua dans un livre en 1946, cette proposition implique que si nous imaginons que la scène cosmique est un film que nous repassons en arrière, nous verrons la densité de notre Univers s'accroître à l'infini. Puisque l'espace intergalactique est empli d'hydrogène, ce gaz se comprimerait de plus en plus et deviendrait par conséquent de plus en plus chaud, en remontant dans le passé. Si vous laissez un cube de glace se réchauffer, il fondra. Si vous laissez de l'eau liquide se réchauffer, elle se transformera en gaz : la vapeur. De manière similaire, si vous laissez l'hydrogène gazeux se réchauffer, il se transformera en plasma, sa quatrième phase. Pourquoi ? Un atome d'hydrogène est simplement un électron orbitant autour d'un proton, et l'hydrogène gazeux est tout bonnement un regroupement de ces atomes rebondissant les uns sur les autres. Si la température monte, les atomes se déplacent plus vite et se cognent plus violemment. Si elle est suffisamment élevée, les chocs sont si brutaux que les atomes se brisent ; les électrons et protons se séparent – un plasma d'hydrogène est tout simplement une soupe d'électrons et de protons libres.

Autrement dit, Gamow a prédit que notre Univers a commencé par un Big Bang brûlant, et que le plasma emplissait alors tout l'espace. Ce qui est formidable et intéressant à ce propos, c'est que cette prédiction est vérifiable : bien que l'hydrogène gazeux froid soit transparent et invisible, le plasma d'hydrogène chaud est opaque et luit intensément, comme la surface du Soleil. Cela signifie que lorsque nous contemplons l'espace de plus en plus loin, comme dans la figure 3.3, nous devons trouver des galaxies anciennes à proximité, puis des jeunes galaxies

Figure 3.3 Puisque la lumière lointaine met du temps pour nous atteindre, regarder au loin équivaut à regarder dans le passé. Au-delà des galaxies les plus distantes, nous observons un mur opaque de plasma d'hydrogène lumineux, dont la lueur a mis environ 14 milliards d'années pour nous parvenir. Ceci s'explique par le fait que le même gaz d'hydrogène qui emplit l'espace aujourd'hui était suffisamment chaud pour se trouver sous forme de plasma il y a à peu près 14 milliards d'années, lorsque l'Univers n'était âgé que de 400 000 ans environ. (*Crédit : adaptation de l'équipe NASA/WMAP*)

derrière elles, de l'hydrogène gazeux transparent, et enfin un mur de plasma d'hydrogène brillant. Nous ne pouvons rien percevoir au-delà de cet écran car il est opaque et masque donc tout ce qui s'est passé avant, à l'instar d'un censeur cosmique. De surcroît, comme l'illustre la figure 3.4, c'est ce que nous devrions observer dans *toutes* les directions, car où que nous regardions, nous remontons toujours dans le temps. Il semblerait donc que nous soyons enveloppés d'une gigantesque sphère de plasma.

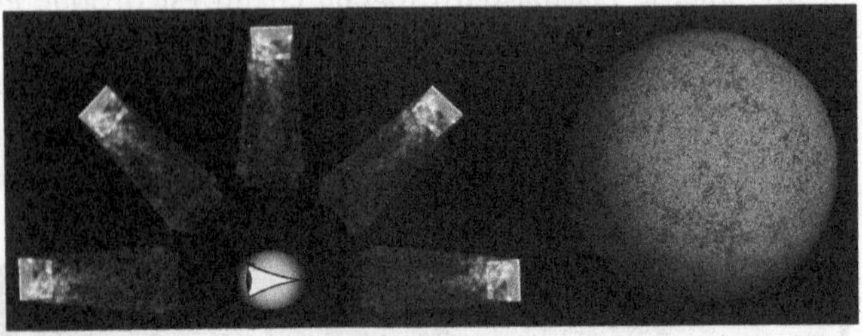

Figure 3.4 Il semblerait que nous nous trouvions au centre d'une sphère géante de plasma, parce que nous observons l'écran de plasma de la figure précédente dans toutes les directions.

Dans le livre de Gamow de 1946, la théorie du Big Bang prédisait que nous devions pouvoir observer cette sphère de plasma. Il demanda à ses étudiants Ralph Alpher et Robert Herman d'examiner plus en détail cette question, et quelques années plus tard, ils publièrent un article prédisant qu'elle devait rayonner à une température d'environ cinq degrés au-dessus du zéro absolu, signifiant qu'elle devait diffuser principalement des micro-ondes et non de la lumière visible. Ils ne parvinrent malheureusement pas à convaincre les astronomes de débusquer ce rayonnement diffus cosmologique dans le ciel, et leurs travaux furent largement oubliés, de même que l'avait été la découverte de Friedmann sur l'expansion de l'Univers.

Observer le déclin lumineux du cosmos

En 1964, un groupe de l'université de Princeton venait de réaliser que ce signal micro-onde observable devait exister et élabora un projet de recherche observationnelle du fond diffus, mais ils furent devancés. La même année, Arno Penzias et Robert Wilson testaient un nouveau télescope micro-onde expérimental aux *Bell Labs*, dans le New Jersey, et découvrirent quelque chose d'énigmatique : leur télescope détectait un signal qu'ils ne pouvaient expliquer, et celui-ci persistait quel que soit l'endroit où ils pointaient le télescope. Bizarre ! Ils s'attendaient à ne déceler des signaux que lorsqu'ils auraient focalisé leur appareil sur un objet particulier du ciel, tel que le Soleil ou un satellite émettant des micro-ondes. Au contraire, c'était comme si la voûte céleste tout entière émettait une lueur à une température de trois degrés au-dessus du zéro absolu – très proche des cinq degrés prédits par le groupe de Gamow. Ils passèrent soigneusement en revue toutes les sources locales de bruit, et suspectèrent pendant un certain temps des pigeons qui avaient niché dans le télescope et faisaient là toutes leurs déjections. J'ai déjeuné avec Arno il y a un certain temps, et il me confia qu'ils avaient placé les pigeons dans une caisse en bois avec de la nourriture et les avaient expédiés dans un autre campus très éloigné des *Bell Labs* avec pour instruction de relâcher les volatiles. Malheureusement, c'était des pigeons voyageurs. Même si son livre mentionne simplement qu'ils s'étaient « débarrassés » des pigeons lorsque ceux-ci étaient revenus, il me révéla la sinistre vérité après quelques verres de vin :

ils avaient utilisé un fusil de chasse. Même si les pigeons n'étaient plus là, le mystérieux signal persistait : ils venaient de découvrir le fond diffus cosmologique, le rayonnement fossile de notre Big Bang.

Cette découverte fit sensation, et ils se virent décerner le prix Nobel de physique en 1978. D'après les calculs de Gamow et de ses étudiants, la sphère de plasma de la figure 3.4 devait avoir été environ moitié moins chaude que la surface du Soleil, et à mesure que le rayonnement émanant de cette chaleur a voyagé jusqu'à nous à travers l'espace pendant 14 milliards d'années, sa température a chuté de plus de mille fois pour parvenir aux trois degrés observés au-dessus du zéro absolu, de même que l'espace s'est dilaté de plus de mille fois dans le même temps. En d'autres termes, notre Univers tout entier était jadis aussi brûlant qu'une étoile, et l'extrapolation grandiose et insensée de la théorie du Big Bang chaud de Gamow venait d'être testée puis reconnue.

Des clichés de notre bébé Univers

Puisque désormais la sphère de plasma avait été détectée, la compétition consistait à prendre les premiers clichés de celle-ci. Comme la température du rayonnement était globalement la même dans toutes les directions, les images que Penzias et Wilson pouvaient produire ressemblaient à ces cartes postales facétieuses mentionnant « la côte bretonne par temps de brouillard », où tout ce que vous pouvez voir est un blanc uniforme. Pour obtenir des clichés intéressants pouvant être qualifiés de photographies de notre bébé Univers, nous avons besoin d'accroître le contraste afin de déceler les infimes variations d'un point à un autre. Ces fluctuations doivent exister car si les conditions avaient été parfaitement identiques en tout point dans le passé, les lois de la physique auraient fait en sorte qu'elles demeurent uniformément identiques aujourd'hui, en contradiction flagrante avec l'univers grumelé que nous observons : des galaxies siègent ici et là mais les autres espaces sont vides.

Néanmoins, il s'avérait si difficile de prendre ces photos du cosmos naissant qu'il fallut attendre presque trois décennies de développements technologiques. Pour atténuer le bruit de fond, Penzias et Wilson avaient utilisé de l'hélium liquide permettant de refroidir leur détecteur quasiment à la température du fond diffus cosmologique. Les fluctuations de température d'un lieu à un autre dans le ciel se révélaient minuscules, de l'ordre du millième de pourcent, de sorte que la production de ces clichés nécessitait une sensibilité cent mille fois plus élevée que celle des mesures de Penzias et Wilson. Les expérimentateurs tout autour du globe relevèrent le défi mais échouèrent. Certains disaient qu'il était impossible, mais d'autres refusèrent de baisser les bras. Le 1er mai 1992, au beau milieu de mes études universitaires, l'Internet balbutiant colportait des rumeurs : George Smoot était sur le point d'annoncer les résultats de l'expérience la plus ambitieuse à cette date sur le rayonnement fossile, réalisée dans la froide noirceur de l'espace par un satellite de la NASA baptisé COBE (*Cosmic Background Explorer*). Mon directeur de thèse, Joe Silk, était invité à introduire le discours de George, mais avant qu'il ne s'envole pour Washington D. C., je lui demandai quelles étaient les chances d'assister à une découverte. Joe supposait qu'ils n'avaient pas observé les fluctuations cosmiques, mais tout au plus un signal radio parasite émanant de notre propre galaxie.

Or, à mille lieues de prononcer un discours pétri de désenchantement, George Smoot lança une bombe qui métamorphosa non seulement ma propre carrière, mais également le pan entier de la cosmologie : il avait découvert avec les membres de son équipe les fluctuations ! Stephen Hawking salua cela comme « la découverte la plus importante du siècle, si ce n'est depuis toujours », car comme nous le verrons ci-dessous, ces images de notre bébé Univers, lorsqu'il n'avait « que » 400 000 ans, renferment des indices cruciaux sur nos origines cosmiques.

La ruée vers l'or

Désormais, puisque COBE avait trouvé l'or, il y eut un formidable mouvement de précipitation sur cette mine d'informations. Comme vous pouvez l'observer dans la figure 3.5, la carte du ciel de COBE était assez floue, parce que l'imagerie à basse résolution lissait les détails inférieurs à 7 degrés environ – l'étape suivante consistait naturellement à zoomer sur une petite portion du ciel avec une résolution plus élevée et un bruit plus faible. Comme je l'expliquerai ci-dessous, de telles cartes à haute résolution recèlent les réponses à certaines questions cosmologiques primordiales. J'étais passionné par la photographie depuis l'âge de 12 ans où j'avais économisé de l'argent, en postant des courriers publicitaires à Stockholm, pour m'acheter mon premier appareil photo, donc la cartographie de notre Univers me captiva instinctivement. Je m'étais également amusé à manipuler les images et les graphiques par ordinateur, que ce fût pour la revue de mon lycée, *Curare*, ou pour le jeu informatique en shareware FRAC, un clone du Tetris 3D qui permit de financer mon voyage autour du monde en 1991. Je réalisais par conséquent la chance inouïe que j'avais lorsque différents expérimentateurs m'associèrent à leur équipe pour convertir leurs données en cartes du ciel.

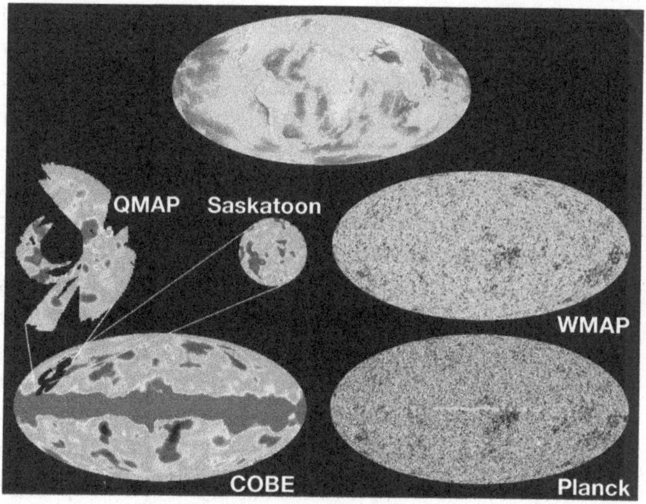

Figure 3.5 Lorsque nous dressons des cartes de tout le ciel, il est commode de les projeter sur une feuille plate comme nous le faisons pour les cartes terrestres (en haut), en les réinterprétant simplement comme étant notre vision du ciel plutôt que celle de notre sol. Les « photographies de notre bébé Univers » de COBE (en bas à gauche) étaient assez floues, suscitant de nombreuses expériences pour zoomer sur de petites régions du ciel avec une résolution plus élevée (au milieu à gauche), avant que les satellites WMAP et Planck ne délivrent des cartes à haute résolution de tout le ciel (à droite) de trois et cinq mégapixels, respectivement. Ces cartes célestes sont inclinées par rapport à la carte terrestre de sorte que leur plan médian corresponde non pas au plan de l'équateur terrestre mais au plan de notre galaxie (la bande grise en bas à gauche). Le pôle Nord de la Terre pointe vers le centre de la carte de Saskatoon. (*Crédit carte de la Terre : Patrick Dineen*)

Mon premier coup de chance fut ma rencontre avec Lyman Page, un jeune professeur de Princeton. J'étais ensorcelé par son sourire taquin et candide, et pris mon courage à deux mains pour lui demander, après qu'il ait donné une conférence, s'il était possible de collaborer avec lui. Mon affection se renforça lorsque j'appris qu'il avait passé des années à naviguer sur l'Atlantique, avant l'université. Il finit par me confier les données d'un télescope micro-ondes de la ville canadienne de Saskatoon, sur lequel il avait passé trois ans, avec son équipe, à sonder une région du ciel directement située au-dessus du pôle Nord.

La traduction des données en carte était incroyablement difficile parce que celles-ci n'étaient pas constituées de photos du ciel, mais de longues tables numériques encodant le nombre de volts ayant été mesuré par l'ajout et la soustraction de parties distinctes du ciel, de manières compliquées. Mais je l'ai également trouvée étonnamment stimulante, faisant appel à mes connaissances les plus profondes sur la théorie de l'information et le traitement numérique du calcul, et après de longues soirées passées dans mon bureau de Munich où j'effectuais mon travail postdoctoral, je parvins à achever la carte de Saskatoon de la figure 3.5 juste à temps pour mon discours de la grande conférence de cosmologie dans les Alpes françaises. Même si j'ai dispensé, depuis, des centaines de conférences, quelques-unes restent gravées dans ma mémoire comme des instants magiques qui me font infailliblement sourire à chaque fois que j'y pense. C'était un de ces instants magiques. Mon cœur s'agitait à mesure que je montais sur le podium et observais la salle, qui était comble. Je connaissais quelques personnes pour avoir lu leurs travaux mais la plupart d'entre eux n'avaient aucune idée de qui j'étais. Ils venaient à la conférence davantage pour profiter du ski que pour écouter un jeune débutant comme moi. Mais je ne sentais pas uniquement mon cœur s'emballer : une grande énergie se dégageait également de la salle. Les gens étaient véritablement exaltés par ces nouveaux développements sur le fond diffus cosmologique, et je me sentais honoré et ému d'apporter ma modeste pierre à l'édifice. En 1996, nous étions encore à l'ère précambrienne où nous faisions nos présentations à l'aide de transparents plastiques, et je gardais le meilleur pour la fin : une diapositive révélant la carte de Saskatoon, comme dans la figure 3.5, en agrandissement d'une partie de la carte de COBE. Je ressentis une vague d'excitation traverser la salle. Quelques personnes se tenaient debout autour du rétroprojecteur, principalement pour profiter de la pause qui s'annonçait pour l'examiner à nouveau et poser des questions. Dick Bond, l'un des pères de la cosmologie du rayonnement fossile, s'approcha et dit en souriant : « Je ne peux croire que Lyman vous ait communiqué les données ! »

J'étais persuadé que la cosmologie entrait de plain-pied dans son âge d'or, où des découvertes inédites allaient révéler de nouvelles personnalités et lui apporter des financements supplémentaires, lesquels devaient conduire à d'autres découvertes selon un cercle vertueux. Le mois suivant, en avril 1996, des financements furent accordés pour deux nouveaux satellites dotés d'une sensibilité et d'une résolution nettement plus élevées que COBE. L'un était la mission WMAP de la NASA, sous l'égide de Lyman Page et d'un groupe restreint de collègues, et l'autre était la mission européenne Planck pour laquelle j'avais réalisé de nombreux calculs et prévisions. Puisque les missions spatiales exigent de nombreuses années de planification, plusieurs équipes à travers le monde tentèrent de voler la vedette à WMAP et Planck, ou, du moins, de s'approprier certains des résultats les plus accessibles avant qu'ils ne fussent lancés. Par conséquent, le projet Saskatoon constituait pour moi la première des nombreuses collaborations que j'ai eu le plaisir de mener sur ce sujet. J'ai travaillé avec les concepteurs d'expériences aux noms aussi exotiques que HACME, QMAP, Tenerife, POLAR, PIQ et Boomerang pour produire à partir des données des clichés de notre bébé Univers ou comprendre ce qu'ils nous enseignaient sur notre cosmos. Mon objectif principal consistait à me trouver à l'interface entre la théorie et l'expérience : je pressentais que la cosmologie était en train de passer d'une discipline pauvre en données à une science qui prodiguait plus de chiffres que les gens ne pouvaient en manipuler, donc je décidai de développer des outils pour tirer la substantifique moelle de cette avalanche d'informations. Plus formellement, ma stratégie consistait à tirer parti d'une branche des mathématiques, que l'on appelle la théorie de l'information, pour calculer quelle quantité d'informations pertinentes concernant notre Univers se trouvait dans un jeu de données spécifique. Typiquement, les mégaoctets, gigaoctets ou téraoctets obtenus ne contenaient qu'un nombre limité de bits d'information cosmologique, dissimulés et mélangés de manière compliquée dans de vastes quantités de signaux parasites émanant des détecteurs électroniques, des émissions de l'atmosphère, du rayonnement galactique et d'autres sources. Même s'il existait une méthode mathématiquement parfaite pour extirper l'aiguille de cette botte de foin, elle se révélait généralement trop complexe pour pouvoir être appliquée, requérant des millions d'années de calculs par ordinateur. J'ai publié diverses méthodes d'analyse de données qui n'étaient pas nécessairement parfaites, mais présentaient l'avantage d'extraire presque toute l'information en un temps raisonnable pour pouvoir être utile en pratique.

J'affectionne le fond diffus cosmologique pour plusieurs raisons. Par exemple, je peux le remercier d'être à l'origine de mon premier mariage et de la naissance de mes fils, Philip et Alexander : il m'a fait rencontrer Angélica de

Oliveira Costa, laquelle venait du Brésil pour effectuer un stage universitaire avec George Smoot à Berkeley. Nous avons étroitement collaboré, non seulement pour gérer les tâches domestiques mais également en travaillant sur les nombreux projets d'analyse de données. QMAP était l'un d'eux, un télescope embarqué par Lyman Page, Mark Devlin et des collaborateurs sur un ballon à haute altitude pour s'affranchir de la plupart des bruits micro-ondes engendrés par l'atmosphère terrestre.

Oh, zut ! Il est environ deux heures du matin ce 1er mai 1998, et les choses s'annoncent mal. Il ne reste que sept heures avant notre vol pour Chicago, où je dois présenter les nouveaux résultats de QMAP à une conférence de cosmologie, mais Angélica et moi-même sommes toujours dans mon bureau de l'Institut des études avancées de Princeton, à faire face à un énorme problème. Jusqu'alors, toutes les expériences sur le rayonnement fossile vous imposaient de penser qu'aucune erreur n'avait été commise et que rien d'important n'avait été oublié. Une preuve fondamentale de crédibilité scientifique consiste à ce qu'une expérience indépendante confirme vos résultats, mais puisque nous observions dans différentes directions avec des résolutions distinctes, il n'était pas possible de comparer les images du ciel réalisées par deux expériences indépendantes et de vérifier si leurs résultats convergeaient. Jusqu'à cet instant, cependant : les cartes de Saskatoon et QMAP se recouvraient partiellement dans une large portion du ciel en forme de banane, comme vous pouvez le constater dans la figure 3.5. Angélica et moi scrutons avec effarement mon écran d'ordinateur, nos cœurs battant la chamade : les cartes de Saskatoon et de QMAP sont côte à côte, et elles sont complètement différentes ! Nous avons beau essayer d'imaginer que les désaccords sont dus tout simplement à des bruits instrumentaux. Non, nous ne pouvons nous résigner à cette idée : tout ce travail pour finalement dire qu'une des cartes au moins est totalement fausse ! Et comment puis-je l'annoncer dans mon discours ? Ce serait une humiliation totale non seulement pour nous, mais pour tous ceux qui ont imaginé puis réalisé ces expériences.

Soudain, Angélica, qui avait réexaminé attentivement notre programme informatique, découvre un minuscule bug qui avait pour effet *grosso modo* de faire apparaître la carte QMAP à l'envers. Nous corrigeons, relançons le programme, puis nous regardons hébétés l'un et l'autre la nouvelle carte s'afficher sur l'écran : maintenant l'accord entre les deux est parfait ! Une ressemblance frappante ! Nous dormons quelques heures, embarquons pour Chicago, rédigeons rapidement le texte de ma conférence dopés par l'adrénaline. Nous filons ensuite directement au Fermilab avec la voiture de location pour arriver juste à temps pour mon intervention. Je suis si excité que je ne réalise même pas mon infraction jusqu'au soir lorsque notre véhicule paraît avoir mystérieusement disparu.

« Où l'avez-vous garé ? » me demande le vigile.

« Mais, juste à côté, là, devant la bouche d'incendie » ai-je rétorqué – et pour la deuxième fois de la journée j'ai pensé en moi-même « T'OH ! »…

Le beach ball cosmique

La formidable ruée vers l'or pour exploiter le filon du ciel micro-onde perdura pendant des années, avec plus de vingt expériences différentes, les unes entraînant les autres – j'en dirai plus sur certaines d'entre elles plus bas. Puis il y eut WMAP. À 14 heures ce 11 mars 2003, la salle était comble : nos regards étaient rivés sur l'écran où les membres de l'équipe WMAP devaient annoncer leurs résultats en direct sur la chaîne NASA-TV. Contrairement aux expériences au sol ou embarquées sur des ballons qui ne pouvaient observer que des parties du ciel, le satellite WMAP avait cartographié le ciel tout entier, comme COBE, mais avec une sensibilité et une résolution nettement meilleures. J'avais l'impression d'être le petit garçon que j'étais le soir du 24 décembre à attendre l'arrivée du Père Noël – hormis le fait que j'avais ardemment attendu cet instant non pas depuis des mois mais depuis des années. Cette attente fut néanmoins récompensée : les images délivrées étaient sensationnelles. Comme l'était le travail réalisé : les chercheurs avaient mené leurs travaux sans relâche en moins de six ans, soit trois fois moins de temps que pour l'expérience COBE. En réalité, le responsable du projet WMAP, Chuck Bennett, faillit perdre la vie à vouloir tenir coûte que coûte le calendrier fixé : David Spergel, un autre contributeur essentiel au projet, me confia que Chuck avait perdu connaissance et dût être hospitalisé pendant trois semaines, après le lancement.

De surcroît, ils s'étaient arrangés pour rendre disponibles publiquement toutes leurs données, de sorte que les cosmologistes des quatre coins du monde pouvaient se risquer à les réanalyser. Des cosmologistes comme moi. C'était désormais mon tour de travailler comme un fou alors qu'ils récupéraient leur sommeil. Les mesures étaient excellentes, mais contaminées par du bruit radio émanant de notre galaxie que vous pouvez remarquer sur la figure 3.5 sous la forme d'une bande horizontale dans la carte de COBE. Malheureusement, cette contamination électromagnétique provenant de la Voie lactée et d'autres sources est omniprésente dans le ciel, même si elle est trop faible pour être facilement perçue. La bonne nouvelle, c'est qu'elle exhibe une couleur différente du signal (elle dépend différemment de la fréquence), et que WMAP avait cartographié le ciel à cinq fréquences distinctes. L'équipe WMAP avait tiré parti de cette information supplémentaire pour s'affranchir de cette contamination, mais j'étais impatient de trouver une méthode encore plus performante, fondée sur la théorie de l'information, qui aurait produit une carte à haute résolution plus nette (figure 3.5, en bas à droite). Après avoir travaillé de manière assidue sur cette question pendant un mois, avec Angélica et mon ami de longue date Andrew Hamilton, nous avons soumis notre article puis commencé à retrouver une vie normale. J'ai pris énormément de plaisir à façonner cette image sphérique du fond diffus cosmologique de la figure 3.4, et l'équipe WMAP la trouvait si belle qu'ils imprimèrent leur propre version sur un ballon de beach ball, qui orne encore aujourd'hui mon bureau. Je l'ai appelé mon « univers » car c'est l'archétype même de ce qui relie tout ce que nous pouvons observer en principe.

L'axe du mal

Comme je l'expliquerai plus loin, des indices cosmiques déterminants se cachent dans la taille des taches que vous pouvez observer dans le rayonnement fossile. De même que nous pouvons décomposer les sons et les couleurs en fréquences distinctes, nous pouvons décomposer les cartes bidimensionnelles du fond diffus cosmologique en une somme de plusieurs cartes de composantes différentes (voir la figure 3.6) qui répondent au nom sibyllin de *multipôles*. Ces cartes multipolaires contiennent en essence les contributions des taches de tailles différentes. Or depuis COBE, quelque chose semblait étrange avec le deuxième multipôle, appelé *quadrupôle* : les taches les plus grandes de la carte s'avéraient moins accentuées que prévu. Personne

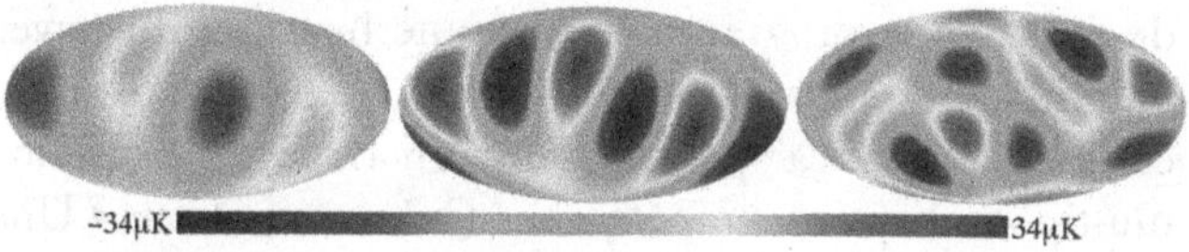

Figure 3.6 Lorsque nous décomposons la carte WMAP de la figure 3.5 en une somme de *multipôles* exhibant des taches de tailles progressivement réduites, les deux premiers (cartes de gauche et du milieu) révèlent un mystérieux alignement avec ce qui a été surnommé « l'axe du mal ». Les différentes couleurs indiquent l'écart (positif ou négatif) de la température du ciel par rapport à la moyenne dans les différentes directions, et la barre révèle l'échelle en millionièmes de degrés (μK).

n'avait été capable de produire une *carte* du quadrupôle afin de révéler ce qu'il s'y passait : cela nécessitait une carte du ciel entier, or les micro-ondes de notre galaxie contaminaient de manière irrémédiable une bonne partie de la voûte céleste.

Jusque-là car notre carte semblait si nette qu'elle était peut-être utilisable pour le ciel tout entier. Il était tard dans la nuit, peu avant que nous soumettions notre article. Angélica et les enfants étaient couchés, et j'étais tenté d'en faire de même. Mais j'étais inexorablement curieux de savoir à quoi ressemblait cet affligeant quadrupôle, et me mis en tête d'écrire un programme le représentant sous forme d'image. Lorsqu'il s'afficha finalement sur mon écran (figure 3.6 à gauche), j'étais intrigué : il n'était pas aussi faible qu'attendu (les fluctuations de température dans les taches chaudes et froides étaient réellement proches de zéro), mais le motif formait une drôle de bande unidimensionnelle traversant le ciel de part en part plutôt qu'un enchevêtrement aléatoire comme le prédisait la théorie. Mes paupières tombaient désormais, mais je décidai de me récompenser de toute cette programmation à une heure tardive avec une image de plus, donc je remplaçai 2 par 3 dans mon code et le relançai pour obtenir un tracé du troisième multipôle, baptisé *octupôle. Oh ! Qu'est-ce que c'est ?* Une autre bande unidimensionnelle s'afficha (figure 3.6 au milieu), suivant en apparence le même alignement que le quadrupôle. Ce n'était *pas* ce que nous attendions de notre Univers ! Contrairement à des photos de vous, on supposait que celles de l'Univers ne possèdent pas d'orientation particulière : elles devraient être semblables quelle que soit la rotation appliquée. Invariablement, ces images de bébé univers sur mon écran exhibaient des zébrures alignées dans une et une seule direction particulière. Suspectant une erreur dans mon code, je substituai 4 à 3 puis le relançai, mais l'affichage du quatrième multipôle (figure 3.6 à droite) semblait conforme à ce que nous attendions : un méli-mélo aléatoire sans direction spéciale.

Après qu'Angélica eût tout revérifié à deux reprises, nous avons mentionné cette surprenante découverte dans notre article. Je fus surpris de l'ampleur qu'il prit. On parla de lui dans le *New York Times*, qui avait dépêché un photographe pour prendre nos portraits. Plusieurs groupes considérèrent cette question plus en détail, et l'un d'eux surnomma cette direction particulière « l'axe du mal ». Certains avancèrent qu'elle était due à un biais statistique ou une contamination galactique, tandis que d'autres proclamaient qu'elle était encore plus énigmatique que nous l'affirmions, découvrant des anomalies complémentaires dans les multipôles d'ordre 4 et 5 en utilisant une méthode différente. Quelques explications exotiques, telles qu'un « univers torique », où l'espace est connecté à lui-même (voir page 51), furent évincées par une analyse plus poussée, et, à ce jour encore, je suis aussi intrigué par l'axe du mal que je l'étais cette première nuit.

Un fond diffus devenu mature

En 2006, Angélica et moi étions conviés à célébrer à Stockholm la découverte de COBE, qui était récompensée par un prix Nobel de physique. Comme il est d'usage en sciences, une certaine acrimonie régnait au sein de l'équipe COBE au sujet de cette attribution. Le prix était partagé par George Smoot et John Mather, mais je fus soulagé de les voir adopter tous deux une attitude conciliante. On les autorisa à inviter toute l'équipe COBE à venir profiter de ces honneurs bien mérités, et j'espérais que la queue ininterrompue d'élégants convives allait mettre un terme à ce différend en focalisant l'attention sur l'évidence – ils avaient tous accompli une chose beaucoup plus importante que d'aider deux individus à décrocher le prix : leurs premières images de notre bébé Univers avaient donné naissance à un nouveau pan palpitant de la recherche et avaient ouvert la voie à une nouvelle ère en cosmologie. J'aurais tellement désiré que Gamow, Alpher et Herman puissent se trouver là, également.

Le 21 mars 2013, je me réveillai à 5 heures du matin dans l'expectative et me connectai à une diffusion en ligne sur Internet, de Paris, où l'équipe du satellite Planck présentait ses premières images du rayonnement fossile. ACBAR, ACT, le télescope du pôle Sud et d'autres expériences avaient amélioré notre connaissance du fond diffus cosmologique au cours de la dernière décennie, mais c'était l'événement le plus important depuis WMAP. Tout en me rasant, George Efstathiou décrivait les résultats, et je sentis une vague de nostalgie et d'excitation me submerger. Je me remémorai ce jour de mars 1995 où George m'avait invité à Oxford pour travailler avec lui sur de nouvelles méthodes d'analyse de données pour Planck. C'était la première fois que l'on m'invitait à rejoindre une équipe de chercheurs, et je lui en étais infiniment reconnaissant. Nous avons développé ensemble une technique novatrice pour éliminer les signaux parasites, ce qui permettait d'appuyer le fait que l'Agence spatiale européenne devait financer Planck. Les résultats allaient désormais m'être révélés 18 ans plus tard !

Lorsque George révéla la nouvelle carte céleste de Planck, j'eus juste le temps de poser mon rasoir pour disposer notre carte WMAP épurée à côté de celle de George s'affichant sur l'écran de mon portable. *Ouah ! Elles coïncident remarquablement bien !* Pensais-je. *Et l'axe du mal est toujours là !* J'ai reproduit ces deux cartes sur la figure 3.5 de façon à ce que vous les compariez. Comme vous pouvez le constater, toutes les structures à grande échelle concordent de manière excellente, mais la carte de Planck possède beaucoup plus de minuscules taches. Cela est dû à sa sensibilité et sa résolution largement supérieures, qui lui permettent de photographier des formes minuscules que le satellite WMAP rendait floues. Incontestablement, la carte de Planck méritait toute cette attente ! Je l'ai projetée sur une sphère, dont l'image colorée est reproduite en haute qualité sur la couverture de ce livre, de façon à ce que vous puissiez l'admirer. Du fait de sa résolution époustouflante, Planck permet effectivement d'évaluer la performance de WMAP, et après avoir soigneusement digéré ses résultats, il est clair pour moi que l'équipe WMAP mérite un A+. De même que l'équipe de Planck. Cependant, je pense que la plus grande surprise avec Planck est qu'il n'y en a pas : il confirme fondamentalement la représentation cosmologique que nous avions finie par admettre, avec une précision nettement meilleure. Le fond diffus cosmologique devenait mature.

En résumé, nous avons désormais repoussé les frontières de la connaissance jusqu'à 14 milliards d'années environ, soit 400 000 ans après notre Big Bang, et constatons que tout ce qui nous entoure provient d'un plasma brûlant qui emplissait l'espace. Il n'y avait alors aucun être humain, aucune planète, étoile ou galaxie – simplement des atomes rebondissant les uns sur les autres et diffusant de la lumière. Mais nous n'avons toujours pas exploré le mystère de l'origine de ces atomes.

D'où les atomes proviennent-ils ?

Le réacteur à fusion cosmique

Nous avons vu que l'extrapolation audacieuse de Gamow prédisait avec succès le fond diffus cosmologique, qui nous a ensuite procuré des images fantastiques de notre bébé Univers. Mais comme si cette réussite fulgurante ne suffisait pas, il poussa cette extrapolation plus loin encore dans le passé et en analysa les conséquences. Plus il remontait dans le temps, plus l'Univers était chaud. Nous avons vu que 400 000 ans après notre Big Bang, l'hydrogène qui emplissait l'espace s'élevait à quelques milliers de degrés, environ moitié moins que la *surface* du Soleil, de sorte qu'il réagissait exactement comme l'hydrogène présent à la surface de notre astre : il brillait et produisait le rayonnement micro-onde du fond diffus cosmologique. Gamow réalisa également qu'une minute après le Big Bang, la température de l'hydrogène était d'environ un milliard de degrés, plus élevée que le *cœur* du Soleil, de sorte qu'il a dû se comporter comme au sein de notre astre : fusionner pour se convertir en hélium. Néanmoins, l'expansion et le refroidissement de notre Univers éteignirent rapidement ce réacteur à fusion cosmique, la température étant trop basse pour qu'il puisse continuer à fonctionner, donc il n'eut pas le temps de tout transmuter en hélium. Encouragés par Gamow, ses étudiants Alpher et Herman réalisèrent un calcul détaillé de ce qui a pu se passer lors de la fusion, en dépit du fait que, travaillant vers la fin des années 1940, leurs mathématiques manquaient cruellement d'ordinateurs modernes.

Mais comment cette prédiction peut-elle être testée, étant donné que notre Univers n'était pas transparent durant ses 400 000 premières années, et que tout ce qui s'est produit avant demeure inéluctablement hors de notre champ de vision, censuré par l'écran plasma du fond diffus cosmologique ? Gamow comprit que la situation était la même qu'avec les dinosaures : vous ne pouvez observer directement l'évènement, mais vous pouvez mettre au jour des pièces à conviction fossiles ! En effectuant les mêmes calculs avec des données récentes et des ordinateurs modernes, vous pouvez prédire que lorsque notre Univers était une gigantesque fournaise nucléaire, il a transformé à peu près 25 % de sa masse en hélium. Quand vous mesurez la fraction de l'hélium présente dans le gaz intergalactique lointain, en examinant son spectre à l'aide d'un télescope, vous obtenez… 25 % ! À mon sens, cette découverte est aussi impressionnante que celle d'un fémur fossilisé de tyrannosaure : c'est la preuve directe que des phénomènes impressionnants se sont déroulés dans le passé, dans cette situation où tout était aussi incroyablement brûlant que le cœur du Soleil. Mais l'hélium n'est pas le seul fossile. La nucléosynthèse primordiale, ainsi que fut baptisée la théorie de Gamow, prédit également qu'un atome tous les 300 000 environ, autour de nous, doit être du deutérium[2] et qu'un tous les cinq milliards environ doit être du lithium – ces deux proportions ont dorénavant été mesurées et s'accordent merveilleusement bien avec les prédictions théoriques.

Le Big Bang dans la tourmente

Toutefois, le succès n'a pas été aussi facile : le Big Bang chaud de Gamow reçut un accueil plutôt glacial. En réalité, l'expression *Big Bang* a été forgée par l'un de ses détracteurs, Fred Hoyle, afin de ridiculiser cette idée. Selon les annales de 1950, cette théorie faisait deux prédictions majeures, toutes deux fausses : l'âge de notre Univers et l'abondance des atomes. La mesure initiale de Hubble de l'expansion cosmique prédisait que notre Univers devait être âgé de moins de deux milliards d'années. Les géologues furent plutôt déçus que notre Univers s'avère plus jeune que certaines de leurs roches. De surcroît, Gamow, Alpher et Herman avaient espéré que la nucléosynthèse primordiale eût produit principalement *tous* les atomes qui nous entourent, dans les bonnes proportions, mais découvraient qu'elle ne parvenait pas, même indirectement, à synthétiser suffisamment de carbone, d'oxygène et d'autres atomes familiers – se limitant strictement à l'hélium, au deutérium et à de piètres quantités de lithium.

Nous savons désormais que Hubble avait largement sous-estimé les distances des galaxies. De ce fait, il avait conclu par erreur que notre Univers se dilatait sept fois trop vite, suggérant par conséquent qu'il était sept fois plus jeune que réellement. Lorsque des mesures correctes de distance commencèrent à corriger cette méprise au cours

2. Le deutérium est le grand frère de l'hydrogène, pesant le double de son poids car il contient également un neutron en sus du proton.

des années 1950, les géologues mécontents protestèrent puis s'apaisèrent.

Le deuxième « échec » du Big Bang s'évanouit quasiment à la même époque. Gamow avait effectué des recherches novatrices sur les réactions de fusion dans les étoiles. Ce travail et celui d'autres chercheurs suggéraient que les astres produisent de l'hélium et des traces d'autres éléments, comme notre Soleil aujourd'hui. C'est pour cela qu'il espérait que la nucléosynthèse primordiale pût expliquer l'origine des autres atomes. Vers 1950, on découvrit cependant, selon une coïncidence qui semble surprenante en physique nucléaire, que les niveaux énergétiques liés des noyaux d'hélium, de béryllium, de carbone et d'oxygène favorisent la fusion. Comme Fred Hoyle l'appréhenda le premier, ce hasard de la nature permet aux étoiles agonisantes de transformer l'hélium en carbone, en oxygène et en la plupart des autres atomes qui nous constituent, vous et moi. De plus, il devint évident que les étoiles finissent leurs jours en exhalant leurs couches externes, déversant les quantités d'atomes fabriqués dans les nébuleuses gazeuses qui formeront par la suite de nouvelles étoiles, planètes puis finalement vous et moi. Autrement dit, nous sommes plus étroitement reliés aux cieux que ne l'avaient réalisé nos ancêtres : nous sommes faits de matière stellaire. Tout autant que nous sommes dans l'Univers, notre Univers est en nous. Cette vision transforma l'échec de la nucléosynthèse primordiale de Gamow en une réussite éclatante : notre Univers a concocté l'hélium et un peu de deutérium et de lithium pendant ses premières minutes, puis les étoiles ont produit le reste de nos atomes[3]. Le mystère

3. Les étoiles contribuent également à la production d'hélium, en plus des 25 % de la nucléosynthèse primordiale. Nous pouvons séparer ces deux

de l'origine des atomes venait d'être levé. Un succès ne venant jamais seul, comme la théorie du Big Bang chaud emportait finalement l'adhésion de tous, le cercle des cosmologistes fut stupéfait par la découverte en 1964 d'une autre prédiction de Gamow : la lueur déclinante du Big Bang, le rayonnement cosmologique diffus.

Qu'est-ce qu'un Big Bang, au juste ?

Nous avons désormais repoussé les frontières de notre connaissance à 14 milliards d'années environ, à une époque où notre Univers tout entier n'était qu'une fournaise de réactions nucléaires. Lorsque j'affirme que je crois dans l'hypothèse du Big Bang, j'entends par là que je suis convaincu de son bien-fondé, mais rien de plus.

> Hypothèse du Big Bang : l'univers observable fut jadis plus chaud que le cœur du Soleil, se dilatant si rapidement que sa taille a doublé en moins d'une seconde.

Indubitablement, ce bang a été suffisamment important pour qu'on le qualifie de « Big » avec une majuscule. Cependant, notez que ma définition est assez prudente car elle ne dit absolument rien de ce qui s'est passé avant. Par exemple, cette hypothèse n'implique *pas* que notre Univers était âgé d'une seconde à ce moment-là, ni qu'il était infiniment dense ou qu'il surgissait d'une espèce de singularité dans laquelle toutes nos mathématiques s'écroulent. La

---

contributions grâce à nos télescopes : plus nous regardons au loin dans le temps, moins nous observons d'hélium, et nous parvenons au seuil de 25 % lorsque nous remontons aux époques antérieures à la formation de la plupart des étoiles.

question « *avons-nous une preuve de l'existence de la singularité du Big Bang ?* » du chapitre précédent possède une réponse très simple : non ! Bien entendu, si nous extrapolons les équations de Friedmann aussi loin que possible dans le temps, elles buteront sur une singularité infiniment dense à peu près une seconde avant la nucléosynthèse primordiale, mais la théorie de la mécanique quantique que nous allons explorer au chapitre 7 nous indique que cette extrapolation s'effondre avant même d'atteindre la singularité. Je pense qu'il est primordial de bien distinguer ce qui est étayé par des preuves solides de ce qui est hautement spéculatif, et la vérité est que même si nous pouvons brandir des théories formidables et des allusions sur ce qui s'est passé avant, ce que nous verrons au chapitre 5, nous n'en savons franchement rien pour le moment. C'est la frontière actuelle de notre connaissance. En fait, nous ne sommes même pas certains que notre Univers ait réellement eu un commencement, ou qu'il ait passé une éternité à faire quelque chose que nous ne comprenons pas, avant la nucléosynthèse primordiale.

En résumé, nous, êtres humains que nous sommes, avons refoulé les frontières de notre connaissance remarquablement loin dans le temps, découvrant progressivement le récit cosmique que j'ai tenté d'illustrer dans la figure 3.7. Un million d'années après notre Big Bang, l'espace était quasi uniformément empli d'un gaz transparent. Si nous regardons la scène cosmique se dérouler à l'envers dans le temps, nous verrons que ce gaz se réchauffe progressivement, que ses atomes se heurtent de plus en plus violemment jusqu'à ce qu'ils se rompent pour libérer les électrons des noyaux atomiques – un plasma. Nous observerons alors que les atomes d'hélium se fracassent pour séparer les protons

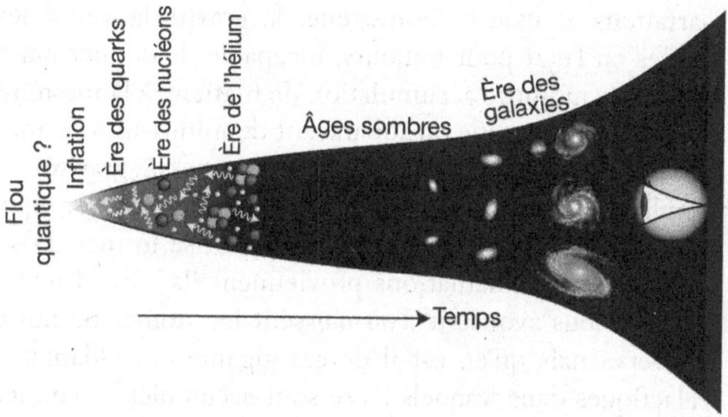

Figure 3.7 Même si nous savons peu de choses au sujet de nos origines ultimes, nous commençons à comprendre ce qui s'est passé au cours des 14 derniers milliards d'années. À mesure que notre Univers s'est dilaté et refroidi, les quarks se sont assemblés en protons (des noyaux d'hydrogène) et en neutrons, qui se sont accouplés pour former des noyaux d'hélium. Ces noyaux ont alors donné naissance aux atomes en capturant des électrons, et la gravité a agrégé ces atomes pour former les galaxies, les étoiles et les planètes que nous observons aujourd'hui.

des neutrons, puis que ceux-ci se brisent en leurs constituants fondamentaux : les quarks. Nous franchissons alors le seuil de la frontière de notre connaissance, et pénétrons dans le domaine de la spéculation scientifique – dans le chapitre 5, nous explorerons ce que nous appelons « inflation » et « flou quantique » dans la figure 3.7. Si nous revenons à un million d'années après notre Big Bang et laissons le temps progresser normalement, nous voyons la gravité précipiter les légères accumulations de gaz pour former les galaxies, les étoiles et toute la richesse des structures cosmiques que nous contemplons aujourd'hui autour de nous.

Mais la gravité ne peut qu'amplifier de petites fluctuations – elle ne peut en créer à partir de rien. Si tout était parfaitement lisse et homogène, la gravité laisserait les choses en l'état pour toujours, incapable de donner naissance à la moindre accumulation de matière, à la moindre galaxie. Cela signifie qu'auparavant de minuscules germes de fluctuations ont dû exister pour que la gravité les amplifie, agissant comme une sorte de filigrane cosmique ayant déterminé où les galaxies devaient se former. D'où ces germes de fluctuations proviennent-ils ? En d'autres termes, nous avons vu d'où naissent les atomes de notre Univers, mais qu'en est-il de ces gigantesques filaments galactiques dans lesquels ils se sont accumulés ? D'où les structures cosmiques à grande échelle émergent-elles ? Des nombreuses questions que j'ai posées en cosmologie, je pense que celle-ci s'est avérée la plus fertile. Nous allons en explorer la raison dans les deux prochains chapitres.

En bref

- Puisque la lumière lointaine met du temps pour nous parvenir, les télescopes nous permettent de voir le déroulement de l'histoire cosmique.
- Il y a 14 milliards d'années, l'univers observable était plus chaud que le cœur du Soleil, se dilatant si rapidement que sa taille a doublé en moins d'une seconde. C'est ce que j'appelle le Big Bang.
- Même si nous ne savons pas ce qui s'est passé avant, nous avons une bonne connaissance de ce qui s'est déroulé depuis : l'expansion et l'accumulation de matière.
- Durant quelques minutes, notre Univers a été un gigantesque réacteur à fusion, comme le cœur de notre Soleil, convertissant l'hydrogène en hélium et en d'autres éléments légers, jusqu'à ce que l'expansion cosmique le dilue et le refroidisse à une température telle que la fusion s'est éteinte.
- Mathématiquement, nous pouvons prédire qu'environ 25 % de l'hydrogène s'est transmuté en hélium. Les mesures s'accordent admirablement bien avec cette prédiction et corroborent également celles des autres éléments légers.

- Après 400 000 ans d'expansion et de dilution, ce plasma d'hydrogène et d'hélium s'est refroidi en un gaz transparent. Nous observons cette transition sous la forme d'un écran plasma lointain dont la faible lueur est devenue le fond diffus cosmologique, une découverte récompensée par deux prix Nobel.
- Au cours des milliards d'années qui ont suivi, la gravité a transformé notre Univers d'un état quasi uniforme et monotone en une structure grumelée et intéressante, amplifiant les minuscules fluctuations de densité que nous observons dans le rayonnement fossile pour former les planètes, les étoiles, les galaxies et les vastes structures cosmiques que nous contemplons aujourd'hui autour de nous.
- L'expansion cosmique prédit que les galaxies lointaines doivent s'éloigner de nous selon une formule simple, en bon accord avec ce que nous observons réellement.
- Toute cette histoire de notre Univers est décrite de manière précise par des lois physiques simples qui nous permettent de prédire le futur à partir du passé, et le passé à partir du futur.
- Ces lois physiques qui gouvernent l'évolution de notre Univers s'expriment toutes sous la forme d'équations mathématiques, donc notre description la plus précise de l'histoire cosmique est une description mathématique.

4
Notre Univers grâce aux nombres

Les cosmologistes ont souvent tort, mais ils ne doutent jamais.

Lev Landau

En théorie, la théorie et la pratique sont la même chose. En pratique elles ne le sont pas.

Albert Einstein

« Ça alors ! » J'étais bouche bée, et restais là au bord de la route, complètement sidéré. Je l'avais regardé chaque jour de ma vie, mais ne l'avais jamais réellement vu auparavant. Il était à peu près 5 heures du matin et je stationnais au bord de l'autoroute traversant le désert de l'Arizona pour vérifier ma carte. Lorsque soudain, quelque chose me frappa l'esprit : le ciel ! Ce n'était pas le frêle firmament pollué par la lumière de Stockholm sous lequel j'avais grandi, avec la Grande Ourse et un saupoudrage épars d'autres pâles étoiles. Il était spectaculaire et entièrement renversant, exhibant des milliers de points lumineux qui esquissaient de magnifiques motifs enchevêtrés. La Voie lactée resplendissait comme une somptueuse autoroute galactique à travers la voûte céleste.

Ce spectacle était sublimé par l'air sec du désert et par le fait que j'étais à plus de deux kilomètres au-dessus du niveau de la mer, mais je soupçonne que vous avez également été un jour émerveillé par le ciel, en un lieu suffisamment éloigné de toute lumière urbaine. Ainsi, qu'est-ce qui nous fascine en lui à ce point ? Les étoiles elles-mêmes, certainement, ainsi que son immensité. Mais il y a aussi autre chose : les *formes*. Nos ancêtres en étaient si intrigués qu'ils imaginèrent des mythes pour les expliquer, et certaines cultures pensaient qu'elles étaient des constellations représentant des figures de la mythologie. Certes, les étoiles ne sont pas uniformément dispersées dans le ciel comme sur une chemise à pois, mais regroupées. Le plus grand amas stellaire que j'admirais cette nuit-là était notre Voie lactée. Nos télescopes ont révélé que les galaxies, également, sont sujettes à des concentrations assez complexes, formant des groupes et des amas, ainsi que d'énormes filaments cosmiques s'étalant sur des centaines de millions d'années-lumière. D'où proviennent ces formes ? Quelle est l'origine de cette gigantesque structure cosmique ?

À la fin du chapitre précédent, notre exploration des effets déstabilisants de la gravité nous a également conduits à nous interroger sur l'origine des structures cosmiques à grande échelle. Autrement dit, nous parvenons intellectuellement à la même interrogation que celle suggérée émotionnellement par l'ébahissement du ciel : d'où vient cette structure ? C'est la question centrale que nous allons explorer dans ce chapitre.

À la poursuite de la cosmologie de précision

Comme nous l'avons vu au chapitre précédent, nous ne sommes pas encore parvenus à une compréhension complète de l'origine ultime de notre Univers, plus particulièrement ce qui s'est passé avant l'époque où celui-ci était un gigantesque réacteur à fusion et où il a doublé de taille en moins d'une seconde. Nous avons cependant appris beaucoup de choses sur ce qui s'est déroulé pendant les 14 milliards d'années qui ont suivi : l'*expansion* et l'*accumulation* de matière. Ces deux processus fondamentaux, contrôlés par la gravitation, ont transformé la soupe brûlante et uniforme de quarks en l'Univers constellé d'étoiles d'aujourd'hui. Dans le récit ultérieur du cosmos relaté au chapitre précédent, nous avons vu que l'expansion a graduellement dilué et refroidi les particules élémentaires, leur permettant de s'agréger en structures sans cesse plus grandes telles que les noyaux atomiques, les atomes, les molécules, les étoiles et les galaxies. Nous connaissons les quatre forces fondamentales de la nature, et trois d'entre elles ont alternativement participé à ce processus d'accumulation : premièrement, la force nucléaire forte a assemblé les noyaux, puis la force électromagnétique a façonné les atomes et les molécules, et enfin la gravité a édifié les grandes structures qui ornent notre ciel nocturne.

Comment la gravité y est-elle parvenue, au juste ? Si vous freinez votre vélo au feu rouge, vous réalisez rapidement que la gravité peut être déstabilisante : vous basculez inévitablement vers un côté et devez poser le pied sur l'asphalte pour ne pas tomber. L'essence de l'instabilité réside dans l'amplification de minuscules fluctuations. Dans la situation du vélo à l'arrêt, par exemple, plus vous vous éloignez de la position d'équilibre, plus la gravité vous tirera fortement dans cette direction. Dans l'exemple cosmique, plus notre Univers s'écarte de l'uniformité parfaite, plus la gravité amplifiera avec force les hétérogénéités. Si une région de l'espace est légèrement plus dense que son voisinage, sa gravité attirera vers elle de la matière située à proximité, la rendant plus dense encore. La gravité devient alors plus puissante, accumulant la masse encore plus rapidement. De même qu'il est plus facile de gagner de l'argent quand on en a beaucoup, il est plus facile d'accréter la matière lorsqu'il y en a beaucoup. 14 milliards d'années représentent un laps de temps largement suffisant pour que les instabilités gravitationnelles métamorphosent notre Univers, amplifiant les minuscules fluctuations de densité en de gigantesques agrégats denses tels que les galaxies.

Même si cette représentation élémentaire de l'expansion et de l'accumulation de matière a été élaborée au cours des précédentes décennies, certains détails demeuraient incomplets lorsque je débutais mon deuxième cycle d'études supérieures en 1990 et fus exposé pour la première fois à la cosmologie. On s'interrogeait toujours sur l'âge de l'Univers (avait-il 10 ou 20 milliards d'années ?), mettant en exergue une querelle de longue date sur sa rapidité d'expansion actuelle. La question plus ardue de savoir à quelle vitesse il s'était dilaté par le passé restait ouverte. Le sujet de l'accrétion de matière reposait sur des fondements encore plus fragiles : les tentatives pour obtenir un accord plus précis entre la théorie et l'observation révélaient progressivement que nous ne connaissions même pas ce qui constitue 96 % de notre Univers ! Après que l'expérience COBE eût mesuré que l'amplitude des fluctuations s'élevait à 0,002 % 400 000 ans après le Big Bang, il devint clair que la gravitation n'avait pas eu le temps d'amplifier ces légères hétérogénéités pour former la structure cosmique à grande échelle d'aujourd'hui, à moins qu'une certaine forme de matière invisible ait contribué à cette attraction gravitationnelle supplémentaire.

On appelle *matière noire* cet expédient mystérieux, ce qui ne reflète rien de plus que notre ignorance à son sujet. Le nom *matière invisible* aurait été préférable, puisqu'elle paraît transparente plutôt que sombre, et peut traverser notre main sans que nous nous en apercevions. En vérité, la matière noire, provenant de l'espace profond, atteint la Terre et semble la traverser entièrement sans encombre. Mais comme si la matière noire ne suffisait pas à nous surprendre, une deuxième substance sibylline appelée énergie sombre fut introduite pour faire coïncider les prédictions théoriques avec l'expansion et les hétérogénéités observées. Celle-ci est supposée affecter la dilatation cosmique tout en ne s'agrégeant pas, tout en demeurant parfaitement et continuellement uniforme.

La matière noire ressemble à ceci :	L'énergie sombre ressemble à cela :

Figure 4.1 La matière noire et l'énergie sombre sont toutes deux invisibles, ce qui signifie qu'elles n'interagissent pas avec la lumière et les autres phénomènes électromagnétiques. Nous déduisons leur existence uniquement de leurs effets gravitationnels.

La matière noire et l'énergie sombre ont fait l'objet d'un long débat controversé. La candidate la plus simple pour l'énergie sombre est ce que l'on appelle la constante cosmologique, le terme d'ajustement qu'Einstein avait incorporé dans sa théorie de la gravitation et qu'il avait considéré ensuite comme étant sa plus grosse erreur. Fritz Zwicky postula l'existence de la matière noire en 1934 pour rendre compte de l'attraction gravitationnelle supplémentaire qui maintient la cohésion des amas de galaxies. Vera Rubin découvrit dans les années soixante que les galaxies spirales tournent si rapidement sur elles-mêmes qu'elles auraient dû également se disloquer, sauf si elles contiennent suffisamment de masse invisible gravitante pour demeurer intactes. Ces idées rencontrèrent un scepticisme général : si nous sommes disposés à rejeter la faute des phénomènes inexpliqués sur des entités invisibles pouvant traverser les murs, pourquoi ne pourrions-nous pas commencer à croire en l'existence des fantômes, tant qu'à faire ? De surcroît, il y avait déjà eu un précédent alarmant : dans la Grèce antique, lorsque Ptolémée avait réalisé que les orbites des planètes ne sont pas des cercles parfaits, il concocta une théorie compliquée dans laquelle elles se meuvent le long de cercles plus petits (appelés épicycles) dont le centre tourne également le long d'un cercle. Comme nous l'avons vu, la découverte ultérieure d'une loi plus exacte de la gravitation mit un terme aux épicycles, prédisant que les orbites ne sont pas circulaires mais elliptiques. Peut-être l'introduction de matière noire et d'énergie sombre peut-elle être éliminée comme le furent les épicycles, en découvrant une loi encore plus exacte de la gravitation ? La cosmologie moderne doit-elle être réellement prise au sérieux ?

C'est ce type de questions que nous nous posions lorsque j'étais étudiant. Leur réponse exigeait des mesures nettement plus précises, devant révolutionner la cosmologie pour la faire passer de la discipline spéculative pauvre en données qu'elle était à une science de précision. Par chance, c'est exactement ce qui s'est passé.

Fluctuations de précision dans le fond diffus cosmologique

Comme nous l'avons vu dans la figure 3.6, les images de notre bébé Univers produites par l'exploration du fond diffus cosmologique peuvent se décomposer en une somme de différentes cartes de composantes distinctes que l'on appelle des *multipôles*, lesquels contiennent essentiellement les contributions de taches de différentes tailles. La figure 4.2 retrace la quantité totale de

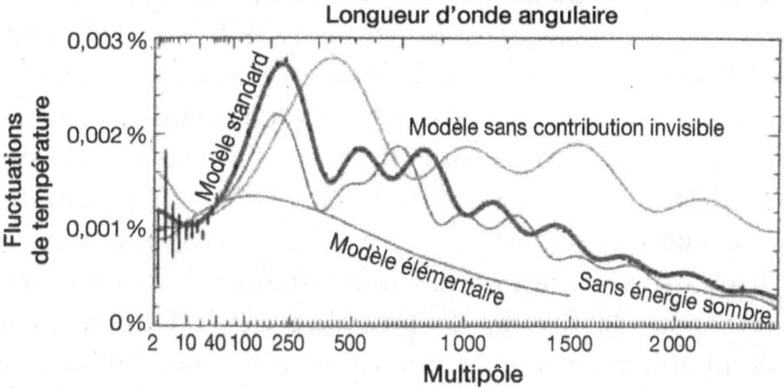

Figure 4.2 Les mesures de précision de la manière dont les fluctuations du fond diffus cosmologique dépendent de l'échelle angulaire ont totalement évincé de nombreux modèles théoriques auparavant consensuels, mais s'accordent admirablement bien avec la courbe prédite par le modèle standard actuellement en vigueur. Vous pouvez apprécier ici l'aspect le plus remarquable de la cosmologie moderne sans vous soucier des détails inhérents : des mesures hautement précises sont dorénavant disponibles, et elles coïncident avec les prédictions théoriques.

fluctuations dans chacun de ces multipôles : cette courbe est appelée le *spectre de puissance* du rayonnement fossile, et encode l'information cosmologique fondamentale de la carte. Lorsque vous regardez une carte céleste telle que celle de la figure 3.4, vous observez des taches de plusieurs tailles, comme sur un dalmatien : certaines font environ 1 degré dans le ciel, d'autres font 2 degrés, et ainsi de suite. Le spectre de puissance décrypte l'information concernant le nombre de ces taches, pour chaque taille donnée.

Ce qui est si extraordinaire avec le spectre de puissance n'est pas tant que nous puissions le mesurer, mais que nous puissions également le prédire : pour tout modèle mathématique de l'expansion de l'Univers et de la formation des structures, nous pouvons calculer exactement le spectre de puissance qu'il doit exhiber. Comme vous pouvez le remarquer dans la figure 4.2, les prédictions diffèrent largement selon les modèles théoriques : en réalité, les mesures les ont désormais tous évincés, sauf un, au-delà du doute raisonnable, même si pour chacun des modèles éliminés de la figure 4.2, j'ai côtoyé au moins un collègue respectable persuadé de son exactitude lorsque je poursuivais mes études universitaires. La forme prédite pour le spectre de puissance dépend de manière compliquée de tout ce qui a trait à l'accumulation cosmique de matière (dont la densité des atomes, celle de la matière noire, celle de l'énergie sombre et la nature des germes de fluctuations), de sorte que si nous pouvons ajuster nos hypothèses à leur propos pour faire en sorte que la prédiction concorde avec les mesures, alors nous avons non seulement découvert un modèle qui fonctionne, mais également mesuré ces quantités physiques fondamentales.

Télescopes et ordinateurs

Lorsque j'appris pour la première fois l'existence du fond diffus cosmologique à l'université, il n'existait aucune mesure du spectre de puissance. C'est alors que l'équipe COBE nous délivra la première piste pour appréhender cette insaisissable courbe ondulée : sa hauteur à l'extrémité gauche était d'environ 0,001 % et sa pente autour de ce point était approximativement horizontale. Les données de COBE renfermaient plus d'informations sur le spectre de puissance, mais personne n'était parvenu à en extraire la teneur car cela impliquait de fastidieuses manipulations d'une table numérique, que l'on nomme une matrice, faisant 31 mégaoctets. Même si cette taille pourrait sembler dérisoire de nos jours, égalisant celle d'un court clip vidéo sur votre portable, c'était colossal en 1992. Donc, mon camarade de classe Ted Bunn et moi avions échafaudé un stratagème : le Professeur Marc Davis de notre département possédait un ordinateur appelé « *magicbean* » qui disposait de plus de 32 mégaoctets de mémoire. Chaque matin avant le lever du jour, j'ouvrais une session sans que personne n'y prête attention, puis laissais l'ordinateur travailler sur notre analyse de données. Au bout de quelques semaines de ces clairs de lune clandestins à broyer des chiffres, nous publiions les résultats les plus précis à l'époque sur la forme du spectre de puissance.

Grâce à ce projet, je compris que, de même que les télescopes avaient jadis métamorphosé l'astronomie, les formidables perfectionnements de la technologie informatique promettaient une nouvelle révolution. En vérité, votre ordinateur est aujourd'hui si puissant qu'il pourrait refaire tous nos calculs en quelques minutes. Je m'étais mis en tête que si des expérimentateurs avaient mis tant de peine à récolter cette moisson de données sur notre Univers, des gens comme moi devaient en retour extraire tout ce qui était possible de ces informations. Cela devint l'idée maîtresse de mon travail pour la décennie qui allait suivre.

Une question m'obsédait : comment mesurer le plus efficacement possible le spectre de puissance ? Il existait des méthodes rapides qui souffraient d'inexactitudes et d'autres lacunes. Puis il y eut la méthode optimale développée par mon ami Andrew Hamilton, laquelle nécessitait malheureusement une durée de calcul par ordinateur qui croissait comme la sixième puissance du nombre de pixels de la carte céleste, de sorte que l'évaluation du spectre de puissance à partir de la carte de COBE devait prendre plus de temps que l'âge de notre Univers.

Nous sommes le 21 novembre 1996, et l'atmosphère est sombre et paisible à l'Institut des études avancées de Princeton, dans le New Jersey, où j'entame une nouvelle nuit blanche dans mon bureau. Je suis emballé par une idée permettant de remplacer la sixième puissance de la méthode d'Andrew Hamilton par la troisième puissance, et donc de mesurer de manière optimale le spectre de puissance de COBE en moins d'une heure, et je suis en train de boucler précipitamment un article pour la conférence de Princeton du lendemain. Dans la communauté physique, nous déposons tous nos articles sur le site web libre http://arXiv.org dès que nous les avons achevés, de sorte que nos collègues puissent les lire avant qu'ils ne rentrent dans le circuit de l'évaluation et de la publication. Le problème est que j'avais cette fâcheuse habitude de soumettre mes articles *avant* de les terminer, juste après que l'heure limite de soumission quotidienne ne sonne. De cette manière, je pouvais être le premier à apparaître sur la liste des articles du jour suivant. Le revers de la médaille était que, si j'échouais à finaliser mon travail en moins de 24 heures, j'étais publiquement humilié pour avoir laissé un brouillon inachevé au monde entier, tel un monument indélébile de ma stupidité. Cette fois, finalement, ma stratégie fit chou blanc car des lève-tôt en Europe eurent accès à ma version préliminaire incomplète avant je ne l'achève vers 4 heures du matin. À la conférence, mon ami Lloyd Knox présenta une méthode similaire qu'il avait développée avec Andrew Jaffe et Dick Bond à Toronto, mais ne l'avait pas encore soumise à publication. Lorsque je présentai mes résultats, Lloyd sourit et lança à Dick : « Rapide, Tegmark ! » Nos méthodes se sont avérées assez efficaces, et ont été utilisées pour toutes les mesures du spectre de puissance du fond diffus réalisées depuis. Lloyd et moi semblons avoir suivi des destinées parallèles dans la vie : nous avons les mêmes idées en même temps (en vérité, il m'avait devancé auparavant au sujet d'une élégante formule du bruit présent dans les cartes du rayonnement fossile), nous avons eu deux fils aux mêmes moments, et avons même divorcé simultanément.

Les collines d'or

Avec le perfectionnement des expériences, des ordinateurs et des méthodes, les mesures de la courbe du spectre de puissance s'amélioraient sans cesse. Comme vous pouvez le constater dans la figure 4.2, cette courbe devait ressembler un peu aux collines arrondies de la Californie, avec une série de pics distincts. Si vous mesurez la hauteur de nombreux dogues allemands, caniches et chihuahuas puis reportez la distribution des tailles, vous obtiendrez une courbe à trois pics. De façon analogue, si vous mesurez de nombreuses taches du fond diffus cosmologique comme celles de la figure 3.4 puis reportez cette distribution sur un graphique, vous découvrirez que certaines tailles caractéristiques sont particulièrement récurrentes. Le pic le plus important de la figure 4.2 correspond à des taches d'une taille angulaire d'environ 1 degré. Pourquoi ? Eh bien, ces taches ont été engendrées par des ondes sonores se propageant à travers le plasma cosmique quasiment à la vitesse de la lumière. Puisque ce plasma a existé pendant 400 000 ans après le Big Bang, les taches ont donc grandi jusqu'à une taille d'environ 400 000 années-lumière. Si vous calculez l'angle qu'une telle bulle de 400 000 années-lumière recouvre dans le ciel d'aujourd'hui, 14 milliards d'années après, vous obtiendrez 1 degré environ. À moins que l'espace ne soit courbe…

Comme nous l'avons présenté au chapitre 2, il existe plus d'un type d'espace tridimensionnel uniforme : en sus de l'espace plat qu'Euclide avait axiomatisé et que nous avons tous étudié à l'école, il y a les espaces courbes où les angles suivent des règles bien différentes. J'ai appris à l'école que la somme des angles d'un triangle dessiné sur une feuille plate est égale à 180°. Mais si vous le dessinez sur la surface arrondie d'une orange, la somme sera supérieure à 180°, et si vous le tracez sur une selle, elle sera inférieure (voir la figure 2.7 pour ces exemples). De façon similaire, si notre espace physique était courbe à l'instar d'une surface sphérique, l'angle recouvert par chaque tache du fond diffus serait plus grand, décalant les pics de la courbe du spectre de puissance vers la gauche. Si l'espace avait la courbure d'une selle, les taches paraîtraient plus petites et décaleraient les pics vers la droite.

Selon moi, l'une des idées les plus merveilleuses de la théorie de la gravitation d'Einstein est que la géométrie n'est pas simplement mathématique : elle est également physique. Plus précisément, les équations d'Einstein montrent que plus l'espace contient de matière, plus il devient courbé. Cette courbure spatiale impose aux choses de se mouvoir non pas en ligne droite, mais selon une trajectoire incurvée vers les objets massifs – expliquant ainsi que la gravité soit une manifestation de la géométrie. Cette vision ouvre une fenêtre totalement nouvelle sur la manière de peser notre Univers : mesurez simplement le premier pic dans le spectre de puissance du fond diffus cosmologique ! Si sa position indique que l'espace est plat, alors les équations d'Einstein nous montrent que la densité cosmique moyenne serait d'environ 10^{-26} kg/m^3, correspondant à environ dix milligrammes dans un volume équivalent à celui de la Terre, ou environ six atomes d'hydrogène par mètre cube. Si le pic est décalé vers la gauche, la densité est supérieure, et *vice versa*. Étant donné l'incertitude régnant au sujet de la matière noire et de l'énergie sombre, la mesure de cette densité totale est extrêmement importante, et des équipes de chercheurs tout autour du monde se sont lancées dans la course au premier pic – qui était supposé être plus facile à détecter que les autre du fait que des taches plus grosses sont plus faciles à mesurer que des petites.

J'entrevis pour la première fois le pic en 1996, dans un article rédigé sous la houlette d'un étudiant de Lyman Page, Barth Netterfield, d'après les données de Saskatoon. « Magnifique ! » pensai-je. Je dus poser ma cuillère de muesli munichois pour l'appréhender complètement. Sur le plan intellectuel, la théorie sous-jacente aux pics du spectre de puissance était très élégante, mais je pensais malgré tout, au fond de moi-même, que ces extrapolations humaines ne pouvaient fonctionner de la sorte. Trois ans plus tard, une étudiante de Lyman Page, Amber Miller, dirigea une mesure plus précise du premier pic et découvrit qu'il se situait approximativement au bon endroit pour que notre Univers soit plat, mais encore une fois, tout cela me semblait trop beau pour être vrai. En fin de compte, en avril 2000, je dus me résigner à l'accepter. Un télescope cosmologique baptisé Boomerang, ayant passé onze jours à naviguer autour de l'Antarctique, suspendu à un ballon de haute altitude de la taille d'un terrain de football, venait de produire les mesures les plus précises jusqu'alors sur le spectre de puissance, exhibant un magnifique premier pic exactement à l'endroit d'un univers plat. Nous connaissions désormais la densité totale de notre Univers (en moyenne dans l'espace).

Énergie sombre

Cette mesure présente une situation intéressante lorsque nous cherchons à rendre compte des différentes contributions cosmiques. Comme vous pouvez le constater dans la figure 4.3, nous connaissons la densité totale d'après la

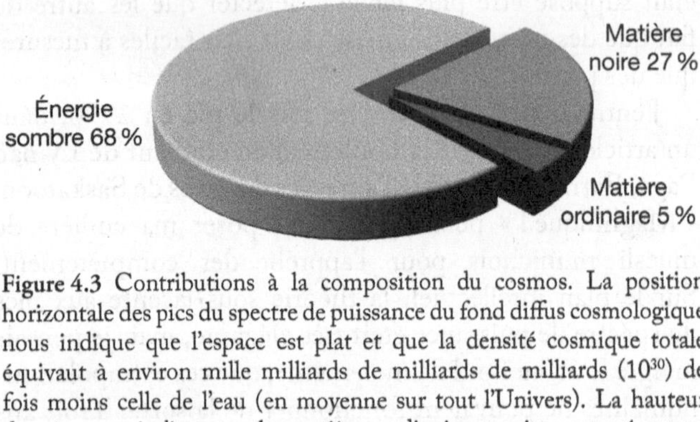

Figure 4.3 Contributions à la composition du cosmos. La position horizontale des pics du spectre de puissance du fond diffus cosmologique nous indique que l'espace est plat et que la densité cosmique totale équivaut à environ mille milliards de milliards de milliards (10^{30}) de fois moins celle de l'eau (en moyenne sur tout l'Univers). La hauteur des pics nous indique que les matières ordinaire et noire ne représentent que 30 % environ de cette densité, donc une substance différente doit contribuer à hauteur de 70 % – c'est l'énergie sombre.

position du premier pic, mais également la densité de la matière ordinaire, et celle de la matière noire en mesurant ses effets gravitationnels sur les galaxies et amas de galaxies. Or toute cette matière ne rend compte que de 30 % seulement de la densité totale, ce qui signifie que les 70 % restants doivent résider sous une forme matérielle qui ne s'agrège pas – que nous avons baptisée énergie sombre.

Or l'objet le plus impressionnant que je n'ai pas encore mentionné est le suivant : la *supernova*. En effet, une pièce à conviction entièrement indépendante sur l'énergie sombre suggère exactement la même valeur de 70 %, en se fondant sur l'expansion cosmique plutôt que sur l'accumulation de matière. Nous avons déjà fait allusion aux étoiles variables céphéides qui sont comme des chandelles standard permettant de mesurer des distances cosmiques. Les cosmologistes que nous sommes disposent dorénavant d'une autre chandelle standard qui est encore plus lumineuse, de sorte qu'elle peut être détectée non seulement à des millions mais à des milliards d'années-lumière. Ce sont de gigantesques explosions cosmiques baptisées supernovae de type Ia, qui ne durent que quelques secondes et peuvent relâcher plus d'énergie que cent millions de milliards de soleils.

Vous souvenez-vous de notre allusion au poème « Brille, brille, petite étoile » ? Lorsque Jane Taylor écrivit les vers suivants « Là-haut, si loin du monde, Comme un diamant dans le ciel », elle ne soupçonnait nullement être si proche de la vérité : lorsque notre Soleil s'éteindra finalement dans à peu près 5 milliards d'années, il finira ses jours sous la forme d'une naine blanche, une boule géante composée essentiellement d'atomes de carbone – à l'instar d'un diamant. Notre Univers regorge aujourd'hui de naines blanches, résidus d'étoiles disparues. Nombre d'entre elles grossissent continuellement en engloutissant le gaz de l'étoile compagne agonisante qui gravite à proximité. Lorsque leur poids dépasse une certaine valeur officielle (égale à 1,4 fois la masse du Soleil), elles subissent à nouveau un effondrement analogue au cœur des étoiles : elles deviennent instables et éclatent en une gigantesque explosion thermonucléaire, une supernova de type Ia. Comme toutes ces bombes atomiques possèdent la même masse, il n'est pas surprenant qu'elles dégagent quasiment la même puissance.

Qui plus est, on a montré que les légères variations dans la puissance de l'explosion sont liées à la fois à son spectre et à la vitesse d'accroissement et de déclinaison de la luminosité, qui peuvent tous deux être mesurés, permettant aux astronomes d'ériger les supernovae de type Ia au rang de chandelles standard fiables.

Cette technique a été utilisée par Saul Perlmutter, Adam Riess, Brian Schmidt, Robert Kirshner et leurs collaborateurs pour mesurer avec précision la distance de nombreuses supernovae de type Ia, mais également leur vitesse d'éloignement basée sur le décalage vers le rouge. À partir de ces mesures, ils réalisèrent la reconstitution la plus précise à ce jour de la vitesse à laquelle notre Univers s'est dilaté aux diverses époques du passé. En 1998, ils annoncèrent une découverte sensationnelle qui leur permit de décrocher le prix Nobel 2011 de physique : après avoir passé ses 7 premiers milliards d'années à ralentir, l'expansion cosmique s'est remise à accélérer et elle s'amplifie sans cesse depuis ! Si vous lancez une pierre en l'air, l'attraction gravitationnelle de la Terre la fera décélérer à mesure qu'elle s'éloigne du sol, ainsi l'accélération cosmique révélait la présence d'une étrange force gravitationnelle répulsive et non attractive. Comme je l'expliquerai au chapitre suivant, la théorie de la gravitation d'Einstein prédit que l'énergie sombre possède précisément cet effet anti-gravité. De même, les équipes de recherche sur les supernovae découvrirent qu'une contribution de l'énergie sombre de 70 % dans la composition cosmique rendait admirablement bien compte de ce qui était observé.

50 % de réussite

Ce que j'affectionne particulièrement dans mon métier de scientifique, c'est de travailler avec des gens formidables. La personne avec laquelle j'ai coécrit le plus d'articles est un ami argentin du nom de Matias Zaldarriaga. Mon ex-femme et moi l'avions secrètement surnommé « le grand Zalda », et nous nous accordons à reconnaître que la seule faculté qui surpasse son talent est son sens de l'humour. Il avait coécrit le programme informatique que tout le monde utilisait pour prédire les courbes du spectre de puissance comme celles de la figure 4.2, mais il paria un jour un billet de vol pour l'Argentine que ses prédictions étaient toutes fausses et qu'il n'y aurait aucun pic. En préparation des résultats du ballon stratosphérique Boomerang, nous avons accéléré la cadence pour mettre au point une vaste base de données de modèles auxquels nous pouvions confronter les mesures. De sorte que, lorsque les données de Boomerang ont été disponibles, j'ai posté à nouveau un article inachevé sur http://arXiv.org, puis nous avons engagé une course contre-la-montre pour le terminer avant sa publication définitive le dimanche soir. La matière ordinaire (les atomes) interagit facilement avec la substance du cosmos tandis que la matière noire la traverse simplement : elle se meut par conséquent différemment dans l'espace. Cela signifie que les matières ordinaire et noire affectent de manières différentes l'accrétion cosmique et la courbe du spectre de puissance du fond diffus (voir la figure 4.2). En particulier, si nous ajoutons plus d'atomes dans la répartition matérielle de l'Univers, nous abaissons le deuxième pic. L'équipe Boomerang rapporta l'existence d'un deuxième pic assez petit. Matias et moi avons découvert que cela imposait que la contribution des atomes fût au minimum de 6 %. Or la nucléosynthèse primordiale, la vaste fournaise nucléaire évoquée au chapitre 3, ne fonctionne que si les atomes ne représentent que 5 % du total, donc quelque chose ne collait pas ! J'ai passé des jours à me torturer l'esprit à Albuquerque, où je devais donner une conférence, et il était vraiment stimulant d'avoir à annoncer ces indices complètement inédits. Matias et moi avons tout juste honoré l'heure limite. Notre article fut diffusé sur le Web avant même celui de l'équipe Boomerang elle-même, la publication de leur article ayant été ridiculement retardée par un ordinateur capricieux au motif que la légende d'une figure comportait un mot de trop.

La vérification croisée est une aubaine en science car elle permet de révéler des erreurs dissimulées. Boomerang a permis aux cosmologistes que nous sommes de réaliser deux vérifications croisées sur la répartition matérielle du cosmos :

1) Nous avons mesuré la fraction de l'énergie sombre de deux manières distinctes (avec les supernovae Ia et les pics du fond diffus cosmologique) et les réponses convergent.
2) Nous avons mesuré la fraction de la matière ordinaire de deux manières distinctes (avec la nucléosynthèse primordiale et les pics du fond diffus cosmologique) mais les réponses divergent, donc l'une des deux méthodes au moins était erronée.

Un revirement de choc

Un an plus tard, je me trouvais dans une somptueuse salle de conférence de presse à Washington D.C., scotché à mon siège, pressentant que le Père Noël allait passer trois fois de suite. En premier lieu, il y eut John Carlstrom, rapportant les résultats émanant d'un télescope cosmologique du pôle Sud baptisé DASI. Après les traditionnels palabres sur les détails techniques que je connaissais déjà – patatras ! – le tracé du spectre de puissance le plus ahurissant que j'avais jamais vu s'offrait à mes yeux ! Avec trois pics clairement visibles. Puis vint le Père Noël n° 2 : John Ruhl de l'équipe Boomerang. Blablas puis boum ! Un autre spectre de puissance saisissant avec trois pics, en merveilleux accord avec les mesures indépendantes de DASI. Or le deuxième pic auparavant si insignifiant était plus saillant cette fois, grâce aux perfectionnements dans la conception de leur télescope. En fin de compte, vint le Père Noël n° 3 : Paul Richards rapporta les mesures d'un ballon stratosphérique appelé MAXIMA, confirmant également les données des autres. J'étais tout simplement bluffé. Après toutes ces années à rêver de ces insaisissables indices encodés dans le ciel diffus cosmologique, ils étaient là ! Cela semblait si présomptueux de supposer que nous, humains saurions comment était notre Univers quelques cent mille ans seulement après notre Big Bang, eh bien nous y étions parvenus. La nuit même, je relançai promptement mon logiciel d'ajustement de modèle avec les nouvelles données du fond diffus cosmologique, et, puisque le deuxième pic était plus important, mon programme prévit environ 5 % d'atomes, en parfait accord avec la nucléosynthèse primordiale. La double vérification de l'atome passait de l'échec au succès, et l'ordre du cosmos fut restauré. Et il persista : jusqu'à ce jour, WMAP, Planck et les autres expériences ont mesuré la courbe du spectre de puissance de manière beaucoup plus précise, comme vous pouvez le voir sur la figure 4.2, révélant que l'analyse de ces expériences pionnières était parfaitement fondée.

Accrétion galactique de précision

En 2003, le rayonnement fossile était en passe de devenir la réussite la plus éclatante de toute l'histoire de la cosmologie. On admettait de façon consensuelle que c'était la panacée à tous nos problèmes et qu'elle nous permettrait de mesurer les valeurs fondamentales de notre modèle cosmologique. Or cette vision était incorrecte. Supposons que mon poids s'élève à 90 kg. Cette information est clairement insuffisante pour vous permettre de déterminer ma hauteur et ma largeur, car mon poids dépend des deux : je peux être grand et fin ou petit et grassouillet. Nos problèmes sont analogues lorsque nous tentons de mesurer les nombres élémentaires caractérisant notre Univers. Par exemple, la taille des taches caractéristiques du fond diffus qui correspondent aux positions horizontales des pics du rayonnement fossile de la figure 4.2 dépend à la fois de la courbure de l'espace (qui grossit/rétrécit les taches) et de la densité d'énergie sombre (qui altère la vitesse d'expansion de notre Univers et par conséquent notre distance à l'écran plasma muni de ses taches, les faisant également apparaître plus grosses ou plus petites). Du coup, même si de nombreux journalistes avaient proclamé que les expériences telles que Boomerang et WMAP établissaient que l'espace est plat, cela n'était pas vrai : notre Univers pouvait être plat et muni de 70 % environ d'énergie sombre ou courbe avec une quantité différente de cette substance. Il existe d'autres paires de paramètres cosmologiques qu'il est tout aussi difficile pour le fond diffus cosmologique de démêler, par exemple l'amplitude des fluctuations dans notre Univers primordial et l'époque où les premières étoiles se sont formées, qui affectent de façon analogue le spectre de puissance de la figure 4.2 (dans cette situation en modifiant la hauteur des pics). Comme nous l'avons appris en cours d'algèbre au lycée, il nous faut plusieurs équations pour déterminer la valeur de deux quantités inconnues. En cosmologie, nous cherchons à déterminer environ sept nombres, et le rayonnement fossile à lui seul ne contient pas assez d'information pour ce faire. Nous avons ainsi besoin de renseignements supplémentaires provenant d'autres mesures cosmologiques, telles que la cartographie en trois dimensions des galaxies.

Exploration du décalage vers le rouge des galaxies

Lorsque nous réalisons une carte 3D de l'emplacement des galaxies dans notre Univers, nous analysons d'abord des photos bidimensionnelles du ciel pour localiser les galaxies puis effectuons des mesures supplémentaires pour évaluer leur éloignement. Le projet de cartographie 3D le plus ambitieux à ce jour est le *Sloan Digital Sky Survey*. J'ai eu l'immense privilège de rejoindre cette équipe lorsque j'étais postdoctorant à Princeton, même si une petite armada de personnes avait déjà passé quasiment une décennie à mettre sur pied le projet, à construire le télescope et à faire en sorte que tout fonctionne comme prévu. Il a produit la carte céleste bidimensionnelle de la figure 4.4 en passant plus d'une décennie à sonder un tiers du ciel à l'aide d'un télescope de 2,5 mètres spécialement conçu à cet effet, dans le Nouveau-Mexique. Jim Gunn, un professeur de Princeton qui me fait songer à un sympathique prestidigitateur barbu, usait de ses pouvoirs magiques pour édifier cet incroyable appareil photo numérique dédié au télescope, à l'époque le plus grand jamais conçu pour un projet astronomique.

Figure 4.4 Le *Sloan Digital Sky Survey* contient une quantité phénoménale d'informations. La vignette de gauche, où la sphère représente le ciel intégral, s'élève à environ un térapixel, un million de mégapixels. Les agrandissements successifs font apparaître la Grande Ourse puis la galaxie du Tourbillon, mais avec le même niveau de détail quel que soit l'endroit où nous zoomons. (*Crédit photographique : Mike Blanton et David Hogg/Collaboration SDSS*)

Si vous examinez attentivement ces images du ciel, telles que celles de la figure 4.5, vous y verrez beaucoup d'étoiles, de galaxies et d'autres objets – en réalité, plus d'un demi-milliard d'éléments. Cette profusion implique que si vous demandez à un étudiant de localiser tous les objets à raison d'un par seconde, en travaillant huit heures par jour sans repos le week-end ni vacances, vous devrez attendre cinquante ans – et obtiendrez le diplôme du pire directeur de thèse ayant existé. La détection de ces objets constitue également un problème étonnamment difficile pour un ordinateur : il doit être capable de discerner les galaxies (qui paraissent floues et étalées), les étoiles (qui devraient paraître ponctuelles mais ne le sont pas à cause de la diffusion atmosphérique), les comètes, les satellites et divers artefacts instrumentaux. Pire encore : des objets se recouvrent parfois, comme lorsqu'une étoile proche se trouve malencontreusement devant une galaxie lointaine. Un très grand nombre de personnes se sont évertuées à résoudre ce problème durant des années. Il fut finalement levé grâce à l'effort de programmation héroïque de Robert Lupton, un Britannique enjoué qui signe tous ses courriels par « Robert Lupton Le Bon » et se promène toujours pieds-nus (figure 4.5).

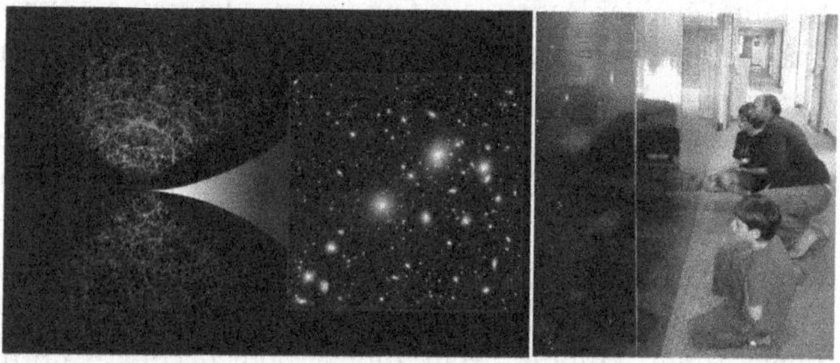

Figure 4.5 Une petite portion de la carte du *Sloan Digital Sky Survey* a été utilisée pour décorer un mur entier du département d'astronomie de l'université de Princeton, où nous pouvons voir Robert Lupton l'examiner avec mes enfants. Lorsque tous les objets de la carte furent identifiés par le logiciel de Robert, les distances aux galaxies les plus intéressantes ont été mesurées, produisant une carte 3D (à gauche) dont nous sommes le centre et où chaque point représente une galaxie. Vous pouvez contempler le « Grand Mur de Sloan » au tiers environ de la hauteur dans l'image supérieure.

L'étape suivante consiste à calculer la distance de chaque galaxie. Dans le chapitre 3 nous avons vu pourquoi la loi d'Edwin Hubble $v = Hd$ implique que notre Univers soit en expansion, de sorte que plus la distance d d'une galaxie lointaine est importante, plus sa vitesse v de récession est élevée. Désormais, puisque la loi de Hubble repose sur des fondements solides, nous pouvons rétrospectivement l'utiliser comme une méthode de mesure des distances : en mesurant à quelle vitesse une galaxie s'éloigne de nous, grâce au décalage vers le rouge de ses raies spectrales, nous pouvons déduire sa distance. Sur le principe, la mesure des décalages vers le rouge et des vitesses est aisée en astronomie, contrairement à celle des distances, donc la loi de Hubble nous facilite grandement la tâche : une fois la constante H de Hubble mesurée en se fondant sur des galaxies proches, nous avons simplement besoin d'évaluer la vitesse v d'une galaxie lointaine d'après son spectre décalé vers le rouge, puis de diviser par H pour obtenir une bonne estimation de sa distance.

Du catalogue d'objets confectionné par le logiciel de Robert Lupton, on en sélectionna approximativement un million, parmi les plus intéressants, dont le spectre avait déjà été mesuré. Il avait fallu plusieurs semaines, à l'époque, pour collecter les 24 spectres galactiques sur lesquels Edwin Hubble s'était appuyé pour découvrir notre expansion cosmique. Le *Sloan Digital Sky Survey*, lui, pouvait massivement produire des spectres, à la cadence de 640 par heure, les mesurant tous simultanément. L'astuce consistait à positionner 640 fibres optiques dans le plan focal du télescope, aux emplacements où le catalogue de Robert localisait les images des galaxies, puis de laisser ces fibres véhiculer la lumière galactique vers un spectrographe qui la séparait en 640 arcs-en-ciel distincts enregistrés par un appareil numérique. Un autre ensemble de programmes, mis en œuvre par David Schlegel et ses collègues, analysait ces spectres pour calculer la distance de chaque galaxie (d'après le décalage vers le rouge de ses raies spectrales) et quelques autres de leurs propriétés.

Complètement à gauche de la figure 4.5, j'ai tracé une tranche 3D de notre Univers, où chaque point représente une galaxie. Lorsque je ressens le besoin de m'évader pour un certain temps, j'aime déambuler parmi les galaxies grâce à un simulateur de vol cosmologique 3D en ma possession. Je remarque alors quelque chose d'assez magnifique : nous faisons partie de quelque chose d'incomparablement plus vaste. Non seulement notre planète est un élément de notre système solaire et celui-ci un morceau de la Voie lactée, mais notre galaxie fait aussi partie d'une toile d'araignée cosmique de groupes, d'amas et de superamas de galaxies tissant de gigantesques structures filamenteuses. Tout en méditant sur cette carte et en remarquant la présence de ce que nous appelons désormais le « Grand Mur de Sloan » (figure 4.5 à gauche), j'étais si époustouflé par sa taille que je suspectai tout d'abord une erreur dans mon programme. Or certains de mes collaborateurs l'avaient découvert indépendamment, et celui-ci est bien réel : d'une longueur de 1,4 milliard d'années-lumière, c'est la plus grande structure connue dans notre Univers. Ces vastes filaments représentent un trésor cosmologique, recelant en quelque sorte l'information précieuse que ne nous délivre pas le fond diffus cosmologique.

De la cosmologie de dérision à la cosmologie de précision

Ces motifs dans la distribution des galaxies sont réellement identiques à ceux des cartes du fond diffus cosmologique – présents des milliards d'années plus tôt et amplifiés par la gravitation. Dans une région de l'espace où le gaz était jadis 0,001 % plus dense que son voisinage, dessinant une tache sur la carte WMAP (voir la figure 3.4), il pourrait s'y trouver aujourd'hui un amas de cent galaxies. En ce sens, nous pouvons imaginer les fluctuations du rayonnement fossile comme un ADN cosmique, l'empreinte de ce que deviendra notre Univers en grandissant. En comparant l'image formée par les légères hétérogénéités du fond diffus cosmologique aux puissantes structures actuellement observées dans les cartes tridimensionnelles des galaxies, nous pouvons quantifier la nature détaillée de cette substance dont la gravité a engendré la croissance des fluctuations.

Les hétérogénéités du rayonnement fossile sont caractérisées par une courbe du spectre de puissance (voir la figure 4.2). Il en est de même pour le regroupement des galaxies. Toutefois, la mesure de cette courbe de façon réellement précise s'avère incroyablement difficile : celle du spectre de puissance des galaxies du *Sloan Digital Sky Survey*, indiquée dans la figure 4.6, m'absorba durant six années (oui, six !), malgré l'aide inestimable de mes collègues. Lorsque je l'ai achevée, ce fut mon projet le plus épuisant. Je me répétais sans cesse « Merci mon Dieu, je l'ai presque achevée, car je n'en peux plus ! », avant de découvrir un nouveau problème majeur dans mon analyse.

Pourquoi était-ce si difficile ? En fait, cela aurait été facile si nous connaissions la position exacte de chaque galaxie de notre Univers et si nous avions un ordinateur infiniment puissant permettant d'analyser cela. En pratique, nous ne pouvons observer de nombreuses galaxies du fait de complications diverses, et certaines de celles que nous avons examinées possèdent une distance et une luminosité inattendues. Si nous ignorons ces écueils, nous obtenons un spectre de puissance erroné qui se traduit par de fausses conclusions au sujet de notre Univers.

Les premières cartes galactiques en trois dimensions étaient si petites qu'il était inutile de passer beaucoup de temps à les analyser. Mon collègue Michael Vogeley me procura un magnifique graphique résumant toutes les mesures réalisées depuis 1996, et lorsque je lui demandai

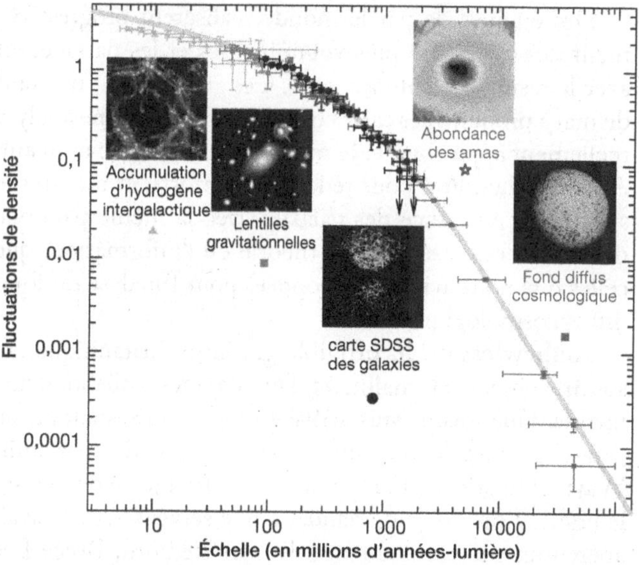

Figure 4.6 L'accumulation de matière dans notre Univers est décrite par la courbe du spectre de puissance indiquée ici. Le fait que la valeur de cette courbe à 1 000 millions d'années-lumière soit égale à 10 % signifie *grosso modo* que si vous mesurez la quantité de masse dans une sphère de ce rayon, la valeur que vous obtiendrez variera de 10 % selon l'endroit dans l'espace où vous positionnez la sphère. Contrairement à l'époque où j'ai débuté ma carrière, des mesures hautement précises sont dorénavant disponibles, et elles s'accordent avec les prédictions théoriques. Je trouve particulièrement remarquable que les cinq évaluations différentes de cette courbe convergent même si les données, les gens impliqués et les méthodes concernées sont totalement différents.

pourquoi il n'avait pas reporté les barres d'erreur pour indiquer l'incertitude sur les mesures, il me rétorqua « Parce que je n'y crois pas ». Son scepticisme était fondé : certaines équipes annonçaient des résultats dix fois plus importants que les autres, donc ils ne pouvaient avoir tous raison.

Des équipes de par le monde réalisèrent progressivement des cartes 3D plus volumineuses et les partagèrent avec le reste de la communauté. Ces gens avaient mis tant de mal à produire ces cartes qu'elles méritaient une analyse réellement approfondie. Je m'associais donc avec mon ami Andrew Hamilton pour redoubler d'efforts, et mesurer le spectre de puissance des galaxies avec la même panoplie de méthodes, basées sur la théorie de l'information, que celles que nous avions développées pour l'analyse du fond diffus cosmologique.

Andrew est un incorrigible gai luron britannique, au sourire enjoué et malin, et l'un de mes collaborateurs favoris. Une fois, je suis arrivé en retard au restaurant où j'étais supposé le rencontrer accompagné de mes amis Wayne Hu et David Hogg qui venait tout juste de se raser le crâne. Lorsque je demandai à une serveuse si elle avait aperçu un trio ressemblant à Robert Redford, Bruce Lee et Kojak, elle réfléchit un instant, puis sourit et dit : « J'ai bien remarqué Robert Redford... ». Nous avons d'abord analysé des cartes 3D de plus en plus volumineuses, répondant aux noms obscurs de IRAS, PSCz, UZC et 2dF, et ayant respectivement 5 000, 15 000, 20 000 et 100 000 galaxies environ. Andrew vivait dans le Colorado, et nous avions d'interminables conversations sur les subtilités mathématiques relatives à l'évaluation du spectre de puissance, par courriel, téléphone ou lors de nos randonnées dans les Alpes et les Montagnes Rocheuses.

La carte du *Sloan Digital Sky Survey* était la plus vaste et la plus nette de toutes, issue d'une imagerie entièrement numérique et d'un contrôle de qualité méticuleux, donc elle méritait également une analyse tout aussi scrupuleuse. Puisque le niveau d'excellence d'un résultat dépend de son maillon le plus faible, j'ai passé des années à travailler sur de nombreux problèmes rébarbatifs souvent considérés comme étant les plus inintéressants. Le professeur Jill Knapp, compagne de Jim Gunn et l'une des forces motrices du projet, organisait des rencontres hebdomadaires à Princeton où gavés d'une nourriture succulente, nous tentions d'identifier tous les squelettes dans le placard de l'analyse et d'imaginer ce que nous pouvions en tirer. Par exemple, le nombre de galaxies cartographiées dans une direction particulière dépendait de la météo du jour où les prises de vues avaient été effectuées, de la quantité de poussière galactique dans cette direction, et de la fraction des galaxies visibles qui pouvait être couverte par les fibres optiques. Indubitablement, cette tâche était réellement fastidieuse, donc je vous épargnerai des détails, mais j'ai néanmoins reçu une aide inestimable de la part de nombreuses personnes, particulièrement du professeur Michael Strauss et son étudiant de l'époque Mike Blanton. Inlassablement, il fallait faire tourner un ordinateur durant plusieurs semaines sur des tables numériques appelées matrices, selon des cycles apparemment ininterrompus de téraoctets de calculs, observer les résultats sous forme de tracés incohérents, corriger le programme puis le relancer à nouveau.

Après six années d'acharnement, je soumettais finalement mes résultats en 2003 dans deux articles, tous deux avec plus de 60 coauteurs. De toute ma vie, je n'ai jamais été aussi soulagé d'achever quelque chose, excepté peut-être ce livre. Le premier article concernait la mesure du spectre de puissance galactique, indiqué dans la figure 4.6, et le second traitait d'une évaluation de paramètres cosmologiques en combinant ce spectre de puissance avec celui du fond diffus cosmologique. J'en ai listé quelques points essentiels dans le Tableau 4.1 tout en réactualisant les nombres à leur valeur la plus récente obtenue par d'autres mesures, mais ceux-ci n'ont pas changé de manière significative même si les incertitudes inhérentes ont décru. Je me souviens encore nettement des débats houleux, à l'époque où j'étais étudiant, sur la question de savoir si notre Univers avait 10 ou 20 milliards d'années, alors que nous débattions désormais sur le fait de savoir s'il avait 13,7 ou 13,8 milliards d'années ! On entrait de plain-pied dans la cosmologie de précision, et j'étais à la fois exalté et honoré de pouvoir apporter ma modeste pierre à l'édifice.

Sur le plan personnel, cette expérience me donna une chance inespérée : je fis l'objet d'une évaluation pour une titularisation au MIT en automne 2004. De même que les musiciens ont leur classement des dix meilleures ventes, les scientifiques possèdent leurs propres listes de citations : chaque fois que quelqu'un cite votre article, cela contribue à votre palmarès. Le monde de la citation peut paraître assez perfide et hasardeux, enclin à des phénomènes de mode puisque des auteurs peu scrupuleux peuvent copier les citations d'autres articles sans vraiment lire ce qu'ils citent, mais les comités de promotion prennent néanmoins en considération le nombre de fois où un scientifique est cité. C'est au moment même où j'avais besoin de chance que mes deux articles devinrent subitement les plus cités, et l'un fut même l'article de physique le plus cité de 2004 – cette distinction ne perdura pas longtemps, mais suffisamment pour décrocher l'avis positif de titularisation. Cette prospérité persista car le magazine *Science* décida que la première découverte majeure de l'année 2003 était le fait que la cosmologie devenait finalement crédible, mentionnant à la fois les résultats de WMAP et notre analyse du *Sloan Digital Sky Survey*.

Nom du paramètre	Symbole utilisé	Valeur mesurée	Incertitude
Densité baryonique (atomes)	Ω_b	0,049	2 %
Densité de la matière noire	Ω_d	0,27	4 %
Densité de l'énergie sombre	Ω_Λ	0,68	1 %
Densité des neutrinos	Ω_ν	0,003	100 %
Densité totale	Ω_{tot}	1,001	0,7 %
Âge de l'Univers en giga-années	t_0	13,80	0,2 %
Amplitude des germes de fluctuations	Q	0,0000195	3 %
« Biais » des germes de fluctuations	b	0,96	0,5 %

Tableau 4.1 *En combinant les cartes du fond diffus cosmologique avec celles tridimensionnelles des galaxies, nous parvenons à mesurer les quantités cosmologiques fondamentales à la précision de l'ordre du pourcent.*

En toute honnêteté, cependant, ces données ne constituaient nullement une percée majeure, mais simplement le reflet d'un progrès lent et inéluctable que la communauté mondiale des cosmologistes avait réalisé ces dernières années. Notre travail n'était en aucune façon révolutionnaire et n'avait rien découvert de surprenant – il contribuait plutôt à rendre simplement plus crédible la cosmologie, dans son épanouissement en une science plus mature. À mon sens, le résultat le plus surprenant était qu'il n'y avait pas de surprise.

Le célèbre physicien soviétique Lev Landau a dit une fois que « les cosmologistes ont souvent tort, mais ils ne doutent jamais ». Nous avons vu de nombreux exemples de cela, d'Aristarque qui proclamait que le Soleil était

18 fois plus proche, à Hubble annonçant que notre Univers se dilatait sept fois plus vite. Cette « conquête de l'Ouest » est désormais révolue : nous avons vu que la nucléosynthèse primordiale et les hétérogénéités du fond diffus fournissent la même mesure de la densité des atomes, et que les supernovae Ia et l'accrétion cosmique procurent la même valeur de la densité d'énergie sombre. De toutes les vérifications croisées, celle que je préfère est celle de la Figure 4.6 : j'y ai tracé cinq mesures différentes de la courbe du spectre de puissance, et, bien que les données, les personnes impliquées et les méthodes concernées soient totalement différentes pour les cinq, vous pouvez remarquer qu'elles convergent remarquablement bien.

L'ultime carte de notre Univers

Il reste tant de choses à explorer

Je suis là, assis sur mon lit à taper ces mots et à méditer sur la manière dont la cosmologie a évolué. Lorsque j'étais postdoctorant, nous nous demandions à quel point ce serait fabuleux d'avoir toutes les données de précision et, en fin de compte, la mesure fiable des paramètres cosmologiques. Nous pouvons dorénavant le dire, « nous y sommes, nous l'avons fait » : les réponses se trouvent dans le Tableau 4.1. Donc, qu'en est-il maintenant ? La cosmologie est-elle achevée ? Avons-nous, cosmologistes, besoin de chercher autre chose à faire ?

Ma réponse est « Non ! ». Pour apprécier l'étendue de ce qu'il reste à faire dans la recherche cosmologique, soyons humbles et reconnaissons que les cosmologistes que nous sommes ont accompli bien peu de chose : nous avons essentiellement paramétré notre ignorance, au sens où derrière chaque paramètre du tableau 4.1 se cache un mystère inexpliqué. Par exemple :

- Nous avons mesuré la densité de matière noire, mais qu'est-ce que c'est ?
- Nous avons mesuré la densité d'énergie sombre, mais qu'est-ce que c'est ?
- Nous avons mesuré la densité des atomes (il y a environ un atome pour deux millions de photons) – mais quel processus a produit cette quantité de matière ?
- Nous avons mesuré que les germes des fluctuations sont de l'ordre de 0,002 % – mais quel processus les a engendrés ?

À mesure que les données s'amélioreront, nous serons capables d'en tirer parti pour calculer les nombres du Tableau 4.1 de façon encore plus précise, avec plus de décimales. Je suis cependant beaucoup plus enthousiaste à l'idée d'exploiter ces données pour mesurer de *nouveaux* paramètres. Par exemple, nous pouvons tenter de mesurer d'autres propriétés de la matière noire et de l'énergie sombre que leur seule densité. La matière noire possède-t-elle une pression ? Une vitesse ? Une température ? Cela permettrait d'éclairer sa nature sous un nouveau jour. La densité d'énergie sombre est-elle réellement constante, comme elle semble l'être jusqu'à présent ? Si nous pouvions mesurer ne serait-ce qu'une infime variation dans le temps ou dans l'espace, ce serait un indice crucial sur sa nature et sur la manière dont elle influencera l'avenir de notre Univers. Les germes des fluctuations sont-ils affublés de signes distinctifs ou de propriétés autres que leur amplitude de 0,002 % ? Ce serait la clef de voûte de l'origine de notre Univers.

J'ai beaucoup réfléchi sur ce que nous devions faire pour appréhender ces questions, et de manière intéressante, la réponse est la même pour toutes : cartographier notre Univers ! Plus précisément, nous avons besoin de cartographier autant que possible notre Univers en trois dimensions. Le plus grand volume d'espace que nous pouvons cartographier est la région où la lumière a eu le temps de nous atteindre. Ce volume est essentiellement l'intérieur d'une sphère de plasma (figure 4.7, à gauche) que nous avons prospecté, et comme vous pouvez le voir dans la vignette du milieu de cette figure, plus de 99,9 % de ce volume demeure inexploré. Vous pouvez également constater que notre carte galactique 3D la plus ambitieuse, celle du *Sloan Digital Sky Survey*, ne couvre que notre voisinage cosmologique immédiat – notre Univers est tellement immense ! Si j'avais ajouté à cette figure les galaxies les plus lointaines découvertes par des astronomes, elles se situeraient tout juste à mi-parcours du bord, et de toute manière trop peu nombreuses et trop éloignées les unes des autres pour représenter une carte 3D pertinente.

Figure 4.7 La fraction de notre Univers observable (à gauche) ayant été cartographiée (au centre) est ridicule, recouvrant moins de 0,1 % du volume. La situation est analogue à celle de l'Australie en 1838 (à droite), où nous avions cartographié une fine bande le long des côtes tandis que la majeure partie des terres intérieures demeurait inexplorée. Dans la vignette centrale, la région circulaire est le plasma (le rayonnement fossile que nous observons ne provient que du mince bord grisé interne), et la petite structure près du centre est la plus grande carte galactique 3D, dressée par le *Sloan Digital Sky Survey*.

Si nous pouvions d'une manière ou d'une autre cartographier ces régions inexplorées de notre Univers, ce serait formidable pour la cosmologie. Non seulement cela décuplerait nos connaissances cosmologiques, mais, puisque regarder au loin revient à regarder dans le passé, cela révélerait également de manière très détaillée ce qui s'est passé pendant la première moitié de notre histoire cosmique. Mais comment faire ? Toutes les techniques que nous avons mentionnées continueront de se perfectionner de diverses manières passionnantes, mais malheureusement ce ne sera pas pour demain qu'elles cartographieront une grande portion des 99,9 % du volume inexploré. Les expériences du fond diffus cosmologique ont principalement prospecté le bord de ce volume, tandis que l'intérieur est majoritairement transparent aux micro-ondes. À ces distances colossales, la plupart des galaxies sont extrêmement pâles et difficiles à observer même avec nos meilleurs télescopes. Pire encore : la plupart du volume est si éloigné qu'il ne contient quasiment pas de galaxie – nous regardons si loin dans le temps que la majorité des galaxies ne se sont pas encore formées !

Cartographie de l'hydrogène

Par chance, il existe une autre technique de cartographie qui pourrait convenir. Comme nous l'avons signalé précédemment, l'espace vide n'est pas réellement vide : il est empli de gaz d'hydrogène. De surcroît, les physiciens savent depuis fort longtemps que ce gaz d'hydrogène émet des ondes radio à une longueur d'onde de 21 centimètres, détectables avec un télescope radio. (Lorsque mon ancien camarade de classe Ted Bunn enseignait à Berkeley, un étudiant lui posa une question qui est devenue un grand classique : « Quelle est la longueur d'onde de la raie à 21 centimètres ? ») Cela signifie que nous pouvons « voir » en principe l'hydrogène avec un télescope radio, aux confins de notre Univers – bien avant que se soient formées les étoiles et les galaxies – à une époque où il demeure invisible aux télescopes ordinaires. Mieux encore, nous pouvons réaliser une carte 3D de l'hydrogène gazeux en tirant parti du concept du décalage vers le rouge présenté au chapitre 2 : puisque ces ondes radio sont étirées par l'expansion de notre Univers, la longueur d'onde qu'elles ont lorsqu'elles atteignent la Terre nous indique de quelle distance (et donc de quelle époque) elles nous parviennent. Par exemple, les ondes qui arrivent à une longueur d'onde de 210 centimètres sont dix fois plus étirées que leur longueur d'onde originale, elles ont donc été émises lorsque notre Univers était dix fois plus petit qu'aujourd'hui. Cette technique est désormais connue sous le nom de tomographie à 21 centimètres, et puisqu'elle pourrait potentiellement devenir la prochaine révolution en cosmologie, elle concentre actuellement toute l'attention. De nombreuses équipes à travers le monde rivalisent de nos jours pour détecter les premières, de manière convaincante, ce signal élusif provenant de l'hydrogène situé à mi-chemin du bord de notre Univers, mais jusqu'à présent personne n'y est parvenu.

Qu'est-ce qu'un télescope, au juste ?

Pourquoi est-ce si difficile ? Parce que le signal radio est extrêmement ténu. De quoi avez-vous besoin pour détecter un signal vraiment faible ? D'un télescope vraiment grand. Une taille d'un kilomètre carré serait parfaite. De quoi avez-vous besoin pour construire un télescope aussi grand ? D'un budget aussi grand. Mais de combien exactement ? C'est là que les choses deviennent intéressantes ! Pour un télescope radio traditionnel tel que celui de la figure 4.8 (en arrière-plan), le coût est plus que multiplié par deux lorsque l'on double sa taille, et cela devient absurde au-delà d'un certain point. Si vous demandez à une amie ingénieur en mécanique de construire une parabole radio d'un kilomètre carré munie de moteurs permettant de la pointer vers n'importe quelle direction du ciel, elle ne restera pas longtemps votre amie.

Figure 4.8 L'astronomie radio financée par un gros budget (en arrière-plan) et un petit budget (en avant-plan). Mon étudiant Andy Lutomirski est en train de bricoler nos composants électroniques, que nous avions placés sous une tente pour être protégés de la pluie durant notre expédition à Green Bank, en Virginie-Occidentale.

Pour cette raison, toutes les expériences concurrentes de tomographie à 21 centimètres utilisent un type plus moderne de télescope radio que l'on appelle un *interféromètre*. Puisque les ondes visibles et radio sont des phénomènes électromagnétiques, elles engendrent une tension entre différents points de l'espace à mesure qu'elles se propagent. Des tensions extrêmement ténues, certes, considérablement plus faibles que celle de 1,5 volt présente entre les deux bornes de la pile d'une lampe torche, mais suffisamment fortes pour pouvoir être détectées à l'aide de bonnes antennes et d'amplificateurs. L'idée fondamentale de l'interférométrie consiste à mesurer un grand nombre de ces tensions grâce à un réseau d'antennes radio, puis à utiliser un ordinateur pour reconstruire la carte du ciel dans ces longueurs d'onde. Si toutes les antennes sont situées sur un plan horizontal comme dans la figure 4.8 (en avant-plan), une onde provenant de la verticale les atteindra toutes simultanément. Les autres ondes atteignent certaines antennes avant les autres, et l'ordinateur tire parti de cette caractéristique pour calculer leur direction de provenance. Votre cerveau utilise la même technique pour appréhender d'où viennent les ondes sonores : si votre oreille gauche détecte un son avant celle de droite, celui-ci vient clairement de la gauche, et en mesurant le décalage dans le temps, votre cerveau peut même estimer sa provenance. Puisque vous n'avez que deux oreilles, vous ne pouvez pas localiser très précisément l'angle d'arrivée, mais vous pourriez avoir l'oreille beaucoup plus fine si vous imitiez un vaste interféromètre radio, avec des centaines d'oreilles disposées tout autour de votre corps. Ce concept d'interférométrie a connu un succès retentissant depuis que Martin Ryle l'a proposé pour la première fois en 1946, ce qui lui permit de décrocher un prix Nobel en 1974.

Cependant, l'étape de calcul la plus longue, correspondant à la mesure de ces différences temporelles, doit être effectuée une fois pour chaque paire d'antennes (ou d'oreilles), et lorsque vous augmentez le nombre d'antennes, le nombre de paires possibles croît approximativement comme le carré de cette valeur. Cela signifie que si vous multipliez par mille le nombre d'antennes, l'ordinateur devra évaluer un million de fois plus de combinaisons – aïe ! Vous souhaitez que le télescope soit astronomique, pas le budget ! Pour cette raison, les interféromètres ont jusqu'à présent été limités à des dizaines voire des centaines d'antennes, et non les millions dont nous aurions réellement besoin pour la tomographie à 21 centimètres.

Lorsque j'ai déménagé pour le MIT, on m'invita gracieusement à rejoindre une expérience américano-australienne de tomographie à 21 cm, sous la houlette de mon collègue Jackie Hewitt. Lors de nos rencontres d'étude, je méditais parfois sur la manière de concevoir des télescopes aussi grands avec moins d'argent. Puis un après-midi, durant l'une de nos réunions à Harvard, j'eus soudainement un déclic : il existe un moyen plus économique !

L'omniscope

J'imagine le télescope comme une machine triant les ondes. Si vous regardez votre main puis mesurez l'intensité de la lumière qui la traverse, cela ne révélera pas à quoi ressemble votre visage, car les ondes lumineuses issues de chaque partie de votre visage sont mélangées lorsqu'elles atteignent chaque point de votre peau. Mais si vous pouvez trier toutes ces ondes visibles selon la direction de leur provenance, de sorte que des ondes voyageant dans des directions différentes atterrissent sur des parties distinctes de votre main, alors vous pourrez reconstruire l'image de votre visage. C'est exactement ce que fait la lentille d'un appareil photo, d'un télescope ou d'un œil, et ce que réalise le miroir incurvé du télescope radio de la figure 4.8. En mathématiques, nous avons un nom ésotérique et intimidant pour le tri d'ondes : la transformée de Fourier. Ainsi, un télescope est essentiellement un transformateur de Fourier. Là où le télescope traditionnel effectue cette transformée de Fourier par des moyens analogiques, en utilisant des lentilles ou des miroirs courbes, un interféromètre le fait numériquement, en s'appuyant sur une certaine forme d'ordinateur. Les ondes sont triées non seulement selon la direction de leur provenance, mais également selon leur longueur d'onde, qui pour la lumière visible correspond à sa couleur. Le trait de génie que j'eus cet après-midi-là, à Harvard, consistait à concevoir un immense interféromètre radio où les antennes n'étaient pas disposées assez aléatoirement, comme pour notre projet en cours, mais selon un motif régulier et simple. Pour un télescope d'un million d'antennes, cela permettait de calculer la transformée de Fourier 25 000 fois plus rapidement en exploitant certaines astuces numériques liées à cette forme – rendant fondamentalement un tel télescope 25 000 fois moins cher.

Dès que j'ai pu convaincre mon ami Matias Zaldarriaga, nous avons exploré cette idée en détail puis publié deux articles, montrant que l'astuce principale s'appliquait à une large palette de motifs d'antennes. Nous avons baptisé ce spécimen de télescope un « omniscope » parce qu'il est omnidirectionnel (capturant le ciel entier en une seule prise) et omnichromatique (capturant une vaste gamme de longueurs d'onde, de « couleurs », en même temps).

Albert Einstein aurait prétendument prononcé la phrase : « En théorie, la théorie et la pratique sont la même chose. En pratique elles ne le sont pas ». Nous avons par conséquent décidé de construire un petit prototype pour voir s'il fonctionnait *réellement*. J'ai découvert que le concept fondamental de l'omniscope avait déjà été testé vingt années auparavant par un groupe japonais, pour un tout autre objectif, mais ils étaient limités par l'électronique de l'époque à 64 antennes. Grâce à la révolution du téléphone portable qui a eu lieu depuis, les composants essentiels pour notre prototype avaient vu leur prix chuter de façon vertigineuse, de sorte que nous pouvions y parvenir avec un budget dérisoire. J'eus également la chance d'obtenir l'aide d'un groupe formidable d'étudiants du MIT, dont certains, issus du département d'ingénierie électrique, disposaient des conaissances nécessaires dans le domaine de la conception de circuits électroniques et du traitement numérique du signal. L'un d'eux, Nevada Sanchez, m'inculqua la théorie magique de l'électronique, ce que nous avons pu vérifier ultérieurement dans notre labo : les composants électroniques fonctionnent parce qu'ils contiennent de la poudre magique. Donc, si vous leur faites perdre accidentellement leur poudre magique, ils cessent de fonctionner…

Ayant passé toute ma carrière académique à m'occuper uniquement de théorie et d'analyse de données, j'étais soudain enthousiaste à l'idée de concevoir une expérience, de faire quelque chose de complètement différent. Cela me remémora de tendres souvenirs où, adolescent, je bricolais dans le sous-sol, sauf que nous construisions là quelque chose de nettement plus stimulant, et que nous prenions du plaisir à le faire en équipe. À présent, notre omniscope balbutiant se porte bien, mais il est trop tôt pour dire si quelqu'un parviendra finalement à lui faire faire de la tomographie à 21 cm, révélant ainsi tout son potentiel.

Cependant, l'omniscope m'a déjà appris autre chose – quelque chose au sujet de moi-même. Pour moi, ce qu'il y a de plus passionnant, c'est l'aventure commune de notre équipe : lorsque nous chargions tout le matériel dans un fourgon puis roulions jusqu'à un endroit éloigné de toute station radio, téléphones portables et autres sources anthropiques d'ondes radio. Pendant ces instants magiques, ma vie normalement rythmée par les courriels, les cours, les réunions et les obligations familiales se métamorphosaient en un état de zénitude et de béatitude totales : il n'y avait ni portable, ni Internet, aucun dérangement et chacun d'entre nous se focalisait à 100 % sur l'objectif commun de l'équipe consistant à faire marcher l'expérience. Parfois, je me demande si je ne devrais pas m'éclipser plus souvent comme cela pour d'autres raisons. Comme pour achever ce livre…

D'où notre Big Bang provient-il ?

Dans ce chapitre, nous avons été témoins du fait qu'une avalanche de données de grande précision a fait passer la cosmologie d'une discipline spéculative et philosophique à la science de précision qu'elle est aujourd'hui, et qui nous permet de mesurer l'âge de notre Univers à 1 % d'erreur près. Comme il est courant en science, la réponse à des questions anciennes en a soulevé de nouvelles, et je prévois une décennie à venir riche en surprises puisque les cosmologistes des quatre coins du monde élaborent de nouvelles théories et des expériences pour tenter d'éclairer sous un nouveau jour la nature de la matière noire, de l'énergie sombre et d'autres mystères. Dans le chapitre 13, nous reviendrons sur cette quête et ses conséquences sur l'ultime destin de notre Univers.

À mon sens, l'enseignement le plus frappant de la cosmologie de précision montre que des lois mathématiques simples régentent notre Univers depuis ses tout premiers instants. Par exemple, les équations qui constituent la théorie de la relativité générale d'Einstein semblent gouverner avec précision la force gravitationnelle sur des distances allant du millimètre à cent millions de milliards de milliards (10^{26}) de mètres, et les équations de la physique atomique et nucléaire semblent avoir gouverné avec précision notre Univers de la première seconde après le Big Bang jusqu'à nos jours, 14 milliards d'années plus tard. Et pas simplement de façon approximative, comme avec les équations économiques, mais avec une précision stupéfiante, comme l'illustre la figure 4.2. Ainsi, la cosmologie de précision met en exergue l'efficacité mystérieuse des mathématiques pour appréhender notre monde. Nous reviendrons sur les coulisses de cette question dans le chapitre 10 et en explorerons une explication radicale.

Une autre leçon frappante de la cosmologie de précision est que celle-ci est incomplète. Nous avons vu que tout ce que nous observons dans notre Univers aujourd'hui provient d'un Big Bang chaud, où un gaz quasiment homogène, aussi brûlant que le cœur de notre Soleil, s'est dilaté si rapidement qu'il a doublé en taille en moins d'une seconde. Mais qui a commandé cela ? J'ai pour habitude de l'appeler le « problème du Bang » : qu'est-ce qui a engendré cette explosion dans le Big Bang ? D'où ce gaz chaud en expansion provient-il ? Pourquoi était-il aussi homogène ? Et pourquoi était-il imprimé de ces germes de fluctuations de l'ordre de 0,002 % qui ont finalement grossi pour former les galaxies et les structures à grande échelle que nous observons aujourd'hui tout autour de nous, dans notre Univers ? En bref, comment tout cela a-t-il commencé ? Comme nous le verrons, l'extrapolation des équations de Friedmann sur l'expansion de l'Univers plus loin dans le temps mène à des problèmes embarrassants, suggérant que nous ayons besoin d'une idée radicalement nouvelle avant de pouvoir appréhender nos origines ultimes. C'est l'objet du prochain chapitre.

En bref

- Une récente avalanche de données sur le fond diffus cosmologique, la formation des galaxies, etc., a transformé la cosmologie en une science de précision. Par exemple, nous sommes passés de la question de savoir si notre Univers est âgé de 10 ou 20 milliards d'années à celle de savoir s'il a 13,7 ou 13,8 milliards d'années.
- Indubitablement, la théorie de la gravitation d'Einstein bat le record de la théorie la plus mathématiquement élégante, expliquant la gravité comme une manifestation de la géométrie. Elle montre que plus l'espace contient de masse, plus il se courbe. Cette courbure spatiale impose aux objets de se mouvoir non pas en ligne droite, mais en suivant des lignes incurvées vers les astres massifs.
- En mesurant la géométrie de triangles de taille cosmologique, la théorie d'Einstein nous permet de déduire la masse totale de notre Univers. De façon remarquable, les atomes dont on pensait qu'ils étaient les constituants élémentaires de toutes choses ne composent que 4 % de cette masse, laissant les 96 % restants sans explication.
- La masse manquante est fantomatique, car elle est invisible et capable de nous traverser sans être détectée. Ses effets gravitationnels suggèrent qu'elle est constituée de deux substances distinctes aux caractères opposés, à savoir la matière noire et l'énergie sombre : la première s'agrège, mais pas la seconde. La matière noire se dilue à mesure qu'elle se dilate, contrairement à l'énergie sombre. Elle exerce une attraction tandis que la seconde repousse. La matière noire favorise la formation des galaxies alors que l'énergie sombre l'entrave.
- La cosmologie de précision a montré que des lois mathématiques simples gouvernent notre Univers depuis les tout premiers instants où il n'était qu'un gigantesque brasier.
- Aussi élégant qu'il soit, le modèle classique du Big Bang échoue déplorablement à rendre compte des époques primitives, suggérant que pour comprendre nos origines ultimes, il nous manque une pièce déterminante dans notre puzzle.

5
Nos origines cosmiques

Au commencement fut créé l'Univers. La chose a considérablement irrité tout un tas de gens, et bon nombre de personnes estiment même que ce fut une erreur.

Douglas Adams, *Le Dernier Restaurant avant la fin du monde*

Zut, il s'est endormi ! Nous sommes en 1997, je donnais une conférence à l'université Tufts et le légendaire Alan Guth était venu du MIT pour m'écouter. Je ne l'avais jamais rencontré et le fait d'avoir une telle personnalité dans l'audience me réjouissait mais me rendait également nerveux. Particulièrement nerveux. Surtout lorsque sa tête se mit à osciller vers son buste, et son regard commença à se vider. Dans une tentative désespérée, j'entrepris de m'exprimer de façon plus enthousiaste, rehaussant le ton de ma voix. Il sursauta durant un bref laps de temps, mais ce fut bientôt le fiasco complet : il sombra dans les bras de Morphée, et n'en ressortit qu'à la fin de mon discours. J'étais désespéré.

Ce n'est que bien plus tard, lorsque nous sommes devenus collègues au MIT, que j'ai réalisé qu'Alan s'assoupissait durant *toutes* les conférences (excepté les siennes). À vrai dire, Adrian Liu, un de mes étudiants, m'a fait remarquer que nous avions tendance à faire la même chose. Je ne l'avais jamais noté, car cela se produit toujours dans le même ordre : si Alan, moi et Adrian sommes assis l'un à côté de l'autre, nous reproduisions infailliblement une version somnolente de la « ola », si populaire dans les matchs de football.

J'ai commencé alors à apprécier pleinement la compagnie d'Alan, qui est aussi chaleureux que brillant. Le rangement n'est pas son fort, cependant : la première fois que j'ai visité son bureau, j'ai trouvé la plupart du sol jonché d'une épaisse couche d'enveloppes encore cachetées. Je tirai un courrier au hasard, tel un spécimen archéologique, et découvris que le cachet de la poste datait d'une décennie plus tôt ! En 2005, il scella cette réputation en gagnant le prestigieux prix du bureau le plus désordonné de Boston.

Qu'est-ce qui ne colle pas avec notre Big Bang ?

Mais décrocher ce prix n'est pas la seule prouesse d'Alan. Au début des années 1980, il fut mis au fait par le physicien Bob Dicke de sérieux écueils dans les stades les plus précoces du modèle de Big Bang d'Alexander Friedmann, et il proposa une solution radicale qu'il baptisa l'*inflation*[1]. Comme nous l'avons vu dans les deux derniers chapitres, l'extrapolation, en remontant le temps, des équations de

1. Peu de découvertes scientifiques importantes sont le fait d'une seule personne : la découverte et le développement de l'inflation n'est pas une exception car des contributions importantes proviennent d'Alan Guth, Andrei Linde, Alexei Starobinsky, Katsuhiko Sato, Paul Steinhardt, Andy Albrecht, Viatcheslav Mukhanov, Gennady Chibisov, Stephen Hawking, So-Young Pi, James Bardeen, Michael Turner, Alex Vilenkin et d'autres. Vous en trouverez d'intéressants récits historiques dans la plupart des ouvrages sur l'inflation de la section bibliographique à la fin de ce livre.

Friedmann sur la dilatation de l'Univers a été extrêmement fructueuse, expliquant exactement pourquoi les galaxies lointaines s'éloignent de nous, pourquoi le rayonnement fossile cosmologique existe, comment nos atomes les plus légers ont vu le jour, et de nombreux autres phénomènes observés.

Remontons dans le temps pour se rapprocher de la frontière de notre connaissance, à un instant où notre Univers se dilatait si rapidement qu'il devait doubler de taille au cours de la seconde suivante. Les équations de Friedmann nous indiquent qu'avant cet événement, notre cosmos était incroyablement plus dense et plus brûlant. Qu'en particulier, il existait un commencement plus étrange encore un tiers de seconde plus tôt, lorsque la densité de notre Univers était infinie, et toutes les choses s'éloignaient les unes des autres à une vitesse illimitée.

Figure 5.1 Andrei Linde (à gauche) et Alan Guth (à droite) lors d'une fête suédoise de l'écrevisse, ignorant joyeusement que je suis en train de les photographier, et qu'ils devront se vêtir différemment pour recevoir les prestigieux prix Gruber et Milner, qui les distingueront comme les deux architectes principaux de l'inflation.

Marchant sur les pas de Dicke, Alan Guth analysa soigneusement cette histoire de nos origines ultimes, et réalisa qu'elle semblait terriblement confuse. Par exemple, elle donne les réponses suivantes à quatre de nos questions cosmologiques du début du chapitre 2 :

Q : Qu'est-ce qui a donné naissance à notre Big Bang ?

R : *Il n'y a pas d'explication, les équations supposent simplement qu'il ait eu lieu.*

Q : Le Big Bang a-t-il eu lieu en un point unique ?

R : *Non.*

Q : En quel endroit de l'espace l'explosion du Big Bang s'est-elle produite ?

R : *Elle s'est produite partout, en un nombre infini de points, tous en même temps.*

Q : Comment un espace infini pourrait-il être créé en un temps fini ?

R : *Il n'y a pas d'explication, les équations supposent simplement que dès que l'espace a vu le jour, sa taille était déjà infinie.*

Pensez-vous que ces réponses résolvent élégamment le problème, mettant fin à toutes nos questions sur le Big Bang ? Si ce n'est pas le cas, vous n'êtes pas seul ! En réalité, nous verrons que le modèle du Big Bang de Friedmann est lacunaire pour bien d'autres raisons.

Le problème de l'horizon

Analysons plus en profondeur la troisième question de la liste ci-dessus. La figure 5.2 illustre le fait que la température du rayonnement du fond diffus cosmologique est quasiment identique (à environ cinq décimales près) dans toutes les directions du ciel. Si l'explosion du Big Bang s'était produite significativement plus tôt dans certaines régions que d'autres, celles-ci auraient bénéficié d'un laps de temps différent pour se dilater et se refroidir, et la température du rayonnement fossile que l'on observe dans nos cartes du fond diffus cosmologique aurait fluctué d'un endroit à l'autre non pas de 0,002 %, mais quasiment de 100 %.

Figure 5.2 Alors que les molécules d'un café brûlant mélangé avec du lait froid ont amplement le temps d'interagir pour atteindre la même température, les plasmas des régions A et B n'ont jamais eu le temps d'interagir : même l'information voyageant à la vitesse de la lumière n'a pu encore relier A à B, car la lumière de A vient tout juste de parvenir aux buveurs de café que nous sommes, à mi-chemin du parcours total. Le fait que les plasmas situés en A et B possèdent néanmoins la même température demeure par conséquent un mystère inexpliqué du modèle du Big Bang de Friedmann.

Un certain processus physique n'aurait-il pas pu homogénéiser les températures bien avant le Big Bang ? Après tout, si vous versez du lait froid dans du café chaud comme l'illustre la figure 5.2, vous trouvez normal que les liquides se mélangent pour atteindre une température uniforme et tiède avant que vous ne sirotiez le breuvage. Le point crucial est que ce processus de mélange prend du temps : vous devez patienter suffisamment longtemps pour que les molécules de café et de lait traversent tout le liquide. Au contraire, les lointaines contrées de l'Univers que nous pouvons contempler n'ont pas encore eu le temps d'interagir (Charles Misner fut l'un des premiers à le faire remarquer dans les années soixante). Comme l'illustre la figure 5.2, les régions A et B que nous observons dans des directions opposées du ciel sont trop jeunes pour avoir pu échanger quoi que ce soit : même l'information voyageant à la vitesse de la lumière n'a pu encore rallier A à B, car la lumière de A vient tout juste d'arriver à mi-chemin du parcours total (précisément où nous nous trouvons). Cela signifie que le modèle du Big Bang de Friedmann n'offre aucune explication au fait que A et B puissent avoir la même température. Ces régions semblent avoir eu le même laps de temps pour se refroidir depuis notre Big Bang, ce qui semble vouloir dire qu'elles aient indépendamment subi une explosion du Big Bang presque exactement au même instant, sans aucune cause commune.

Pour mieux appréhender ce qui rendait Alan Guth perplexe, imaginez que vous lisiez vos courriels puis découvrez une invitation à déjeuner de la part d'un ami. Vous réalisez ensuite que tous vos autres amis vous ont également envoyé un message distinct pour vous inviter à déjeuner, et que chacun de ces courriels vous a été adressé exactement à la même heure. Vous en tireriez probablement la conclusion que vous êtes victime d'une conspiration, et que tous ces messages ont une cause commune. Peut-être vos amis se sont-ils mis d'accord pour vous organiser une surprise. Mais pour parfaire l'analogie avec la problématique d'Alan Guth au sujet du Big Bang, les régions A, B, etc., correspondent à vos amis et vous savez désormais que ceux-ci n'ont jamais pu se rencontrer, n'ont jamais pu échanger quoi que ce soit et n'ont jamais pu accéder à une quelconque information commune avant de vous envoyer ces courriels. La seule explication qui se présente alors à vos yeux est que tout ceci n'est qu'une folle coïncidence. Trop insensée pour être plausible, en vérité, vous en déduiriez probablement que certaines de vos hypothèses sont incorrectes, et que finalement vos amis ont réussi à communiquer d'une façon ou d'une autre. C'est exactement ce qu'a conclu Alan : il n'y a pas eu de folle coïncidence où un nombre infini de régions éloignées de l'espace ont subi des explosions du Big Bang, toutes en même temps – un certain mécanisme physique doit avoir engendré aussi bien l'explosion que la synchronisation. Notre Big Bang inexpliqué est donc mauvais, et un nombre infini de Big Bang inexpliqués parfaitement synchronisés semble encore plus difficile à avaler.

C'est ce que nous appelons le *problème de l'horizon*, parce qu'il met en jeu ce que nous voyons à l'horizon cosmique, les contrées les plus lointaines observables. Et comme si cela ne suffisait pas, Bob Dicke fit part à Alan d'un deuxième problème avec le Big Bang de Friedmann, qu'il avait baptisé le *problème de la platitude*.

Le problème de la platitude

Comme nous l'avons vu dans le chapitre précédent, nous avons mesuré que notre espace est plat avec un haut degré de précision. Or comme l'a souligné Dicke, si le modèle du Big Bang de Friedmann est correct, c'est assez embarrassant. En effet, c'est une situation hautement instable et nous ne pouvons nous attendre à ce qu'elle dure si longtemps. Nous avons déjà mentionné dans le chapitre 3 qu'un vélo à l'arrêt est instable parce qu'une légère déviation par rapport au parfait équilibre est amplifiée par la gravitation. Vous seriez donc extrêmement surpris de constater qu'un vélo immobile et non soutenu reste dressé durant plusieurs minutes. La figure 5.3 montre trois solutions de l'équation de Friedmann, illustrant l'instabilité cosmique. La courbe du milieu correspond à un univers parfaitement plat, qui demeure ainsi tout

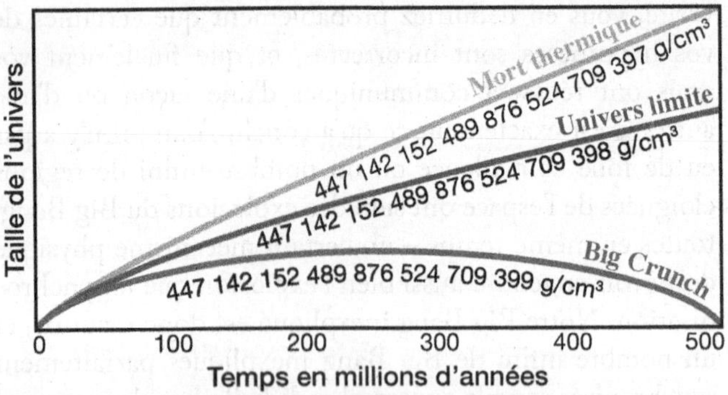

Figure 5.3 Un autre mystère inexpliqué du modèle du Big Bang de Friedmann est que notre Univers ait vécu aussi longtemps sans être drastiquement courbé et subir un *Big Crunch* ou une mort thermique. Chaque courbe correspond à une densité légèrement différente alors que notre Univers n'avait qu'un milliardième de seconde. La situation limite qui est la nôtre est hautement instable : la modification du tout dernier des 24 chiffres aurait déclenché un *Big Crunch* ou une mort thermique avant que notre Univers ait atteint 4 % de son âge actuel. (*Avec l'aimable autorisation de Ned Wright*)

en se dilatant à jamais. Les deux autres courbes débutent de manière virtuellement identique à gauche, où l'espace n'est pratiquement pas courbe, et au bout d'un milliardième de seconde leurs densités à 24 chiffres ne diffèrent que de quelques unités[2]. Or la gravité amplifie ces minuscules différences, et après 500 millions d'années, l'univers décrit par la courbe du bas cesse de se dilater puis s'effondre en un *Big Crunch* cataclysmique, une sorte de Big Bang à l'envers. Dans cet univers qui finit par s'écrouler, l'espace est si courbé que la somme des angles des triangles est égale à plus de 180°.

2. Nous n'avons pas encore mesuré l'intensité de la gravitation avec suffisamment de précision pour connaître la valeur des vingt derniers chiffres, donc je les ai arbitrairement donnés ici pour illustrer l'idée.

À l'inverse, la courbe du haut décrit un univers dont la courbure fait que la somme des angles des triangles est nettement inférieure à 180°. Il se dilate beaucoup plus vite que l'univers plat situé à la lisière entre les deux alternatives, et, à ce jour, son gaz se serait trop dilué pour façonner les galaxies, le destinant à une gigantesque « mort thermique » sombre et glacée.

Donc, pourquoi notre Univers est-il toujours plat ? Si vous remplacez les 24 chiffres de la figure 5.3 par des valeurs aléatoires puis recalculez l'équation de Friedmann, la probabilité que vous obteniez un univers demeurant pratiquement plat pendant 14 milliards d'années est inférieure à celle d'atteindre le centre d'une cible placée sur Terre avec une flèche tirée depuis la planète Mars. À nouveau, le modèle du Big Bang de Friedmann n'offre aucune explication à cette étrange coïncidence[3].

Indubitablement, il a dû exister un certain mécanisme ayant *imposé* à notre Univers d'avoir exactement la bonne densité requise pour cette platitude primordiale parfaite. C'est sur ce mécanisme qu'Alan Guth a travaillé.

Les rouages de l'inflation

Un doublement en puissance

Le trait de génie d'Alan fut qu'en faisant une seule hypothèse d'apparence étrange, nous pouvions faire d'une pierre deux coups et résoudre les problèmes de l'horizon et de la platitude – et expliquer bien d'autres choses encore. Cette hypothèse postule qu'il y a très longtemps, se trouvait une

---

3. Comme l'a fait remarquer Phillip Helbig, entre autres, le problème de la platitude est souvent dénaturé et exagéré, mais il demeure extrêmement sérieux du fait de l'accrétion cosmique que nous avons décrit dans le chapitre précédent, imposant l'existence de déviations aléatoires à la platitude aux époques les plus précoces.

minuscule goutte uniforme d'une substance dont la densité était très difficilement diluable. Cela signifie que si un gramme de cette substance se dilate dans un volume double, sa densité (sa masse par unité de volume) resterait fondamentalement identique, de sorte que vous auriez désormais environ deux grammes de matière. Comparez cela avec une substance ordinaire telle que l'air : s'il se dilate dans un volume plus grand (comme lorsque vous évacuez de l'air comprimé d'un pneu), le nombre total de molécules demeure identique, donc la masse totale reste constante et la densité chute.

Selon la théorie de la gravitation d'Einstein (figure 5.4), une telle goutte microscopique et non diluable peut subir

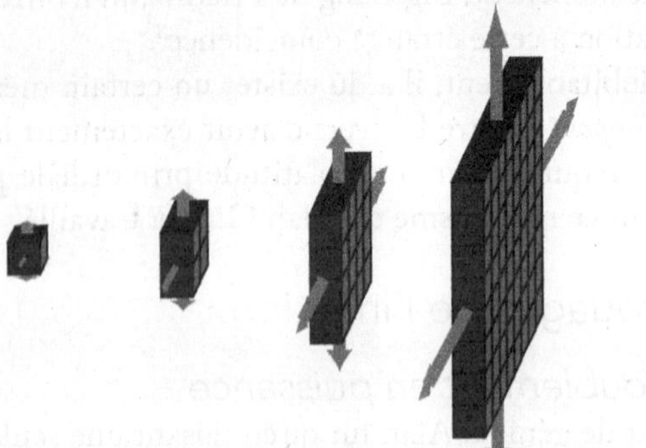

Figure 5.4 Selon la théorie de la gravitation d'Einstein, une substance dont la densité ne se dilue pas peut « gonfler », doublant de taille à intervalles de temps réguliers, passant d'une échelle subatomique à une taille considérablement plus vaste que notre Univers observable en une fraction de seconde et faisant effectivement office d'explosion dans notre Big Bang. Ce doublement itératif se produit dans les trois dimensions, de sorte que le doublement du diamètre donne un volume huit fois plus grand. Je n'ai dessiné ici que deux dimensions pour illustrer l'idée, où le doublement du diamètre s'accompagne d'un quadruplement du volume.

une explosion extraordinaire qu'Alan a baptisée l'*inflation*, en engendrant effectivement un Big Bang ! Comme l'illustre la figure, les équations d'Einstein possèdent une solution stipulant que chaque partie de cette goutte double de taille à intervalles de temps réguliers, un type de croissance que les mathématiciens qualifient d'*exponentiel*.

Dans ce scénario, notre bébé Univers grossissait de la même façon que vous-mêmes juste après votre conception (voir la figure 5.5) : chacune de vos cellules s'est dédoublée en à peu près une journée, entraînant un accroissement du nombre total de cellules jour après jour : 1, 2, 4, 8, 16, etc. Le doublement itératif est un processus si puissant que votre propre mère aurait été bien tourmentée si vous aviez continué de doubler de poids chaque jour depuis votre

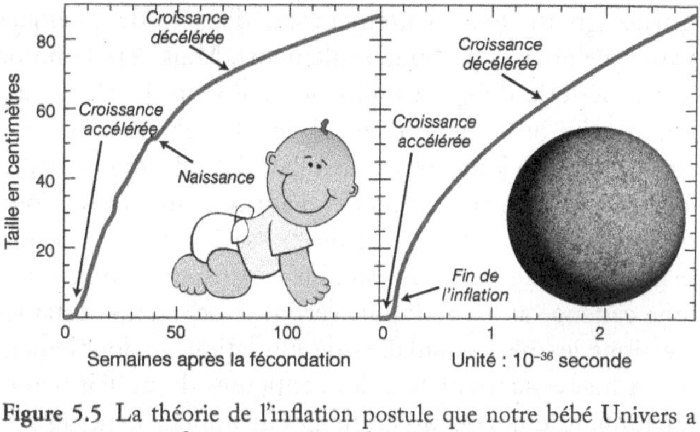

Figure 5.5 La théorie de l'inflation postule que notre bébé Univers a grossi comme un fœtus : une phase de croissance accélérée où la taille doublait à intervalles de temps réguliers, suivie d'une phase de croissance décélérée plus reposante. De façon amusante, l'axe vertical est le même pour les deux graphiques : dans le modèle le plus simple, notre Univers a cessé son inflation lorsqu'il avait à peu près la taille d'une orange (mais pesait environ 10^{81} fois plus). Notre bébé Univers a doublé de taille environ 10^{43} fois plus vite que les premières cellules de notre bambin.

naissance : au bout de neuf mois (soit 274 doublements), vous auriez été plus lourd que toute la matière réunie de notre Univers observable ! Aussi insensé que cela puisse paraître, c'est exactement ce que réalise le processus d'inflation d'Alan : débutant avec un grain plus petit et plus léger qu'un atome, il double successivement de taille jusqu'à devenir plus massif que notre Univers observable tout entier.

Des problèmes résolus

Comme vous pouvez le constater dans la figure 5.4, le doublement répété de la taille entraîne mécaniquement le doublement répété de la vitesse d'expansion, que j'ai symbolisée par des flèches. Autrement dit, cela engendre une expansion accélérée. Si vous aviez réellement doublé quotidiennement de masse jusqu'à votre naissance, vous auriez grossi assez lentement au départ (de quelques tailles cellulaires par jour, seulement). Mais vers la fin de votre période de gestation, alors que votre poids dépasserait celui de notre Univers observable et continuerait à croître chaque jour, vous vous dilateriez à la vitesse hallucinante de plusieurs milliards d'années-lumière par jour. Bien que vous ayez doublé de masse à raison d'une fois par jour, notre bébé Univers en expansion l'aurait fait à une cadence autrement plus vertigineuse – dans certaines versions les plus populaires de l'inflation, le doublement de la masse survient tous les centièmes de milliardièmes de milliardièmes de milliardièmes de milliardièmes (10^{-38}) de seconde, et environ 260 doublements de masse ont suffi pour créer toute la masse de notre Univers observable. Cela signifie que le processus d'inflation tout entier, du début jusqu'à la fin, pourrait avoir été quasiment instantané à l'échelle humaine, ne demandant rien de plus que

10^{-35} seconde, moins de temps qu'il n'en faut à la lumière pour parcourir un millième de milliardième de la taille d'un proton. En d'autres termes, la dilatation exponentielle transforme une chose microscopique et quasiment inerte en une gigantesque explosion à expansion fulgurante. De cette manière, l'inflation résout le « problème du Bang », expliquant ce qui a donné naissance à notre Big Bang : il a été engendré par ce processus de doublement répété. Elle explique également pourquoi l'expansion est uniforme, comme l'avait découvert Edwin Hubble : la figure 5.4 montre que des régions deux fois plus éloignées s'écartent deux fois plus rapidement l'une de l'autre.

La figure 5.5 révèle que, de même que la démultiplication exponentielle de vos cellules a cédé la place à une croissance plus calme, notre bébé Univers a mis fin à son inflation. La matière en expansion est devenue une matière ordinaire qui poursuit sa récession, vestige de sa phase d'inflation explosive, à un rythme plus relâché et décélérant graduellement sous l'action de la gravité.

Alan Guth réalisa que l'inflation résout également le problème de l'horizon. Les régions éloignées A et B de la figure 5.2 étaient extrêmement proches l'une de l'autre au cours du stade précoce de l'inflation, elles ont donc eu jadis le temps d'interagir. L'expansion explosive de l'inflation a séparé A et B de sorte qu'elles ne puissent plus avoir de contact, et ce n'est que maintenant qu'elles tentent à nouveau de le renouer. Une cellule de votre nez possède le même ADN qu'une cellule de votre orteil car elles ont eu un géniteur commun : elles ont toutes deux été produites par doublements successifs de votre toute première cellule. De la même manière, les contrées lointaines de notre cosmos exhibent des propriétés analogues parce qu'elles ont une origine commune : elles ont été engendrées par les doublements successifs de la même graine microscopique de matière en expansion.

Et comme si ce succès n'était pas suffisant, Alan réalisa que l'inflation lève également le problème de la platitude. Supposez que vous soyez une fourmi sur la sphère de la figure 2.7 et que vous ne puissiez percevoir qu'une petite région de la surface courbe sur laquelle vous vivez. Si l'inflation rend la sphère soudainement considérablement plus grande, la petite zone que vous pouvez observer paraîtra beaucoup plus plate : un centimètre carré d'une balle de ping-pong est notablement courbé tandis qu'un centimètre carré de la surface terrestre est presque parfaitement plat. De façon similaire, lorsque l'inflation dilate exponentiellement notre cosmos tridimensionnel, l'espace situé dans un centimètre cube devient presque parfaitement plat. Alan a démontré que si l'inflation poursuit son œuvre assez longtemps pour donner naissance à notre Univers observable, l'espace engendré est suffisamment plat pour avoir perduré jusqu'à ce jour, sans sombrer dans le *Big Crunch* ou la mort thermique.

En réalité, l'inflation se poursuit nettement plus longtemps, garantissant que l'espace demeure globalement parfaitement plat jusqu'à nos jours. En d'autres termes, la théorie de l'inflation a proposé une prédiction vérifiable dès les années quatre-vingt : notre espace doit être plat. Comme nous l'avons vu dans les deux chapitres précédents, nous avons désormais confirmé nos mesures avec une précision meilleure que 1 %, et l'inflation a passé le test avec brio !

Nous n'avons rien sans rien

L'inflation ressemble à un grand spectacle de magie – ma réaction profonde et immédiate fut : *cela viole de façon flagrante les lois de la physique !* Cependant, si nous l'examinons avec une attention suffisante, ce n'est pas le cas.

En premier lieu, comment un gramme de matière en expansion peut-il se transformer en deux grammes ? Est-il possible que la masse puisse émerger tout simplement du néant ? De manière intéressante, Einstein nous a procuré une porte de sortie grâce à sa théorie de la relativité restreinte, qui affirme que l'énergie E et la masse m sont reliées selon la célèbre formule $E = mc^2$. Ici, c = 299 792 458 mètres par seconde représente la vitesse de la lumière, et puisque sa valeur est très importante, une minuscule masse de matière correspond à une énorme quantité d'énergie : moins d'un kilogramme de masse a relâché l'énergie de l'explosion nucléaire d'Hiroshima. Cela signifie que vous pouvez accroître la masse d'une chose en lui ajoutant de l'énergie. Par exemple, vous pouvez rendre un fil élastique légèrement plus lourd en l'étirant : vous avez besoin de dépenser de l'énergie pour le tendre, et cette énergie est transférée au fil élastique, ce qui accroît sa masse.

Un fil élastique possède une *pression négative* parce que vous devez exercer un effort pour le tendre. Pour une substance de pression positive, comme l'air, c'est le contraire : vous devez exercer un effort pour le comprimer. En résumé, la substance en expansion doit avoir une pression négative afin de vérifier les lois de la physique, et celle-ci doit être si colossale que l'énergie requise pour dilater la matière du double de son volume soit exactement celle nécessaire pour doubler sa masse.

Une autre caractéristique étrange de l'inflation est qu'elle engendre une expansion accélérée. J'ai appris à l'école que la gravité est une force attractive, donc si je possède un amas de matière en expansion, la gravité ne devrait-elle pas plutôt *décélérer* cette expansion, tentant de renverser finalement ce mouvement et de ramener toutes choses vers leur point de départ ? À nouveau, Einstein vient à la rescousse avec une échappatoire, provenant cette fois de sa théorie de la relativité générale, laquelle postule que la gravité est engendrée non seulement par la masse, mais également par la pression. Puisque la masse ne peut être négative, la gravité engendrée par celle-ci est toujours attractive. Or une pression positive génère également une gravité attractive, ce qui signifie qu'une pression négative déclenche une gravité répulsive ! Nous venons justement de voir qu'une substance en expansion possède une telle pression négative colossale. Alan Guth a calculé que la force gravitationnelle répulsive engendrée par cette pression négative est trois fois plus intense que la force gravitationnelle attractive émanant de la masse, de sorte que la gravité d'une substance en dilatation tendra à se disloquer davantage !

En résumé, une substance en expansion produit une force antigravitationnelle qui la dissémine, et l'énergie que cette force exerce pour dilater la substance crée suffisamment de masse nouvelle pour la maintenir à une densité constante. Ce processus est autosuffisant, et la substance en expansion continue à doubler de taille encore et encore. De cette manière, l'inflation engendre tout ce que nous pouvons observer à l'aide de nos télescopes, à partir de presque rien. Cela suggéra à Alan Guth de qualifier notre Univers d'« ultime gratuité[4] » : l'inflation prédit que son énergie totale est très proche de zéro !

Or, selon l'économiste lauréat du prix Nobel Milton Friedman, « tout est payant, rien n'est gratuit ». Qui donc

4. NDT : Les mots d'Alan Guth sont les suivants : "*the universe is the ultimate free lunch*".

a réglé la facture énergétique de toute cette splendeur galactique que nous contemplons autour de nous, dans l'Univers ? C'est la gravité, parce que la force gravitationnelle a injecté de l'énergie dans la matière en expansion en la dilatant. Mais si l'énergie totale du système entier ne peut varier et si les objets massifs regorgent d'énergie positive en vertu de la formule d'Einstein $E = mc^2$, alors cela signifie que cette gravité doit être associée à une quantité correspondante d'énergie négative ! C'est exactement ce qui s'est passé. Le champ gravitationnel, responsable de toutes les forces gravitationnelles, possède une énergie négative. Et il acquiert plus d'énergie négative chaque fois que la gravité accélère quelque chose. Considérez, par exemple, un astéroïde lointain. S'il se déplace très lentement, il possède très peu d'énergie de mouvement. S'il est loin de l'attraction gravitationnelle de la Terre, il possède également une énergie gravitationnelle très faible (que nous appelons énergie potentielle). À mesure qu'il chute progressivement vers la Terre, il accélère et gagne de l'énergie de mouvement – peut-être assez pour produire un gigantesque cratère lors de l'impact. Puisque le champ gravitationnel n'avait pratiquement pas d'énergie au départ et qu'il a relégué toute cette énergie positive, il ne lui reste dorénavant que de l'énergie négative.

Nous avons désormais répondu à une autre question de notre liste du début du chapitre 2 : *la création de matière, par l'inflation, autour de nous à partir de presque rien ne viole-t-elle pas la conservation de l'énergie ?* Nous avons vu que la réponse est non : toute l'énergie requise a été empruntée au champ gravitationnel.

Je dois confesser que, même si ce processus ne viole pas les lois de la physique, il suscite en moi une certaine nervosité.

J'ai la désagréable sensation d'être victime d'une chaîne de Ponzi aux proportions cosmiques. Si vous aviez rencontré Bernard Madoff avant son arrestation en 2008 pour avoir escroqué 65 milliards de dollars, vous auriez pensé que sa fortune était bien réelle. En y regardant de plus près, il s'est avéré qu'il l'avait en fait acquise en empruntant de l'argent. Au cours des années, il doublait sans cesse l'échelle de ses opérations en manœuvrant habilement des investisseurs naïfs pour emprunter toujours plus avec ce qu'il avait déjà. Un univers en expansion fait exactement la même chose : il double sans cesse de taille en se servant de l'énergie qu'il possède déjà pour en soutirer davantage au champ gravitationnel. Comme Madoff, l'univers en expansion exploite une faille inhérente au système pour engendrer une splendeur apparente à partir de rien. J'espère simplement que notre univers s'avérera moins instable que celui de Madoff.

Un cadeau d'une richesse inouïe

Inflation bis

Comme de nombreuses théories scientifiques couronnées de succès, l'inflation a connu des débuts difficiles. Sa première prédiction solide, que l'espace est plat, semblait contredire les preuves observationnelles de l'époque. Comme nous l'avons vu dans le chapitre précédent, la théorie de la gravitation d'Einstein affirme que l'espace ne peut être plat que si la densité cosmique est égale à une valeur critique particulière. Nous employons la notation Ω_{total} (ou plus brièvement Ω ou « oméga ») pour représenter la densité de notre Univers par rapport à cette densité critique, de sorte que l'inflation prévoit que $\Omega = 1$. Lorsque j'étais étudiant, néanmoins, nos mesures de la densité cosmique issues des relevés galactiques et d'autres données s'amélioraient sans cesse, et suggéraient la valeur nettement plus basse $\Omega \approx 0{,}25$. Il devenait de plus en plus embarrassant pour Alan Guth de passer d'une conférence à l'autre tout en insistant inlassablement sur le fait que $\Omega = 1$, en dépit de ce que lui disaient ses collègues expérimentateurs. Mais Alan campa sur ses positions, et l'histoire a révélé qu'il avait raison. Ainsi que nous l'avons vu dans le chapitre précédent, la découverte de l'énergie sombre nous a montré que nous n'avions comptabilisé qu'un quart de la densité totale, et qu'en incorporant celle de l'énergie sombre nous mesurions $\Omega = 1$ avec une précision supérieure à 1 % (voir le tableau 4.1).

La découverte de l'énergie sombre a également donné une meilleure crédibilité à l'inflation pour une autre raison : nous ne pouvons plus écarter l'existence d'une substance non diluable sous prétexte qu'elle est physiquement insensée, parce que l'énergie sombre incarne précisément cette substance ! Ainsi, l'ère de l'inflation qui a donné naissance à notre Big Bang s'est achevée il y a 14 milliards d'années, et une nouvelle ère d'inflation vient de débuter. Cette nouvelle phase inflationnaire régentée par l'énergie sombre est la même que la précédente mais suit un rythme moins soutenu, doublant la taille de notre Univers non pas toutes les fractions de seconde mais tous les 8 milliards d'années. Par conséquent, la question pertinente ne consiste pas à savoir si l'inflation a réellement eu lieu, mais à savoir si elle s'est produite une fois ou deux fois.

Disséminer les germes des fluctuations

Ce qui caractérise une bonne théorie scientifique, c'est que ses prédictions sont plus nombreuses que les hypothèses initiales. Alan Guth a montré qu'en faisant une seule supposition (l'existence d'une microscopique goutte de substance difficilement diluable), nous pouvions résoudre trois énigmes cosmologiques distinctes : le problème de l'explosion primordiale, celui de l'horizon et celui de la platitude. Nous avons vu ci-dessus que l'inflation va même plus loin : elle prédit que $\Omega = 1$, ce qui a été amplement corroboré environ deux décennies plus tard. Cependant, ce n'est pas tout.

Nous avons terminé le chapitre précédent en nous demandant d'où proviennent finalement les galaxies et les structures cosmiques à grande échelle. À la surprise de tous, l'inflation répond également à cette question ! Et quelle réponse apporte-elle ! L'idée fut proposée pour la première fois par deux physiciens russes, Gennady Chibisov et Viatcheslav Mukhanov. Lorsque j'en ai eu connaissance pour la première fois, je l'ai trouvée absurde. Maintenant, je pense que c'est l'archétype de la synthèse la plus radicale et la plus merveilleuse des idées dans l'histoire de la cosmologie.

En bref, l'idée est que les germes des fluctuations cosmiques proviennent de la mécanique quantique, la théorie du microcosme que nous allons explorer aux chapitres 7 et 8. Or j'ai appris à l'école que les effets quantiques ne sont significatifs qu'à l'échelle atomique, donc comment peuvent-ils se manifester à l'échelle des objets observables les plus vastes, tels que les galaxies ? Eh bien, l'apanage de l'inflation est qu'elle relie les échelles les plus petites aux plus grandes : au cours des stades précoces de l'inflation, la région de l'espace qui contient désormais notre Voie lactée était beaucoup plus petite qu'un atome, donc les effets quantiques pouvaient prédominer. Et ce fut, en vérité, le cas : comme nous le verrons au chapitre 7, le principe d'incertitude de Heisenberg en mécanique quantique interdit à toute substance, dont la matière en expansion, d'être parfaitement homogène. Si vous vous évertuez à la rendre uniforme, les effets quantiques l'obligeront à s'agiter en tous points, altérant l'homogénéité. Lorsque l'inflation a dilaté une région subatomique pour donner naissance à notre Univers observable tout entier, les fluctuations de densité que la mécanique quantique a imprimées se sont également dilatées jusqu'aux tailles galactiques, voire plus. Comme nous l'avons vu dans le chapitre précédent, l'instabilité gravitationnelle fit le reste du travail, grossissant ces fluctuations des amplitudes minuscules de l'ordre de 0,002 % auxquelles la mécanique quantique les a incrustées, aux galaxies, amas et superamas de galaxies spectaculaires qui ornent aujourd'hui notre ciel nocturne.

Le plus sensationnel, c'est que nous n'avons pas simplement affaire à un discours qualitatif, mais bel et bien à un récit quantitatif rigoureux où tout peut être calculé avec précision. La courbe du spectre de puissance que j'ai reproduite dans la figure 4.2 est une prédiction théorique de l'un des modèles inflationnaires les plus simples, et je trouve remarquable sa concordance avec les mesures. Les modèles d'inflation peuvent également prédire la valeur de trois des paramètres cosmologiques mesurés que j'ai listés dans le tableau 4.1. J'ai déjà mentionné l'une de ces prédictions : $\Omega = 1$. Les deux autres ont trait à la nature des anisotropies cosmiques que nous avons explorées dans le chapitre précédent. Dans les modèles inflationnaires les plus simples, l'amplitude des germes des structures (notée Q dans le tableau) dépend de la rapidité à laquelle la région en expansion double de taille, et avec une période de doublement de l'ordre de 10^{-38} seconde, la prédiction s'accorde avec la valeur observée $Q \approx 0{,}002$ %.

L'inflation fait également une prédiction intéressante quant au paramètre de « biais » des germes de fluctuations (noté *b* dans le tableau). Pour l'appréhender, nous avons besoin d'examiner la courbe dentelée de la figure 5.6, que les mathématiciens qualifient d'autosimilaire, de fractale ou d'invariante d'échelle. Tous ces termes signifient fondamentalement que si je remplace l'image par une de ses portions agrandies, il n'y aura pas de différence. Puisque je peux répéter cet agrandissement autant de fois que je le souhaite, il est clair que même un milliardième de cette courbe ressemble à la courbe tout entière. De façon intéressante, l'inflation prédit qu'avec une approximation suffisante, notre bébé Univers était également invariant d'échelle, au sens où nous ne pouvons faire la différence entre un centimètre cube choisi aléatoirement et une région beaucoup plus grande de celui-ci. Pourquoi ? Durant l'ère de l'inflation, dilater notre Univers revenait fondamentalement à patienter un peu, jusqu'à ce que l'ensemble double à nouveau de taille. Donc si vous aviez pu voyager dans le passé pour remonter à l'ère de l'inflation, observer que l'échelle des propriétés statistiques des fluctuations était invariante revenait à observer que ces

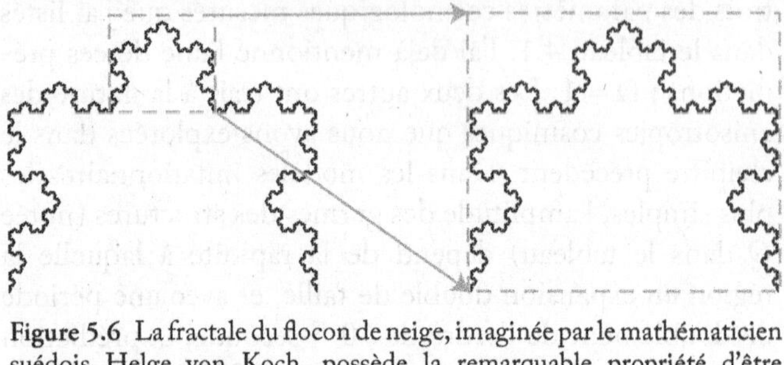

Figure 5.6 La fractale du flocon de neige, imaginée par le mathématicien suédois Helge von Koch, possède la remarquable propriété d'être identique à une portion agrandie d'elle-même. L'inflation prédit, de façon similaire, que notre bébé Univers était indiscernable d'une zone agrandie de lui-même, du moins au sens de l'approximation statistique.

propriétés ne variaient pas dans le temps. Or c'est précisément ce que prédit l'inflation pour une raison très simple : les conditions physiques locales qui ont donné naissance aux fluctuations quantiques n'ont elles-mêmes pas évolué dans le temps parce que la densité et les autres propriétés de la substance en expansion n'ont pas notablement varié.

Le paramètre de biais *b* du tableau 4.1 quantifie dans quelle mesure l'Univers inflationnaire était proche de l'invariance d'échelle. Il permet de comparer les anisotropies aux grandes et aux petites échelles. Il est défini de la façon suivante : $b = 1$ implique une invariance d'échelle parfaite (des anisotropies identiques à toutes les échelles), $b < 1$ signifie que les anisotropies sont plus importantes aux grandes échelles, et $b > 1$ qu'elles dominent aux petites échelles. Mukhanov et les autres instigateurs de l'inflation ont prédit que *b* devait être assez proche de 1. Lorsque j'ai, avec mon ami Ted, passé des nuits blanches sur l'ordinateur *magicbean* du chapitre 4, nous cherchions alors à effectuer la mesure la plus précise de *b*. Notre résultat donnait $b = 1{,}15 \pm 0{,}29$, confirmant ainsi qu'une autre prédiction de l'inflation était sur la bonne voie.

Le paramètre *b* suscite même davantage d'intérêt. Puisque l'inflation a finalement cessé, la substance en expansion a dû se diluer progressivement, peut-être imperceptiblement, durant l'inflation – car sinon rien n'aurait changé et l'inflation aurait persisté. Dans les modèles les plus simples de l'inflation, cette diminution en densité a également engendré une décroissance de l'amplitude des fluctuations produites. Cela signifie que celles créées plus tardivement ont une amplitude inférieure. Or, elles n'ont pu se dilater beaucoup avant la fin de l'inflation, elles correspondent donc aujourd'hui à des fluctuations aux petites échelles. En conclusion, on prédit de tout ceci que $b < 1$. Pour prédire quelque chose de plus précis, nous avons besoin d'un modèle décrivant la composition de cette substance en expansion. Le plus simple de tous ces modèles, imaginé par Andrei Linde (figure 5.1), est appelé par les spécialistes « champ scalaire avec potentiel quadratique » (c'est fondamentalement un hypothétique cousin du champ magnétique). Il prédit que $b = 0{,}96$. Regardez à nouveau le Tableau 4.1 : vous verrez que la mesure de b est dorénavant environ 60 fois plus précise que les premières, et la dernière valeur s'élève à $b = 0{,}96 \pm 0{,}005$, admirablement proche de celle prédite !

Andrei Linde est l'un des pères de l'inflation, et il m'a énormément inspiré. Lorsque j'écoute quelqu'un expliquer quelque chose, je pense que c'est compliqué. Si j'écoute l'explication que donne Andrei de la même chose, je réalise qu'elle est simple si j'y réfléchis de la bonne manière – sa manière. Il a une inclination pour l'humour noir mais reste néanmoins chaleureux, ce qui lui a incontestablement permis de survivre au régime soviétique, et possède une lueur malicieuse dans le regard, qu'il discute de questions personnelles ou de sujets scientifiques à la pointe du progrès.

Toutes ces mesures se préciseront davantage dans les années à venir. Nous pouvons également mesurer d'autres valeurs prédites par les modèles inflationnaires. Par exemple, en sus de l'intensité et de la couleur, la lumière possède une propriété appelée polarisation – les abeilles la perçoivent et s'en servent pour se repérer, et même si nos yeux ne la remarquent pas, nos verres solaires polarisés ne laissent passer la lumière que si elle est polarisée dans une direction particulière. De nombreux modèles d'inflation reconnus prédisent une signature assez particulière dans la polarisation du rayonnement fossile cosmologique : les fluctuations quantiques ont engendré pendant l'inflation ce que nous appelons des *ondes gravitationnelles*, des oscillations dans le tissu même de l'espace-temps, et celles-ci ont déformé à leur tour les anisotropies du fond diffus cosmologique d'une manière caractéristique. Si ces distorsions sont décelées par une expérience future, je pense qu'elle sera saluée comme une pièce à conviction irréfutable de l'existence passée de l'inflation.

En résumé, il est trop tôt pour affirmer de façon certaine que notre Big Bang ait été réellement provoqué par l'inflation. Toutefois, je pense que nous pouvons honnêtement dire que la théorie de l'inflation a eu plus de succès que ne l'avait imaginé Alan Guth lors de sa conception, concordant avec les mesures de précision et se révélant progressivement être la théorie de nos origines cosmiques considérée comme la plus sérieuse par la communauté des cosmologistes.

L'inflation éternelle

Notre discussion sur l'inflation suit jusqu'à présent le cycle de vie typique de toute idée de physique couronnée de succès : une nouvelle théorie résolvant des problèmes anciens. Des prédictions supplémentaires. Une confirmation expérimentale. Un large consensus sur son acceptation. Des manuels révisés. Il semblerait qu'il soit désormais temps d'honorer l'inflation du traditionnel discours scientifique de départ à la retraite : « Merci, théorie de l'inflation, pour vos bons et loyaux services et pour avoir réglé les derniers détails de l'origine ultime de notre Univers. Retirez-vous dorénavant, installez-vous confortablement dans des chapitres de manuels, et laissez-nous le soin d'examiner de nouveaux problèmes encore plus passionnants et toujours en suspens ». Mais telle une vénérable institutrice opiniâtre, l'inflation refuse de se retirer ! Non contente d'être un cadeau d'une richesse inouïe pour la cosmologie primordiale, comme nous l'avons vu ci-dessus, l'inflation a procuré des surprises encore plus révolutionnaires et parfaitement inattendues – et pour certains de mes collègues, également assez malvenues.

Inexorable inflation

Le premier scoop concerne le fait que l'inflation refuse généralement de s'arrêter, produisant toujours plus d'espace. Andrei Linde et Paul Steinhardt l'ont découvert dans des modèles particuliers. Une preuve élégante de l'existence de cet effet a été produite par Alex Vilenkin, un sympathique professeur de l'université Tufts, à la voix suave, celui-là même qui m'avait invité à donner la conférence qui avait fait sombrer Alan Guth dans son sommeil. Lorsqu'il était étudiant dans son Ukraine natale, il avait refusé de témoigner, malgré l'injonction du KGB, contre un camarade étudiant qui stigmatisait les autorités, et ce malgré les avertissements sur les « conséquences » qu'il encourait. Bien qu'il fût admis à l'école supérieure de physique de l'université d'état de Moscou, le plus prestigieux cours de physique de l'Union soviétique, la permission de déménager pour Moscou ne lui fut jamais accordée. De même qu'il ne put jamais décrocher un poste ordinaire. Il passa une année à lutter comme veilleur de nuit dans un zoo avant de parvenir finalement à quitter le pays. À chaque fois qu'un bureaucrate m'importune, ma frustration retombe immédiatement dès que je songe au passé d'Alex. Il est probable que sa prédisposition à s'accrocher à ce qu'il croit être bon, malgré la pression des autorités, explique pourquoi il s'est entêté et a découvert des choses que d'autres éminents scientifiques n'avaient pas saisies.

Alex a découvert que la question de savoir où et quand l'inflation cesse est assez subtile et intéressante. Nous savons que l'inflation a cessé au moins en *certains* endroits, car il y a 14 milliards d'années, elle s'est achevée dans la région de l'espace que nous occupons actuellement. Cela signifie qu'il a dû exister un certain processus physique pouvant se débarrasser de la substance en expansion, l'obligeant à se désintégrer en matière ordinaire ne se dilatant plus, laquelle a ensuite poursuivi l'expansion, s'est agrégée puis a finalement façonné les galaxies, les étoiles et les planètes comme nous l'avons décrit au chapitre précédent. La radioactivité permet notoirement aux éléments instables de se désintégrer en d'autres, supposons donc que la substance en expansion soit similairement instable. Cela implique qu'il existe une certaine échelle de temps, appelée demi-vie, durant laquelle la moitié de cette substance s'est désintégrée. Comme l'illustre la figure 5.7, nous sommes dorénavant en présence d'un compromis intéressant entre le doublement engendré par l'inflation et la réduction de moitié causée par la désintégration. Pour que l'inflation puisse fonctionner, la première doit prédominer de sorte que le volume total croît au cours du temps. Cela signifie que la période de doublement de la substance en expansion doit être plus courte que sa demi-vie. La figure illustre un tel exemple, où l'inflation triple la taille de l'espace tandis qu'un tiers de la substance dilatée se désintègre, et le processus se poursuit. Comme vous pouvez le constater, le volume total d'espace qui poursuit son expansion continue à se dilater. Parallèlement, des régions d'espace qui cessent d'enfler sont continuellement produites par désintégration de l'espace en dilatation, de sorte que le volume d'espace ne se dilatant plus, où l'inflation disparaît et les galaxies peuvent se former, continue également de croître.

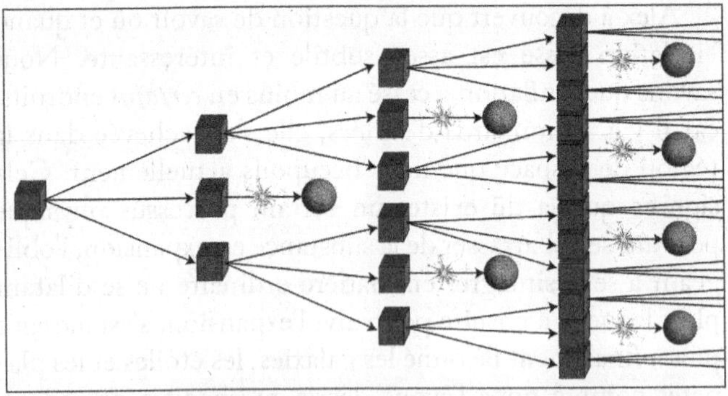

Figure 5.7 Schéma de l'inflation éternelle. Pour chaque volume de substance en expansion (symbolisé par un cube) se désintégrant en un Big Bang à l'origine d'univers statiques tels que le nôtre, deux autres volumes en expansion ne se désintègrent pas, mais triplent de volume. Le résultat donne un processus infini où le nombre d'univers nés d'un Big Bang suit la progression 1, 2, 4, etc., doublant à chaque étape. Donc, ce que nous appelons notre Big Bang (l'une des explosions) ne marque pas le début de toutes les choses, mais la fin de l'inflation dans notre région de l'espace.

Cette propriété de perpétuité de l'inflation s'avère être beaucoup plus générale que nous le pensions au départ. Andrei Linde, qui forgea l'expression « inflation éternelle », découvrit que même le modèle le plus simple d'inflation qu'il avait proposé, et évoqué ci-dessus, se dilate éternellement par le truchement d'un mécanisme élégant associé aux hétérogénéités quantiques ayant donné naissance à nos germes de fluctuations cosmologiques.

À ce jour, une très large palette de modèles d'inflation ont été analysés en détail par les chercheurs tout autour du monde, et nous nous sommes aperçus qu'ils conduisent presque tous à une inflation éternelle. La majeure partie de ces calculs sont assez sophistiqués et l'illustration schématique de la figure 5.7 capture l'essentiel de ce pourquoi l'inflation est généralement éternelle : pour que l'inflation puisse fonctionner, la substance en expansion doit, avant toutes choses, se dilater plus rapidement qu'elle ne se désintègre, et cela fait mécaniquement croître la quantité totale de substance en expansion, sans limite.

La découverte de l'inflation éternelle a radicalement transformé notre compréhension de toutes ces merveilles qu'arbore l'espace aux plus grandes échelles. Je ne peux dorénavant faire autrement que d'imaginer notre première histoire comme un conte, où le récit se résume à une seule phrase : « Il était une fois l'inflation. L'inflation a donné naissance à notre Big Bang et notre Big Bang a façonné les galaxies ». La figure 5.7 illustre pourquoi cette fable est trop naïve : elle évoque à nouveau notre faiblesse humaine consistant à supposer que nous avons connaissance de tout ce qui existe. Nous avons vu que même notre Big Bang n'est qu'une infime partie d'une chose considérablement plus vaste, une structure aux multiples ramifications ne cessant de croître. Autrement dit, ce que nous avons baptisé notre Big Bang n'est pas l'ultime *commencement*, mais plutôt la *fin* de l'inflation dans notre région de l'espace.

Comment fabriquer un espace infini dans un volume fini ?

L'enfant du chapitre 2 demandait si l'espace se prolonge à jamais. L'inflation éternelle donne une réponse claire : *l'espace n'est pas simplement immense – il est infini.* Il renferme un nombre infini de galaxies, d'étoiles et de planètes.

Examinons cette question plus attentivement. Même si la nature schématique de la figure 5.7 ne le montre pas clairement, nous nous référons toujours à un espace d'un seul tenant, c'est-à-dire un unique espace connexe. À l'heure qu'il est (nous reviendrons plus loin sur la signification d'« à l'heure qu'il est »), certaines parties de cet espace se dilatent très rapidement parce qu'elles contiennent de la matière en expansion, d'autres parties se dilatent plus lentement parce que l'inflation s'est achevée en ces lieux, et d'autres parties encore, comme la région située à l'intérieur de notre galaxie, ne se dilatent plus. L'inflation se terminera-t-elle donc un jour ? La recherche minutieuse sur l'inflation que nous avons décrite ci-dessus montre que la réponse est : oui et non. Elle se terminera et elle se poursuivra, dans le sens qui suit :

1) Dans quasiment toutes les parties de l'espace, l'inflation cédera finalement la place à un Big Bang tel que le nôtre.
2) Il restera néanmoins certaines régions de l'espace où l'inflation ne s'arrêtera jamais.
3) Le volume total en inflation s'accroît sans cesse, doublant à intervalles de temps réguliers.
4) Le volume total post-inflationnaire contenant des galaxies s'accroît également pour toujours, doublant à intervalles de temps réguliers.

Or, cela signifie-t-il réellement que l'espace soit déjà infini ? Cela nous renvoie à une autre interrogation du chapitre 2 : *comment un espace infini pourrait-il être créé en un temps fini ?* Cela semble impossible. Mais comme je l'ai mentionné ci-dessus, l'inflation est un spectacle de magie où des processus apparemment impossibles se produisent par le truchement d'une utilisation astucieuse des lois de la physique. En réalité, l'inflation peut même faire mieux, ce que je considère comme étant le tour de magie le plus abracadabrant : *elle peut créer un volume infini dans un volume fini !* Plus précisément, à l'intérieur d'une chose plus petite qu'un atome, elle peut engendrer un espace infini contenant un nombre illimité de galaxies, sans affecter l'espace extérieur.

La figure 5.8 révèle comment l'inflation parvient à réaliser ce tour de passe-passe. Elle montre une tranche d'espace et de temps, où les bords gauche et droit correspondent à deux points où l'inflation ne se termine jamais, et le bord inférieur à une époque où la région entière située entre ces deux points se dilate. Il est difficile de dessiner un espace tridimensionnel en expansion, donc je n'ai représenté ni l'expansion ni deux des trois dimensions d'espace dans cette image, parce qu'aucune de ces deux complications n'affecte fondamentalement l'argumentation. Finalement, l'inflation cesse partout sauf aux bords gauche et droit : la frontière incurvée indique l'instant exact où elle cesse en différents endroits. Dès que l'inflation s'achève dans une région donnée, le traditionnel récit du Big Bang, relaté dans les deux chapitres précédents, commence à se

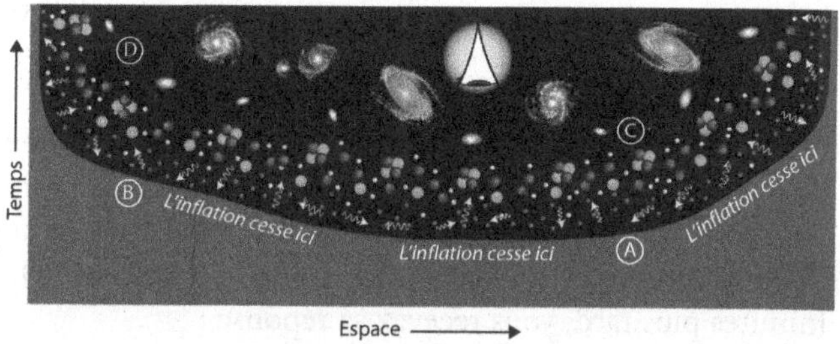

Figure 5.8 Comme décrit dans le texte, l'inflation peut créer un univers infini au sein de ce qui ressemble à un volume subatomique, vu de l'extérieur. Un observateur situé à l'intérieur verra que A et B sont simultanés, ainsi que C et D, la surface infinie en forme de U où l'inflation cesse comme son *temps zéro*, et la surface infinie en forme de U où les atomes se forment comme son *temps* à *400 000 ans*, etc. Pour simplifier, cette représentation omet aussi bien l'expansion de l'espace que deux des trois dimensions d'espace.

dérouler, et là, la fournaise d'un réacteur à fusion cosmique finit par se refroidir pour façonner les atomes, les galaxies et peut-être des observateurs comme nous.

Voici la clef de voûte de la supercherie : selon la théorie de la relativité générale d'Einstein, un observateur vivant dans l'une de ces galaxies percevra l'espace et le temps différemment de la manière dont je les ai définis, avec mes axes sur le schéma. Notre espace physique n'est pas intrinsèquement muni de graduations centimétriques à l'instar d'un double décimètre, de même, notre Univers n'émerge pas avec un ensemble d'horloges préétablies. Au lieu de cela, tout observateur doit définir ses propres unités de mesure des durées et des longueurs, ce qui détermine en fin de compte sa notion d'espace et de temps. Cette idée mène à l'un des traits de génie d'Einstein, immortalisé par la maxime « tout est relatif » : des observateurs distincts perçoivent l'espace et le temps de manière différente. En particulier, la simultanéité est un concept relatif. Supposez que vous envoyiez un message à une amie astronaute située sur Mars :

Salut, comment ça va là-haut ?

Dix minutes plus tard, elle reçoit votre message, transmis à la vitesse de la lumière grâce aux ondes radio. Pendant que vous patientez, vous recevez un message du Nigéria, proposant des montres Rolex bon marché. Dix minutes plus tard, vous recevez sa réponse :

Très bien, mais la Terre me manque !

Maintenant, quel événement s'est produit le premier, l'instant où vous recevez le spam ou le moment où votre amie astronaute envoie son message ? Étonnamment, Einstein a découvert que cette question élémentaire ne possède pas de réponse simple. En réalité, la bonne réponse dépend de la vitesse de la personne qui y répond !

Par exemple, si je décolle de la Terre dans une fusée en direction de Mars, interceptant les trois messages et analysant la situation, je déterminerai que selon mon horloge à bord, votre amie sur Mars a envoyé le message avant que vous ne receviez le spam. Si je voyage dans l'autre direction, je déterminerai que vous avez d'abord reçu le spam. Déconcertant, non ? C'est ce que pensaient également la plupart des collègues d'Einstein lorsqu'il a présenté sa théorie de la relativité, mais d'innombrables expériences ont confirmé depuis que c'est de cette manière que les choses fonctionnent. La seule situation où nous pouvons à coup sûr affirmer qu'un événement s'est produit sur Mars avant un autre sur Terre, c'est lorsque nous pouvons envoyer un message de Mars, après que l'événement sur Mars ait eu lieu, et que celui-ci atteint la Terre avant l'événement sur Terre.

Appliquons maintenant cette idée à la situation de la figure 5.8. Pour un observateur extérieur à cette région, on peut définir l'espace et le temps respectivement selon les directions horizontale et verticale, précisément comme sur la figure, de sorte que les quatre événements que j'ai encerclés se produisent dans cet ordre : A, B, C, D. De surcroît, B survient indubitablement avant D car vous pouvez concevoir qu'un message soit envoyé de B à D entre les deux événements, et de façon analogue, A s'est forcément produit avant C. Mais pouvons-nous être réellement certains que A se soit produit avant B, étant donné que ces deux événements sont trop éloignés pour que la lumière ait eu le temps de voyager de l'un à l'autre ? La réponse d'Einstein est non. En fait, pour un observateur vivant dans l'une de ces galaxies, il est plus raisonnable de considérer que la fin de l'inflation se soit produite à un instant particulier fixe, puisque cet événement correspond à son Big Bang, donc selon son point de vue, les événements A et B sont simultanés ! Comme vous pouvez le constater, la surface de « fin de l'inflation » n'est *pas* horizontale. En réalité, elle est infinie car elle s'incurve comme la lettre U vers les bords gauche et droit du graphique où nous avons convenu que l'inflation ne cesse jamais. Cela signifie que, pour l'observateur, son Big Bang s'est produit en un seul instant dans un espace réellement infini ! Par où l'infini s'est-il immiscé ? Nous pouvons voir qu'il s'est subrepticement introduit via le temps infini du futur à disposition et la direction spatiale progressivement incurvée vers le haut.

L'observateur conclura également, ultérieurement, que son espace est infini. Par exemple, s'il conçoit une expérience sur le fond diffus cosmologique pour photographier son bébé univers de 400 000 ans, la surface de plasma qu'il sonde correspond à la surface dans la figure où les protons et les électrons se combinent pour former les atomes d'hydrogène transparents (invisibles). Puisque c'est également une surface infinie en forme de U, il considérera que son cosmos de 400 000 ans a été infini. Il admettra également que les événements C et D sont simultanés, car ils se situent sur la surface en forme de U où les premières galaxies se forment, et ainsi de suite. Puisque nous pouvons imbriquer un nombre infini de formes U les unes dans les autres, il considérera que son univers est infini tant dans l'espace que dans le temps – bien qu'il tienne entièrement dans une région initialement subatomique pour l'observateur extérieur. Le fait que l'espace se dilate à l'intérieur n'entraîne pas nécessairement un accroissement de la place qu'il occupe vu de l'extérieur : souvenez-vous qu'Einstein permet à l'espace de s'étendre et de produire plus de volume à partir de rien, sans en emprunter ailleurs.

En pratique, cet univers infini pourrait ressembler à une chose telle qu'un trou noir subatomique, vu de l'extérieur. De fait, Alan Guth et ses collaborateurs ont même exploré l'hypothétique éventualité de pouvoir le faire eux-mêmes pour de vrai : créer dans un laboratoire quelque chose qui ressemble à un minuscule trou noir vu de l'extérieur et à un univers infini vu de l'intérieur – quant à savoir si cela est réellement possible, la question n'a pas été tranchée. Si vous possédez des pouvoirs démiurgiques, je vous recommande fortement de suivre les instructions de Brian Greene pour les « créateurs d'univers en herbe » données dans son livre *La Réalité cachée.*

Nous avons commencé notre exploration de l'inflation au début de ce chapitre en mettant en exergue les réponses non satisfaisantes que la théorie classique du Big Bang de Friedmann formule à l'égard de certaines questions élémentaires, donc concluons notre excursion en passant en revue les réponses de l'inflation :

Q : Qu'est-ce qui a donné naissance à notre Big Bang ?

R : Le doublement répété de taille d'un grain subatomique explosif de matière en expansion.

Q : Le Big Bang a-t-il eu lieu en un point unique ?

R : Presque : il a commencé dans une région de l'espace plus petite qu'un atome.

Q : En quel endroit de l'espace l'explosion du Big Bang s'est-elle produite ?

R : Dans une minuscule région, mais l'inflation l'a quasiment dilatée jusqu'à la taille d'un pamplemousse, grossissant si rapidement que l'expansion lui a ultérieurement donné une taille supérieure à tout l'espace que nous pouvons contempler aujourd'hui.

Q : Comment un espace infini pourrait-il être créé en un temps fini ?

R : L'inflation produit un nombre infini de galaxies de loin en loin. Selon la relativité générale, un observateur situé dans l'une de ces galaxies percevra différemment l'espace et le temps, considérant l'espace comme ayant été infini dès la fin de l'inflation.

En résumé, l'inflation a radicalement bouleversé la compréhension de nos origines cosmiques, substituant aux questions embarrassantes et sans réponse du modèle du Big Bang de Friedmann un mécanisme simple engendrant notre Big Bang à partir de peu de chose. Celui-ci va également bien au-delà de nos attentes : il nous procure un espace qui n'est pas simplement immense mais bel et bien infini, avec un nombre illimité de galaxies, d'étoiles et de planètes. Et comme nous le verrons dans le prochain chapitre, ce n'est que la partie émergée de l'iceberg.

En bref

- Il existe de sérieux problèmes avec les étapes les plus précoces du modèle du Big Bang de Friedmann.
- La théorie de l'inflation les résout tous, et explique le mécanisme qui a donné naissance au Big Bang.
- L'inflation explique pourquoi l'espace est si plat, ce que nous avons mesuré avec une précision de 1 %.
- Elle explique pourquoi, en moyenne, notre Univers lointain semble homogène dans toutes les directions, n'exhibant que des fluctuations de 0,002 % d'un endroit à l'autre.
- Elle rend compte de l'origine de ces anisotropies de 0,002 % : ce sont des fluctuations quantiques étirées, par l'inflation, de l'échelle microscopique à celle macroscopique, puis amplifiées par la gravitation pour former les galaxies et structures d'ampleur cosmique d'aujourd'hui.
- L'inflation explique même l'accélération cosmique, objet d'un prix Nobel en 2011, comme étant un redémarrage d'une expansion plus lente, doublant la taille de notre Univers non pas en une fraction de seconde mais tous les 8 milliards d'années.
- La théorie de l'inflation postule que notre Univers a grossi comme un bébé : une phase de croissance accélérée, durant laquelle la taille doublait à intervalles de temps réguliers, suivi d'une phase de croissance décélérée plus calme.
- Ce que nous appelons notre Big Bang n'est pas un commencement mais une fin – celle de l'inflation dans notre région de l'espace – et cette inflation se poursuit à l'infini dans d'autres endroits.
- L'inflation prédit que notre espace n'est pas simplement immense, mais infini, empli d'un nombre illimité de galaxies, d'étoiles et de planètes, dont les conditions initiales ont été engendrées au hasard des fluctuations quantiques.

6
Bienvenue au multivers

Si les fenêtres de la perception étaient nettoyées, chaque chose apparaîtrait à l'homme, – ainsi qu'elle l'est – infinie. Car l'homme s'est lui-même enfermé jusqu'à ne plus rien voir qu'à travers les fissures étroites de sa caverne.

William Blake, *Le mariage du Ciel et de l'Enfer*

Deux choses sont infinies : l'Univers et la bêtise humaine. Mais, en ce qui concerne l'Univers, je n'en ai pas encore acquis la certitude absolue.

Attribué à Albert Einstein

Êtes-vous prêt à entrer dans la controverse ? La science que nous avons explorée jusqu'ici dans cet ouvrage est désormais devenue un paradigme recueillant un large consensus. Nous pénétrons maintenant dans les terres de la polémique, soulevant de la part de la plupart de mes collègues physiciens d'ardents débats prônant le pour ou le contre.

Le multivers de niveau I

Existe-t-il un avatar de vous-même en train de lire ce livre, décidant de le reposer avant de finir cette phrase, tandis que vous poursuivez votre lecture ? Une personne vivant sur une planète nommée Terre, avec ses montagnes brumeuses, ses plaines fertiles et ses mégalopoles galopantes, dans un système solaire constitué de sept autres planètes ? La vie de cet avatar serait identique à la vôtre en tous points de vue – jusqu'à cet instant, cependant, où votre décision de poursuivre la lecture marque le début de la divergence de vos destinées.

Vous trouverez probablement cette idée étrange et insensée, et je dois confesser que c'est également ma réaction première. Néanmoins, nous devons vivre avec cette éventualité car le modèle cosmologique le plus simple et le plus en vogue aujourd'hui prédit que cette personne existe réellement dans une galaxie située à $10^{10^{29}}$ mètres d'ici. Cette proposition ne fait même pas appel à la physique moderne conjecturale, mais uniquement au fait que l'espace soit infini et assez uniformément empli de matière. Votre *alger ego* est simplement une prédiction de l'inflation éternelle, qui, comme nous l'avons vu dans le chapitre précédent, s'accorde avec toute la phénoménologie actuelle et est implicitement employée comme fondement de la majeure partie des calculs et des simulations présentés lors des congrès de cosmologie.

Qu'est-ce qu'un univers ?

Avant de commencer à discuter plus sérieusement d'autres univers, il est crucial d'éclaircir ce que nous entendons par notre propre Univers. Voici la terminologie que nous emploierons dans ce livre :

Expression	Définition
Réalité physique	Tout ce qui existe.
Notre Univers	Partie de la réalité physique que nous pouvons observer en principe.

Si nous faisons abstraction des complications quantiques du chapitre suivant, la définition suivante de l'univers est équivalente.

Notre Univers : région sphérique de l'espace de laquelle la lumière a eu le temps de nous atteindre au cours des 14 milliards d'années depuis notre Big Bang – c'est essentiellement ceci :

Dans les chapitres précédents, nous avons également appelé cette région *notre Univers observable.* Des synonymes plus ésotériques et largement employés par les astronomes sont notre *volume de l'horizon*, ou *la région située à l'intérieur de notre horizon cosmologique.* Les astronomes aiment également se référer à notre *volume de Hubble*, dont la taille est du même ordre de grandeur. Il est défini comme étant la région dans laquelle les galaxies s'éloignent de l'observateur à une vitesse inférieure à celle de la lumière.

Étant donné que d'autres univers pourraient exister, je trouve légèrement prétentieux d'appeler *l'Univers* notre Univers, et je m'efforcerai de ne pas employer cette expression. Mais c'est indubitablement une question de goût puisque les New-Yorkais appellent « la ville » leur cité urbaine, de même que les Américains et les Canadiens ont chacun baptisé leur championnat de baseball « the World Series ».

Même si vous trouvez ces définitions raisonnables, prenez garde cependant au fait que des personnes utilisent ces mots dans une acception toute différente, ce qui suscite une certaine confusion. En particulier, certains individus utilisent l'expression à laquelle je renonce, « l'Univers », pour se référer à tout ce qui existe, auquel cas, par définition, il ne peut y avoir d'autres univers parallèles.

Dorénavant, puisque nous avons défini notre Univers, quelle est sa taille ? Comme nous l'avons vu, c'est une région sphérique centrée sur la Terre. La matière située aux confins de notre Univers, d'où la lumière ne nous atteint que maintenant, après un voyage de 14 milliards d'années dans l'espace, est actuellement à environ 5×10^{26} mètres de nous[1]. À ce que nous savons en ce moment, notre Univers contient environ 10^{11} galaxies, 10^{23} étoiles, 10^{80} protons et 10^{89} photons (les particules de lumière).

Assurément, cela fait beaucoup de choses, mais pourrait-il y avoir encore plus de choses, encore plus loin dans l'espace ? Comme nous l'avons vu, l'inflation prédit que oui. L'univers de votre avatar (page 204) s'il existe, est une sphère de même taille centrée sur lui, et nous n'avons pu l'observer ni même établir un quelconque contact, car sa lumière ou toute autre information n'a pas eu le temps de nous rejoindre. C'est le spécimen le plus simple d'univers parallèle (mais loin d'être le seul). J'ai pris l'habitude d'appeler cette région lointaine de l'espace de la taille de notre Univers, un univers parallèle de *niveau I*. Tous les univers parallèles de niveau I forment

1. Comme nous l'avons vu au chapitre 3, cela fait plus de 14 milliards d'années-lumière car l'expansion de l'espace a favorisé la propagation de la lumière.

ensemble le *multivers de niveau I.* Le tableau 6.1 définit tous les types distincts de multivers que nous explorons dans cet ouvrage, ainsi que leurs relations mutuelles.

De par notre définition même d'*univers*, nous pourrions imaginer que le fait que notre Univers observable ne soit qu'une minuscule partie d'un multivers beaucoup plus vaste reste pour toujours du domaine de la métaphysique. Cependant, la frontière épistémologique entre la physique et la métaphysique se fonde sur la question de savoir si une théorie est expérimentalement vérifiable, et non si elle est mystérieuse ou met en scène des entités non observables. Les progrès expérimentaux alimentés par la technologie ont par conséquent refoulé les frontières de la physique pour incorporer toujours plus de concepts abstraits (et au premier abord non intuitifs) tels qu'une Terre ronde en rotation, un champ électromagnétique, le ralentissement du temps aux vitesses élevées, les superpositions quantiques, l'espace courbe et les trous noirs. Comme nous le verrons plus bas, il est devenu de plus en plus clair que les théories fondées sur la physique moderne peuvent en réalité être empiriquement vérifiables, prédictives et réfutables mêmes si elles invoquent un multivers. De fait, dans le reste de cet ouvrage, nous allons explorer quatre niveaux distincts d'univers parallèles, de sorte que pour moi, la question la plus intéressante n'est pas de savoir s'il existe un multivers (puisque le niveau I n'est pas si controversé), mais plutôt d'évaluer le nombre de niveaux qu'il possède.

À quoi les univers parallèles de niveau I ressemblent-ils ?

Supposez que l'inflation se soit réellement produite et ait fait en sorte que notre espace soit infini. Il doit par conséquent y avoir un nombre illimité d'univers parallèles de niveau I. De surcroît, comme l'illustre la figure 5.8, l'espace infini était entièrement empli de matière ayant, comme dans notre propre Univers, progressivement façonné des atomes, des galaxies, des étoiles et des planètes. Cela signifie que la majeure partie des univers parallèles de niveau I partagent notre histoire cosmique dans les grandes lignes. Cependant, nombre d'entre eux diffèrent de notre Univers dans les détails, parce qu'ils ont démarré de manière légèrement différente. La raison en est que, comme nous l'avons vu dans le chapitre précédent, les germes des fluctuations responsables de toutes les structures cosmiques ont été engendrés par des fluctuations quantiques qui sont, tout compte fait, aléatoires (voir la page 173).

Notre description du monde physique reflète le clivage traditionnel suivant : comment les choses sont nées et comment elles changent. Autrement dit, nous avons des conditions initiales et nous avons des lois physiques précisant comment ces conditions initiales évoluent dans le temps. Des observateurs vivant dans des univers parallèles de niveau I observent exactement les mêmes lois de la physique que les nôtres, mais avec des conditions initiales différentes de celles qui ont conditionné notre Univers. Par exemple, les particules sont au départ en des endroits légèrement différents, et se déplacent à des vitesses un peu différentes. Ce sont ces infimes variations qui déterminent finalement ce qui se passe dans ces univers : quelles régions se transforment en galaxies, lesquelles deviennent des vides intergalactiques, quelles étoiles sont escortées de planètes, quelles planètes ont des dinosaures, lesquelles voient leurs dinosaures décimés par la collision d'un astéroïde, et ainsi de suite. En d'autres termes, les différences induites par la mécanique quantique entre les univers parallèles s'amplifient avec le temps pour suivre des histoires complètement distinctes. En résumé, les étudiants des univers parallèles de niveau I apprendraient la même chose en cours de physique mais des choses différentes en cours d'histoire.

Mais ces étudiants existeraient-ils, en premier lieu ? Il semble extrêmement improbable que votre vie ait été reproduite exactement car de nombreux événements ont dû se dérouler : la Terre a dû se former, la vie a dû éclore puis évoluer, les dinosaures ont dû disparaître, vos parents ont dû se rencontrer, vous avez dû songer à lire ce livre, etc. Or la probabilité que ces événements se soient tous produits n'est manifestement pas nulle puisqu'ils ont eu lieu ici même dans notre Univers. Et si vous jetez les dés plusieurs fois, même les choses les plus improbables doivent se produire. Avec un nombre infini d'univers parallèles de niveau I créés par l'inflation, les fluctuations quantiques ont effectivement jeté les dés un nombre illimité de fois, garantissant avec 100 % de certitude que votre vie se soit déroulée dans l'un d'eux. En réalité, dans un nombre infini de ceux-ci, car même la minuscule fraction d'un nombre infini est toujours un nombre infini.

Néanmoins, un espace infini ne contient pas que des copies fidèles de vous. Il renferme également un nombre encore plus grand d'individus qui vous ressemblent étrangement, tout en étant légèrement différents. Donc, si vous parvenez à rencontrer la personne la plus proche dans l'espace qui vous ressemble comme deux gouttes d'eau, elle s'exprimerait probablement dans une langue extraterrestre incompréhensible pour vous et aurait vécu une vie assez différente de la vôtre. Mais en plus de vos copies conformes infiniment nombreuses ici et là dans l'espace, il y en a une qui parle français, s'épanouit sur une planète identique à la Terre et dont la vie est en tous points parfaitement indiscernable de la vôtre. Cette personne ressent subjectivement les mêmes choses que vous. Certes, il pourrait y avoir certaines différences mineures dans le mouvement des particules situées dans le cerveau de votre *alter ego*, trop subtiles pour rendre perceptible cette différence, mais qui en quelques secondes le feront poser ce livre tandis que vous poursuivrez votre lecture, marquant le début de la divergence de vos destinées.

Cela soulève une question philosophique intéressante qui ressurgira et nous taraudera l'esprit au chapitre 11 : s'il existe réellement de nombreuses répliques de « vous », avec des vies passées et des souvenirs identiques, cela enterre définitivement la notion classique de déterminisme – vous ne pouvez prédire votre propre avenir, même si vous avez une connaissance exhaustive de toute l'histoire passée et future du cosmos ! La raison en est qu'il n'existe aucun moyen pour vous de déterminer laquelle de ces copies est « vous » (elles pensent toutes qu'elles le sont). De fait, ces vies finiront par diverger, de sorte que tout ce que vous puissiez faire, au mieux, est d'établir des probabilités sur ce qu'il va vous arriver à partir de cet instant.

En résumé, dans un espace infini créé par l'inflation, tout ce qui peut se produire en accord avec les lois de la physique doit se produire. Et ceci se produira un nombre infini de fois. Cela implique qu'il existe des univers parallèles où vous ne prenez jamais de ticket de stationnement, où vous avez un prénom différent, où vous avez gagné un million d'euros au loto, où l'Allemagne remporte la Seconde Guerre mondiale, où les dinosaures continuent de fouler la Terre et où la Terre ne s'est tout simplement jamais formée. Bien que chacune de ces issues se soit produite dans un nombre infini d'univers, certaines surviennent plus fréquemment que d'autres, et lorsque nous tentons de démêler cet écheveau, nous dévoilons une multitude de problèmes fascinants que le chapitre 11 nous permettra d'aborder.

Les univers parallèles sont-ils contraires à la science ?

Pas si vite ! Suis-je en train de perdre la tête ? Jusqu'à présent, j'ai principalement fait allusion à des sujets que, comme je l'espère, vous trouvez assez raisonnables. Certes, certaines des découvertes scientifiques que j'ai mentionnées ont été controversées en leur temps, mais elles font désormais parti du paradigme scientifique en vogue. Or, les choses commencent à prendre une tournure assez saugrenue dans ce chapitre. Et toutes ces tergiversations sur des copies illimitées de nous-mêmes faisant tout ce que nous pouvons imaginer ? Cela semble tout simplement insensé. Totalement absurde. Donc avant de creuser davantage ces réflexions, marquons une pause de vérification de principe. En premier lieu, est-il réellement scientifique de traiter de choses aussi farfelues que nous ne pouvons même pas observer, ou ai-je franchi le seuil de la spéculation philosophique pure ?

Précisons un peu les choses. L'éminent philosophe austro-britannique Karl Popper a vulgarisé l'adage désormais célèbre « ce qui n'est pas réfutable n'est pas scientifique ». La physique consiste justement à tester des théories mathématiques par l'observation : si une théorie ne peut être testée même par principe, alors il est logiquement impossible de la réfuter, ce qui signifie, par la définition de Popper, qu'elle n'est pas scientifique. Il s'ensuit donc que la seule chose pouvant potentiellement être scientifique est une *théorie*. Ce qui nous mène à un point extrêmement important :

> Les univers parallèles ne sont pas une théorie, mais une prédiction de certaines théories.

Des théories telles que l'inflation. Les univers parallèles (s'ils existent) sont des *choses*, et les choses ne peuvent être scientifiques, donc un univers parallèle n'est pas plus scientifique qu'un régime de bananes.

Nous devons par conséquent reformuler notre question au sujet de la spéculation philosophique en termes de théories, ce qui nous conduit à la question cruciale suivante :

Les théories prédisant l'existence d'entités non observables sont-elles non réfutables et par conséquent non scientifiques ? C'est à ce stade que les choses deviennent réellement intéressantes, parce que cette interrogation possède une réponse claire : *pour qu'une théorie soit réfutable, nous n'avons pas besoin de pouvoir observer et tester toutes ses prédictions, mais au moins l'une d'entre elles.* Considérez l'analogie suivante :

Théorie	Prédiction
Relativité générale	Intérieur des trous noirs
Inflation (chapitre 5)	Univers parallèles de niveau I
Inflation + paysage (chapitre 6)	Univers parallèles de niveau II
Mécanique quantique sans effondrement (chapitre 8)	Univers parallèles de niveau III
Hypothèse de la réalité externe (chapitre 10)	Univers parallèles de niveau IV

Puisque la théorie de la relativité générale d'Einstein a prédit avec succès de nombreux phénomènes que nous *pouvons* observer, comme le mouvement de Mercure autour du Soleil, la courbure de la lumière par la gravitation et le ralentissement gravitationnel des horloges, nous considérons que c'est une théorie scientifique efficace et prenons également au sérieux ses prédictions quant aux phénomènes que nous *ne pouvons pas* observer – par exemple, que l'espace existe toujours à l'intérieur de l'horizon des trous noirs[2] et que (contrairement aux premiers préjugés erronés) rien d'étrange ne se produit à la limite de l'horizon. De façon analogue, les prédictions avérées de l'inflation que nous avons décrites dans les deux chapitres précédents font d'elle une théorie scientifique et il est donc raisonnable de prendre également au sérieux ses autres prédictions – aussi bien celles vérifiables notamment concernant le fond diffus cosmologique que celles apparemment invérifiables telles que l'existence des univers parallèles. Les trois derniers exemples du tableau ci-contre mentionnent des théories que nous décrirons ultérieurement dans cet ouvrage, prédisant des variantes additionnelles d'univers parallèles.

Un autre point crucial concernant les théories physiques est que si vous en approuvez une partiellement, vous êtes obligé de l'adopter dans son ensemble. Vous ne pouvez pas dire : « Eh bien, j'aime comment la relativité générale explique l'orbite de Mercure, mais pas les trous noirs, donc je désapprouve cette seconde particularité ». Vous

2. Même si vous pouvez en principe pénétrer dans un trou noir et observer ce qu'il s'y passe à l'intérieur (si ses forces de marées ne vous ont pas transformé en spaghetti !), vous ne pourrez pas publier vos découvertes dans une revue scientifique car vous aurez irrévocablement souscrit un voyage en aller simple.

pouvez acheter du café sans caféine mais vous ne pouvez pas adopter la relativité générale sans les trous noirs. La relativité générale est une théorie mathématique solide où les ajustements sont impossibles : vous devez soit accepter *toutes* ses prédictions, soit repartir de zéro et inventer une théorie mathématique différente qui confirme toutes les prédictions avérées de la relativité générale tout en prédisant parallèlement l'inexistence des trous noirs. Cela s'avère extrêmement risqué, et jusqu'à présent toutes ces tentatives ont avorté.

De la même manière, les univers parallèles ne sont pas en option dans l'inflation éternelle. Ils font partie du tout, et si vous ne les approuvez pas, vous devez trouver une théorie mathématique différente qui résout les problèmes de l'explosion primordiale, de l'horizon et de la platitude, et qui engendre des germes de fluctuations cosmiques – mais qui ne prédit pas d'univers parallèles. Ceci également s'est révélé difficile, ce qui explique pourquoi de plus en plus de mes collègues commencent à considérer sérieusement – souvent à contrecœur – les univers parallèles.

Validité des univers parallèles de niveau I

Soit, nous avons établi une chose : nous ne devons avoir aucun remord à discuter des univers parallèles dans ce livre, bien que nous ayons supposé qu'il ne s'agisse d'un ouvrage scientifique. Or ce n'est pas parce qu'une idée est scientifique qu'elle est forcément correcte, donc examinons plus attentivement la validité des univers parallèles.

Nous avons vu auparavant dans ce chapitre que le multivers de niveau I, incluant vos avatars, est une conséquence logique de l'inflation éternelle. Nous avons également vu que l'inflation est actuellement la théorie de l'univers primordial la plus en vogue dans la communauté scientifique, et qu'elle est typiquement éternelle, produisant ainsi le multivers de niveau I. Autrement dit, la meilleure preuve de l'existence du multivers de niveau I que nous ayons est celle de l'inflation. Cela prouve-t-il que vos avatars existent ? Certainement pas ! À ce stade, nous ne pouvons être sûrs à 100 % que l'inflation soit éternelle, ni même qu'elle se soit produite après tout. Par chance, la recherche sur l'inflation est actuellement une discipline très active tant sur le plan théorique qu'expérimental, donc nous allons très probablement obtenir des pièces à conviction supplémentaires en faveur ou non de l'inflation éternelle (et par conséquent en faveur ou non du multivers de niveau I) dans les années à venir.

Jusqu'à présent, toute notre discussion s'est focalisée sur le contexte de l'inflation. Mais le multivers de niveau I est-il pieds et poings liés à l'inflation ? Non ! Car pour qu'il n'existe pas d'univers parallèle de niveau I, il ne devrait pas y avoir d'espace au-delà de la région que nous pouvons observer. Je n'ai pas un seul collègue scientifique qui pense que notre espace soit si petit, et celui qui soutiendrait un tel point de vue pourrait être assimilé à une autruche ayant la tête enfouie dans le sable, proclamant que seul ce que nous pouvons voir existe. Nous acceptons tous l'existence de choses que nous ne pouvons percevoir mais pourrions voir si nous nous déplacions ou si nous attendions, à l'instar des navires au-delà de l'horizon. Les objets situés au-delà de notre horizon cosmique possèdent le même statut, car notre Univers observable croît approximativement d'une année-lumière par an du fait que de la lumière plus lointaine a eu le temps de nous parvenir[3].

---

3. Si l'expansion cosmique continue d'accélérer (la question reste actuellement ouverte), l'Univers observable cessera finalement de croître : toutes

Qu'en est-il des preuves de l'existence de nos avatars ? Si nous passons en revue les arguments ci-dessus, nous remarquons que la propriété suivante du multivers de niveau I « tout ce qui peut se produire doit se produire » découle de deux hypothèses logiquement distinctes, pouvant toutes deux être correctes même sans l'inflation :

1) L'espace et la matière infinis : au tout début, il y avait un espace infini empli de plasma brûlant en expansion.
2) Germes aléatoires : au tout début, un mécanisme a opéré de sorte que n'importe quelle région pouvait être le siège de germes de fluctuations, apparemment aléatoires.

Explorons maintenant ces deux hypothèses. Je pense que la seconde en est une assez raisonnable, en dehors de l'inflation. Nous avons observé que ces germes de fluctuations aléatoires existent, donc nous savons qu'un *certain* mécanisme leur a donné naissance. Nous avons soigneusement mesuré leurs propriétés statistiques grâce au fond diffus cosmologique et au relevé des galaxies, et ces propriétés aléatoires sont cohérentes avec ce que les statisticiens nomment un « champ aléatoire gaussien », ce qui vérifie l'hypothèse 2. Qui plus est, si l'inflation ne s'est pas produite et que des régions spatialement distantes n'ont jamais pu communiquer entre elles (figure 5.2), alors ce mécanisme a dû s'exercer de manière aléatoire et indépendante dans chaque région.

Que dire de l'hypothèse de l'espace et la matière infinis ? En fait, un espace infini assez uniformément empli de

---

les galaxies situées au-delà d'une certaine distance s'éloigneront en définitive à une vitesse supérieure à celle de la lumière et nous demeureront à jamais invisibles.

matière tendait à être une hypothèse standard dans le courant dominant la cosmologie bien avant l'invention de l'inflation, et elle fait désormais partie de ce que l'on appelle le modèle standard de la cosmologie. Certes, cette hypothèse ainsi que sa conséquence en termes de multivers de niveau I ont toujours été controversées : en réalité, une telle supposition allant dans ce sens a été considérée comme une hérésie par le Vatican et a mené Giordano Bruno au bûcher en 1600. Ceux d'entre nous ayant publié plus récemment sur ce sujet, dont George Ellis, Geoff Brundrit, Jaume Garriga et Alex Vilenkin, ont jusqu'ici échappé à cette sentence, mais gardons cependant un œil critique sur l'hypothèse de l'espace infini et de la matière infinie.

Nous avons vu au chapitre 2 que bien que le modèle le plus élémentaire d'espace (remontant à Euclide) soit infini, la relativité générale d'Einstein autorise diverses alternatives élégantes dans lesquelles l'espace peut être fini. Si l'espace se replie sur lui-même à l'instar d'une hypersphère (figure 2.7), alors le volume total de cette hypersphère doit être au moins une centaine de fois plus grand que sa région observable (notre Univers) afin d'expliquer pourquoi notre zone visible de l'espace est si plate que les expériences sur le rayonnement fossile n'aient décelé aucune courbure. En d'autres termes, même si nous vivons dans un espace fini de genre hypersphérique, il existerait au moins une centaine d'univers parallèles de niveau I.

Qu'en est-il de l'espace fini de genre torique (en forme de bouée) du chapitre 2, dans lequel l'espace est plat mais où nous pouvons malgré tout regagner notre point de départ si nous parcourons une distance suffisante ? Un tel espace ressemble à celui des jeux sur ordinateur où nous pouvons disparaître d'un côté de l'écran pour réapparaître instantanément de l'autre, de sorte que si nous pouvions voir suffisamment loin devant nous, nous verrions notre propre dos – et un nombre infini de copies régulièrement espacées de nous dans toutes les directions, un peu comme lorsque nous nous trouvons dans une pièce recouverte de miroirs. Si notre espace possède cette propriété, quelle est la plus petite taille qu'il pourrait avoir ? Il doit clairement être beaucoup plus grand que notre galaxie, car nos télescopes ne nous montrent pas des répliques infinies de la Voie lactée alignées de façon ordonnée. Mais si cette taille faisait, disons, 10 milliards d'années-lumière, ce test échouerait : nous ne pourrions observer la plus proche copie de notre galaxie puisqu'elle n'existait pas il y a 10 milliards d'années. Par chance, il existe un test encore plus sensible : nous pouvons localiser un objet reconnaissable tel qu'une galaxie lumineuse située à 5 milliards d'années-lumière, puis rechercher le même objet à 5 milliards d'années-lumière dans la direction opposée. De telles recherches se sont également révélées infructueuses. Le test le plus sensible de tous consiste à utiliser la chose la plus distante que nous puissions détecter, le fond diffus cosmologique, et à rechercher des motifs semblables dans des directions opposées comme le montre la figure 6.1 – de nombreuses équipes de recherche, dont Angélica et moi, ont tenté cela et n'ont rien trouvé. De plus, si l'espace possède un volume fini, seules certaines fréquences perturbatives sont permises, de même que l'air dans une flûte ne peut vibrer qu'à certaines fréquences déterminées. Cela déforme le spectre de puissance du fond diffus cosmologique d'une manière particulière, mais Angélica et d'autres chercheurs l'ont recherchée en vain. En résumé, il est toujours possible que l'espace soit fini, mais les modèles d'espace fini ont été sévèrement contraints par les observations ces dernières années, de sorte que les seuls espaces toujours permis possèdent un volume comparable ou supérieur à celui de notre Univers. Cela fait qu'il est réellement difficile d'écarter l'existence ne serait-ce que d'une poignée d'univers parallèles. De surcroît, le fait d'avoir exactement un univers en ce moment précis fait surgir une étrange coïncidence inexpliquée : « pourquoi maintenant ? », parce qu'il y aurait eu plusieurs univers lorsque la lumière émanant d'une région plus restreinte de l'espace avait tout juste eu le temps de nous parvenir.

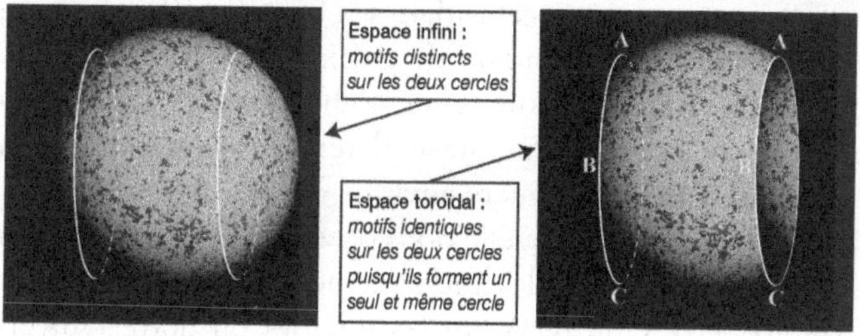

Figure 6.1 Si vous voyagez vers la droite puis traversez le cercle de l'univers toroïdal, vous repassez immédiatement au point correspondant du cercle de gauche – vous sortez en A puis rentrez en A, etc., les deux A étant en vérité le même point physique. Cela signifie que les motifs du fond diffus cosmologique situés sur les deux cercles devraient nous paraître identiques puisque ce sont en réalité les mêmes.

La question de l'espace infini a été abordée. Mais *quid* de la matière infinie ? Avant l'inflation, on la justifiait souvent en faisant appel au *principe copernicien*, postulant que nous, êtres humains, n'occupons pas une région particulière du cosmos : s'il y a des galaxies autour de nous, il doit y en avoir partout ailleurs.

Que disent les observations récentes à ce sujet ? Plus précisément, quel est le degré d'homogénéité de la distribution matérielle aux grandes échelles ? Dans un modèle d'« univers-île » où l'espace est infini mais où toute la matière est confinée dans une région finie, presque tous les membres du multivers de niveau I se seraient éteints, car constitués uniquement d'espace vide. De tels modèles ont connu leur heure de gloire, historiquement, l'île étant originellement la Terre et les objets célestes visibles à l'œil nu, et à l'aube du XXe siècle, la région connue de la Voie lactée. Le modèle d'univers-île a été anéanti par les observations récentes. Les cartes galactiques en trois dimensions du chapitre précédent ont montré que les vastes structures spectaculaires observées (les groupes, amas, superamas et murs de galaxies) cèdent la place à une uniformité monotone aux échelles plus grandes, où il n'existe aucune structure cohérente plus grande qu'un milliard d'années-lumière environ.

Plus l'échelle à laquelle nous observons est grande, plus notre Univers semble uniformément empli de matière (figure 4.6). Contrecarrant les théories où notre Univers conspire et tente de nous induire en erreur, les observations sont flagrantes : l'espace tel que nous le connaissons se poursuit bien au-delà de la frontière de notre Univers, constellé de galaxies, d'étoiles et de planètes.

Où sont les univers parallèles de niveau I ?

Nous avons vu que s'ils existent, les univers parallèles de niveau I sont simplement des portions de notre espace de la taille d'un univers, étant si éloignées que leur lumière n'a pas encore eu le temps de nous parvenir. Le fait que nous nous situons au centre de notre Univers signifie-t-il que nous occupions une place particulière dans l'espace ? Si vous vous promenez dans un champ immense puis qu'un brouillard restreigne votre visibilité à 50 mètres, vous penserez certainement que vous êtes au centre d'une sphère brumeuse au-delà de laquelle vous ne pouvez rien voir (précisément comme la frontière de notre Univers). Mais cela ne signifie en rien que vous occupiez une place particulière, au centre de quelque chose de fondamental, car toute autre personne située dans ce champ s'imaginera au centre de sa propre sphère brumeuse. De la même manière, n'importe quel observateur quelque part dans l'espace s'imagine au centre de son univers. De plus, il n'existe aucune frontière physique entre des univers voisins, de même qu'il n'existe aucune frontière particulière de 50 mètres dans le brouillard – le champ et le brouillard possèdent les mêmes propriétés quel que soit l'endroit où vous vous situez. De surcroît, les univers peuvent se recouvrir comme les sphères brumeuses : de même qu'un individu à 30 mètres sur ce champ peut vous voir ainsi que des régions que vous ne pouvez pas apercevoir, l'univers d'un observateur situé dans une galaxie distante de 5 milliards d'années-lumière contiendrait la Terre et des régions de l'espace situées en dehors de notre Univers.

Si l'inflation éternelle ou tout autre processus a créé une infinité d'univers parallèles, alors à quelle distance se trouve la plus proche copie du nôtre ? En vertu de la physique classique, un univers peut être disposé selon une infinité d'arrangements distincts, donc il n'y a aucune certitude d'en trouver un parfaitement identique. Classiquement, il existe même un nombre infini de possibilités de distance entre deux particules, puisqu'il faut une infinité de décimales pour en préciser la valeur. Cependant, il est clair que notre civilisation humaine ne pourra collectivement distinguer, en pratique, qu'un nombre fini d'univers possibles, car nos cerveaux et nos ordinateurs ne peuvent stocker qu'une quantité finie d'informations. De surcroît, nous ne pouvons mesurer les choses qu'avec une précision finie – le record actuel de mesure d'une quantité en physique s'élève à environ 16 décimales.

La mécanique quantique limite même la diversité sur un plan fondamental. Comme nous l'explorerons dans les deux chapitres suivants, elle incorpore une sorte de flou intrinsèque dans la nature qui fait qu'il n'y a aucun sens à se demander où se trouvent les choses au-delà d'un certain niveau de précision. La conséquence de cette limitation est que le nombre total de possibilités d'arrangements de notre Univers est fini. Une estimation prudente, d'allure optimiste, stipule qu'il existe au maximum $10^{10^{118}}$ manières distinctes d'arranger un univers de la taille du nôtre[4]. Une limite encore plus prudente, établie par le principe holographique, postule qu'un volume de la taille de notre Univers peut être arrangé de $10^{10^{124}}$ manières tout au plus[5]. Sinon, vous devriez incorporer tant de matière dans celui-ci qu'il formerait un trou noir plus grand que lui-même.

---

4. C'est une estimation extrêmement prudente, qui comptabilise tout simplement tous les états quantiques possibles de température inférieure à 10^8 degrés, qu'un univers (le volume de l'horizon) pourrait avoir. Même si le véritable calcul fait appel à des subtilités de la mécanique quantique, le nombre 10^{118} peut s'appréhender comme étant approximativement le nombre de protons que le principe d'exclusion de Pauli permettrait de juxtaposer dans un univers de cette température (notre propre univers ne contient qu'environ 10^{80} protons). Si chacun de ces 10^{118} emplacements peut être soit occupé soit vacant, il y a $2^{10^{118}} \sim 10^{10^{118}}$ possibilités.

5. C'est-à-dire deux à la puissance l'aire de la surface de notre Univers mesurée dans les unités de Planck. Le livre de Leonard Susskind et Brian Greene cité en bibliographie décrit en détail le principe holographique ainsi que sa gestation à partir des idées, entre autres, de Gerard t'Hooft, Leonard Susskind, Charles Thorn, Raphael Bousso, Jacob Bekenstein, Stephen Hawking et Juan Maldacena.

Ce sont des nombres énoooooormes ! Plus grands même que le célèbre gogolplex. Les jeunes garçons sont obsédés par les grandes choses, et j'ai surpris un jour une discussion entre mes fils et leurs amis tentant de se surpasser en énumérant des nombres toujours plus grands. Après les trilliards, les octilliards et ainsi de suite, les gens lâchent inévitablement la bombe G : le gogolplex. Après quoi, un moment de silence et d'effarement s'ensuit. Comme vous le savez peut-être, un gogolplex est le chiffre 1 suivi de gogol zéros, où un gogol est le chiffre 1 suivi d'une centaine de zéros. C'est donc $10^{10^{100}}$, ce qui n'est pas le chiffre 1 suivi d'une centaine de zéros, mais 1 suivi de 10 000 000 000 000 000 000 000 000 000 00 0 000 000 000 000 000 000 000 000 000 000 000 000 00 0 000 000 000 000 000 000 000 000 000 000 zéros ! Ce nombre est si grand que vous ne pourriez l'écrire même en principe, car il contient plus de chiffres qu'il n'existe d'atomes dans notre Univers. J'ai toujours suspecté que *Google* (ressemblant à *googol*, la traduction anglaise de gogol) était une société ambitieuse. Lorsque je leur ai rendu visite pour une conférence, j'ai découvert qu'ils avaient baptisé le campus de leur entreprise le *Googleplex.*

Même si cela est plus qu'astronomique, ce n'est toujours rien comparé à l'infini. Cela signifie que si l'inflation éternelle a enfanté d'un espace contenant une infinité d'univers parallèles de niveau I, alors nous y trouverons toutes les possibilités. Plus précisément, nous devons examiner en moyenne environ $10^{10^{118}}$ univers avant de trouver une réplique d'un spécimen particulier de cosmos, comme l'illustre la figure 6.2. Donc, si nous pouvions voyager en ligne droite jusqu'à parvenir à la plus proche copie fidèle de notre Univers, nous devrions parcourir environ $10^{10^{118}}$ diamètres d'univers. Si vous avez le courage de scruter dans toutes les directions pour déceler notre plus proche réplique, la valeur de sa distance s'avère être semblable, c'est-à-dire de l'ordre de $10^{10^{118}}$ mètres, en vertu des propriétés mathématiques assez amusantes du double exposant[6] (la puissance d'une puissance).

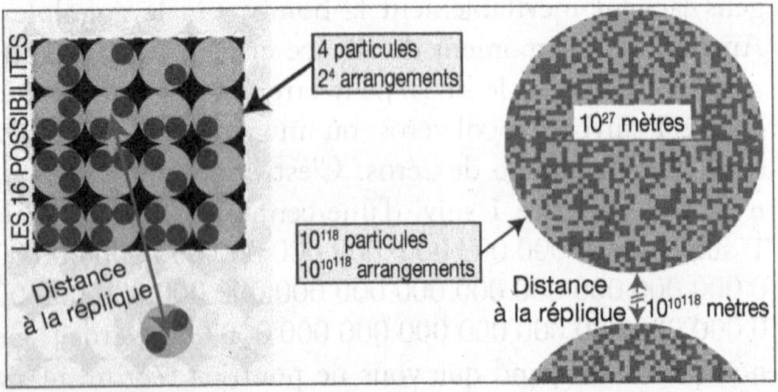

Figure 6.2 Dans un univers imaginaire où quatre emplacements différents peuvent chacun être occupés par l'un des deux types de particules, il n'y a que 2^4 arrangements possibles (en haut à gauche). Cela signifie que dans un multivers de niveau I de cette espèce, vous devez en moyenne examiner 16 univers avant de trouver une réplique d'un univers particulier. Si notre Univers peut contenir 10^{118} particules disposées de $10^{10^{118}}$ manières différentes, alors nous devons traverser environ $10^{10^{118}}$ univers parallèles avant d'en trouver une copie identique.

Un peu moins éloignée, à environ $10^{10^{91}}$ mètres d'ici, il doit se trouver une sphère de 100 années-lumière de rayon, similaire à celle centrée ici, donc tout ce que nous pourrons percevoir au cours du siècle prochain sera

6. Si vous êtes féru de maths, remarquez que $10^{10^{118}}$ diamètres d'univers $\approx 10^{10^{118}} \times 10^{27}$ m $= 10^{10^{118}+27}$ m $\approx 10^{10^{118}}$m. Si vous êtes disposé à scruter dans toutes les directions pour trouver notre plus proche réplique, vous avez besoin d'explorer un volume sphérique autour de nous contenant environ $10^{10^{118}}$ univers et dont le rayon excède celui de notre Univers d'un facteur $(10^{10^{118}})^{1/3} = 10^{10^{118}/3} \approx 10^{10^{117,53}} \approx 10^{10^{118}}$.

identique à ce que percevront nos homologues situés là-bas. À environ $10^{10^{29}}$ mètres d'ici, il doit se trouver une réplique identique à vous. En réalité, il existe probablement des copies beaucoup plus proches de vous puisque la formation des planètes et les processus évolutionnaires ayant joué en votre faveur sont à l'œuvre partout. Il existe probablement au moins 10^{20} planètes habitables dans le seul volume de notre propre Univers.

Le multivers de niveau II

J'ai assimilé précédemment l'inflation à un cadeau d'une richesse inouïe, parce qu'à chaque fois que vous pensez qu'il n'est pas possible qu'elle prédise quelque chose de plus radical qu'elle ne l'a déjà fait, elle le fait. Si vous croyez que le multivers de niveau I est trop lourd et difficile à digérer, essayez d'imaginer un ensemble infini de multivers distincts, certains étant peut-être dotés de lois physiques apparemment différentes. Andrei Linde, Alex Vilenkin, Alan Guth et leurs collègues ont montré que c'est ce que l'inflation prédit typiquement, et nous les désignerons collectivement par « multivers de niveau II ».

Plusieurs univers dans un seul espace

Comment la physique peut-elle permettre une telle folie ? Bien, nous avons vu dans la figure 5.8 comment l'inflation pouvait créer un volume infini à l'intérieur d'un volume fini. Comme l'illustre la figure 6.3, il n'y a aucune raison à ce que l'inflation ne puisse le faire dans plusieurs volumes adjacents, donnant naissance à plusieurs régions infinies (des multivers de niveau I), à partir du moment où l'inflation est éternelle et ne cesse jamais aux frontières qui les séparent. Cela signifie que si vous vivez dans un de ces multivers de niveau I, il vous est impossible d'en visiter un autre voisin du vôtre : l'inflation ne cesse d'engendrer un espace intercalaire plus rapidement que votre vitesse de déplacement. J'imagine cette situation avec mes enfants assis sur le siège arrière de ma fusée :

« Papa, sommes-nous arrivés ? »

« Il nous reste une année-lumière à parcourir. »

« Papa, sommes-nous arrivés ? »

« Il nous reste deux années-lumière à parcourir. »

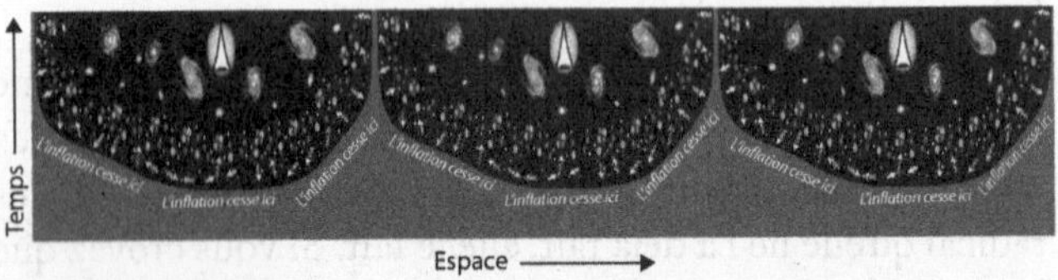

Figure 6.3 Si l'inflation éternelle crée trois régions infinies grâce au mécanisme de la figure 5.8, alors il est impossible de voyager entre elles car l'inflation ne cesse d'engendrer de l'espace entre vous et votre destination, plus rapidement que votre vitesse de déplacement.

En d'autres termes, même si ces parties distinctes du multivers de niveau II se trouvent dans le même espace que le nôtre, elles sont plus qu'infiniment éloignées au sens où nous ne pourrons jamais les atteindre même si nous voyageons pendant une éternité à la vitesse de la lumière. Par contre, vous pouvez en principe vous rendre dans une contrée arbitrairement éloignée de notre multivers de niveau I si vous patientez assez longtemps et si l'expansion cosmique décélère[7].

---

7. Si l'énergie sombre se diffuse autour de nous de sorte que notre accélération cosmique se poursuive, même la plupart des univers parallèles de niveau I demeureront séparés à jamais, car l'espace intercalaire se dilaterait plus rapidement que la vitesse de la lumière. Notre connaissance actuelle de l'énergie sombre n'est pas suffisante pour déterminer si cela se produit réellement.

J'ai simplifié les choses dans la figure 6.3 en omettant le fait que l'espace se dilate. Les régions subissant une inflation éternelle dans cette figure, représentées par les minces barres verticales séparant les multivers de niveau I en forme de U, se dilateront en fait rapidement, puis finalement, des parties internes de celles-ci cesseront leur inflation, donnant naissance à des régions supplémentaires en forme de U.

Cette situation est encore plus intéressante car elle donne au multivers de niveau II une structure arborescente telle que celle représentée dans la figure 6.4. Toute région en expansion ne cesse de se dilater exponentiellement, mais l'inflation prend finalement fin dans divers endroits de celle-ci, formant des régions en forme de U qui constituent chacune un multivers infini de niveau I. Cette ramification continue de croître pour toujours, engendrant un nombre infini de ces zones – formant toutes ensemble le multivers de niveau II. Au sein de chacune de ces régions,

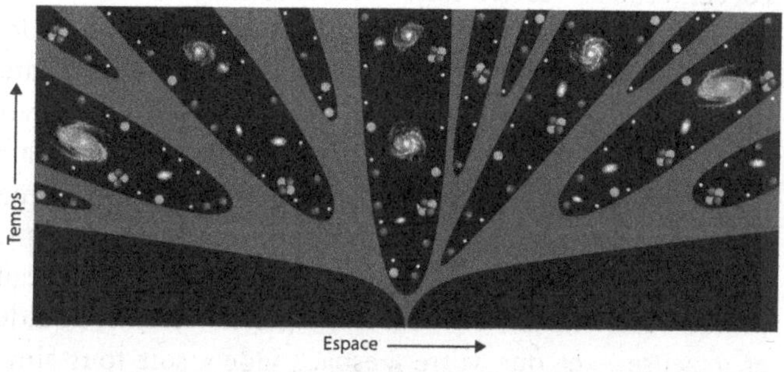

Figure 6.4 L'expansion de l'espace et le fait que l'inflation se poursuive sans fin dans certains lieux procure au multivers de niveau II une structure arborescente. L'inflation perdure dans la région grisée et ramifiée de l'espace et du temps, et chaque zone en forme de U où l'inflation s'est achevée est un multivers infini de niveau I.

la fin de l'inflation transforme la substance en expansion en particules qui s'amoncellent en fin de compte en atomes, étoiles et galaxies. Alan Guth aime appeler chacun de ces multivers de niveau I une « poche d'univers », car il s'ajuste confortablement dans une petite partie de l'arbre.

Pluralité !

J'ai mentionné plus tôt dans ce chapitre que le multivers de niveau II peut contenir des régions infinies dotées de lois physiques apparemment différentes. Mais cela semble absurde : comment les lois de la physique peuvent-elles autoriser des lois physiques différentes ? Comme nous allons le voir maintenant, l'idée maîtresse est que les *lois fondamentales* de la physique, qui demeurent valides, par définition, partout et toujours, peuvent donner lieu à une description physique des faits assez complexe où les *lois effectives* de la physique inférées par des observateurs avertis varient d'un lieu à l'autre.

Si vous étiez un poisson passant sa vie entière dans l'océan, vous pourriez faire l'erreur d'imaginer l'eau non pas comme une substance, mais comme de l'espace vide. Ce qu'un être humain assimile à une propriété de l'eau, par exemple le frottement lorsqu'on nage dedans, pourrait être réinterprétée par vous comme une loi fondamentale de la physique : « un poisson en mouvement uniforme finit par s'immobiliser – s'il ne bat pas ses nageoires ». Vous ne pourriez probablement pas imaginer que l'eau puisse exister dans trois phases distinctes – solide, liquide et gazeuse – et que votre « espace vide » soit tout simplement la phase liquide, une solution particulière aux équations décrivant l'eau.

Cette métaphore pourrait sembler extravagante, et si un véritable poisson pensait vraiment à cela, nous pourrions être tentés de pouffer de rire. Mais se pourrait-il que ce que nous, êtres humains, imaginons comme de l'espace vide ne soit également qu'une certaine forme d'éther ? C'est alors de nous que l'on se moquerait ! En réalité, il existe des pièces à conviction de plus en plus flagrantes corroborant que c'est précisément ainsi que les choses sont. Non seulement notre « espace vide » semble être une sorte de milieu, mais il s'avère qu'il ait bien plus de trois phases – peut-être environ 10^{500}, ou peut-être même une infinité, ce qui autorise l'éventualité que, en plus de se courber, de se dilater et de vibrer, notre espace pourrait même posséder la faculté de se solidifier et de s'évaporer !

Comment les physiciens sont-ils parvenus à cette conclusion ? Si un poisson était suffisamment intelligent, il pourrait concevoir des expériences et déterminer que son « espace » est constitué de molécules d'eau vérifiant certaines équations mathématiques. En étudiant ces équations, il pourrait, comme l'illustre la figure 6.5, déterminer qu'elles révèlent trois solutions distinctes correspondant aux trois phases – la glace solide, l'eau liquide et la vapeur gazeuse – même s'il n'a jamais rencontré un iceberg ni un volcan sous-marin produisant des jets de vapeur. Exactement de la même manière, les physiciens que nous sommes recherchent les équations décrivant notre espace et son contenu. Nous n'avons pas encore trouvé le fin mot de l'histoire, mais les réponses approximatives que nous avons découvertes jusqu'à présent partagent une signature fondamentale : elles possèdent plus d'une solution (phase) décrivant un espace uniforme. La théorie des cordes, qui est un candidat prometteur au titre d'ultime théorie, a révélé qu'elle possède probablement 10^{500} solutions ou plus, et il n'y a aucun indice sur le fait que les théories concurrentes telles que la gravité quantique

Figure 6.5 L'espace peut-il geler ? Un poisson pourrait imaginer l'eau comme de l'espace vide, parce que c'est le seul milieu qu'il connaisse. Mais si un poisson intelligent découvrait les lois physiques gouvernant les molécules d'eau, il pourrait réaliser qu'il existe trois solutions différentes, les « phases », correspondant à l'eau liquide qui lui est familière mais également la vapeur et la glace, qu'il n'a jamais vues. De la même manière, ce que nous imaginons comme de l'espace vide pourrait être un milieu ayant 10^{500} phases différentes, voire plus, parmi lesquelles nous n'en connaissons qu'une.

à boucles ne possèdent qu'une seule solution. Les physiciens désignent généralement cette collection de toutes les solutions possibles le *paysage* de la théorie[8]. Néanmoins, cette conclusion pessimiste repose sur une hypothèse assez douteuse : la manière dont l'inflation s'est produite dans notre région de l'espace serait la seule et unique

8. Pour un compte-rendu progressif et détaillé sur la découverte et le développement du multivers de niveau II par Andrei Linde, Alex Vilenkin, Alan Guth, Sidney Coleman, Frank de Luccia, Raphael Bousso, Joe Polchinski, Leonard Susskind, Shamit Kachru, Renata Kallosh, Sandip Trivedi et d'autres chercheurs, je recommande les ouvrages récents de Brian Greene, Leonard Susskind et Alexander Vilenkin cités dans la section bibliographique de la fin de ce livre. Les livres de Greene et Susskind forment d'excellentes introductions à la théorie des cordes, rédigées par deux de ses instigateurs.

s'étant produite partout ailleurs. Ces solutions, dont les propriétés constituent des lois effectives de la physique, correspondent toutes à différentes possibilités permises par les mêmes lois fondamentales de la physique.

Qu'est-ce que cela a à voir avec l'inflation ? De manière remarquable, l'inflation éternelle possède la propriété d'engendrer toutes les variantes possibles d'espace ! Elle brosse le paysage tout entier. En réalité, pour chaque phase que l'espace peut avoir, elle crée une infinité de multivers de niveau I la contenant. Cela signifie que les observateurs que nous sommes sont aisément dupés et font la même erreur que le poisson : puisque nous observons que l'espace possède les mêmes propriétés partout dans notre Univers, nous sommes tentés de conclure à tort qu'il est également identique partout ailleurs.

Comment l'inflation y parvient-elle ? Elle a besoin de grandes quantités d'énergie pour changer la phase de l'espace, ce que les processus familiers que nous pouvons observer sont incapables de faire. Or à l'époque de l'inflation, il y avait un potentiel énorme d'énergie dans chaque minuscule volume, assez pour que les fluctuations quantiques précédemment mentionnées puissent faire varier occasionnellement une phase dans une petite région, laquelle se serait alors dilatée pour devenir un cosmos gigantesque ne contenant que cette phase. De surcroît, une région donnée de l'espace doit être dans une phase déterminée pour que l'inflation puisse cesser. Cela assure que les régions frontalières entre deux phases continuent de se dilater pour toujours, de sorte que chaque phase emplisse tout un multivers infini de niveau I.

À quoi ces différentes phases de l'espace ressemblent-elles ? Imaginez qu'on vous offre une voiture comme cadeau d'anniversaire, avec la clé sur le démarreur, mais que vous n'ayez jamais entendu parler de voitures auparavant, donc que vous n'ayez absolument aucune connaissance sur la manière dont elles fonctionnent. Étant curieux, vous rentrez à l'intérieur puis commencez à manœuvrer les divers boutons, pédales et leviers. Finalement, vous parvenez à comprendre comment l'utiliser et devenez un assez bon conducteur. Or, à votre insu, quelqu'un a retiré la lettre *R* du levier de vitesse et trafiqué la transmission de sorte que vous devez exercer une force insurmontable pour pouvoir passer la marche arrière. Cela signifie que si personne ne vous le dit, vous ne saurez probablement jamais que le véhicule peut également rouler en marche arrière. Si l'on vous demande de décrire son fonctionnement, vous affirmerez de façon incorrecte que, sans exception, tant que le moteur tourne, plus vous appuyez fortement sur la pédale d'accélération, plus la voiture roule vite en avant. Si dans un univers parallèle, il avait fallu déployer une force considérable pour faire passer la voiture en marche avant, vous auriez conclu que cette étrange machine fonctionne différemment et ne se déplace que vers l'arrière.

Notre Univers ressemble beaucoup à cette voiture. Comme l'illustre la figure 6.6, il possède un ensemble de « leviers » qui contrôlent son fonctionnement : les lois en vertu desquelles les objets se meuvent lorsque nous effectuons diverses choses sur eux – ce que nous avons appris à l'école sont les lois de la physique, incluant ce que nous appelons les constantes de la nature. Chaque configuration des leviers correspond à l'une des phases de l'espace, donc s'il existe 500 leviers ayant 10 positions possibles chacun, il y a 10^{500} phases distinctes.

Lorsque j'étais à l'université, j'ai appris, à tort, que ces lois et ces constantes sont toujours valides, et qu'elles ne

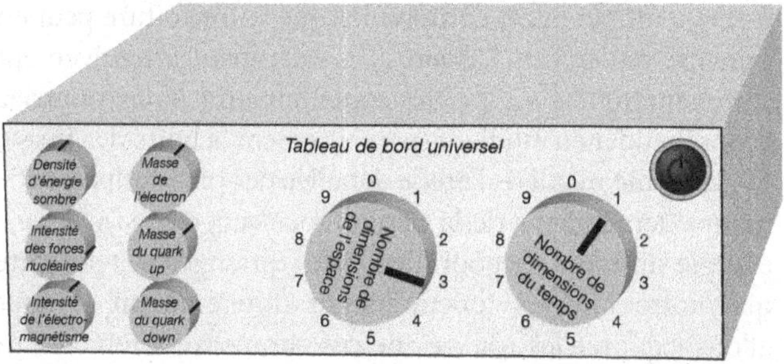

Figure 6.6 Le véritable tissu de l'espace et du temps semble posséder divers leviers intrinsèques qui peuvent être réglés afin de donner lieu à des configurations distinctes dans des régions différentes du multivers de niveau II. Notre Univers semble être affublé de 32 réglages qui peuvent être ajustés de manière continue, comme nous le verrons dans le chapitre 10, ainsi que d'autres pouvant prendre certaines valeurs discrètes, déterminant quels types de particules peuvent exister.

varient jamais d'un lieu à l'autre, ou d'un instant à l'autre. Pourquoi est-ce faux ? Parce qu'une énorme quantité d'énergie – nettement plus que ce dont nous disposons – est nécessaire pour modifier la configuration de ces réglages, de même que pour le levier de vitesse de notre voiture, de sorte que nous n'avons jamais réalisé qu'il puisse en être autrement. Ni même que nous puissions modifier leurs valeurs : contrairement aux leviers de vitesse, les commandes de la nature sont bien dissimulées. Elles se manifestent sous la forme de ce que nous appelons des champs de masse élevée et d'autres entités obscures, et une énergie colossale est requise non seulement pour agir sur elles, mais même tout simplement pour détecter leur existence.

Ainsi, comment les physiciens sont-ils parvenus à comprendre que ces leviers puissent exister, et que nous pourrions altérer le fonctionnement de notre Univers si nous avions assez d'énergie ? De la même façon que vous, si vous étiez réellement curieux et compreniez que votre voiture peut en principe rouler vers l'arrière : en examinant attentivement comment toutes ses parties fonctionnent ! Vous pourriez l'appréhender en étudiant soigneusement la boîte de vitesse. De la même manière, l'étude détaillée des plus petits constituants élémentaires de la nature nous suggère qu'avec une énergie suffisante ils pourraient être réarrangés de telle sorte que notre Univers fonctionnerait différemment – nous allons explorer les rouages de ces composants fondamentaux au chapitre suivant. L'inflation éternelle aurait procuré suffisamment d'énergie aux fluctuations quantiques pour réaliser véritablement toutes ces configurations possibles dans différents multivers de niveau I. Elle a agi comme un gorille extrêmement puissant ayant manœuvré au hasard tous les boutons et leviers dans un immense parking empli de voitures : avec le temps imparti, une certaine fraction de celles-ci se sont retrouvées en marche arrière.

En résumé, le multivers de niveau II change fondamentalement notre notion de loi physique. Nombre des régularités que nous avions pour habitude de considérer comme des *lois fondamentales*, lesquelles demeurent valides, par définition, partout et toujours, se sont révélées être tout simplement des *lois effectives*, des décrets locaux pouvant varier d'un endroit à l'autre et correspondant à des réglages distincts agissant sur les différentes phases de l'espace. Le tableau 6.1 résume ces notions tout en mettant l'accent sur leurs liens avec les univers parallèles. Cette révolution conceptuelle perpétue une longue tradition : même si Copernic assimilait le fait que les planètes gravitent en formant des cercles parfaits à une loi fondamentale, nous savons désormais que des formes plus générales d'orbites sont permises, et que le degré de non circularité (que les astronomes appellent « excentricité ») d'une orbite est effectivement un réglage qui ne peut être modifié que très lentement et avec beaucoup de difficulté dès qu'un système planétaire s'est formé. Le multivers de niveau II érige ce concept à un niveau supérieur en rétrogradant plusieurs lois fondamentales en lois effectives, comme nous allons le voir par la suite.

Un réglage de précision comme preuve de l'existence du multivers de niveau II

Du coup, le multivers de niveau II existe-t-il réellement ? Comme nous l'avons vu, les pièces à conviction concernant l'inflation éternelle (et elles sont nombreuses) sont autant de preuves de l'existence du multivers de niveau II, car la première prédit le second. Nous avons également vu que s'il existe des lois ou des constantes de la nature pouvant en principe varier d'un endroit à l'autre, l'inflation éternelle leur a fait prendre toutes les valeurs possibles dans l'étendue du multivers de niveau II. Mais existe-t-il des preuves plus directes qui ne soient pas si cruellement suspendues à des considérations théoriques ?

Terminologie liée aux multivers que nous utilisons dans cet ouvrage	
Réalité physique	Tout ce qui existe. Le chapitre 12 postule qu'elle est équivalente au multivers de niveau IV.
Espace	Région de la réalité physique reliée de manière continue à ce que nous pouvons observer. Avec l'inflation éternelle, il est équivalent au multivers de niveau II.
Notre Univers	Partie de la réalité physique que nous pouvons en principe observer. Hormis quelques complications quantiques, c'est la région sphérique de l'espace de laquelle la lumière a eu le temps de nous parvenir au cours des 14 milliards d'années écoulées depuis le Big Bang.

Terminologie liée aux multivers que nous utilisons dans cet ouvrage	
Univers parallèle	Partie de la réalité physique pouvant en principe être observée d'un autre endroit qu'ici – les univers parallèles ne forment pas une théorie, mais une prédiction de certaines théories.
Multivers	Collection d'univers.
Multivers de niveau I	Régions éloignées de l'espace qui ne sont actuellement pas observables mais qui le pourront. Ils possèdent les mêmes lois effectives de la physique mais peuvent avoir des histoires différentes.
Multivers de niveau II	Régions éloignées de l'espace qui demeurent inobservables pour toujours car l'espace qui nous sépare ne cesse de se dilater. Ils vérifient les mêmes lois fondamentales de la physique, mais leurs lois effectives peuvent différer.
Multivers de niveau III	Parties distinctes de l'espace quantique de Hilbert (chapitre 8). Même diversité que le niveau II.
Multivers de niveau IV	Ensemble de toutes les structures mathématiques (chapitre 12), correspondant à des lois fondamentales de physique distinctes.
Lois fondamentales	Équations mathématiques qui gouvernent la physique.
Lois effectives	Solutions particulières aux équations mathématiques qui décrivent la physique. Peuvent être confondues avec des lois fondamentales si la même solution se réalise partout dans l'Univers.
Réglage de précision	Constantes physiques dans les lois effectives possédant des valeurs dans une gamme très étroite permettant l'éclosion de la vie. L'observation du réglage de précision est une preuve défendable de l'existence du multivers de niveau II.

Tableau 6.1 *Résumé des concepts clés liés aux multivers, et leurs relations.*

Je vais démontrer qu'il y en a : le fait que notre Univers paraisse aussi précisément réglé pour l'éclosion de la vie. Au fond, nous avons découvert que plusieurs des leviers que nous avons évoqués semblent ajustés à des valeurs très particulières, et si nous pouvions les changer ne serait-ce que d'une infime quantité, alors la vie telle que nous la connaissons n'aurait pas été possible. Enfoncez le levier de l'énergie sombre et les galaxies ne se forment pas, tirez une autre manette et les atomes deviennent instables, et ainsi de suite. Sans formation de pilote, je serais terrifié à l'idée de manipuler n'importe quelle commande du cockpit d'un avion, mais si je pouvais dérégler au hasard la configuration de notre Univers, mes chances de survie seraient encore moindres.

J'ai relevé trois réactions principales à ce réglage de précision observé :

1) Hasard : ce n'est qu'une pure coïncidence, un point c'est tout.
2) Création : il est évident que notre Univers a été créé par une certaine entité (peut-être une divinité ou une forme avancée de vie simulant un univers) où la configuration a été délibérément réglée pour permettre l'éclosion de la vie.
3) Multivers : c'est la preuve que le multivers de niveau II existe, car si toutes les configurations de leviers doivent se produire quelque part, il est naturel que nous existions et que nous nous trouvions dans une région habitable.

Nous allons explorer les interprétations du hasard et du multivers ci-dessous et celle de la simulation au chapitre 12. Mais tout d'abord, examinons l'évidence du réglage de précision afin de voir de quoi il retourne.

Une énergie sombre réglée avec précision

Comme nous l'avons vu au chapitre 4, notre histoire cosmique a été une lutte gravitationnelle sans merci entre la matière noire tentant d'agglomérer les choses et l'énergie sombre tentant de les séparer. Puisque les galaxies ne se forment que si les choses s'amoncellent, je pense que la matière noire est notre alliée et l'énergie sombre notre ennemie. La densité cosmique a dû être dominée par la première, et son attraction gravitationnelle bienveillante a permis l'assemblage des galaxies telles que la nôtre. Néanmoins, puisque l'expansion cosmique a dilué la matière noire mais pas l'énergie sombre, la cruelle répulsion gravitationnelle de la seconde a finalement pris le dessus, entravant toute formation ultérieure de galaxie. Cela signifie que si l'énergie sombre avait eu une densité significativement plus élevée, elle aurait prédominé beaucoup plus tôt, avant que les galaxies n'aient eu le temps de se former. Le résultat aurait été un univers mort-né, demeurant éternellement sombre et inanimé, ne contenant rien de plus complexe ni intéressant qu'un gaz quasi-homogène. Par contre, si la densité d'énergie sombre avait été significativement réduite à une valeur négative (ce que permet la théorie de la gravitation d'Einstein), alors notre Univers aurait cessé de se dilater, puis se serait effondré dans un Big Crunch cataclysmique avant que la vie n'ait eu le temps d'évoluer. En résumé, si vous savez réellement comment changer la densité d'énergie sombre en manœuvrant le bouton idoine de la figure 6.6, de grâce, ne le tournez pas trop dans une direction ou l'autre, car le résultat serait aussi catastrophique pour la vie que d'enfoncer le bouton « Arrêt » !

Jusqu'où pouvez-vous tourner le bouton de l'énergie sombre sans conséquences néfastes ? Le réglage actuel, correspondant à la densité d'énergie sombre que nous avons mesurée, s'élève à environ 10^{-27} kilogramme par mètre cube, ce qui est ridiculement proche de zéro étant donné l'intervalle disponible : la valeur naturelle maximale autorisée est une densité d'environ 10^{97} kilogrammes par mètre cube, se produisant lorsque des fluctuations quantiques emplissent l'espace de minuscules trous noirs, et la valeur minimale est la même avec un signe moins devant. Si un tour complet du bouton de l'énergie sombre de la figure 6.6 faisait varier sa densité sur tout l'intervalle permis, alors le réglage actuel de notre Univers consisterait à tourner le bouton d'une fraction de 10^{-123} tour depuis la position médiane. Cela signifie que si vous souhaitez régler le bouton pour permettre aux galaxies de se former, vous devez ajuster l'angle de rotation à plus de 120 décimales près ! Bien que cela semble être un réglage de précision rigoureusement impossible à réaliser, il s'avère qu'un certain mécanisme l'ait effectué pour notre Univers.

Des particules réglées avec précision

Dans le chapitre suivant, nous allons explorer le microcosme des particules élémentaires. Il y a là aussi de nombreux paramètres, déterminant les masses des particules et l'intensité de leurs interactions mutuelles, or la communauté scientifique a progressivement réalisé que nombre de ceux-ci sont également ajustés avec une grande précision.

Par exemple, si la force électromagnétique était seulement 4 % plus faible, alors le Soleil exploserait immédiatement car son hydrogène aurait fusionné en ce que nous appelons des diprotons, une forme d'hélium dénuée de neutrons qui est sinon inexistante et interdite. Si elle était significativement plus puissante, les atomes auparavant stables tels que le carbone et l'oxygène se désintégreraient immédiatement par la radioactivité.

Si la force nucléaire faible était substantiellement plus faible, il n'y aurait plus d'hydrogène alentours, car il aurait été entièrement converti en hélium peu après le Big Bang. Si elle était beaucoup plus puissante ou plus faible, les neutrinos issus de l'explosion d'une supernova ne parviendraient pas à souffler les parties externes de l'astre, et il serait peu probable que les éléments lourds propices à la vie, tels que le fer, auraient été capables de quitter les étoiles où ils ont été produits pour finir leur course sur des planètes telles que la Terre.

Si les électrons étaient beaucoup plus légers, il n'y aurait aucune étoile stable, et s'ils étaient beaucoup plus lourds, il n'y aurait aucune structure ordonnée telle que les cristaux et les molécules d'ADN. Si les protons étaient 0,2 % plus lourds, ils se désintégreraient en neutrons incapables de s'assembler avec des électrons, donc il n'y aurait aucun atome. S'ils étaient, au contraire, beaucoup plus légers, les neutrons au sein des atomes se désintégreraient en protons, de sorte qu'il n'y aurait aucun atome stable excepté l'hydrogène. En réalité, la masse du proton dépend d'un autre paramètre, situé dans un intervalle de variation extrêmement large, devant être réglé à la précision de 33 décimales afin de rendre stable tout atome autre que l'hydrogène.

Une cosmologie réglée avec précision

Un grand nombre de ces exemples de réglages de précision ont été découverts dans les années 1970 et 80 par Paul Davies, Brandon Carter, Bernard Carr, Martin Rees, John Barrow, Frank Tipler, Steven Weinberg et d'autres physiciens. Et encore plus d'exemples attendent simplement d'être révélés. J'ai réalisé ma première incursion dans ce domaine avec Martin Rees, un astronome aux cheveux blancs d'une courtoisie britannique impeccable et qui est pour moi l'un des héros de la science. Je n'ai jamais vu une personne aussi heureuse et excitée à l'idée de donner une conférence, et son regard rayonne d'enthousiasme. Il a été le premier membre de la communauté scientifique à m'encourager à suivre mes aspirations et m'engager dans des sujets marginaux. Dans le chapitre précédent, nous avons vu que l'amplitude des germes de fluctuations cosmiques s'élève à environ 0,002 %. Martin et moi avons calculé que si elle était beaucoup plus petite, les galaxies n'auraient pu se former, et que si elle était beaucoup plus importante, il s'ensuivrait de nombreux chocs dus à des astéroïdes et bien d'autres catastrophes.

Je discutais de cela lorsqu'Alan Guth est entré dans sa phase de somnolence. Celui qui m'avait invité, Alex Vilenkin, restait néanmoins attentif, et nous avons ultérieurement fait équipe ensemble pour étudier les neutrinos, des particules fantomatiques créées en abondance par le Big Bang. Nous avons découvert qu'ils semblaient également réglés avec précision, de sorte que s'ils avaient été beaucoup plus lourds, ils auraient empêché la formation des galaxies. Mon collègue du MIT, Frank Wilczek, avait une idée sur la manière dont la densité de matière noire pouvait varier d'un univers à l'autre, et nous avons calculé, avec Martin Rees et mon ami Anthony Aguirre, que sa modification à une valeur très éloignée de celle observée était également néfaste pour notre sort.

L'interprétation du hasard

Par conséquent, que devons-nous penser de ce réglage de précision ? En tout premier lieu, pourquoi ne pouvons-nous pas simplement le considérer comme une pure coïncidence ? Parce que la méthode scientifique ne tolère pas de coïncidences inexpliquées : par exemple, « ma théorie requiert une coïncidence inexpliquée pour s'accorder avec l'observation » revient à dire « ma théorie est éliminée ». Nous avons notamment vu comment l'inflation prédit que l'espace est plat et que les taches du fond diffus cosmologique doivent exhiber une taille moyenne de 1 degré, et comment les expériences décrites au chapitre 4 ont confirmé cela. Supposez que l'équipe de Planck ait observé une taille moyenne nettement plus petite pour les taches, l'incitant à annoncer qu'elle venait d'évincer l'inflation avec 99,999 % de confiance. Cela signifierait que les fluctuations aléatoires dans un univers plat *pourraient* avoir fait apparaître des taches aussi exceptionnellement petites que celles mesurées, induisant ainsi les chercheurs en erreur, mais que la probabilité est de 99,999 % pour que cela ne se produise pas. Autrement dit, l'inflation nécessiterait une coïncidence inexpliquée de 1 pour 100 000 afin de concorder avec les mesures. Si Alan Guth et Andrei Linde tiennent maintenant une conférence de presse conjointe, insistant sur le fait qu'aucune preuve n'existe à l'encontre de l'inflation parce qu'ils sont persuadés que les mesures de Planck ne sont qu'une coïncidence fortuite devant être ignorée, ils seraient en totale violation de la méthode scientifique.

En d'autres termes, les fluctuations aléatoires impliquent que nous ne pouvons jamais être certains à 100 % de quoi que ce soit en science – il existe toujours une minuscule probabilité d'avoir réellement joué de malchance avec des mesures aléatoires biaisées, un détecteur ayant mal fonctionné ou même que toute l'expérience ne soit qu'une hallucination. En pratique, cependant, une théorie qui est éliminée avec 99,999 % de confiance est normalement considérée comme étant définitivement enterrée par la communauté scientifique. Du coup, la théorie soutenant que le réglage de précision de l'énergie sombre soit un coup du hasard nous oblige à croire en une coïncidence inexpliquée beaucoup plus invraisemblable, et est par conséquent éliminée avec 99,999999... % de confiance, où il faut placer environ 120 neuf derrière la virgule.

Le mot A

Que dire de l'interprétation en termes de multivers de niveau II du réglage de précision ? Une théorie où les leviers de la nature peuvent prendre essentiellement toutes les valeurs possibles en différents lieux prédit avec 100 % de certitude qu'un univers habitable tel que le nôtre existe, et puisque nous ne pouvons vivre que dans un univers habitable, nous ne sommes pas surpris de nous trouver dans l'un d'eux.

Même si cette explication coule de source, elle est assez controversée. Après toutes les tentatives historiques obtuses de maintenir la Terre au centre de notre Univers, le point de vue contraire s'est finalement imposé avec force. Connu sous le nom de principe copernicien, il soutient que notre situation dans l'espace et le temps n'est en rien particulière. Brandon Carter avait proposé une formulation contradictoire qu'il avait appelée le *principe anthropique faible* : « nous devons prendre en compte que notre position dans l'univers est nécessairement privilégiée au sens où elle doit être compatible avec notre existence en tant qu'observateurs ». Certains de mes collègues considèrent ceci comme une réminiscence critiquable du géocentrisme. Lorsque nous prenons en considération le réglage de précision, la vision du multivers de niveau II viole réellement le principe copernicien de façon flagrante, comme l'illustre la figure 6.7 : la grande majorité des univers sont inféconds, mais le nôtre est extrêmement atypique – il contient considérablement moins d'énergie sombre que la plupart des autres, et possède également une configuration hautement exceptionnelle de nombreux autres « leviers ».

Figure 6.7 Si la densité d'énergie sombre (représentée ici par la noirceur du fond) varie d'un univers à l'autre, alors les galaxies, les planètes et la vie n'émergeraient que dans ceux où elle est la plus faible. Dans cette illustration, la fraction habitable, la moins sombre, représente 20 % des univers, mais le véritable chiffre serait plus proche de 10^{-120}.

Expliquer les choses que nous pouvons observer en introduisant des univers parallèles que nous ne pouvons pas observer suscite également des tensions de la part de certains de mes collègues. Je me souviens d'une conférence au Fermilab en 1998, où réside le célèbre accélérateur de particules non loin de Chicago. L'audience a commencé à siffler lorsqu'un orateur a eu le malheur de prononcer le « mot *A* », c'est-à-dire le mot *anthropique*. En vérité, afin d'esquiver toute critique et de se faire admettre des comités de lecture, Martin Rees et moi avons sciemment renoncé à employer le mot *A* dans l'extrait du premier article anthropique que nous avons rédigé ensemble…

Personnellement, la seule objection que je fais au principe anthropique de Carter est qu'il contient le mot *principe*, suggérant qu'il demeure en quelque sorte optionnel. Or, l'usage d'une logique implacable lorsque nous confrontons une théorie à l'observation n'est pas une option. Si la majeure partie de l'espace est inhabitable, on doit indubitablement s'attendre à ce que nous nous trouvions à une position particulière au sens où celle-ci est habitable. En réalité, la majeure partie de l'espace semble inhospitalière même si nous nous restreignons à notre propre Univers : je vous souhaite bonne chance pour survivre dans un vide intergalactique ou au sein d'une étoile ! Par exemple, seul un millième d'un milliardième d'un milliardième d'un milliardième d'un milliardième de notre Univers se trouve à moins d'un kilomètre de la surface d'une planète, c'est donc une position assez particulière : c'est là que nous nous trouvons et cela n'est guère surprenant.

De façon encore plus intéressante, considérez la masse M de notre Soleil. M détermine la luminosité de notre astre, et en faisant appel à la physique élémentaire, nous pouvons calculer que la vie telle que nous la connaissons sur Terre n'est possible que si M se trouve dans l'intervalle étroit situé entre $1{,}6 \times 10^{30}$ kg et $2{,}4 \times 10^{30}$ kg – car sinon le climat terrestre serait plus glacial que celui de Mars ou plus tropical que celui de Vénus. La valeur mesurée est $M \sim 2{,}0 \times 10^{30}$ kg. Cette coïncidence apparemment inexpliquée entre l'habitabilité et la valeur observée de M peut paraître dérangeante car les calculs montrent que des étoiles de masses comprises dans une gamme beaucoup plus large peuvent exister : $M \sim 10^{29}$ à 10^{32} kg : la masse de notre Soleil semble réglée avec précision pour l'éclosion de la vie. Cependant, nous pouvons expliquer cette coïncidence apparente parce qu'il existe toute une palette de tels systèmes ayant des « réglages » différents : nous savons aujourd'hui qu'il existe plusieurs systèmes planétaires dont les tailles de l'astre central et des orbites planétaires varient, et nous devons manifestement nous attendre à ce que nous nous trouvions dans l'un de ces systèmes planétaires habitables.

Ici, le point intéressant c'est que nous aurions pu tirer parti de ce réglage de précision de notre système solaire pour postuler l'existence de systèmes planétaires distincts bien avant de les découvrir. En utilisant le même raisonnement logique, nous pouvons exploiter les réglages de précision observés dans notre Univers pour postuler l'existence d'univers distincts. La seule différence est ici de savoir si les autres entités prédites sont observables ou non, mais elle n'affaiblit en rien l'argument puisqu'elle n'apparaît nullement dans le raisonnement logique.

Que pouvons-nous espérer prédire ?

Les physiciens que nous sommes aiment citer des chiffres. Comme par exemple, ceux-ci :

Paramètre	Valeur observée
Masse de la Terre	$5{,}9742 \times 10^{24}$ kg
Masse de l'électron	$9{,}10938188 \times 10^{-31}$ kg
Rayon de l'orbite terrestre dans le système solaire	$149\,597\,870\,691 \times 10^{24}$ m
Rayon de l'orbite de l'électron dans le noyau d'hydrogène	$5{,}29177211 \times 10^{-11}$ m

Nous aimons également tenter de prédire ces nombres à partir de principes premiers. Mais y parviendrons-nous un jour, ou n'est-ce qu'un vain espoir ? Avant de découvrir que les orbites planétaires sont elliptiques, Johannes Kepler avait édifié une théorie élégante reliée à la troisième valeur du tableau ci-dessus : il avait proposé que les orbites de Mercure, Vénus, la Terre, Mars, Jupiter et Saturne aient exactement les mêmes proportions entre elles que six sphères emboîtées comme des poupées russes ayant entre elles respectivement un octaèdre, un icosaèdre, un dodécaèdre, un tétraèdre et un cube (voir la figure 7.2). Même si cette théorie a été rapidement évincée par des mesures plus précises, son hypothèse fondamentale semble saugrenue maintenant que nous savons qu'il existe d'autres systèmes planétaires : les orbites particulières que nous mesurons dans notre système solaire ne nous révèlent rien d'important au sujet de notre Univers, mais simplement quelque chose au sujet de notre position dans celui-ci, et dans cette position, quel système solaire particulier nous occupons. En ce sens, nous pouvons imaginer ces chiffres comme notre adresse partielle dans l'espace, une partie de notre code postal cosmique. Par exemple, pour faire comprendre à un facteur extraterrestre dans quel système solaire de notre environnement galactique nous souhaitons livrer notre colis, nous pourrions l'inviter à se rendre à celui muni de huit planètes dont les orbites sont 1,84, 2,51, 4,33, 12,7, 24,7, 51,1 et 76,5 fois plus grandes que celle de la planète la plus interne, et il pourrait rétorquer « Ah, je vois de quel système solaire vous me parlez ! » De façon analogue, nous avons toujours renoncé à prédire la masse ou le rayon de la Terre à partir de principes premiers car nous savons qu'il existe de nombreuses planètes de différentes tailles.

Mais qu'en est-il de la masse et de la taille de l'orbite d'un électron ? Ces quantités sont les mêmes pour tous les électrons de notre Univers que nous avons mesurés, donc nous avons fondé des espoirs sur le fait que ce pourraient être des propriétés réellement fondamentales de notre monde physique, que nous pourrions un jour être capables de calculer à partir d'une seule théorie, à l'instar du modèle d'orbite de Kepler. En réalité, dès 1997, le célèbre théoricien des cordes Edward Witten m'avait confié qu'il pensait que la théorie des cordes prédirait un jour le rapport des masses entre l'électron et le proton. Lorsque je l'ai vu pour la dernière fois au soixantième anniversaire d'Andrei Linde, il m'avoua après quelques verres qu'il avait renoncé à prédire n'importe laquelle des constantes de la nature.

Pourquoi ce pessimisme sans précédent ? Parce que l'histoire se répète. Le multivers de niveau II fait à la masse de l'électron ce que les autres planètes ont fait à la masse de la Terre, la rétrogradant d'une propriété fondamentale de la nature à une simple adresse partielle cosmique. Pour chacune des quantités qui varient dans l'étendue du multivers de niveau II, la mesure de sa valeur restreint simplement les choix à l'univers particulier dans lequel nous nous trouvons.

Comme nous le verrons au chapitre 10, nous avons découvert jusqu'ici 32 nombres indépendants, inhérents à notre Univers, que nous tentons de mesurer avec le plus de chiffres décimaux possibles. Varient-ils tous dans l'étendue du multivers de niveau II, ou certains d'entre eux peuvent-ils être déduits de principes premiers (ou d'une certaine liste plus courte de nombres) ? Nous sommes toujours à la recherche d'une théorie fondamentale valide de la physique pouvant répondre à cette question, donc dans la mesure de nos possibilités, il est intéressant d'examiner ces valeurs pour y découvrir des indices. Les nombres qui varient à travers le multivers pourraient nous sembler aléatoires si nous vivons dans un univers choisi au hasard. Les nombres mesurés nous semblent-ils aléatoires ? Eh bien, vous pouvez en juger par vous-mêmes dans la figure 6.8, où j'ai disposé les masses de neuf des particules élémentaires que nous appelons des *fermions* en physique des particules. En tenant compte de l'échelle fantastique, où les masses sont décuplées à chaque graduation en allant vers la droite, cela me semble être neuf fléchettes jetées au hasard. En réalité, ces neuf nombres ont passé certains tests rigoureux d'aléa statistique avec succès, et sont cohérents avec une distribution aléatoire que les statisticiens appellent une loi uniforme, de pente inférieure à 10 %.

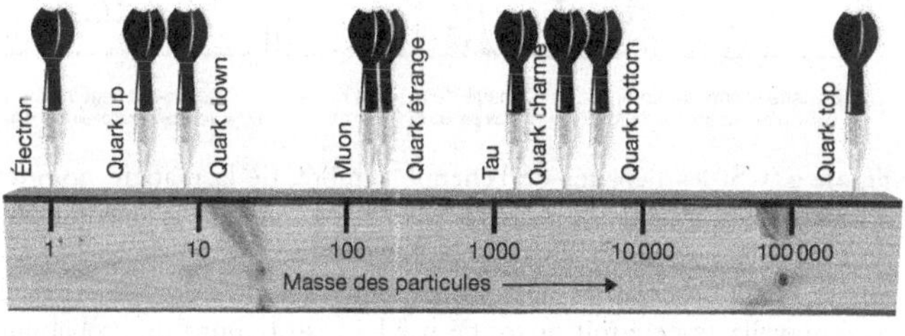

Figure 6.8 Les neuf masses que nous sommes parvenus à mesurer pour les fermions semblent plutôt aléatoires, comme le prédisent certains modèles de multivers, suggérant que nous ne pourrons jamais les déduire de principes premiers. L'échelle utilisée révèle dans quel rapport chaque particule est plus lourde qu'un électron.

Tout n'est pas perdu

Si nous vivons dans un univers *habitable* aléatoire, les nombres devraient toujours paraître aléatoires, mais avec une distribution de probabilité favorisant l'habitabilité. En combinant les prédictions sur la manière dont les nombres varient à travers le multivers et la physique pertinente de formation des galaxies et ainsi de suite, nous pouvons faire des prédictions statistiques sur ce que nous devrions réellement observer, et celles-ci s'accordent jusqu'à présent assez bien avec les données disponibles sur l'énergie sombre, la matière noire et les neutrinos (figure 6.9). En réalité, la première prédiction de Steven Weinberg au sujet d'une densité d'énergie sombre non nulle fut faite de cette manière.

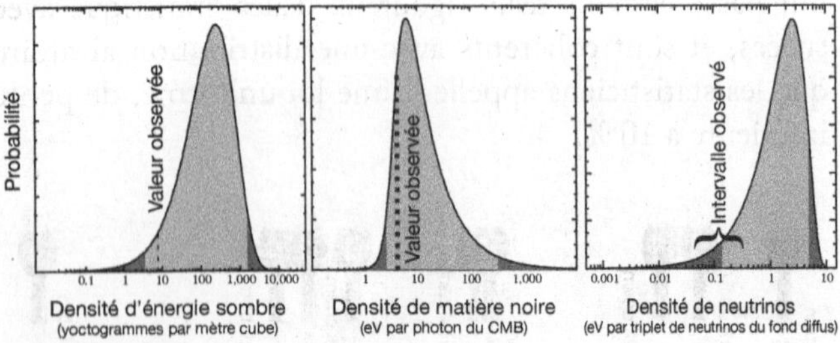

Figure 6.9 Si les densités de l'énergie sombre, de la matière noire et des neutrinos varient considérablement dans l'étendue d'un multivers de niveau II, la plupart des univers doivent être dénués de galaxies et de vie, et un observateur aléatoire s'attend à mesurer des valeurs dans un intervalle assez étroit quantifié par les distributions de probabilité indiquées. Nous nous attendons à ce que les valeurs mesurées se manifestent dans la région centrale grisée avec 90 % de chance, et c'est en fait ce que nous constatons.

Je me suis amusé à parcourir la liste complète de tous les « leviers » connus dans notre « tableau de bord universel », méditant sur ce qu'il se passerait s'ils étaient réglés différemment. Par exemple, ne tournez pas les boutons de la figure 6.6 relatifs aux nombres de dimensions de l'espace et du temps, car cela serait fatal. Si vous accroissez le nombre de dimensions spatiales au-delà de trois, il n'y aurait ni système solaire ni atomes stables. Par exemple, un espace quadridimensionnel modifie la loi de

Newton en inverse du carré de la force gravitationnelle en une loi en inverse du cube, pour laquelle il n'existe aucune orbite stable. J'étais assez exalté par cette révélation, mais j'ai vite réalisé que ce n'était pas un scoop : le physicien autrichien Paul Ehrenfest l'avait déjà découvert en 1917… Les espaces ayant moins de trois dimensions ne permettent pas la formation de systèmes planétaires car la gravité cesse d'être attractive, et sont également probablement trop simples pour contenir des observateurs pour d'autres raisons – par exemple, deux neurones ne pourraient se croiser. Changer le nombre de dimensions temporelles n'est pas aussi absurde que vous pourriez l'imaginer, et la théorie de la relativité générale d'Einstein traite assez bien cette question. Cependant, j'ai rédigé un jour un article montrant que cela éliminerait la propriété mathématique cruciale de la physique qui nous permet de faire des prédictions, rendant ainsi le développement du cerveau complètement caduc. Comme l'illustre la figure 6.10, cela nous laisse trois dimensions d'espace et une de temps comme seule alternative viable. Autrement dit, un nourrisson infiniment intelligent pourrait en principe, avant de faire une quelconque observation, calculer à partir de principes premiers qu'il existe un multivers de niveau II ayant différentes combinaisons de dimensions d'espace et de temps, mais que 3 + 1 est la seule option favorisant la vie. En paraphrasant Descartes, il pourrait alors penser « Je pense, donc trois dimensions d'espace et une de temps sont » avant d'ouvrir ses yeux pour la toute première fois et vérifier ses prédictions.

Le multivers de niveau II tient entièrement dans un seul espace, donc comment le nombre de dimensions peut-il varier à l'intérieur ? Selon le modèle de théorie des cordes le plus en vogue, seules les dimensions *apparentes* varient :

le véritable espace ne possède toujours que neuf dimensions, mais six d'entre elles nous demeurent cachées parce qu'elles sont enroulées de façon microscopique à l'instar du cylindre de la figure 2.7 : si vous parcourez une minuscule distance le long de ces six dimensions cachées, vous vous retrouverez à votre point de départ. De fait, les neuf dimensions étaient toutes enroulées au début, puis dans notre portion d'espace, l'inflation en a gonflé trois jusqu'à une taille astronomique, laissant les six autres minuscules et invisibles. Ailleurs dans le multivers de niveau II, l'inflation a dilaté des nombres différents de dimensions, donnant naissance à des mondes ou ceux-ci vont de zéro à neuf.

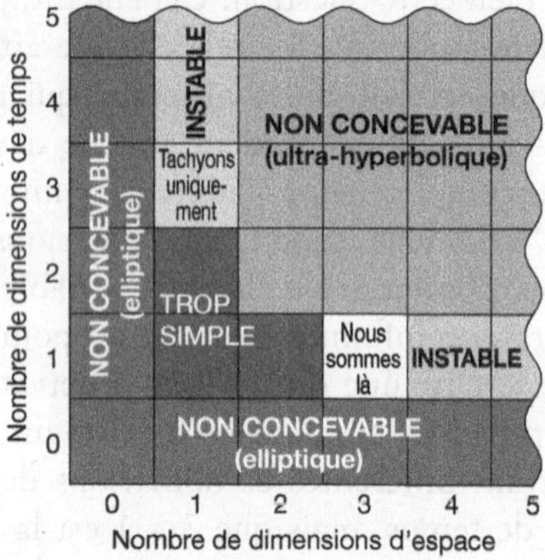

Figure 6.10 Avec plus de trois dimensions d'espace, il n'existe aucun atome stable ni système planétaire. Avec moins, il n'y a plus d'attraction gravitationnelle. Avec plus ou moins d'une dimension temporelle, la physique perd tout pouvoir de prédiction, et il n'y aurait plus de raison de voir un cerveau se développer. Dans un multivers de niveau II, le nombre des dimensions d'espace et de temps varie d'un univers à l'autre, donc nous nous attendons à nous trouver dans un univers ayant trois dimensions d'espace et une de temps, du fait que tous les autres soient probablement inhabités.

Les mathématiciens ont identifié différents procédés permettant à ces dimensions supplémentaires de s'enrouler tout en regorgeant d'énergie (par exemple, les champs magnétiques généralisés peuvent boucler à l'intérieur des dimensions cachées), et en théorie des cordes, ces diverses alternatives correspondent aux réglages modifiables que nous avons explorés auparavant. Différentes options peuvent correspondre non seulement à des constantes physiques différentes dans les dimensions qui ne sont pas enroulées, mais également à des lois différentes grâce auxquelles des particules élémentaires peuvent exister ainsi que les équations effectives qui les décrivent. Il pourrait y avoir des univers parallèles de niveau II où il existe, disons, non pas six mais dix variétés de quarks.

En fin de compte, tout ceci signifie que même si les équations *fondamentales* de la physique (celles de la théorie des cordes, par exemple) demeurent valides partout dans le multivers de niveau II, les lois physiques *apparentes* que les observateurs dévoileront peuvent varier d'un multivers de niveau I à l'autre. En d'autres termes, ces lois apparentes sont *universelles* non pas au sens qu'en donne le dictionnaire, à savoir « applicables partout et toujours », mais uniquement dans son acception littérale : « applicables dans notre Univers ». Elles ne sont *multiverselles* qu'au niveau I, mais pas au niveau II. Les équations fondamentales, elles, sont multiverselles même au niveau II – elles ne changeront pas tant que nous n'évoquerons pas le multivers de niveau IV du chapitre 12…

Pause mi-temps pour le multivers

Nous avons mentionné une multitude d'idées étranges dans ce chapitre, donc achevons-le en marquant une pause, afin de prendre du recul. J'imagine l'inflation comme une explication sans limites. De même que la division cellulaire n'a pas conçu un seul bébé, mais une vaste population diversifiée d'êtres humains, il semble que l'inflation n'ait pas façonné seulement un univers, mais une population colossale et hétérogène d'univers parallèles, réalisant probablement toutes les configurations possibles pour ce que nous appelons les constantes physiques. Ce qui expliquerait un autre mystère : le fait que notre Univers soit si précisément réglé pour l'émergence de la vie. Même si la plupart des univers parallèles engendrés par l'inflation sont stériles, il y aurait quelque part des conditions tout juste bonnes pour la vie, et il n'est pas surprenant que ce soit là que nous nous trouvions.

Mon collègue Eddie Farhi aime surnommer Alan Guth « le Dispensateur », car l'inflation éternelle permet à tout ce qui peut se produire de le faire réellement : l'inflation engendre de l'espace pour qu'elle puisse exercer son influence et crée les conditions initiales permettant à l'histoire de poursuivre toute seule. Autrement dit, l'inflation est un processus transformant ce qui est potentiel en réalité.

Si vous êtes mal à l'aise pour discuter de notre multivers de niveau II, dites simplement « espace » à la place, car rappelez-vous que tous nos univers parallèles de niveau I et II ne sont que des régions distantes d'un seul et même espace infini. La structure de cet espace est tout simplement beaucoup plus riche que ce qu'avait imaginé Euclide : il se dilate de sorte que nous ne pouvons percevoir que la petite région de celui-ci que nous appelons notre Univers, et ses propriétés à grande échelle sont beaucoup plus diversifiées que ce que nous voyons dans nos télescopes. Le concept évoqué au chapitre 3, selon lequel notre Univers est homogène et semble identique partout, n'est qu'un interlude valable uniquement aux échelles intermédiaires : la gravitation rassemble les choses et fait qu'elles sont intéressantes aux petites échelles, l'inflation diversifie les choses et fait qu'elles sont intéressantes aux grandes échelles.

Si vous avez toujours du mal à vous réconcilier avec les univers parallèles, voici une autre manière de les aborder qui pourrait vous faciliter les choses. Alan Guth l'a mentionnée dans une récente conférence au MIT, mais elle n'a rien à voir avec l'inflation. Lorsque nous découvrons un objet dans la nature, l'objectif scientifique consiste à rechercher le mécanisme l'ayant engendré. Les voitures sont fabriquées dans des usines, les lapins sont procréés par des lapins adultes et les systèmes planétaires sont créés par l'effondrement gravitationnel de nuages moléculaires géants. Donc il est assez raisonnable de supposer que notre Univers ait été engendré par le biais d'un mécanisme de création d'univers (peut-être l'inflation, ou quelque chose de parfaitement différent). Maintenant, voilà où je veux en venir : tous les mécanismes que nous évoquons naturellement produisent *plusieurs* copies de ce qu'ils créent, un cosmos ne contenant qu'une seule voiture, un lapin et un système solaire semblerait assez artificiel. De la même manière, il serait incomparablement plus naturel pour le véritable mécanisme de création d'univers, quel qu'il soit, de créer de nombreux univers plutôt que le seul dans lequel nous vivons.

Si nous appliquons le même argument au mécanisme quelconque ayant *initié* l'inflation et finalement donné naissance à notre multivers de niveau II, nous concluons qu'il a probablement produit de nombreux multivers de niveau II distincts et complètement isolés les uns des autres. Néanmoins, cette idée s'avère non vérifiable car elle n'ajoute qualitativement aucun monde différent ni n'altère la distribution de probabilité de ses propriétés – tous les multivers de niveau I possibles sont déjà réalisés dans chacun de ces multivers de niveau II.

Inflation mise à part, il pourrait exister un mécanisme pouvant créer des univers. Une idée proposée par Richard Tolman et John Wheeler, puis récemment développée par Paul Steinhardt et Neil Turok, stipule que notre histoire cosmique serait cyclique, traversant une succession infinie de Big Bangs. Si ce mécanisme existe, l'ensemble de ces incarnations formerait également un multivers, peut-être d'une pluralité similaire à celle de niveau II.

Un autre mécanisme de création d'univers, proposé par Lee Smolin, met en scène la mutation et la gestation de nouveaux univers par le truchement de trous noirs plutôt que l'inflation. Cela produirait également un multivers de niveau II, où la sélection naturelle favoriserait les univers les plus fertiles en trous noirs. Mon ami Andrew Hamilton a peut-être levé le voile sur un tel mécanisme de création d'univers : il a exploré une instabilité survenant à l'intérieur des trous noirs peu de temps après qu'ils se forment, et pouvant être assez violente pour déclencher une inflation donnant naissance à un multivers de niveau I – lequel serait entièrement contenu dans son trou noir originel, mais ses habitants n'en auraient probablement aucune conscience.

Dans ce que nous appelons les scénarios d'univers branaires, un autre monde tridimensionnel pourrait être littéralement parallèle au nôtre, à une courte distance de nous dans une dimension supérieure. Toutefois, je ne pense pas qu'un tel monde (une *brane*) mérite l'appellation d'univers parallèle séparé du nôtre, car il peut interagir gravitationnellement avec nous, comme la matière noire.

Les univers parallèles demeurent hautement controversés. Cependant, il y a eu une importante prise de conscience de la communauté scientifique au cours de la dernière décennie, où les multivers sont passés du statut d'idée excentrique à celui de concept ouvertement débattu dans les conférences de physique ou dans les articles soumis à un comité de lecture. Je pense que le succès de la cosmologie de précision et de l'inflation a joué un rôle déterminant dans cette mutation, alimentée par la découverte de l'énergie sombre et l'échec à rendre compte du réglage de précision par un autre moyen. Même mes collègues qui désapprouvent le concept de multivers tendent dorénavant à reconnaître, malgré eux, le bien-fondé de ses arguments fondamentaux. La principale critique formulée est passée de « c'est absurde et je désapprouve cette idée » à « je désapprouve cette idée ».

Selon moi, notre tâche de scientifiques ne consiste pas à dire à notre Univers comment il doit fonctionner afin de se conformer à nos préjugés humains, mais à l'observer avec l'esprit ouvert et tenter d'en comprendre les véritables rouages.

Les êtres humains que nous sommes ont une prédisposition notoire pour le nombrilisme, s'imaginant avec arrogance au centre de tout, et où toutes les choses tournent autour d'eux. Nous avons progressivement appris que ce sont plutôt nous qui gravitons autour du Soleil, et que lui-même orbite autour du centre d'une galaxie parmi d'innombrables autres étoiles. Grâce aux progrès de la physique, nous commençons à appréhender des perspectives plus profondes sur la véritable nature de la réalité – en vérité, dans ce livre, nous ne sommes descendus que de deux niveaux dans les multivers : il nous en reste deux autres, et nous allons commencer à explorer le multivers de niveau III au chapitre suivant. Le prix que nous devons payer est un peu d'humilité – ce qui ne nous fera probablement pas de mal – mais en retour nous découvrons que nous siégeons dans une réalité beaucoup plus fantastique que ne l'avaient imaginé nos ancêtres dans leurs rêves les plus fous.

En bref

- Les univers parallèles ne sont pas une théorie, mais une prédiction de certaines théories.
- L'inflation éternelle prédit que notre Univers (la région sphérique de l'espace depuis laquelle la lumière a eu le temps de nous parvenir au cours des 14 milliards d'années depuis le Big Bang) n'est qu'un des innombrables univers peuplant un multivers de niveau I où tout ce qui peut se produire survient quelque part.
- Pour qu'une théorie soit scientifique, nous ne devons pas être capables d'observer et de vérifier toutes ses prédictions, mais au moins l'une d'elles. L'inflation est la principale théorie de nos origines cosmiques parce qu'elle a passé avec succès les tests observationnels, et les univers parallèles constituent une conséquence inaliénable de celle-ci.
- L'inflation convertit le potentiel en réalité : si les équations mathématiques gouvernant l'espace uniforme possèdent de multiples solutions, alors l'inflation éternelle produira des régions infinies de l'espace incarnant chacune de ces solutions – c'est le multivers de niveau II.
- De nombreuses lois et constantes physiques qui demeurent invariables au sein d'un multivers de niveau I peuvent changer dans le multivers de niveau II, de sorte que les étudiants des univers parallèles de niveau I apprennent les mêmes choses en cours de physique mais des choses différentes en cours d'histoire, alors que ceux des univers parallèles de niveau II apprendraient également des choses différentes en cours de physique.
- Ceci pourrait expliquer pourquoi de nombreuses constantes de notre Univers sont si précisément réglées pour l'éclosion de la vie que si elles différaient même très légèrement, la vie telle que nous la connaissons serait impossible.
- Cela procure également aux nombreux paramètres mesurés en physique une signification nouvelle : ils ne nous indiquent rien de fondamental au sujet de la réalité physique, mais donnent simplement des renseignements sur notre emplacement dans celle-ci, formant une partie de notre code postal cosmique.
- Bien que ces univers parallèles demeurent controversés, la principale critique formulée est passée de « c'est absurde et je désapprouve cette idée » à « je désapprouve cette idée ».

II
ZOOM AVANT

7
Legos cosmiques

Tout ce que nous qualifions de réel est constitué de choses que nous ne pouvons pas considérer comme réelles.

Niels Bohr

Non, c'est tout simplement absurde ! Il doit y avoir une erreur quelque part ! Je suis seul dans le studio de mon amie à Stockholm, à préparer mon premier examen de mécanique quantique. Mon manuel déclare que les choses minuscules comme les atomes peuvent se trouver en plusieurs lieux en même temps, tandis que les choses macroscopiques comme les individus ne le peuvent pas. *Impossible !* songeai-je. *Nous sommes constitués d'atomes, donc s'ils peuvent se trouver en plusieurs lieux à la fois, nous le pouvons aussi, incontestablement !* Il indique également qu'à chaque fois qu'une personne observe un atome, celui-ci saute au hasard à l'une des positions qu'il occupait auparavant. Mais je ne trouvais aucune équation définissant exactement ce qu'est une observation. *Un robot peut-il être considéré comme un observateur ? Et un unique atome ? Or l'ouvrage indique simplement que chaque système quantique change de manière déterministe selon l'équation de Schrödinger. Cela n'est-il pas logiquement contradictoire avec cette histoire de saut aléatoire ?*

Perplexe, je pris mon courage à deux mains puis frappai à la porte de notre grand spécialiste, un professeur de physique du comité Nobel. Vingt minutes plus tard, je ressortais de son bureau, l'esprit confus, convaincu que j'avais du mal à appréhender cette question. Ce fut le début d'une longue excursion personnelle qui se poursuit toujours, et qui m'a conduit jusqu'aux univers parallèles quantiques. Ce n'est que deux années plus tard, lorsque j'ai déménagé à Berkeley pour effectuer ma thèse, que j'ai réalisé que ce n'était pas moi qui faisais une erreur d'interprétation. J'ai finalement appris que de nombreux physiciens célèbres avaient été déconcertés par ces problèmes de mécanique quantique, et je me suis mis à rédiger, avec un certain entrain mes propres articles sur la question.

Cependant, avant de vous exposer mon interprétation personnelle des choses (au chapitre 8), je vais vous reconduire dans le passé, afin de bien vous faire apprécier toute la bizarrerie de la mécanique quantique, et ce qui, au fond, suscite toute cette confusion.

Legos atomiques

La dernière fois que j'ai demandé à mon fils Alexander ce qu'il désirait pour son anniversaire, il m'a répondu : « Fais-moi une surprise ! Peu importe, du moment que ce soit des Legos... » J'adore également les Legos, et je pense que notre Univers y ressemble : tout est constitué des mêmes briques fondamentales, comme l'illustre la figure 7.1. Je trouve assez remarquable que le même jeu de Legos cosmiques constitué des 80 atomes stables du tableau périodique[1] puisse être utilisé pour construire

1. Il existe 80 types d'atomes stables, contenant tous un nombre de protons allant de 1 (l'hydrogène) à 82 (le plomb), où le 43e (le technétium) et

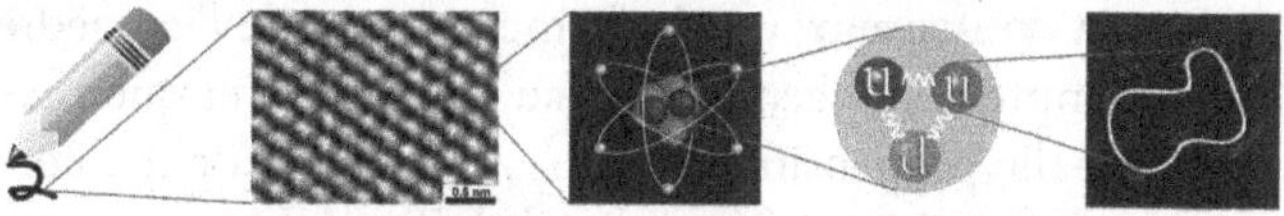

Figure 7.1 La mine d'un crayon est constituée de graphite, lequel est composé de couches d'atomes de carbone (c'est l'image réelle d'un balayage au microscope à effet tunnel) qui rassemblent des protons, des neutrons et des électrons. Les protons et les neutrons sont constitués de quarks up et down, pouvant finalement être des cordes en vibration. Les mines de crayon que j'ai achetées pour travailler sur ce livre contiennent environ 2×10^{21} atomes, et vous ne pouvez les couper en deux que 71 fois tout au plus.

toutes les choses, des rochers aux lapins et des étoiles aux microphones – la seule différence résidant dans le nombre de sortes de Legos utilisés, ainsi que leur arrangement.

Le concept fondamental de brique élémentaire indivisible possède une longue et vénérable histoire, et nous devons le mot *atome* aux Grecs de l'Antiquité, pour qui il signifiait « insécable ». En réalité, Platon alléguait dans son dialogue du *Timée* que les quatre éléments fondamentaux conjecturés à l'époque (la terre, l'eau, l'air et le feu) étaient composés de quatre sortes d'atomes, et que ces derniers étaient des objets mathématiques invisibles et minuscules : respectivement, des cubes, des icosaèdres, des octaèdres et des tétraèdres, c'est-à-dire quatre des cinq solides de Platon (figure 7.2). Par exemple, il soulignait que les sommets aigus du tétraèdre expliquent pourquoi

le 61e (le prométhium) sont exclus, car radioactifs et instables. La majorité de ces atomes possèdent plus d'une variante stable correspondant à un nombre de neutrons différent (que l'on appelle isotope). Le nombre total d'isotopes atomiques stables s'élève à 257 et il existe environ 338 isotopes naturels sur Terre, si nous prenons également en compte à peu près 30 isotopes ayant une demi-vie supérieure à 80 millions d'années et environ 50 d'une durée de vie plus courte.

le feu est douloureux, que la forme arrondie de l'icosaèdre rend compte de la faculté de l'eau à s'écouler, et que l'exceptionnelle propension des cubes à s'empiler de manière compacte témoigne de la solidité de la Terre. Même si cette théorie subtile fut finalement anéantie par l'observation, quelques-unes de ses facettes résistent toujours, telles que sa suggestion que chaque élément fondamental est composé d'un type spécifique d'atome, et que les propriétés d'une substance sont déterminées par celles de ses atomes constitutifs. De surcroît, je montrerai au chapitre 10 que les composants ultimes de notre Univers sont en réalité mathématiques, mais pas comme l'a suggéré Platon : notre Univers n'est pas constitué d'objets mathématiques, mais fait partie d'un unique objet mathématique.

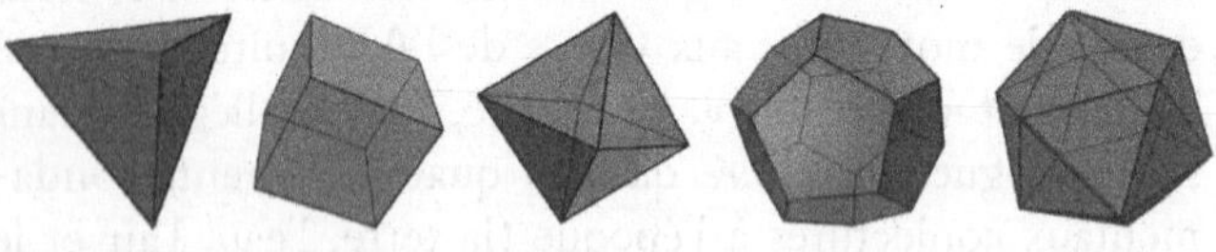

Figure 7.2 Les cinq solides de Platon : le tétraèdre, le cube, l'octaèdre, le dodécaèdre et l'icosaèdre. Seul le dodécaèdre est exclu de la théorie atomique de Platon ; considéré parfois comme un objet cultivant une certaine signification mythique mystérieuse, il apparaît dans l'art, de l'Antiquité jusqu'au *Sacrement de la dernière cène* de Salvador Dalí.

Il fallut deux millénaires avant que la théorie moderne des atomes ne voie réellement le jour, et même à l'aube du XXe siècle, le célèbre physicien autrichien Ernst Mach refusa de croire en l'existence des atomes. Il aurait été indubitablement subjugué par notre aptitude moderne à filmer des atomes individuels (figure 7.1), voire même à les manipuler.

Legos nucléaires

L'éclatant succès de l'hypothèse atomique conduit naturellement à la question de savoir si l'*atome* mérite son acception : si les objets macroscopiques sont tous constitués de minuscules Legos que nous appelons atomes, pourraient-ils à leur tour se révéler divisibles en une certaine forme de Legos plus petits pouvant être réarrangés ?

Je trouve absolument merveilleux que tous les atomes de notre tableau périodique soient en réalité constitués de simplement *trois* types de briques plus élémentaires, soit encore moins que les quatre de la théorie de Platon. Nous les avons brièvement rencontrés au chapitre 3, et la figure 7.1 révèle comment ces trois représentants – le proton, le neutron et l'électron – sont disposés, rappelant vaguement un système solaire miniature où l'électron gravite autour d'une bille compacte de protons et de neutrons que nous appelons noyau atomique. De même que la Terre reste sur son orbite autour du Soleil grâce à la force gravitationnelle attractive qui les relie, les électrons se maintiennent dans l'atome grâce à la force électrique qui les attire vers les protons (les électrons ont une charge négative, les protons en ont une positive et des charges opposées s'attirent). Puisque les électrons ressentent également l'attraction exercée par les protons des autres noyaux, ils permettent de maintenir la cohésion d'atomes distincts en des structures plus grandes que nous appelons molécules. Si les noyaux atomiques et les électrons se réarrangent tout en laissant inchangé le nombre de chaque espèce atomique, nous parlons alors de réaction chimique, qu'elle soit aussi brutale qu'un feu de forêt (où les atomes de carbone et d'hydrogène du bois et des feuilles se combinent principalement à l'oxygène de l'air pour former du dioxyde de carbone et des molécules d'eau), ou aussi indolente que la croissance d'un arbre (qui est principalement la réaction inverse, alimentée par la lumière du jour).

Au cours des siècles, les alchimistes ont tenté en vain de transmuter certaines variétés d'atomes en d'autres, particulièrement les plus ordinaires d'entre eux, comme le plomb, en ceux les plus prisés, comme l'or. Pourquoi ont-ils tous échoué ? Un atome est catalogué en fonction du nombre de protons qu'il contient (1 = hydrogène, 79 = or, etc.), donc les alchimistes ont manifestement échoué à jouer aux Legos et à déplacer les protons d'un atome à l'autre. Pourquoi ne le pouvaient-ils pas ? Nous savons désormais qu'ils ne pouvaient y parvenir non parce qu'ils tentaient l'impossible, mais tout simplement parce qu'ils n'y mettaient pas assez d'énergie ! Puisque la force électrique impose aux charges de même signe de se repousser, les protons des noyaux atomiques devraient voler en éclats, sauf si une force puissante assure leur cohésion. La force nucléaire forte fait précisément cela, et agit comme une sorte de Velcro nucléaire qui maintient les protons et les neutrons ensemble tant qu'ils demeurent suffisamment proches. Elle est si forte que vous devez exercer une violence extrême pour la maîtriser : même si la collision de deux molécules d'hydrogène (constituées chacune d'une paire d'atomes d'hydrogène) à 50 kilomètres par seconde peut les briser de sorte que leurs atomes soient séparés, vous devez écraser deux noyaux d'hélium (constitués chacun de deux protons et de deux neutrons) l'un contre l'autre à la vitesse vertigineuse de 36 000 kilomètres par seconde pour espérer les briser en neutrons et protons séparés – soit environ 12 % de la vitesse de la lumière, ce qui est suffisant pour aller de New York à San Francisco en un dixième de seconde.

Dans la nature, des collisions aussi violentes se produisent lorsque la température devient extrêmement élevée – des millions de degrés. Il n'y avait aucun atome dans notre Univers primordial, excepté le plasma d'hydrogène (des protons seuls), car il était si brûlant qu'à chaque fois que des protons et des neutrons s'agglutinaient pour former des atomes plus lourds, ils étaient brutalement arrachés l'un à l'autre. À mesure que notre Univers se dilatait et se refroidissait, il y eut une brève période, de quelques minutes, au cours de laquelle les collisions étaient encore assez fortes pour surpasser la répulsion électrique entre les protons, mais plus assez pour dominer la puissante force « Velcro » assurant leur cohésion avec les neutrons pour former l'hélium : ce fut la période de la nucléosynthèse du Big Bang de Gamow que nous avons explorée au chapitre 3. Au cœur de notre Soleil, la température se situe également dans cet intervalle magique où les atomes d'hydrogène peuvent fusionner en atomes d'hélium.

Les lois de l'économie nous montrent que les atomes les plus onéreux sont les plus rares, et les lois de la physique nous indiquent qu'ils sont rares s'ils requièrent des températures exceptionnellement élevées pour être fabriqués. Donc, si les atomes pouvaient s'exprimer, les plus précieux nous relateraient les plus belles histoires. Les atomes ordinaires tels que le carbone, l'azote et l'oxygène (qui composent avec l'hydrogène 96 % du poids de votre corps) sont aussi courants parce que les étoiles ordinaires telles que notre Soleil peuvent les produire au cours de leurs lentes agonies, après quoi ils peuvent former de nouveaux systèmes planétaires par le truchement du phénomène de recyclage cosmique. L'or, par contre, est fabriqué lorsqu'une étoile explose en une supernova si violente et si rare qu'elle relâche, en une fraction de seconde, à peu près autant d'énergie que l'ensemble de toutes les autres étoiles de notre Univers observable. Il n'est pas étonnant que les alchimistes se soient évertués, en vain, à le produire.

Les Legos de la physique des particules

Si la matière ordinaire est composée d'atomes et si les atomes sont constitués de pièces plus petites (des neutrons, des protons et des électrons), ceux-ci sont-ils à leur tour composés de Legos encore plus petits ? L'histoire nous a montré la voie pour affronter expérimentalement cette question : heurtez les plus petites briques fondamentales connues les unes contre les autres de façon très énergique, puis observez si elles se brisent. Cette procédure a été mise en œuvre avec des collisionneurs de particules de plus en plus vastes, mais les électrons ne révèlent toujours pas le moindre signe d'une composition interne malgré qu'ils aient été écrasés à 99,999999999 % de la vitesse de la lumière, au laboratoire du CERN, dans la périphérie de Genève. La collision de protons, à l'inverse, a révélé qu'ils sont, avec les neutrons, constitués de particules plus petites nommées *quarks up* et *quarks down*. Deux up et un down forment un proton (figure 7.1), tandis que deux down et un up composent un neutron. De surcroît, une foison d'éléments auparavant inconnus ont été produits dans les collisions de particules (voir la figure 7.3).

Toutes ces particules inédites, aux noms aussi exotiques que *pion*, *kaon*, *Sigma*, *Oméga*, *muon*, *tau*, *boson W* et *boson* Z, sont instables et se désintègrent en éléments plus familiers en une fraction de seconde. Or, un habile travail de détective a révélé qu'elles sont toutes, à l'exception des quatre dernières, constituées de quarks – non seulement du up et du down, mais également de quatre formes nouvelles et instables que l'on appelle étrange,

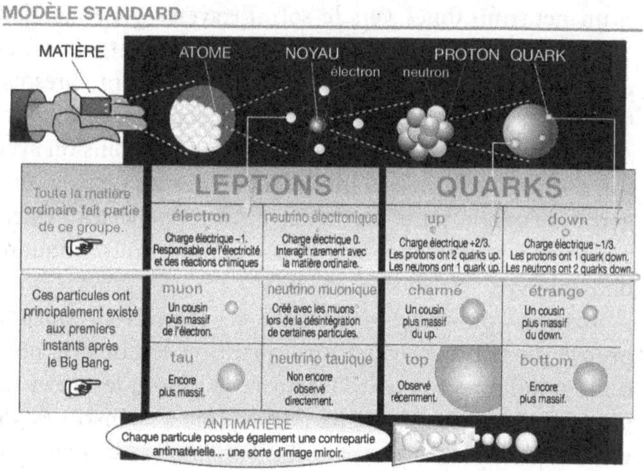

Figure 7.3 Modèle standard actuel de la physique des particules. (*Crédit : CERN*)

charmé, bottom et top. On a découvert que les bosons W et Z sont responsables de la transmission de la force faible mise en jeu dans la radioactivité, et sont des cousins proches et massifs du boson que nous connaissons déjà : le photon, la particule qui compose la lumière et qui transmet la force électromagnétique. Une famille supplémentaire de bosons a été mise au jour, dont les membres, dénommés *gluons*, assurent l'étroite cohésion des quarks en particules de taille plus grande, et la récente découverte du *boson de Higgs* permet d'attribuer une masse à certaines particules. De plus, des particules stables et fantomatiques que l'on appelle *neutrinos électroniques*, *neutrinos muoniques* et *neutrinos tauiques* ont été dévoilées – nous les avons rencontrées dans le chapitre précédent, et elles sont si furtives qu'elles interagissent à peine avec les autres particules :

si un neutrino fonce vers le sol, il traverse généralement toute la Terre pour ressortir indemne de l'autre côté, et poursuivre sa course dans l'espace. Finalement, presque toutes ces particules possèdent un sosie appelé *anti-particule*, de sorte que si la particule entre en collision avec son antiparticule, elles s'annihilent toutes les deux en une gerbe d'énergie pure. Le tableau 7.2 rappelle les principales particules et les concepts associés que nous évoquons dans ce livre.

Jusqu'à présent, nous n'avons découvert aucune preuve du fait que ces bosons, quarks et leptons (le nom de la famille regroupant l'électron, le muon, le tau et les neutrinos) ou leurs antiparticules soient constitués de parties plus petites ou plus fondamentales. Cependant, puisque les quarks sont des constituants élémentaires situés au troisième niveau de profondeur dans notre jeu de construction hiérarchique (figure 7.1), vous n'avez pas besoin du flair de Sherlock Holmes pour deviner que, s'il existe des niveaux supplémentaires, nous ne les avons pas découverts tout simplement parce que nos accélérateurs de particules ne sont pas assez puissants. En réalité, comme nous l'avons entrevu au chapitre 6, la théorie des cordes suggère précisément cela : si nous pouvions fracasser des particules avec une énergie considérablement plus importante que celle utilisée aujourd'hui (peut-être dix mille milliards de fois plus grande), nous pourrions découvrir que tout est constitué de minuscules cordes oscillantes, et que les différentes sortes de vibration du même type fondamental de corde correspondraient à des variétés distinctes de particules, de même que les différentes vibrations de la corde d'une guitare correspondent à des notes de musique distinctes. La théorie rivale s'appelle la gravité quantique à boucles, et elle postule que tout est constitué non pas de cordes, mais d'un réseau de spin de boucles quantifiées de champs gravitationnels excités – même si cette expression vous semble tarabiscotée et que vous ne saisissez pas toute sa signification, ne soyez pas inquiets car même les plus fervents défenseurs de la théorie des cordes et de la gravité quantique à boucles ne proclament pas encore avoir complètement appréhendé leur théorie… Ainsi, de quoi les choses sont-elles en fin de compte constituées ? D'après la phénoménologie actuelle à la pointe du progrès, la réponse est claire : nous ne le savons tout simplement pas encore, mais il y a de bonnes raisons de suspecter que tout ce que nous avons dévoilé jusqu'à présent – y compris le tissu même de l'espace-temps – soit constitué d'éléments encore plus fondamentaux.

Legos mathématiques

Bien que nous ne connaissions pas encore la réponse à la question de l'ultime composition des choses, nous avons découvert un indice encore plus fascinant que je me dois de vous relater. À mon sens, il est assez frappant de constater que la collision de deux protons au Grand collisionneur de hadrons du CERN puisse produire un boson Z 97 fois plus massif qu'un proton. J'avais pour habitude d'imaginer que la masse est conservée : il est évident que l'on ne peut pas créer un bateau de croisière par la collision de deux Ferrari, car celui-ci pèserait bien plus que les deux voitures réunies. Cependant, si vous pensez que la création de nouvelles particules de la sorte est aussi frauduleuse qu'un système de Ponzi, souvenez-vous qu'Einstein nous a appris que l'énergie E peut être convertie en masse m en vertu de la formule $E = mc^2$, où c est la vitesse de la lumière. Donc si vous disposez de quantités colossales d'énergie de mouvement dans une collision de particules, une partie de celle-ci est réellement autorisée à prendre la forme de nouvelles particules. Autrement dit, l'énergie totale est conservée (elle demeure constante), mais une collision de particules redistribue cette énergie disponible de sorte qu'elle puisse en introduire dans des particules nouvelles, inexistantes au départ. Il se produit exactement la même chose avec la *quantité de mouvement*[2] : la quantité totale est conservée, mais elle est réagencée au cours de la collision, de même qu'au billard, la boule blanche ralentit lorsqu'elle heurte une boule stationnaire pour l'envoyer dans un trou. L'une des découvertes les plus importantes de la physique a trait au fait qu'il existe d'autres quantités apparaissant comme étant toujours conservées, à l'instar de l'énergie et de la quantité de mouvement : la *charge électrique* en est l'exemple le plus familier, mais il y a également d'autres types connus de quantités conservées, dont l'*isospin* et la *charge de couleur*. Il existe aussi des quantités conservées dans de nombreuses circonstances primordiales, à savoir le nombre leptonique (le nombre de leptons moins le nombre d'antileptons) et le nombre baryonique (le nombre de quarks moins le nombre d'antiquarks, divisés par trois, de sorte que celui des neutrons et des protons vaille +1). Le tableau 7.1 énumère ces quantités (dénommées *nombres quantiques*) dont les diverses particules sont affublées. Vous remarquerez que la plupart d'entre elles sont des nombres entiers ou des fractions simples, et que nous ne connaissons pas la valeur exacte de trois des masses mesurées.

---

2. La *quantité de mouvement* d'un objet mesure l'impulsion qu'il développe lorsqu'il s'écrase sur quelque chose, ou, de manière plus rigoureuse, la durée nécessaire pour le stopper multipliée par la force moyenne devant être exercée pour le pousser. La quantité de mouvement p d'un objet de masse m se mouvant à une vitesse v est simplement donnée par $p = mv$, dans la limite où v est bien en deçà de la vitesse de la lumière.

Nom de la particule	Masse en MeV	Charge	Spin	Isospin	Nombre baryonique	Nombre leptonique
Proton	938,3	1	1/2	1/2	1	0
Neutron	939,6	0	1/2	1/2	1	0
Électron	0,511	– 1	1/2	– 1/2	0	1
Quark up	1,5 – 4	2/3	1/2	1/2	1/3	0
Quark down	4 – 8	– 1/3	1/2	– 1/3	1/3	0
Neutrino électronique	< 10^{-6}	0	1/2	1/2	0	1
Photon	0	0	1	0	0	0

Tableau 7.1 *Toutes les particules élémentaires connues sont décrites par leur ensemble unique de nombres quantiques, et ce tableau en énumère un échantillon. Les particules sont des objets purement mathématiques au sens où elles ne possèdent d'autres propriétés que leurs nombres quantiques. Les masses indiquées correspondent à la quantité d'énergie nécessaire pour créer la particule au repos. L'unité mentionnée (MeV) correspond à la quantité d'énergie de mouvement qu'emporte un électron si vous utilisiez un million de volts pour l'accélérer.*

Je me souviens de cette vieille plaisanterie sur la Guerre froide dans laquelle, en Occident, tout ce qui n'est pas interdit est autorisé, et dans les pays de l'Est, tout ce qui n'est pas autorisé est interdit. De manière intrigante, la physique des particules semble privilégier la première option : il s'avère que toute réaction qui n'est pas interdite (qui ne viole pas une loi de conservation) se produit réellement dans la nature. Cela signifie que nous pouvons imaginer nos Legos fondamentaux non pas comme les particules elles-mêmes, mais comme les quantités conservées ! Ainsi, la physique des particules est tout simplement une redistribution de l'énergie, de la quantité de mouvement, de la charge et d'autres propriétés invariables. Par exemple, le tableau 7.1 indique que la recette permettant de concocter un quark up consiste à incorporer 2/3 d'unité de charge, 1/2 unité de spin, 1/2 unité d'isospin, 1/3 d'unité de nombre baryonique et de couronner le tout d'une pincée de MeV d'énergie.

Ainsi, de quoi les nombres quantiques tels que l'énergie et la charge sont-ils constitués ? De rien – ce ne sont que des nombres ! Un chat possède également une énergie et une charge, mais il a, en outre, de nombreuses autres propriétés telles que son nom, son odeur et sa personnalité – donc il serait parfaitement insensé d'affirmer que le chat est un objet purement mathématique, entièrement déterminé par ces deux quantités. Nos amies les particules élémentaires, à l'inverse, sont complètement décrites par leurs nombres quantiques, et semblent n'avoir aucune autre propriété intrinsèque que ces valeurs ! En ce sens, nous avons désormais bouclé la boucle pour revenir aux idées de Platon : les Legos fondamentaux qui composent toutes les choses s'avèrent être purement mathématiques dans la nature, n'ayant aucune propriété autre que celles mathématiques. Nous reviendrons sur cette idée plus en détail dans le chapitre 10, et nous verrons que ce n'est que la partie émergée d'un iceberg mathématique.

Sur un plan plus technique, certains physiciens des particules aiment répondre adroitement à la question « qu'est-ce qu'une particule ? » en affirmant : « C'est un élément d'une représentation irréductible du groupe de symétrie du lagrangien. » C'est une réponse assez verbeuse, suffisante pour mettre un terme à toute conversation sur le sujet, mais c'est néanmoins une chose complètement mathématique, et simplement un peu plus générale que le concept d'ensemble de nombres. Certes, la théorie des cordes ou une compétitrice pourrait permettre une compréhension plus profonde de ce que sont réellement les particules, mais toutes les théories en lice ne font que remplacer une entité mathématique par une autre. Par exemple, si les nombres quantiques du tableau 7.1 s'avèrent correspondre à différents types de vibrations de supercordes, alors vous ne devrez pas concevoir ces cordes comme de petits objets flous dotés de propriétés intrinsèques, constitués par exemple de poils de chat bruns et or tressés, mais plutôt comme des constructions purement mathématiques que les physiciens ont surnommées « cordes » simplement pour souligner leur nature unidimensionnelle et pour faire l'analogie avec quelque chose de moins mathématique et de plus familier.

En résumé, la nature possède une structure hiérarchique en Legos. Si mon fils Alexander s'amuse normalement avec son cadeau d'anniversaire, tout ce qu'il peut réagencer n'est que pièces de Legos usinées. S'il jouait aux Legos atomiques en les disposant dans du feu, en les immergeant dans de l'acide ou en employant toute autre méthode pour réarranger leurs atomes, il pratiquerait la chimie. S'il jouait aux Legos nucléaires en réagençant les neutrons et les protons en des variétés différentes d'atomes, il pratiquerait la physique nucléaire. S'il écrasait les pièces les unes contre les autres à une vitesse proche de celle de la lumière pour redistribuer l'énergie, la quantité de mouvement, la charge, etc., de leurs neutrons, protons et électrons dans de nouvelles particules, il pratiquerait la physique des particules. Les Legos situés au niveau le plus fondamental semblent être des objets purement mathématiques.

Mémento de physique des particules	
Quantité de mouvement	Impulsion que développe un objet s'il s'écrase sur une cible ou, plus formellement, durée nécessaire pour le stopper multipliée par la force moyenne devant être exercée pour le pousser.
Moment cinétique	Quantité de rotation d'une chose ou, plus formellement, durée nécessaire pour le faire cesser de tourner multipliée par le couple moyen (la force de torsion moyenne) devant être exercé.
Spin	Moment cinétique d'une particule tournant sur son axe.
Quantité conservée	Quantité qui demeure constante dans le temps et ne peut être créée ni détruite. Par exemple : l'énergie, la quantité de mouvement, le moment cinétique, la charge électrique.
Atome	Électrons orbitant autour d'un noyau de protons et de neutrons. Le nombre de protons d'un atome détermine sa désignation (1 = hydrogène, 2 = hélium, etc.).
Électron	Particule de charge négative composant le courant électrique.
Proton	Particule de charge positive résidant dans le noyau atomique, constituée de deux quarks up et d'un quark down.
Neutron	Particule sans charge électrique résidant dans le noyau atomique, constituée de deux quarks down et d'un quark up.
Photon	Particule de lumière.
Gluon	Particule qui agglutine les quarks en triplets dans les protons et les neutrons.

Neutrino	Particule si furtive qu'elle peut généralement traverser la Terre entière sans interagir avec quoi que ce soit.
Fermion	Particule qui ne peut se trouver à la même position et dans le même état qu'une particule identique. Par exemple : l'électron, le quark, le neutrino.
Boson	Particule ayant une inclination grégaire à se trouver à la même position et dans le même état qu'une particule identique. Par exemple : le photon, le gluon, la particule de Higgs.

Tableau 7.2 *Résumé des mots-clés de physique pour comprendre le microcosme.*

Un Lego nommé photon

Il n'y a pas que la « matière » qui compose nos briques fondamentales de Lego : comme nous l'avons mentionné dans la première partie de ce livre, la lumière y participe également par le truchement de ses particules appelées *photons*, et postulées par Einstein en 1905.

Quatre décennies plus tôt, James Clerk Maxwell avait découvert que la lumière est une onde électromagnétique, une sorte de perturbation électrique. Si vous pouviez mesurer méticuleusement la tension entre deux points d'un faisceau de lumière, vous observeriez qu'elle oscille dans le temps : la fréquence f de cette oscillation (le nombre de fois qu'elle oscille par seconde) détermine la couleur de la lumière, et la puissance de cette oscillation (le nombre maximal de volts que vous mesurez) détermine l'intensité de la lumière. Notre omniscope du chapitre 4 mesure précisément ces tensions. Nous avons baptisé ces ondes électromagnétiques de différents noms, en fonction de leur fréquence (par ordre croissant de fréquence, nous les appelons onde radio, micro-onde, infrarouge, rouge, orange, jaune, vert, bleu, violet, ultraviolet, rayon X, rayon gamma), mais ce sont toutes des formes de lumière constituées de photons. Plus un objet émet de photons par seconde, plus il paraît brillant.

Einstein a réalisé que la quantité d'énergie E d'un photon est donnée par sa fréquence f via la formule simple $E = hf$, où h représente une constante de la nature que nous appelons constante de Planck. La quantité h est minuscule, donc un photon ordinaire n'emporte qu'une énergie très faible. Si je m'allonge sur la plage durant une seconde seulement, je serai bombardé d'environ un trilliard (10^{21}) de photons, ce qui explique pourquoi nous ressentons un flux continu de lumière. Toutefois, si mes amis possèdent des lunettes de soleil arrêtant 90 % de la lumière, et que j'empile 21 paires à la fois, alors seul à peu près un photon parviendra à traverser chaque seconde, ce que pourrait confirmer un détecteur photosensible.

Einstein a décroché le prix Nobel parce qu'il a tiré parti de cette idée pour expliquer l'effet photoélectrique, selon lequel la faculté qu'a la lumière d'éjecter des électrons d'un métal s'est avérée dépendante uniquement de sa fréquence (l'énergie des photons), et non de son intensité (le nombre de photons). Des photons de basse fréquence n'ont tout simplement pas assez d'énergie pour ce faire, de même que vous ne pouvez briser une vitre en y projetant des balles de tennis à faible énergie, peu importe le nombre de balles lancées. L'effet photoélectrique est exploité dans les cellules photovoltaïques actuelles et les capteurs des appareils photo numériques.

Max Planck obtint le prix Nobel en 1918 pour avoir démontré que le concept de photon résolvait également un autre mystère notable : pourquoi le précédent calcul sur le rayonnement thermique d'un objet diffusant de la chaleur ne fonctionnait pas. L'arc-en-ciel (figure 2.5) révèle le spectre de la lumière du jour, c'est-à-dire la quantité de lumière aux différentes fréquences. Les gens savent que la température T d'un objet est une mesure de la vitesse à laquelle ses particules constitutives s'agitent, et que l'énergie de mouvement E typique d'une particule est donnée par la formule $E = kT$, où k est un nombre appelé constante de Boltzmann. Lorsque des particules se heurtent dans le Soleil, une quantité approximative kT d'énergie de mouvement peut être convertie en énergie lumineuse. Malheureusement, la prédiction précise pour l'arc-en-ciel conduisait à ce que nous appelons la catastrophe ultraviolette : l'intensité de la lumière devait s'accroître infiniment vers la droite de la figure 2.5 (vers les fréquences plus élevées), de sorte que vous auriez été aveuglés par des rayons gamma en observant n'importe quel objet chaud, disons votre grille-pain. Le fait que la lumière soit constituée de particules vient à point nommé : le Soleil ne peut rayonner de l'énergie lumineuse qu'à raison d'un photon à la fois, et l'énergie typique kT disponible pour fabriquer un photon devient rapidement inférieure à la quantité d'énergie hf requise pour créer un seul rayon gamma.

Au-dessus des lois ?

Si tout est constitué de particules, quelles sont alors les lois de la physique qui les gouvernent ? Plus précisément, si nous savions ce que toutes les particules de notre Univers font en cet instant précis, quelle équation nous permettrait de calculer leur comportement futur ? S'il existe une telle équation, alors vous pourriez fomenter l'espoir qu'elle nous autorise – au moins en principe – à prédire tous les aspects de l'avenir à partir du présent, de la trajectoire future d'une frappe au baseball aux gagnants des Jeux olympiques de 2048 : calculez simplement ce que feront toutes les particules, et vous avez votre réponse.

La bonne nouvelle, c'est qu'il semble que nous détenions réellement cette équation, appelée équation de Schrödinger (figure 7.4). La mauvaise, c'est qu'elle ne prédit pas de manière exacte le comportement futur des particules, et presque un siècle après que le physicien autrichien Erwin Schrödinger l'ait couchée sur le papier, les physiciens se demandent toujours que faire d'elle.

Figure 7.4 L'équation de Schrödinger repose ici. Depuis que j'ai pris cette photo en 1996, les caractères de l'inscription ont mystérieusement changé. La bizarrerie quantique se poursuivrait-elle ?

Le point sur lequel tout le monde s'accorde, c'est que les particules microscopiques n'obéissent pas aux lois classiques de la physique que nous avons apprises à l'école. Puisqu'un atome est semblable à un système solaire miniature (figure 7.1), il semblerait naturel de supposer que ses électrons gravitent autour du noyau comme, d'après les lois de Newton, les planètes autour du Soleil. En réalité, lorsque vous développez mathématiquement cette idée, les choses s'annoncent prometteuses au départ. Vous pouvez faire tourner un yo-yo en cercle autour de votre tête en tirant avec force sur sa corde : si la corde cède, le yo-yo se déplacera en ligne droite à vitesse constante, de sorte que la force avec laquelle vous tirez sur celui-ci permet de transformer ce mouvement rectiligne en une rotation circulaire. Dans notre système solaire, il n'y a pas de corde, c'est la gravité du Soleil qui fournit cette force, énergie qui dans un atome est incarnée par l'attraction électrique du noyau. Si vous faites les calculs pour une orbite de la taille d'un atome d'hydrogène, vous prédirez que l'électron gravite à la même vitesse que celle que nous mesurons en laboratoire – quelle prouesse théorique ! Malgré tout, pour être plus exact, nous devons prendre en considération un effet supplémentaire dans nos calculs : un électron qui accélère (sa vitesse ou sa direction de mouvement varie) rayonne de l'énergie – votre téléphone portable exploite cette subtilité en faisant osciller des électrons le long de son antenne de manière à ce que des ondes radio soient transmises. Puisque l'énergie est conservée, celle diffusée doit être prélevée quelque part. Dans votre téléphone, elle provient de la batterie, mais dans un atome d'hydrogène, elle est prélevée sur l'énergie de mouvement de l'électron, l'obligeant à chuter de plus en plus « bas » vers le noyau atomique, de même que la résistance due à l'air de l'atmosphère supérieure fait perdre de l'énergie de mouvement aux satellites en orbite basse autour de la Terre, les faisant finalement chuter. Cela signifie que l'orbite de l'électron n'est pas un cercle, mais une spirale fatale (figure 7.5) : au bout de 100 000 révolutions environ, l'électron doit s'écraser sur le proton et l'atome d'hydrogène s'effondrer dans la fleur de l'âge, à environ 0,02 nanoseconde[3].

Cela est ennuyeux. Très ennuyeux. Nous ne parlons pas ici d'un infime désaccord, disons de 1 %, entre la théorie et l'expérience, mais de la prédiction que tous les atomes d'hydrogène (ainsi que les autres atomes) de notre Univers doivent s'effondrer en un milliardième du temps qu'il vous faut pour lire le dernier mot de cette phrase. En réalité, puisque la majeure partie des atomes d'hydrogène ont survécu pendant environ 14 milliards d'années, leur durée de vie est plus de 28 ordres de grandeur plus longue que ce que prédit la physique classique – c'était le triste record du pire échec quantitatif de la physique jusqu'à ce qu'il fût détrôné par l'erreur (mentionnée au chapitre 3), de 123 ordres de grandeur entre la prédiction et la mesure de la densité d'énergie sombre.

Lorsque les physiciens ont supposé que les particules élémentaires obéissaient aux lois classiques de la physique, ils s'attiraient également d'autres problèmes. Par exemple, on a découvert que la quantité d'énergie nécessaire pour chauffer des objets très froids était inférieure à celle prédite. Il y avait aussi d'autres écueils, mais inutile d'enfoncer des portes ouvertes, car le message de la nature est clair comme de l'eau de roche : les particules microscopiques violent les lois de la physique classique.

3. L'électron réalise environ $1/8\pi\alpha^3 \sim 105$ révolutions avant de s'écraser sur le proton, où $\alpha \approx 1/137{,}03599968$ représente l'intensité sans dimension de la force électromagnétique, connue sous le nom de constante de structure fine. Vous trouverez une admirable dérivation de cette spirale fatale sur cette page : http://www.physics.princeton.edu/~mcdonald/examples/orbitdecay.pdf.

Les particules élémentaires sont-elles au-dessus des lois ? Non, elles obéissent à une loi différente : celle de Schrödinger.

Quanta et arcs-en-ciel

Pour expliquer comment fonctionnent les atomes, le physicien danois Niels Bohr introduisit une idée radicalement nouvelle en 1913 : il se pourrait que non seulement la matière et la lumière soient quantifiées (elles apparaissent sous la forme de pièces discrètes, à l'instar du jeu de Lego), mais également des facettes du *mouvement*. Que se passerait-il si le mouvement n'était pas continu mais saccadé, à l'image du jeu informatique Pac-Man ou d'un vieux film de Chaplin où la fréquence d'affichage est trop lente ? La figure 7.5 révèle le modèle d'atome de Bohr : des orbites circulaires sont permises uniquement si ces cercles possèdent certains rayons magiques. Il existe une orbite permise minimale notée $n = 1$, puis des orbites plus larges notées $n = 2$, etc., dont les rayons valent n^2 fois celui du plus petit cercle[4].

La première réussite éclatante de l'atome de Bohr est qu'il ne peut s'effondrer comme sa variante classique à gauche de la figure 7.5 : lorsque l'électron se trouve dans l'orbite la plus basse, il n'existe tout simplement pas d'orbite inférieure vers laquelle il puisse sauter. Mais le modèle

4. En réalité, ce que fit Bohr, ce qui revient mathématiquement au même, consistait à supposer que le *moment cinétique* de l'orbite électronique est quantifié, et ne pouvait équivaloir qu'à un certain multiple n de ce que l'on appelle la *constante de Planck réduite* $\hbar$, définie comme valant $h/2\pi$. De manière analogue à la quantité de mouvement, vous pouvez imaginer le moment cinétique d'un objet en rotation comme une mesure de la durée nécessaire pour le faire cesser de tourner multipliée par le couple moyen (la force de torsion moyenne) devant être exercé. Un objet tournant le long d'un cercle de rayon r avec une quantité de mouvement p possède un moment cinétique égal à rp.

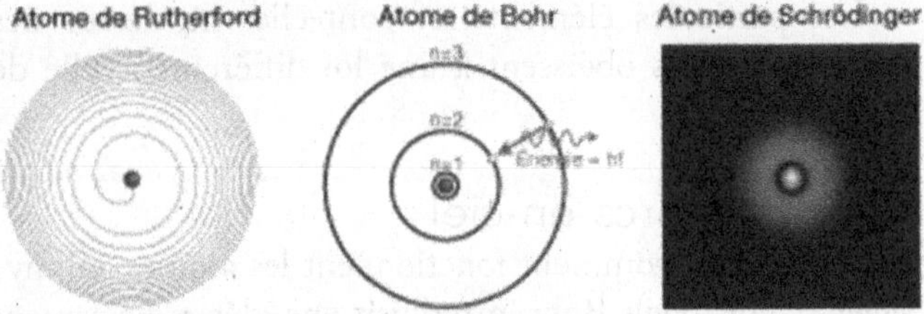

Figure 7.5 Évolution de notre compréhension de l'atome d'hydrogène. Le modèle classique de « système solaire » d'Ernest Rutherford s'avérait malheureusement instable, car l'électron devait tournoyer vers le centre du proton (j'ai représenté à quoi cela ressemblerait si la force électrique était vingt fois plus puissante, car sinon il tournerait autour environ une centaine de milliers de fois, ce qui rendrait illisible mon dessin). Le modèle de Bohr confine l'électron sur des orbites discrètes numérotées $n = 1, 2, 3$, etc., entre lesquelles il peut sauter en émettant ou en absorbant des photons, mais échoue à rendre compte des atomes autres que celui d'hydrogène. Le modèle de Schrödinger possède un unique électron en plusieurs lieux à la fois, dans un « nuage électronique » dont la forme est donnée par la fonction d'onde Ψ.

de Bohr explique bien d'autres choses. Les orbites supérieures possèdent plus d'énergie que les plus basses, or l'énergie totale est conservée, de sorte qu'à chaque fois que l'électron effectue un saut discret vers une orbite plus basse, l'excédent d'énergie doit être émis par l'atome sous la forme d'un photon (voir la figure 7.5), et afin de regagner une orbite supérieure, l'électron doit pouvoir compenser le coût énergétique par l'absorption d'un photon incident ayant l'énergie requise. Puisqu'il n'y a qu'un ensemble discret d'énergies orbitales, cela signifie que l'atome ne peut émettre ou absorber des photons n'ayant que certaines énergies magiques. Autrement dit, un atome ne peut émettre ou absorber de la lumière qu'à certaines fréquences particulières. Cela résout une énigme de longue date : on savait que l'arc-en-ciel de la lumière du jour (figure 2.5) possède des raies sombres à certaines fréquences mystérieuses (certaines couleurs sont absentes), et en étudiant des gaz chauds rayonnants en laboratoire, nous avons observé que chaque type d'atome possède une empreinte spectrale unique sous la forme des fréquences lumineuses qu'il peut émettre ou absorber. L'atome de Bohr n'explique pas simplement l'existence de ces raies spectrales, mais également leurs fréquences exactes dans le cas de l'hydrogène[5].

C'était une excellente nouvelle, ce qui permit à Bohr de décrocher le prix Nobel (comme la plupart des scientifiques cités dans ce chapitre). La pierre d'achoppement était que le modèle de Bohr ne fonctionnait pas pour tout atome autre que l'hydrogène, excepté si tous ses électrons, sauf un, étaient retirés.

Faire des ondes

Malgré ces succès prometteurs, les physiciens ne s'accommodaient toujours pas de ces étranges lois quantiques apparemment arbitraires. Que signifiaient-elles réellement ? *Pourquoi* le moment cinétique est-il quantifié ? Y aurait-il une explication plus profonde derrière tout cela ?

Louis de Broglie en proposa une : l'électron (et en réalité toutes les particules) possède des propriétés ondulatoires de la même façon que le photon. Dans une flûte, les ondes sonores ne peuvent vibrer qu'à certaines fréquences particulières, se pourrait-il donc que quelque chose d'analogue détermine les fréquences auxquelles les électrons orbiteraient dans les atomes ?

5. L'énergie des orbites vaut E_1/n^2 où E_1 est l'énergie connue de l'orbite la plus basse, donc en sautant entre deux orbites n_1 et n_2, l'électron peut émettre des photons ayant tous une énergie de la forme $\left(\frac{1}{n_2^{\,2}} - \frac{1}{n_1^{\,2}}\right) E_1$.

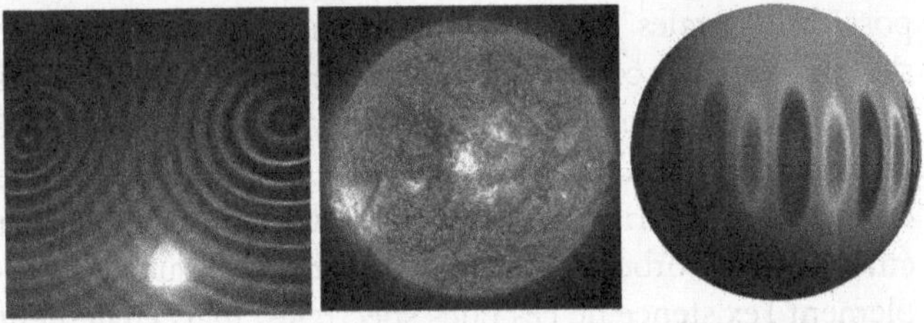

Figure 7.6 Vagues dans un récipient d'eau (à gauche) et ondes sur le Soleil (à droite).

Deux ondes peuvent s'interpénétrer sans être affectées, à l'instar des vagues circulaires du récipient d'eau de la figure 7.6 (à gauche) : à tout instant, leurs effets ne font que s'ajouter. En certains endroits, nous observons que les crêtes des deux ondes s'additionnent pour former un pic encore plus haut (ce que nous appelons une interférence constructive), et en d'autres nous observons que la crête d'une onde s'annule avec le creux d'une autre laissant la surface de l'eau parfaitement plate (ce que nous appelons une interférence destructive). À la surface du Soleil (figure 7.6, au centre), nous avons observé des ondes sonores situées dans le gaz brûlant (le plasma). Si une telle onde se propage tout autour du Soleil (à droite), elle s'auto-annulera à cause des interférences destructives, sauf si elle réalise exactement un nombre entier d'oscillations sur un tour complet, demeurant ainsi synchrone avec elle-même. Cela signifie que, à l'instar d'une flûte, le Soleil vibre uniquement à certaines fréquences particulières[6]. Dans sa thèse de doctorat de 1924, de Broglie a appliqué ce raisonnement aux ondes se propageant dans

6. On a observé un phénomène identique dans les pneus d'une voiture filant à très vive allure, et les ondes sonores consécutives qui entrent en résonnance peuvent provoquer leur usure prématurée.

l'atome d'hydrogène, sur le même principe que le Soleil, et a obtenu exactement les mêmes fréquences et énergies que ce que prédisait le modèle de Bohr. Une démonstration plus directe du comportement ondulatoire des particules a été donnée par l'expérience de la double fente illustrée dans la figure 7.7.

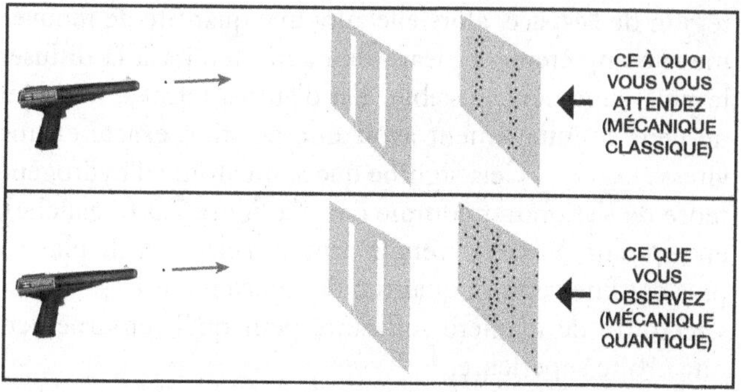

Figure 7.7 Si nous tirons des particules (disons, des électrons ou des photons d'un pistolet laser) vers une paroi dotée de deux fentes verticales, la physique classique prédit qu'elles frapperont notre détecteur le long de deux bandes verticales situées derrière les fentes. Au contraire, la mécanique quantique prévoit que chaque particule agira comme une onde et passera par *les deux* fentes, dans une superposition quantique, interférant avec elle-même et formant un motif d'interférence analogue à celui de la figure 7.6. La mise en œuvre de cette célèbre expérience de la double fente démontre que la mécanique quantique est correcte : nous détectons bel et bien des particules le long d'une succession de bandes verticales.

Cette représentation ondulatoire procure également une image plus intuitive du fait que les atomes ne s'effondrent pas comme le prédit la physique classique : si vous tentez de confiner une onde dans un espace très réduit, elle commencera immédiatement à s'étaler. Par exemple, si une goutte de pluie tombe dans un récipient d'eau, elle perturbe initialement l'eau stagnante uniquement dans la minuscule région où elle a atterri, mais cette perturbation se propage rapidement dans toutes les directions sous la forme d'une série d'ondes circulaires, comme les ondulations de la figure 7.6 (à gauche). C'est l'essence du *principe d'incertitude de Heisenberg* : Werner Heisenberg a montré que si vous confinez quelque chose dans une minuscule région de l'espace, alors elle aura une quantité de mouvement complètement aléatoire, ce qui tendra à la diffuser le plus largement possible. En d'autres termes, un objet ne peut simultanément avoir une position exacte et une vitesse exacte[7] ! Cela signifie que si un atome d'hydrogène tente de s'effondrer comme dans la figure 7.5 (à gauche), en aspirant l'électron vers le proton, l'électron de plus en plus confiné verra sa quantité de mouvement et sa vitesse s'accroître de manière suffisante pour qu'il retourne vers une orbite supérieure.

La thèse de de Broglie suscita une vive émotion, et en novembre 1925, Erwin Schrödinger organisa un séminaire à son sujet, à Zurich. Lorsqu'il s'acheva, Peter Debye lui demanda : « Vous discutez des ondes, mais où est l'équation d'onde ? » Schrödinger poursuivit ses recherches, puis publia sa célèbre équation d'onde (figure 7.4), pierre angulaire de la majeure partie de la physique moderne. Une formulation équivalente, faisant appel à des tables numériques appelées matrices, fut développée quasiment à la même époque par Max

---

7. Plus formellement, si l'incertitude sur la position d'une particule est notée Δx et celle sur sa quantité de mouvement, Δp, alors le principe d'incertitude de Heisenberg affirme que $\Delta x \, \Delta p \geq \hbar/2$, où $\hbar$ est la constante de Planck réduite $h/2\pi$ comme précédemment. Mathématiquement, l'incertitude sur chaque quantité est définie comme étant l'écart-type de sa distribution de probabilité.

Born, Pascual Jordan et Werner Heisenberg. Grâce à ces nouvelles fondations mathématiques puissantes, la théorie quantique faisait des progrès fulgurants. En quelques années, une multitude de mesures jusqu'alors inexpliquées devenaient merveilleusement limpides, dont notamment le spectre d'atomes plus compliqués et divers nombres décrivant les propriétés des réactions chimiques. Finalement, cette physique quantique nous a légué le laser, le transistor, les circuits imprimés, l'ordinateur et le smartphone. Les réussites ultérieures de la mécanique quantique font appel à son prolongement, la théorie quantique des champs, sous-jacente à la recherche de pointe d'aujourd'hui telle que la quête des particules de matière noire.

Quel est l'apanage d'une bonne science ? Plusieurs définitions de la science me plaisent, mais l'une d'elle, *l'information condensée*, explique beaucoup de choses en peu de mots. Avec une bonne théorie scientifique, vous obtenez plus de résultats que vous n'introduisez d'hypothèses. J'ai simplement soumis le fichier contenant l'épreuve de ce chapitre à un logiciel standard de compression de données pour en obtenir un trois fois plus petit, grâce à l'exploitation des régularités et des figures répétitives présentes dans ma prose. Comparons cela à la mécanique quantique. Je viens de télécharger une liste de plus de 20 000 raies spectrales, dont les fréquences ont été minutieusement mesurées dans des laboratoires tout autour du monde, et en capturant les motifs et régularités présents dans ces valeurs, l'équation de Schrödinger a pu les compresser à trois nombres seulement : la constante de structure fine $\alpha \approx 1/137{,}036$, donnant l'intensité de l'électromagnétisme, le nombre 1836,15, indiquant la masse du proton en fonction de celle de l'électron, et la fréquence orbitale de l'hydrogène[8]. Cela reviendrait à résumer l'ensemble de ce livre en une seule phrase !

Erwin Schrödinger est l'un de mes superhéros préférés en physique. Lorsque j'étais postdoctorant à l'Institut Max Planck de physique à Munich, la photocopieuse de la bibliothèque mettait une éternité à se préchauffer, donc je passais mon temps à compulser les ouvrages classiques situés sur les étagères. J'ouvris un jour l'*Annalen der Physik* de 1926, et fut surpris de constater que les principales choses que nous apprenions en cours de mécanique quantique avaient été développées dans quatre de ses articles de 1926. Je l'admire car il était non seulement brillant, mais également libre : il remettait en question l'autorité, méditait à son escient et faisait ce qu'il pensait être bon. Après avoir obtenu la chaire de professeur de Max Planck à Berlin, l'un des postes les plus prestigieux au monde, il y renonça car il ne supportait pas la persécution nazie contre ses collègues juifs. Il se vit alors refuser un poste vacant à Princeton parce qu'on jugeait ses coutumes familiales peu orthodoxes (il vivait avec deux femmes et avait un enfant de celle avec laquelle il n'était pas marié). En vérité, lorsque je me suis rendu sur sa tombe, au cours d'un séjour au ski en Autriche en 1996, j'ai découvert que sa liberté de pensée ne semblait pas être pleinement appréciée dans son propre village natal : vous pouvez constater sur la photo que j'ai prise (figure 7.4) que la petite ville

8. En réalité, le dernier paramètre ne devrait normalement pas entrer en ligne de compte parce que nous pourrions redéfinir notre unité de temps de sorte qu'il vaille 1. Si vous désirez avoir encore plus de précision dans les valeurs décimales mesurées, il vous suffit de glaner quelques nombres supplémentaires afin de mieux modéliser les masses exactes des différents noyaux atomiques (les neutrons pèsent environ 0,1 % de plus que les protons, et ainsi de suite).

d'Alpbach a inhumé son citoyen le plus célèbre dans une modeste tombe juste au bord du cimetière.

Étrangeté quantique

Mais qu'est-ce que tout cela signifie ? Où se cachent ces ondes que décrit l'équation de Schrödinger ? L'énigme centrale de la mécanique quantique demeure à ce jour un problème lancinant et controversé.

Lorsque les physiciens décrivent mathématiquement un objet, ils ont généralement besoin de déterminer deux choses distinctes :

1) son état à un instant donné ;
2) l'équation décrivant comment cet état varie dans le temps.

Par exemple, pour décrire l'orbite de Mercure autour du Soleil, Newton déterminait l'état de cette planète par six nombres : trois pour la position de son centre (disons, les coordonnées x, y et z) et trois pour les composantes de la vitesse dans ces directions[9]. En guise d'équation du mouvement, il utilisait sa loi éponyme : l'accélération est donnée par l'attraction gravitationnelle du Soleil, qui dépend de l'inverse du carré de la distance à celui-ci.

Dans son modèle atomique de système solaire (figure 7.5, au milieu), Niels Bohr remplaçait la deuxième partie de la description par l'introduction de sauts quantiques entre des orbites particulières, mais conservait la première partie. Schrödinger était nettement plus radical, et abandonnait également la première partie : il s'affranchit de l'idée même qu'une particule *possède* une position et

9. Si le calcul vectoriel vous enchante, imaginez simplement l'état comme étant le vecteur position et sa dérivée par rapport au temps (le vecteur vitesse).

une vitesse bien définies ! Au lieu de cela, il décrivait l'état d'une particule par le truchement d'un nouvel expédient mathématique appelé *fonction d'onde*, notée Ψ, décrivant la propriété d'ubiquité de la particule. La figure 7.5 (à droite) révèle le carré de la fonction d'onde[10], de l'électron d'un atome d'hydrogène situé sur une orbite $n = 3$, et vous pouvez observer que plutôt que d'être en un seul endroit, il semble également réparti tout autour du proton, privilégiant certains rayons parmi d'autres. L'intensité, selon sa position, du « nuage électronique » de la figure 7.5 (à droite) reflète la possibilité que l'électron soit en ces différents lieux. Plus formellement, si vous cherchez expérimentalement à localiser l'électron, vous découvrirez que le carré de la fonction d'onde donne la probabilité de le trouver en ces différentes positions, de sorte que certains physiciens préfèrent imaginer que la fonction d'onde décrit un *nuage de probabilité* ou une *onde de probabilité*. En particulier, vous ne trouverez jamais une particule à une position où sa fonction d'onde est nulle. Si vous voulez faire sensation lors d'un dîner en vous faisant passer pour un physicien quantique, vous devrez prononcer un autre de mot de ce jargon, la *superposition* : on dit qu'une particule qui est à la fois ici et là au même instant est dans une superposition d'ici et là, et sa fonction d'onde qui décrit toutes les positions, reflète cette superposition.

---

10. Si vous êtes férus de maths et aimez les nombres complexes, vous serez ravis de savoir que la fonction d'onde d'une particule associe un nombre complexe à chaque position de l'espace. Ce que j'appelle incorrectement le « carré » de la fonction d'onde tout au long de ce livre, pour simplifier, est en vérité le carré de la valeur absolue de la fonction d'onde, qui est défini comme étant la somme des carrés de la partie réelle et de la partie imaginaire. Si les maths ne sont pas votre tasse de thé, ne vous en souciez pas, car vous pourrez malgré tout comprendre les arguments de fond présentés dans ce livre.

Toutes ces ondes quantiques sont incroyablement différentes des ondes classiques de la figure 7.6 : une vague ordinaire sur laquelle vous surfez est constituée d'eau, et c'est la surface de l'eau qui possède une forme ondulée. Or ce qui ressemble à une onde ou à un nuage dans un atome d'hydrogène n'est ni de l'eau ni une tout autre substance : il n'y a qu'un seul électron, et c'est sa fonction d'onde, la représentation de sa propriété d'ubiquité, qui est ondulatoire.

Figure 7.8 La fonction d'onde Ψ sur le point de s'effondrer.

L'effondrement du consensus

En résumé, Schrödinger a modifié la description classique du monde sur deux points :

1) L'état d'une particule est décrit non pas par sa position et sa vitesse, mais par sa fonction d'onde.
2) Le *changement* de cet état dans le temps n'est pas décrit par les lois de Newton ou d'Einstein, mais par l'équation de Schrödinger.

Ces découvertes dues à Schrödinger ont été universellement reconnues comme l'un des progrès les plus importants du XXe siècle, et ont déclenché une révolution tant en physique qu'en chimie. Mais elles ont également contribué à semer la confusion chez les gens : si les choses peuvent être en plusieurs lieux à la fois, pourquoi ne l'avons-nous jamais observé ? Cette énigme fut par la suite baptisée *problème de la mesure quantique* (en physique, la *mesure* est synonyme d'*observation*).

Après avoir largement discuté et débattu de cela, Bohr et Heisenberg en vinrent à proposer une solution radicale et remarquable que l'on appelle l'*interprétation de Copenhague*, qui est celle enseignée et défendue dans la plupart des manuels de mécanique quantique d'aujourd'hui. L'idée centrale consiste à modifier légèrement le deuxième point mentionné ci-dessus, et à postuler que le changement n'est gouverné que par la *partie temporelle* de l'équation de Schrödinger, dépendant du fait qu'une *observation* ait lieu ou non. Plus précisément, si une chose *n'est pas* en train d'être observée, sa fonction d'onde varie selon l'équation de Schrödinger, mais si elle *est* en cours d'observation, sa fonction d'onde *s'effondre* (on parle de *réduction du paquet d'onde*), de sorte que l'on ne trouve l'objet qu'en une seule position. Ce processus d'effondrement est aussi brutal que fondamentalement aléatoire, et la probabilité de trouver la particule en un endroit particulier est donnée par le carré de sa fonction d'onde. La réduction du paquet d'onde s'affranchit ainsi admirablement des superpositions énigmatiques et explique notre vision classique et familière du monde qui nous entoure : les choses que nous observons ne sont qu'en un seul lieu à chaque instant. Le tableau 7.3 résume les concepts quantiques fondamentaux que nous avons explorés jusqu'ici, et leurs relations.

Mémento de mécanique quantique	
Fonction d'onde	Entité mathématique décrivant l'état quantique d'un objet. La fonction d'onde d'une particule décrit sa propriété d'ubiquité.

Mémento de mécanique quantique	
Superposition	Situation quantique où un objet se trouve dans plusieurs états en même temps, par exemple deux positions distinctes.
Équation de Schrödinger	Équation nous permettant de prédire l'évolution future de la fonction d'onde.
Espace de Hilbert	Espace mathématique abstrait où évoluent les fonctions d'onde.
Réduction du paquet d'onde	Hypothétique processus aléatoire où la fonction d'onde est brutalement modifiée en violation de l'équation de Schrödinger, donnant une issue déterministe à une mesure. L'absence de réduction du paquet d'onde conduit au multivers de niveau III de Hugh Everett.
Problème de la mesure quantique	Question controversée consistant à savoir ce qu'il advient de la fonction d'onde lors d'une mesure quantique : s'effondre-t-elle ou non ?
Interprétation de Copenhague	Ensemble d'hypothèses, dont la réduction du paquet d'onde au cours des mesures.
Interprétation d'Everett	Hypothèse où la fonction d'onde ne s'effondre jamais – implique l'existence du multivers de niveau III (chapitre 8).
Décohérence	Effet de censure quantique dérivable de l'équation de Schrödinger, selon lequel les superpositions deviennent inobservables sauf si elles demeurent cachées au reste du monde – faisant en sorte que la fonction d'onde semble s'effondrer pendant les mesures même si elle ne le fait pas réellement (chapitre 8).
Immortalité quantique	Idée selon laquelle nous sommes subjectivement éternels si le multivers de niveau III existe. Je pense qu'il n'y a pas d'immortalité quantique car le continuum est une illusion (chapitre 11).

Tableau 7.3 *Résumé des principaux concepts de mécanique quantique (l'espace de Hilbert et les trois derniers concepts seront présentés au prochain chapitre).*

D'autres éléments sont également à intégrer dans l'interprétation de Copenhague, mais ce que nous venons de décrire recueille le plus large consensus. J'ai progressivement découvert que ceux de mes collègues qui soutiennent cette interprétation de la mécanique quantique sont généralement en désaccord au sujet de ces autres éléments, donc il serait plus approprié de parler des « interprétations de Copenhague ». L'éminent physicien relativiste Roger Penrose a ironisé : « Il y a probablement plus de points de vue différents en mécanique quantique qu'il n'y a de physiciens quantique. Cela n'est pas absurde, puisque certains physiciens quantique soutiennent plusieurs visions en même temps. » En réalité, même Bohr et Heisenberg défendaient des idées légèrement distinctes concernant les conséquences sur la nature de la réalité. Cependant, tous les physiciens de l'époque s'accordaient à reconnaître que l'interprétation de Copenhague est remarquable, au sens où elle ne remet pas en question leur manière de travailler.

Cependant tous n'étaient pas convaincus. Si la réduction du paquet d'onde survient réellement, cela signifie qu'un hasard est fondamentalement intégré dans les lois de la nature. Einstein était profondément contrarié par cette interprétation, et exprima sa préférence pour un univers déterministe dans cette célèbre réplique : « Je ne peux me résigner à l'idée que Dieu joue aux dés. » Après tout, l'essence même de la physique consiste à prédire le futur en connaissant le présent, or cela devient apparemment impossible non seulement en pratique, mais également en principe. Même si vous êtes infiniment intelligent et que vous connaissez la fonction d'onde intégralement, vous ne pourrez calculer son évolution future, parce que dès que quelqu'un d'autre dans notre Univers fait une observation, la fonction d'onde change aléatoirement.

Une autre facette de l'effondrement ayant suscité la consternation est que l'observation fut promue au grade de concept central. Lorsque Bohr s'exclamait « il n'y a pas de réalité sans observation ! », il semblait remettre les êtres humains sur un piédestal central. Même si Copernic, Darwin et d'autres scientifiques ont progressivement dégradé notre nombrilisme humain et vigoureusement combattu notre inclination égocentrique à supposer que tout tourne autour de nous, l'interprétation de Copenhague semblait vouloir dire que nous créions en quelque sorte la réalité simplement en observant.

En fin de compte, certains physiciens étaient excédés par le manque de rigueur mathématique. Tandis que les processus physiques traditionnels devaient être décrits par des équations mathématiques, l'interprétation de Copenhague ne proposait aucune formule spécifiant ce qui constitue une observation, c'est-à-dire l'instant exact où une fonction d'onde s'effondre. Invoquait-elle réellement la présence d'un observateur humain, ou celle d'une conscience plus générale suffisante pour effondrer la fonction d'onde ? Comme le fit remarquer Einstein : « La Lune existe-t-elle simplement parce qu'une souris l'observe ? » Un robot peut-il effondrer la fonction d'onde ? Et une webcam ?

L'étrangeté ne peut être circonscrite

Grosso modo, nous pouvons dire que l'interprétation de Copenhague de la mécanique quantique stipule que les petites choses agissent bizarrement, contrairement aux grandes. Plus précisément, les objets aussi petits que les atomes se trouvent généralement en plusieurs lieux à la fois, mais pas ceux aussi grands que des individus. Hormis le reproche mentionné ci-dessus, c'est une vision séduisante tant que l'étrangeté demeure confinée au microcosme et ne s'immisce nullement dans le macrocosme, à l'instar d'un génie circonscrit dans sa lampe magique, incapable de grossir et d'exercer son influence. Mais demeure-t-elle réellement confinée ?

L'une des choses qui me tourmentait dans le studio de mon amie à Stockholm au début de ce chapitre était que les objets macroscopiques soient constitués d'atomes, et donc que, puisque ces derniers peuvent se trouver en plusieurs lieux à la fois, les objets le peuvent également. Mais ce n'est pas parce qu'ils le *peuvent* qu'ils le *font* forcément : nous pourrions imaginer qu'il n'existe pas de processus physique amplifiant cette étrangeté microscopique aux grandes échelles. Schrödinger lui-même fit voler en éclats cet espoir par le truchement d'une expérience de pensée diabolique : le chat de Schrödinger est enfermé dans une boîte contenant une canette de cyanure s'ouvrant dès qu'un atome radioactif se désintègre. À l'issue d'une certaine période, l'atome se trouvera dans la superposition des états « désintégré » et « non désintégré », entraînant le chat tout entier dans la superposition des états « mort » et « vivant ». En d'autres termes, une microsuperposition apparemment innocente impliquant un unique atome s'amplifie au cours du temps en une macrosuperposition où un chat contenant des trilliards de particules se trouve simultanément dans deux états. De surcroît, une telle amplification de l'étrangeté survient constamment, sans même faire appel à un tour de passe-passe machiavélique. Vous avez probablement déjà entendu parler de la théorie du chaos : les lois de la physique classique peuvent amplifier exponentiellement de minuscules différences, à l'instar d'un papillon perturbant l'air à Pékin et provoquant finalement une tempête à Stockholm. Le crayon en équilibre sur sa pointe en est un exemple encore plus simple : une déviation microscopique de sa posture initiale peut déterminer la direction vers laquelle il chutera. À chaque fois que cette dynamique chaotique est à l'œuvre, la position initiale d'un unique atome peut faire toute la différence, de sorte que s'il se trouve en deux lieux à la fois, les choses macroscopiques possèderont également ce don d'ubiquité.

Une telle amplification de l'étrangeté survient clairement à chaque fois que nous effectuons des mesures quantiques : si vous mesurez la position d'un unique atome en ayant deux simultanées[11] puis écrivez le résultat sur une feuille de papier, alors la position de la particule déterminera le mouvement de votre main, et votre crayon se trouvera par conséquent en deux lieux à la fois.

Or ce n'est pas tout, cette amplification de l'étrangeté survient fréquemment, même dans votre cerveau. Pour qu'un neurone s'active à un instant donné, il faut que la somme de tous ses signaux d'entrée dépasse un certain seuil de déclenchement, et cela peut rendre le réseau neuronal hautement instable, à l'image de la météo ou du crayon en équilibre. C'est exactement ce qu'il s'est passé dans la première page de ce livre, lorsque je faisais du vélo vers l'école puis décidai de jeter un œil à droite. Supposez que ma décision soudaine était si brève qu'elle dépendait du fait qu'un unique atome de calcium participe à une transmission synaptique particulière de mon cortex préfrontal, déclenchant l'émission par un neurone particulier d'un signal électrique provoquant une intense activité des autres neurones du cerveau, qui auraient collectivement

11. Une expérience classique réalisant cela met en jeu l'envoi d'un unique atome d'argent vers ce que l'on appelle un dispositif de Stern-Gerlach, le plaçant dans deux positions différentes en fonction de son spin.

transmis le message *Regarde !* Donc, si cet atome de calcium avait au départ deux positions légèrement différentes en même temps, une demi-seconde plus tard, mes pupilles auraient simultanément pointé dans deux directions opposées, et en un bref instant mon corps tout entier se serait trouvé dans deux positions différentes, l'une d'elles étant fatale, faisant de moi une variante de l'expérience du chat de Schrödinger où je tiens le rôle du félidé.

Confusion quantique

J'en étais donc à ce point dans le studio de mon amie à Stockholm, profondément frustré et confus. Vous savez dorénavant pourquoi. Mon premier examen de mécanique quantique approchait, et plus je méditais sur l'interprétation de Copenhague que mon manuel présentait comme évidente et parfaitement vraie, plus je me sentais préoccupé. Indubitablement, l'étrangeté quantique ne pouvait être circonscrite au microcosme, l'expérience du chat de Schrödinger le démontrait. Je n'ai jamais rencontré l'étrangeté elle-même, mais voici ce qui m'ennuyait réellement : supposez que vous réalisiez personnellement l'expérience du chat de Schrödinger. Si mon livre disait vrai, la fonction d'onde du chat doit s'effondrer et celui-ci doit être définitivement mort ou vif à l'instant où vous l'observez personnellement. Or qu'en est-il si je me trouve à l'extérieur de votre laboratoire et considère la fonction d'onde décrivant toutes les particules qui composent le chat, vous et tout le reste de votre laboratoire ? Toutes ces particules ne doivent-elles pas indubitablement vérifier l'équation de Schrödinger, qu'elles composent un être vivant ou non ? Dans cette situation, mon livre implique que la fonction d'onde du chat s'effondre uniquement lorsque j'entre moi-même dans le labo puis observe tout ce qu'il s'y passe, et non auparavant, lorsque vous avez effectué votre observation. Par conséquent, avant que j'apparaisse, vous vous trouvez dans une superposition où vous vous sentez à la fois coupable de la mort du chat et soulagé de le voir en vie. Autrement dit, l'interprétation de Copenhague est au mieux incomplète, refusant de répondre à la question de savoir quand précisément la fonction d'onde s'effondre. Au pire, elle est incohérente, car la fonction d'onde de notre Univers tout entier ne s'effondrerait jamais du point de vue d'un individu situé dans un univers parallèle et ne nous ayant jamais observé.

Nous allons explorer ensemble au prochain chapitre ce que nous enseigne réellement la mécanique quantique au sujet de la nature de la réalité. Peut-être avons-nous, nous Suédois, une prédisposition génétique à critiquer nos voisins du Sud-Ouest, mais lorsque je pense à l'interprétation de Copenhague, je ne peux faire autrement que de songer à ce vers de *Hamlet* : « Il y a quelque chose de pourri au royaume du Danemark. »

En bref

- Tout semble constitué de particules, de la lumière aux êtres vivants.
- Ces particules sont des objets purement mathématiques, au sens où seules leurs propriétés intrinsèques sont des propriétés mathématiques – des nombres baptisés *charge, spin* ou *nombre leptonique*.
- Ces particules ne vérifient pas les lois classiques de la physique.
- Mathématiquement, l'état de ces particules (qui devraient normalement être appelées « ondicules ») ne peut être décrit par six nombres (représentant leur position et leur vitesse), mais par une fonction d'onde décrivant leur propriété d'ubiquité.
- Cela leur procure à la fois des propriétés inhérentes aux particules traditionnelles (elles sont ici ou là) et aux ondes (elles peuvent se trouver en plusieurs lieux en même temps dans ce que l'on appelle une superposition).
- Les particules ne peuvent se trouver en un endroit parfaitement précis (principe d'incertitude de Heisenberg), ce qui empêche l'atome de s'effondrer.
- L'évolution future des particules est décrite non par les lois de Newton, mais par l'équation de Schrödinger.
- Cette équation montre que les innocentes superpositions microscopiques peuvent s'amplifier en des superpositions macroscopiques démentielles telles que celle du chat de Schrödinger, ou celle où vous êtes simultanément en deux endroits distincts.
- Dans les manuels, on postule que la fonction d'onde « s'effondre » parfois, violant l'équation de Schrödinger et introduisant un hasard fondamental dans la nature.
- Les physiciens débattent avec véhémence au sujet de toutes ces implications.
- La formulation donnée dans les manuels de la mécanique quantique est soit incomplète, soit incohérente.

8
Le multivers de niveau III

Quand il y a une fourchette à un carrefour, prenez-la !
Yogi Berra

« Ça alors ! Comme c'est magnifique ! » La baie de San Francisco scintillait dans la lueur du soir, et je me sentais encore plus excité que lorsque mes parents m'avaient offert ma toute première valise de magicien. J'étais collé à ma fenêtre, écarquillant les yeux devant ce célèbre paysage que j'apercevais pour la première fois. Depuis que j'avais économisé suffisamment d'argent, en vendant des fromages, pour me permettre de prendre le train pour l'Espagne à 17 ans, j'aimais de plus en plus voyager. Depuis que j'avais lu Feynman à l'école, j'étais de plus en plus passionné par la physique. Désormais, après avoir passé 23 ans à vivre dans la glace et la neige, j'allais passer quatre ans à réaliser ces deux fantasmes ! San Francisco me semblait être l'endroit le plus fabuleux de la Terre, le coin rêvé pour mijoter des idées folles.

Par un coup de chance incroyable, j'avais été admis à l'école supérieure de physique de Berkeley, et même si mes attentes étaient probablement démesurées, ces quatre années ont assouvi sur tous les plans cette impatience. Berkeley était pour moi un lieu aussi stimulant, libre et extravagant que je l'avais espéré, et je rencontrai une amie australienne le jour suivant mon arrivée. Je trouvai commode de débarquer d'un pays obscur que la plupart des gens ne pouvaient situer sur une carte : ma nationalité me permettait d'être aussi excentrique que je le voulais, me faisant rapidement mériter le surnom de « Mad Max », tout en m'accommodant de cette situation – les gens m'attribuaient le bénéfice du doute et supposaient que c'était un comportement normal en Suède. Je n'avais nullement besoin de m'en excuser. Un étudiant qui vivait dans ma rue avait simplement assisté nu à un cours, et fit la une des journaux lorsqu'il fut expulsé. Un camarade de classe avec qui je faisais les devoirs de physique doublait comme acteur pornographique pour parvenir à financer ses études. Un type de ma résidence universitaire fut arrêté avec une arme et une liste de noms de « personnes à liquider[1] ». Ainsi, si vos traits les plus fous étaient d'être suédois et d'avoir des idées étranges de physique, vous ne pouviez que vous intégrer.

Lorsque j'étais au lycée, la philosophie contestataire de mon ami Magnus Bodin m'a profondément influencé. Puisque tout le monde envoyait ses courriers dans des enveloppes rectangulaires, il en confectionna des triangulaires. Depuis toujours, lorsque j'observe la manière dont la plupart des gens font les choses, je recherche instinctivement d'autres alternatives. Par exemple, tous mes camarades de classe s'étaient épuisés sur les devoirs d'électromagnétisme durant notre première année, j'ai donc

1. Le journal étudiant *The Daily Cal* publia mon témoignage, suivi de la mention « d'après un étudiant suédois qui vit dans la résidence et souhaite demeurer anonyme », et durant longtemps, mes amis me taquinèrent avec ces mots : « Salut Max, tu sembles si anonyme aujourd'hui ! »

demandé à notre professeur la permission de me dispenser de tout cela, contre quoi je devais subir un examen oral à la fin de la session. Pendant ce temps, je passais des heures interminables dans la bibliothèque à assouvir ma curiosité, apprenant toutes sortes de choses passionnantes en physique qu'on n'abordait pas dans les manuels – et qui me servent toujours à ce jour. Cela m'a également libéré l'esprit pour poursuivre mes recherches sur des sujets marginaux.

Pour la première fois de ma vie, je fréquentais des amis qui partageaient mon obsession pour les folles questions de la physique, et je trouvais enivrant de rester assis jusque tard dans la nuit, entouré de ces esprits fraternels délibérant sur la nature ultime de la réalité. Justin Bendich, dont l'allure hirsute me rappelait le Sammy de *Scooby-Doo*, était une source intarissable d'informations et donnait des réponses judicieuses à mes questions les plus démentes. Bill Poirier était obsédé par la théorie de l'information, et ensemble nous avons construit une amélioration sympathique, fondée sur la théorie de l'information, du principe d'incertitude de Heisenberg, ce qui nous mit dans un état de surexcitation jusqu'à ce que je trouve un article à ce sujet à la bibliothèque. Je m'imaginais être le type le plus comblé de la planète : je savais parfaitement ce que je voulais réellement, réellement faire, et j'avais la chance de pouvoir le faire.

Le multivers de niveau III

Mes nouveaux professeurs étaient également une source d'inspiration. J'ai appris la mécanique quantique de manière beaucoup plus approfondie grâce à Eugene Commins, dont l'humour teinté d'ironie égayait les tableaux débordant d'équations. Un jour, j'ai levé la main pour demander « Cela ne revient-il pas à ajouter des pommes et des poires ? » (Expression suédoise courante.) « Non, répliqua-t-il, cela revient à ajouter des pommes et des oranges. »

Même si son enseignement de cette année-là me permit d'appréhender de nombreux outils techniques utiles, il n'a jamais répondu à mes questions brûlantes sur la physique quantique. En réalité, il ne les a même pas posées, rendant extrêmement pénible cette cohabitation entre moi et elles. La mécanique quantique est-elle incohérente ? La fonction d'onde s'effondre-t-elle réellement ? Si oui, quand ? Si non, pourquoi n'observions-nous pas cette ubiquité inhérente aux choses ? Et d'où proviennent le hasard et les probabilités sous-jacentes à la mécanique quantique ?

J'avais appris qu'en 1957, un étudiant de Princeton, Hugh Everett III, avait proposé une solution complètement révolutionnaire invoquant des univers parallèles, et j'étais curieux d'en connaître les détails. Cependant, cette idée était généralement ignorée et rarement enseignée. Même si j'avais rencontré plusieurs personnes en ayant eu connaissance, aucune d'elles n'avait réellement lu la thèse de doctorat la décrivant, laquelle était oubliée dans un ouvrage alors épuisé. Tout ce que détenait notre bibliothèque n'était qu'une version résumée à grands traits, et où le concept d'univers parallèle n'était jamais explicitement mentionné. Mais en novembre 1990, mes recherches s'avérèrent fructueuses, et je mis finalement la main sur cet insaisissable livre. Sans surprise, je le découvris dans une boutique de Berkeley spécialisée dans les publications assez extrémistes, où nous trouvions également des titres tels que *The Anarchist's Cookbook* (*Le Livre de recettes anarchistes*).

La thèse d'Everett me renversa complètement. J'avais l'impression d'ouvrir les yeux pour la première fois. Tout à coup, tout me semblait clair ! Everett avait été intrigué exactement par les mêmes questions, mais au lieu d'en rester là, il est allé plus loin, explorant des solutions possibles et découvrit quelque chose d'extraordinaire. Lorsque vous avez une idée radicale, il est facile de se dire « Bien entendu, cela ne peut pas fonctionner », avant d'oublier. Mais si vous poussez un peu plus loin votre raisonnement, que vous vous demandez : « Bien, pour quelle raison exactement cela ne peut-il pas fonctionner ? » ; et que vous remarquez que vous devez irrémédiablement vous soumettre à une réponse logique implacable, alors vous êtes sur la voie d'une grande découverte.

Par conséquent, quelle était l'idée révolutionnaire d'Everett ? Elle affirme tout simplement :

La fonction d'onde ne s'effondre jamais. Jamais.

En d'autres termes, la fonction d'onde qui décrit entièrement notre Univers change simplement de manière déterministe à chaque instant, constamment gouvernée par l'équation de Schrödinger, qu'il y ait des observations ou non. L'équation de Schrödinger exerce donc sa suprématie, sans exception. Cela signifie que vous pouvez imaginer la théorie d'Everett comme une « mécanique quantique allégée » : considérez la version usuelle donnée dans les manuels de la théorie puis ôtez tout simplement le postulat relatif à la réduction du paquet d'onde et aux probabilités.

Cela me sidéra, car les rumeurs dont j'avais eu écho stipulaient qu'Everett avait conjecturé l'existence de choses parfaitement insensées comme les univers parallèles et que notre Univers devait se diviser en univers parallèles chaque fois que vous réalisiez une observation. En réalité, même aujourd'hui, la plupart de mes collègues physiciens pensent toujours que c'est ce que supposait Everett. La lecture de son ouvrage m'enseigna des choses non seulement en physique, mais également en sociologie : j'ai compris toute l'importance de prendre du recul et de vérifier ses sources par soi-même plutôt que de se fonder sur une information relayée. Il n'y a pas qu'en politique que les gens voient leurs paroles déformées, réinterprétées et dénaturées, et la thèse d'Everett est le symbole même d'une idée que tout le monde en physique prétend connaître, en première approximation, même si quasiment personne ne l'a lue[2].

Je ne pouvais tout simplement pas refermer ce livre. Sa logique était élégante : Everett ne supposait rien qui soit extravagant, mais développait implacablement les conséquences de son hypothèse ! À première vue, cela semblait trop simple pour pouvoir fonctionner. Après tout, Niels Bohr et ses collaborateurs étaient d'éminentes personnalités, et n'avaient pas inventé la réduction du paquet d'onde

2. Sa thèse fut finalement mise en ligne en 2008, et vous pouvez la consulter ici : http://www-tc.pbs.org/wgbh/nova/manyworlds/pdf/dissertation.pdf. Le concept selon lequel, dans certains cas magiques, la réalité subirait une sorte de division métaphysique en deux branches qui n'interagiraient jamais par la suite, n'est qu'une déformation de la thèse d'Everett, et est également contradictoire, son postulat avançant que la fonction d'onde ne s'effondre jamais, car des développements ultérieurs pourraient en principe faire que les branches interfèrent entre elles. Selon Everett, il n'y a, il n'y avait et il n'y aura toujours qu'une seule fonction d'onde, et seuls des calculs de décohérence (que j'expliquerai plus tard dans ce chapitre), non des postulats, peuvent nous indiquer, avec une bonne approximation, quand les deux branches n'interagissent pas.

pour rien, mais précisément pour expliquer pourquoi les expériences semblent avoir des issues déterministes. Or Everett avait réalisé quelque chose d'extraordinaire : même si les expériences ne possèdent pas d'issues déterministes, tout devait se passer *comme si* elles en avaient !

La figure 8.1 révèle un exemple de cette situation. Dans cette expérience de pensée, que j'appellerai les « cartes quantiques », vous prenez une carte dont le bord inférieur est parfaitement droit, la mettez en équilibre sur une table puis pariez 100 € qu'elle se couchera face vers le haut. Vous gardez vos yeux clos jusqu'à ce que vous entendiez la carte chuter, puis l'observez afin de savoir si vous avez gagné ou perdu votre pari. Selon la physique classique, elle devrait en principe rester éternellement en équilibre[3]. Selon l'équation de Schrödinger, elle devrait chuter au bout de quelques secondes même si vous avez fait de votre mieux pour la mettre en équilibre, car le principe d'incertitude de Heisenberg déclare qu'elle ne peut être dans une seule position (parfaitement verticale) sans se mouvoir. Du coup, puisque l'état initial vérifiait une symétrie droite-gauche, l'état final doit le faire également : cela implique que la carte chute simultanément dans les deux directions, en superposition.

Lorsque vous ouvrez les yeux pour regarder la carte, vous faites une observation. Donc selon l'interprétation de Copenhague, la fonction d'onde devrait s'effondrer et vous devriez voir la carte soit face vers le haut soit face couverte, avec 50 % de probabilité pour chaque issue. Vous

3. En pratique, cette carte instable chancellera rapidement, bien entendu, au moindre courant d'air, il serait donc préférable de considérer une carte ordinaire dont le bord inférieur est épais et d'utiliser un dispositif quantique tel que le déclencheur d'atome radioactif de Schrödinger pour la pousser d'un côté ou de l'autre.

serez alors soit en train de sourire de cette juteuse aubaine, soit en train de vous maudire pour avoir été votre dupe en dépensant de l'argent dans une expérience de physique idiote – et les lois de la physique ne peuvent prédire quelle situation se réalisera du fait de la cause aléatoire inhérente à la nature. Et selon Everett ? Eh bien, rien n'est magique au sujet de l'observation : c'est juste un processus physique comme un autre, qui se caractérise par un transfert d'information – dans cette situation, de la carte à votre cerveau. Si la fonction d'onde décrit la carte comme étant face vers le haut, vous êtes heureux, et *vice versa.* En incorporant ces idées dans l'équation de Schrödinger, nous pouvons aisément calculer avec précision ce qu'il surviendrait à la fonction d'onde : elle changerait pour décrire une superposition de deux configurations différentes des particules constituant la carte et vous – une où la carte est face vers le haut et où vous êtes ravi, et une où la face est couverte et où vous êtes déçu. Voici les trois remarques fondamentales de cette situation :

1) L'expérience place votre esprit dans deux états à la fois. C'est fondamentalement une variante non mortelle de l'expérience du chat de Schrödinger, où vous tenez le rôle du chat.
2) Chacun des deux états spirituels est parfaitement inconscient de l'existence de l'autre.
3) L'état de votre esprit devient lié à l'état de la carte, d'une façon où tout demeure cohérent. (La fonction d'onde ne décrit nullement une quelconque configuration des particules où vous percevriez la carte face vers le haut alors qu'elle est face vers le bas.)

Il est facile de démontrer que l'équation de Schrödinger maintient toujours la cohérence d'une situation telle que celle-ci. Par exemple, si votre ami sans le sou pénètre

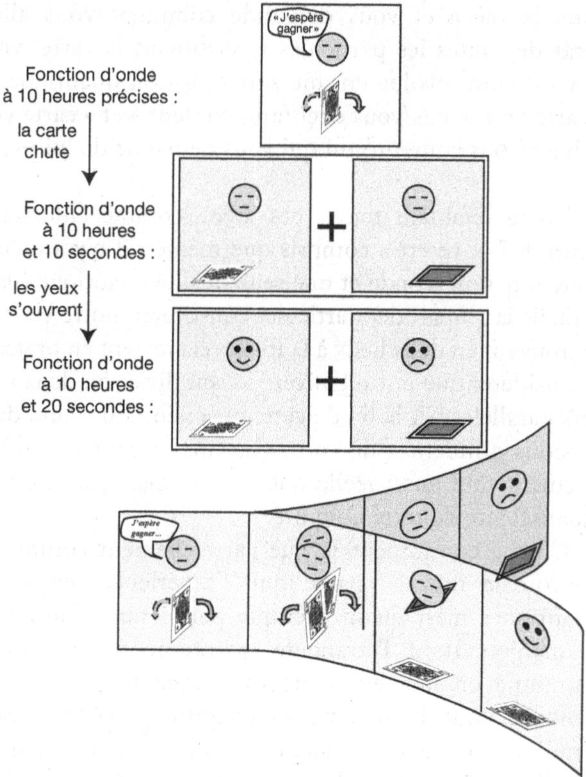

Figure 8.1 Expérience de pensée des cartes quantiques. À 10 h 00, vous mettez une carte en équilibre sur sa tranche, pariez 100 € qu'elle chutera face vers le haut puis fermez les yeux. Dix secondes plus tard, la carte est tombée à la fois vers la gauche et vers la droite en superposition quantique, donc la fonction d'onde la décrit comme étant dans les deux positions en même temps. Dix autres secondes plus tard, vous ouvrez les yeux et observez la carte, donc la fonction d'onde vous décrit comme heureux et dépité à la fois. Bien qu'il n'y ait toujours qu'une seule fonction d'onde et une seule réalité quantique (dans laquelle les particules constituant la carte et vous se trouvent simultanément dans deux positions), Everett a réalisé que cela revient en pratique à admettre que notre Univers se soit séparé en deux univers parallèles (en bas) ayant chacun une issue déterministe.

dans la pièce et vous demande comment vous allez, l'état de toutes les particules (constituant la carte, vous et votre ami) évolue en une superposition quantique de « carte vers le bas/vous déçu/ami content » et « carte vers le haut/vous content/ami qui vous demande de lui prêter de l'argent ».

En rassemblant toutes ces idées, comme l'illustre la figure 8.1, Everett a compris que même s'il n'y a qu'une seule fonction d'onde et une seule réalité quantique (dans laquelle la plupart des particules constituant notre Univers se trouvent en deux lieux à la fois), cela revient en pratique à considérer que notre Univers se soit divisé en deux univers parallèles ! À la fin de cette expérience, il y aura deux versions différentes de vous, chacune se sentant subjectivement tout aussi réelle que l'autre, mais parfaitement inconsciente de cette ubiquité.

C'est à ce moment-là que j'ai réellement commencé à avoir le tournis, parce que l'expérience des cartes quantiques n'est qu'un exemple parmi tant d'autres de la manière dont l'étrangeté quantique microscopique s'amplifie en une étrangeté quantique macroscopique. Comme nous l'avons vu au chapitre précédent, cette amplification de minuscules différences en grandes divergences survient virtuellement à chaque instant, comme lorsque l'impact d'une particule d'un rayon cosmique occasionne ou non une mutation cancérigène chez un individu, lorsque les conditions atmosphériques d'aujourd'hui évoluent ou non en un cyclone de catégorie 4 l'année suivante, ou lorsque vos neurones vous font prendre une décision. En d'autres termes, la division en univers parallèles quantiques survient constamment, rendant leur nombre proprement vertigineux. Puisque cette scission est à l'œuvre depuis notre Big Bang, toutes les versions de l'histoire que vous puissiez imaginer se sont réellement déroulées dans un univers parallèle quantique, à partir du moment où aucune d'elles ne viole une quelconque loi physique. Il y a donc considérablement plus d'univers parallèles qu'il n'y a de grains de sable dans notre Univers. Pour résumer, Everett a montré que si la fonction d'onde ne s'effondre jamais, alors la réalité familière qui est la nôtre n'est simplement que le sommet d'un iceberg ontologique, incarnant une minuscule portion de la véritable réalité quantique.

Souvenez-vous, nous avons rencontré les univers parallèles au chapitre 6, mais sous une forme différente. Pour éviter toute confusion dans cette overdose d'univers parallèles, rappelons la terminologie que nous avons définie au chapitre 6. Par *notre Univers*, nous entendons la région sphérique de l'espace de laquelle la lumière a eu le temps de nous parvenir au cours des 14 milliards d'années écoulées depuis notre Big Bang, avec ses propriétés classiques observées (où sont et quelles sont les galaxies présentes, quelle histoire relate ce livre, etc.). Au chapitre 6 également, nous avons appelé les autres régions sphériques très éloignées dans notre espace, de vaste taille ou infinie, des *univers parallèles de niveau I* ou des *univers parallèles de niveau II*, selon qu'ils aient ou non nos lois effectives de physique. Appelons les univers parallèles quantiques qu'Everett a découverts des *univers parallèles de niveau III*, et l'ensemble de tous ceux-ci le *multivers de niveau III*. Où sont ces univers parallèles ? Bien que ceux de niveau I et de niveau II soient extrêmement éloignés de notre bonne vieille région tridimensionnelle, ceux de niveau III peuvent se trouver là, juste à côté, tant que ces trois dimensions sont impliquées, mais distants de nous dans ce que les mathématiciens nomment un *espace de Hilbert*, un espace abstrait muni d'un nombre infini de dimensions, où vivent les fonctions d'onde[4].

Après avoir été démentie et très largement ignorée durant une décennie, la version d'Everett de la mécanique quantique commença à devenir populaire grâce au célèbre théoricien de la gravité quantique Bryce DeWitt, qui la baptisa l'*interprétation des mondes multiples* – une expression saisissante. Ultérieurement, lorsque j'ai rencontré Bryce, il me confia qu'il avait au premier abord critiqué Hugh Everett, disant que même s'il appréciait ses mathématiques, il était réellement contrarié par l'intuition profonde qu'il ne pouvait tout simplement pas s'imaginer constamment scindé en des versions parallèles de lui-même. Il m'annonça qu'Everett avait répliqué par une interrogation : « Peux-tu imaginer que tu gravites autour du Soleil à la vitesse de trente kilomètres par seconde ? » « Bravo ! », s'exclama Bryce, concédant avoir été immédiatement convaincu. De même que la physique classique prédit que nous virevoltons autour du Soleil sans même en avoir l'impression, Everett montrait que la physique quantique, libérée de la réduction du paquet d'onde, prédit que nous nous démultiplions sans même nous en apercevoir.

Il est parfois difficile de concilier ce que je pense avec ce que je ressens. Nous sommes en mai 1999, et j'attends que la cigogne apporte mon premier fils. Je suis anxieux, espérant que la livraison se passe comme prévu. Or dans le même temps, mes calculs de physique m'ont convaincu que cela devait se terminer à la fois bien et mal, dans des univers parallèles distincts. Donc, dans ce cas, à quoi

4. La fonction d'onde correspond à un unique point de cet espace de dimension infinie, et l'équation de Schrödinger stipule que ce point orbite autour du centre de cet espace, à une distance fixe.

bon espérer ? Peut-être veux-je dire que j'espère que tout cela se terminera dans un de ces univers parallèles où les choses se passent comme prévu ? Non, c'est absurde, car je me trouverai dans tous ces univers parallèles, débordant de joie dans certains et affligé dans d'autres. Soit. Peut-être veux-je dire que j'espère que la livraison se passe bien dans la plupart des univers parallèles ? Non, c'est également absurde, car le pourcentage où les choses se passent bien peut en principe être calculé grâce à l'équation de Schrödinger, et il est illogique de fonder des espoirs sur quelque chose qui est prédéterminé. Or, apparemment – et peut-être heureusement –, mes émotions ne répondaient à aucune logique.

L'illusion du hasard

Les questions abondaient dans mon esprit. Nous savons fort bien que si l'on répète une expérience quantique plusieurs fois, on obtient typiquement des résultats différents distribués au hasard : par exemple, vous pouvez mesurer le sens du spin de nombreux atomes préparés de manière identique et vous obtiendrez une succession apparemment aléatoire de résultats – disons « horaire », « antihoraire », « horaire », « horaire », « antihoraire », etc. La mécanique quantique ne prédira pas l'issue, mais simplement la probabilité des différentes issues. Or cette question de probabilité est entièrement liée au postulat de réduction du paquet d'onde de l'interprétation de Copenhague, donc puisque Everett l'avait ôté, comment la mécanique quantique pouvait-elle introduire du hasard ? Il n'y a rien d'aléatoire concernant l'équation de Schrödinger : si vous connaissez en ce moment la fonction d'onde de notre Univers, elle pourra en principe vous permettre de prévoir quelle sera la fonction d'onde à n'importe quel instant du futur.

À l'automne 1991, je m'inscrivis à un cours inhabituel sur l'interprétation de la mécanique quantique qui était donné par un étudiant en fin d'études, Andy Elby. Il se trouvait que son dortoir jouxtait celui de mon amie, et sa porte était ornée de conseils utiles tels que « Comment paresser facilement en 7 étapes ». Comme moi, il était extrêmement intéressé par la signification réelle de la mécanique quantique, et afin d'agrémenter son cours, il me laissa donner deux conférences sur les travaux d'Everett. C'était un rite initiatique excitant pour moi, car c'était la première fois que je donnais une conférence de physique, et j'ai passé beaucoup de temps à expliquer comment Everett rendait compte du hasard. En premier lieu, si vous réalisez l'expérience des cartes quantiques (figure 8.1), les deux copies ultérieures de vous (chacune effectivement dans un univers parallèle distinct) observeront un résultat déterminé. Elles auront toutes deux l'impression que cette issue est aléatoire au sens où il n'existe aucun moyen de la prédire : pour tout résultat possible, le résultat opposé se produit également dans un univers tout aussi réel. Maintenant, *quid* des probabilités – d'où émergent-elles ? Si vous répétez cette expérience avec quatre cartes, il y aura $2^4 = 16$ combinaisons possibles (figure 8.2), et dans la majeure partie des cas, il vous semblera que les reines apparaissent aléatoirement, avec à peu près 50 % de probabilité. Dans deux des seize cas possibles seulement vous obtiendrez quatre fois le même résultat. À mesure que vous répéterez (maintes et maintes fois) l'expérience, les choses commenceront à devenir intéressantes. En vertu d'un théorème de 1909 du mathématicien français Émile Borel, si vous réitérez l'expérience des cartes un nombre infini de fois, vous observerez des reines durant 50 % du temps dans presque toutes les situations (sauf celles que les

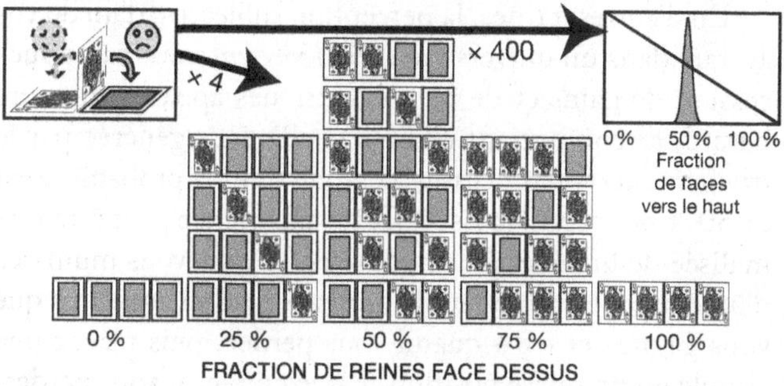

Figure 8.2 Origine des probabilités quantiques. Selon la physique quantique, une carte en équilibre parfait sur sa tranche chutera de façon symétrique dans les deux directions à la fois, dans ce que l'on appelle une superposition. Si vous pariez de l'argent sur le fait que la reine atterrisse face vers le haut, l'état du monde deviendra une superposition de deux issues : une où vous souriez et la reine est découverte et une où vous êtes déçu et la reine est couverte. Dans chaque situation, vous n'avez pas conscience de l'autre résultat et avez l'impression que la carte a chuté au hasard. Si vous répétez cette expérience avec quatre cartes, il y aura 2 × 2 × 2 × 2 = 16 issues (voir la figure). Dans la plupart de ces cas, il vous semblera que les reines apparaissent aléatoirement, avec environ 50 % de probabilité. Seuls dans deux des seize cas possibles vous obtiendrez quatre fois le même résultat. Si vous répétez 400 fois l'expérience, la majeure partie des 2^{400} combinaisons possibles ont environ 50 % de reines face dessus. Selon un célèbre théorème, vous observerez des reines dans 50 % du temps, avec une quasi-certitude, dans la limite où vous renouvelez cette expérience de cartes un nombre infini de fois. Presque toutes les copies de vous dans la superposition finale concluront par conséquent que les lois de probabilité s'appliquent même si la physique sous-jacente n'est pas aléatoire et, comme l'avait affirmé Einstein, « Dieu ne joue pas aux dés ».

mathématiciens nomment un ensemble de mesure nulle). Presque toutes les copies de vous-même dans la superposition finale, concluront par conséquent que les lois de probabilité s'appliquent même si la physique sous-jacente (l'équation de Schrödinger) n'est nullement aléatoire.

En d'autres termes, la perception subjective d'un de vos avatars dans un univers parallèle *représentatif* est une succession de gains et de pertes distribués apparemment au hasard, se comportant comme si elle était générée par le truchement d'un processus aléatoire dont la probabilité est de 50 % pour chaque issue. Cette expérience peut être formalisée de manière plus rigoureuse si vous vous munissez d'un crayon et d'une feuille, notez « 1 » à chaque fois que vous gagnez et « 0 » quand vous perdez, puis placez une virgule en première position. Par exemple, si vous perdez, perdez, gagnez, perdez, gagnez, gagnez, gagnez, perdez, perdez et gagnez, vous écririez « ,0010111001 ». Or c'est tout simplement ce à quoi ressemblent les nombres réels situés entre zéro et un lorsqu'ils sont écrits en binaire, comme le font généralement les ordinateurs sur les disques durs ! Si vous vous imaginez répéter l'expérience des cartes quantiques un nombre infini de fois, votre feuille contiendra une infinité de chiffres, de sorte que vous pourriez faire correspondre chaque univers parallèle à un nombre situé entre zéro et un. Maintenant, ce que démontre le théorème de Borel, c'est que la quasi-totalité de ces nombres possèdent 50 % de leurs chiffres décimaux égaux à 0 et 50 % à 1, donc tout ceci signifie que vous gagnez 50 % du temps et perdez 50 % du temps dans presque tous les univers parallèles[5].

5. Il est intéressant de noter que le théorème de Borel suscita une vive émotion chez de nombreux mathématiciens de l'époque, dont certains considéraient même le concept de probabilité comme trop philosophique pour être qualifié de mathématiquement rigoureux. D'un seul coup, Borel les confrontait à un théorème au cœur des mathématiques classiques, pouvant être réinterprété en termes de probabilités même si ce théorème n'en faisait lui-même jamais mention. Incontestablement, Borel aurait été ravi de savoir que ses travaux révélaient l'émergence des probabilités, *de*

Tout n'est pas uniquement une question de pourcentages. Le nombre « ,010101010101... » possède 50 % de chiffres 0, mais est clairement non aléatoire, car il révèle une régularité élémentaire. Le théorème de Borel peut être généralisé pour montrer que presque tous les nombres possèdent une succession apparemment aléatoire de chiffres, n'exhibant aucune sorte de régularité. Cela signifie que dans la majeure partie des univers parallèles de niveau III, votre succession de gains et de pertes sera également totalement aléatoire, sans aucun motif répétitif, de sorte que tout ce qui puisse être prédit est que vous gagnerez 50 % du temps.

En réalité, ce qui m'a progressivement frappé, c'est que cette illusion du hasard n'est pas du tout spécifique à la mécanique quantique. Supposez qu'une certaine technologie future permette de vous cloner pendant que vous dormiez, et que vos deux copies soient placées dans des chambres numérotées 0 et 1 (figure 8.3). Lorsqu'elles se réveilleront, elles s'imagineront toutes deux que le numéro de chambre qu'elles lisent est complètement imprévisible et aléatoire. Si à l'avenir il vous devient possible de transférer votre intelligence dans un ordinateur, alors ce que j'affirme là paraîtra parfaitement évident et intuitif pour vous, car vous cloner sera aussi facile que de réaliser une copie de votre conscience. Si vous répétez l'expérience du clonage de la figure 8.3 de nombreuses fois, puis inscrivez votre numéro de chambre à chaque fois, vous découvrirez que, dans la majorité des cas, la succession de 0 et de 1 semble aléatoire, et que les zéros apparaissent dans 50 % du temps environ.

---

façon inattendue, non seulement en mathématiques, mais également en physique.

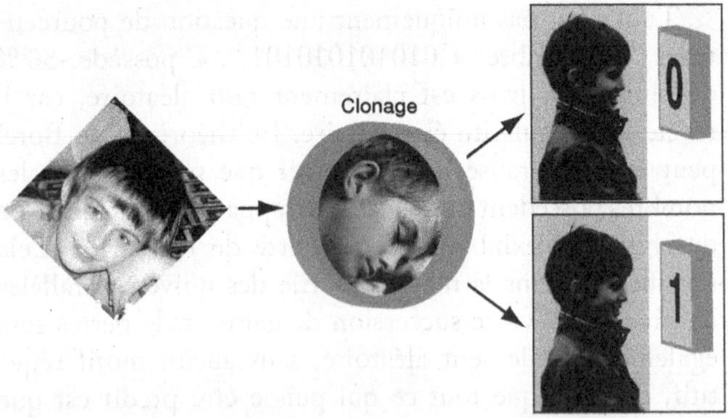

Figure 8.3 L'illusion du hasard survient à chaque fois que vous êtes cloné, donc il n'y a absolument rien de spécifique à la mécanique quantique. Si une certaine technologie future permet à mon fils Philip d'être cloné dans son sommeil, et que ses deux copies soient placées dans des chambres numérotées 0 et 1, alors elles penseront toutes deux que le numéro qu'elles lisent au réveil est complètement imprévisible et aléatoire.

En d'autres termes, la physique causale produira l'illusion du hasard selon votre point de vue subjectif dans toutes les circonstances où vous aurez été cloné. La raison fondamentale expliquant que la mécanique quantique paraît aléatoire même si la fonction d'onde évolue de façon déterministe est que l'équation de Schrödinger peut faire évoluer une fonction d'onde où vous êtes unique en une où vous avez des clones dans des univers parallèles.

Donc comment sont-elles lorsque vous êtes cloné ? Elles sont aléatoires ! Et chaque fois que quelque chose semble se dérouler de manière fondamentalement aléatoire, et que vous ne puissiez la prédire même en principe, c'est un signe que vous avez été cloné.

L'œuvre de Hugh Everett est toujours controversée, mais je suis persuadé qu'il avait raison et que la fonction d'onde ne s'effondre jamais. Je pense également qu'il sera un jour reconnu comme un génie au même titre que Newton et Einstein – du moins dans la majorité des univers parallèles. Malheureusement, dans notre univers particulier, son travail a été presque complètement discrédité et ignoré durant plus d'une décennie. Il ne décrocha jamais de poste en physique, devint plutôt âpre et solitaire, fumait et buvait avec excès, puis décéda précocement d'une attaque cardiaque en 1982. J'ai appris beaucoup de choses sur lui récemment car j'ai pu rencontrer son fils, Mark, à la première d'un documentaire télévisé intitulé *Parallel Worlds, Parallel Lives.* Le producteur attendait de moi que je lui explique la théorie de son père, et j'en fus ravi et honoré : alors que je furetais dans cette boutique de Berkeley, je n'aurais jamais songé, même dans mes rêves les plus fous, que j'allais un jour établir un contact personnel avec l'un de mes superhéros préférés en physique. Mark est une star du rock, et si vous avez vu *Shrek*, vous l'avez déjà entendu chanter. Le destin de son père a réellement tourmenté sa famille, et vous pouvez l'entendre dans plusieurs de ses chansons. Mark et sa sœur n'avaient pratiquement aucun contact avec leur père, bien qu'ils vécussent sous le même toit. Sa sœur se suicida, laissant un mot précisant qu'elle s'en allait rejoindre son père dans un univers parallèle.

Puisque je pense que les univers parallèles de Hugh Everett sont réels, je ne peux m'empêcher d'imaginer à quoi ils ressemblent. Dans notre Univers, il fut rejeté du département de physique de Princeton pour ses études supérieures, alla au département de mathématiques puis se transféra à celui de physique un an plus tard. Du fait de ce temps limité, son œuvre quantique n'en resta qu'à l'état d'ébauche. Dans de nombreux

Figure 8.4 Mark, star du rock et fils de Hugh Everett, méditant avec moi sur la théorie de son père en 2007.

autres univers, je pense qu'il fut directement admis au département de physique de Princeton et eut le temps initialement de poser ses jalons dans une recherche plus conventionnelle, rendant ses idées quantiques ultérieures difficiles à ignorer. Cela le propulsa vers une destinée semblable à celle d'Einstein, dont la théorie de la relativité restreinte avait également rencontré un scepticisme général au départ (particulièrement de la part d'un type travaillant en dehors du cercle académique, comme agent aux brevets), mais ne pouvait être ignorée car Einstein s'était déjà fait une renommée grâce à ses précédentes découvertes. De même qu'Einstein intégra l'université puis allait découvrir la relativité générale, Everett bénéficia de la pérennité d'une chaire de professeur et fit d'autres découvertes révolutionnaires aussi remarquables que la première – ah ! Je me demande ce qu'il aurait révélé…

Je pense qu'Everett aurait été ravi de participer à une réunion informelle vers la fin du mois d'août 2001, dans le hall Martin Rees à Cambridge, où s'étaient rassemblés plusieurs des plus éminents physiciens du monde sur le thème des univers parallèles. À mon sens, c'était la première fois que les univers parallèles devenaient scientifiquement respectables (tout en demeurant controversés). Je pense que de nombreux participants cessèrent de se sentir coupables et embarrassés pour avoir montré un tel intérêt dès qu'ils virent qui était également présent, disant non sans humour des choses telles que : « Mais… que faites-vous à une rencontre aussi douteuse ? » Au cours d'une longue et intense discussion sur les univers parallèles, j'ai soudainement réalisé qu'une partie du désaccord provenait simplement d'une mauvaise compréhension, enracinée dans l'usage des mots : plusieurs personnes employaient l'expression *univers parallèle* pour se référer à des idées complètement différentes ! *Attendez*, pensais-je, *il y en a deux – non trois – types différents ! Non, quatre !* Après avoir médité là-dessus, je levai la main puis proposai la classification du multivers de niveau IV que j'emploie dans ce livre.

La brillante thèse d'Everett laissait une question importante ouverte : si un gros objet peut réellement se trouver en deux endroits à la fois, pourquoi ne l'observions-nous pas ? Certes, si vous mesurez sa position, les deux copies de vous dans les deux univers parallèles résultants le trouveront chacune en une position déterminée. Or cette réponse s'avère ne pas être suffisante, parce que des expériences méticuleuses ont démontré que les gros objets ne se comportent *jamais* comme s'ils étaient simultanément en deux endroits, même si vous ne les observez pas. En particulier, ils n'exhibent jamais de propriétés ondulatoires produisant ce que l'on appelle des franges d'interférence quantiques. Non seulement la thèse d'Everett ne répond pas à cette énigme, mais mon livre ne délivre également aucune réponse.

Censure quantique

Mon dieu ! Cela fonctionne ! C'est la fin du mois de novembre 1991 à Berkeley, il fait sombre dehors, et je suis chez moi, griffonnant frénétiquement des symboles mathématiques sur une feuille de papier posée sur mon bureau. Je sens pour la première fois une intense vague d'excitation m'envahir. Magnifique. Se peut-il réellement que, moi, une personne insignifiante, je vienne de découvrir une chose aussi importante ? Il fallait le croire.

Je pense, comme souvent en science, que le plus dur n'est pas de découvrir la bonne réponse, mais de poser la bonne question. Si vous êtes confronté à une question de physique réellement intéressante et bien posée, alors vous pouvez poursuivre de façon indépendante, vous demandant instinctivement quels calculs vous devez effectuer pour y répondre, et tout le reste découle mécaniquement : même si les développements mathématiques peuvent prendre des heures ou des jours, cela revient quasiment au même que de tirer sur une canne à pêche pour voir ce qu'il y a au bout. Je venais tout simplement de répondre à l'une de ces questions fascinantes.

J'avais appris que toute la question de la réduction du paquet d'onde pouvait être élégamment résumée de façon mathématique sous la forme d'un tableau de nombres, appelé *matrice densité* dans le jargon de la physique quantique, encodant non seulement l'état d'une chose (sa fonction d'onde), mais également ma connaissance probablement incomplète de ce qu'est la fonction d'onde[6].

6. La matrice densité est une généralisation de la fonction d'onde. Pour chaque fonction d'onde, il existe une matrice densité correspondante, et il y a une équation de Schrödinger associée aux matrices densité. Si vous êtes un lecteur féru de mathématiques et imaginez la fonction d'onde Ψ comme un nombre complexe Ψ_i pour chaque état i possible, alors la

Par exemple, si un objet peut se trouver en deux endroits distincts seulement, la connaissance que j'en ai peut être décrite par un tableau 2 × 2 de nombres, comme dans ces deux exemples :

$$\begin{pmatrix} 0{,}5 & 0{,}5 \\ 0{,}5 & 0{,}5 \end{pmatrix} = \text{« \textit{Il est ici et là en même temps.} »}$$

$$\begin{pmatrix} 0{,}5 & 0 \\ 0 & 0{,}5 \end{pmatrix} = \text{« \textit{Il est ici ou là – je ne sais pas où.} »}$$

Dans les deux situations, la probabilité que je le trouve en une position ou l'autre est de 0,5, et est représentée par les deux nombres de la diagonale principale de chaque matrice (le 0,5 du coin supérieur gauche et le 0,5 du coin inférieur droit). Les deux autres nombres de chaque tableau, « les éléments non-diagonaux de la matrice densité » comme on les appelle dans notre jargon, encodent la différence entre l'incertitude quantique et classique : lorsqu'ils sont aussi égaux à 0,5, nous avons une superposition quantique devant nous (le chat de Schrödinger est mort et vivant, par exemple), mais lorsqu'ils sont nuls, nous sommes effectivement en présence de la bonne vieille incertitude classique, comme lorsque je ne me souviens plus où j'ai rangé mes clés. Donc si vous parvenez à remplacer ces nombres non-diagonaux par des zéros, vous avez substitué le *ou* au *et*, et réduit le paquet d'onde !

Comme nous l'avons vu au chapitre précédent, l'interprétation de Copenhague de la mécanique quantique stipule que si votre amie observe l'objet sans vous communiquer

matrice densité correspondante est $\rho_{ij} = \Psi_i \Psi_j^*$, où l'astérisque représente le conjugué complexe. Si vous ne connaissez pas la fonction d'onde d'un objet, mais uniquement la probabilité qu'il ait certaines fonctions d'onde particulières, alors vous devez utiliser la matrice densité résultant de la moyenne pondérée des matrices densité correspondant à ces fonctions d'onde.

son résultat, alors elle réduit le paquet d'onde de sorte que l'objet est ici ou là, mais vous ne savez pas où. En d'autres termes, cette interprétation affirme qu'une observation se débrouille pour rendre nuls les éléments non-diagonaux. Je me suis demandé s'il pouvait y avoir un certain processus physique moins mystérieux produisant le même résultat. Si vous avez un système isolé qui n'interagit avec rien, il est aisé de démontrer, avec l'équation de Schrödinger, que ces damnés nombres ne pourront jamais s'annuler. Or les systèmes réels ne sont presque jamais isolés, et je me suis demandé quel effet cela aurait. Par exemple, à mesure que vous lisez cette phrase, des molécules d'air et des photons vous heurtent en permanence. Donc si une chose se trouve simultanément en deux positions, qu'advient-il au tableau 2 × 2 des nombres la décrivant lorsqu'une autre chose vient interagir avec elle ?

C'était l'une de ces magnifiques questions, dont la réponse coule de source mécaniquement. J'ai simplement considéré l'objet et la particule incidente comme un unique système isolé, puis tiré parti de l'équation de Schrödinger pour calculer ce qu'il devait se passer. Deux heures plus tard, j'étais assis, là, devant ces pages remplies d'écritures mathématiques, haletant : les éléments non-diagonaux s'approchaient dangereusement de zéro, comme si la fonction d'onde venait de s'effondrer ! Elle ne s'était pas *réellement* effondrée, bien entendu, et ces univers parallèles étaient toujours bel et bien présents, mais il y avait là un effet inédit qui ressemblait à la réduction du paquet d'onde, en avait l'odeur, et, comme l'aurait fait une authentique réduction du paquet d'onde, rendait impossible l'observation de l'objet en deux lieux à la fois. Ainsi, l'étrangeté quantique ne s'était pas évanouie, elle était simplement censurée !

J'ai conclu que la mécanique quantique possède sa propre intimité : un objet ne peut être localisé en deux positions simultanées, dans une superposition quantique, que si cette localisation demeure secrète au reste du monde. Si l'intimité est violée, tous les effets de super-position quantique deviennent inobservables, comme si, de manière pratique, l'objet se trouvait ici ou là sans que vous sachiez où. Si un expérimentateur mesure la position puis la note, l'information est manifestement dévoilée. Or même si un unique photon rebondit sur l'objet, l'information sur sa localisation est révélée : elle est encodée dans la position ultérieure du photon. Comme l'illustre la figure 8.5, une nanoseconde plus tard, le photon sera en deux endroits complètement différents selon la position de l'objet, de sorte qu'en mesurant où se trouve le photon, vous savez où se trouve le miroir.

Au début du chapitre précédent, je me demandais s'il fallait un observateur humain pour réduire le paquet

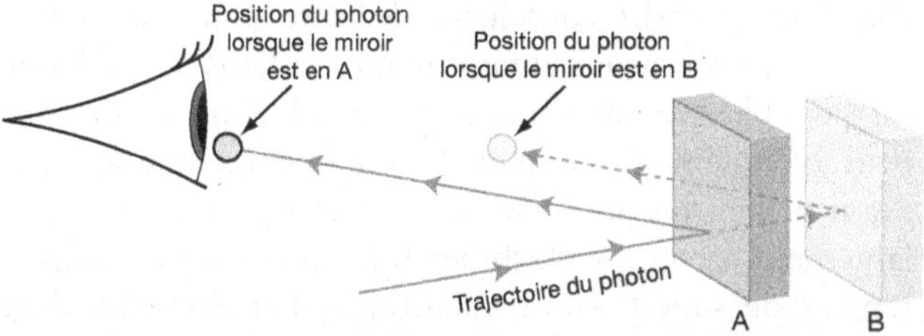

Figure 8.5 Si vous prenez une photo avec flash dans une pièce sombre, les photons regagnant votre appareil photo emportent l'information sur la composition de la pièce. La figure révèle comment un unique photon peut « mesurer » les choses : après qu'il ait rebondi sur un miroir, il contient l'information sur la localisation du miroir dans sa propre position. Si le miroir est à la fois en A et en B, dans une superposition quantique, alors il importe peu de savoir qui de l'être humain ou du photon découvrira où il se trouve : dans les deux cas, la superposition quantique est effectivement détruite.

d'onde, ou si un robot pouvait suffire. J'étais désormais convaincu que la conscience n'a rien à voir avec cela, car même une unique particule peut y parvenir : un unique photon rebondissant sur un objet a le même effet qu'une personne qui l'observe. J'ai réalisé que l'observation quantique n'est pas relative à la conscience, mais simplement au transfert d'information. Finalement, j'ai compris pourquoi nous n'observons jamais d'objets macroscopiques simultanément en deux positions, même s'ils le sont : ce n'est pas parce qu'ils sont gros, mais parce qu'ils sont difficiles à isoler ! Une boule de bowling en plein air est frappée par environ 10^{20} photons et 10^{27} molécules d'air chaque seconde. Il m'est par définition impossible d'observer quelque chose sans la faire interagir avec un photon, car je ne peux la voir que lorsque des photons (de la lumière) rebondissent sur elle, donc une boule de bowling qui est simultanément en deux positions verra sa superposition quantique anéantie bien avant que j'aie la chance de prendre conscience de cette situation. À l'inverse, si vous évacuez autant de molécules d'air qu'il vous est possible avec une bonne pompe à vide, un électron peut typiquement survivre durant environ une seconde avant de heurter quoi que ce soit d'autre, ce qui lui laisse largement le temps d'exhiber un sympathique comportement de superposition quantique. Par exemple, il lui faut seulement un billiardième de seconde (environ 10^{-15} seconde) pour faire le tour d'un atome, il n'y aura donc quasiment aucun effet sur sa faculté d'être dans tous les coins de l'atome en même temps.

Qui plus est, si une molécule d'air rebondit sur une boule de bowling et emporte l'information sur la localisation de la boule dans sa propre position (comme dans la figure 8.5), cette molécule entrera rapidement en collision avec de nombreuses autres molécules, lesquelles obtiendront également ce renseignement. C'est un peu comme lorsqu'une information est donnée en ligne sur le site de *Wikileaks* : elle est copiée, puis les copies sont copiées, et finalement la révélation fait tache d'huile, au point qu'il est pratiquement impossible de rendre cette information à nouveau secrète. Or si vous n'y parvenez pas, la superposition quantique ne peut être réhabilitée. Je comprenais désormais pourquoi les univers parallèles de niveau III demeurent parallèles !

Je pensais être dans une bonne passe cette nuit-là. J'avais également approfondi quantitativement cette question en détail. Par exemple, les choses peuvent avoir non seulement deux positions, mais de nombreuses autres, et j'avais également étudié cette situation, comme l'illustre la figure 8.6. Sur le fond, j'avais découvert qu'un photon détruit majoritairement la superposition quantique, mais en laisse une toute petite partie intacte : une superposition aussi grande que sa longueur d'onde seulement. Un photon de 0,0005 millimètre de longueur d'onde agit principalement comme un observateur pouvant mesurer la position d'une chose à la précision de 0,0005 millimètre, pas moins. Nous avons vu au chapitre précédent que *toutes* les particules ont un comportement ondulatoire et possèdent une longueur d'onde, or j'ai démontré que lorsqu'une quelconque particule interagit avec quelque chose, les superpositions quantiques plus grandes que sa longueur d'onde sont détruites.

Depuis des années, je savais que j'aimais la physique et que je souhaitais y consacrer ma vie. Mais je m'étais toujours demandé si j'avais potentiellement la capacité à la faire avancer, et non seulement à l'apprendre et à la promouvoir de façon marginale. Cette nuit-là, comme je décidai

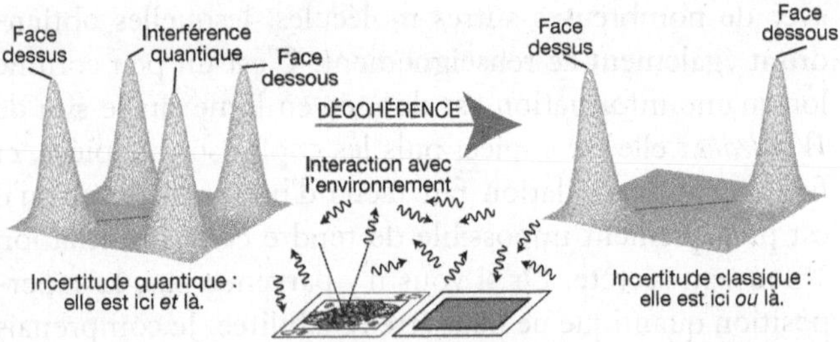

Figure 8.6 Votre connaissance de la position de la carte tombée peut être décrite par ce que nous appelons une matrice densité, pouvant être représentée comme une surface bosselée, ainsi que l'illustre la figure. La hauteur de la surface le long de la diagonale principale (pointillés) donne la probabilité de trouver la carte en divers endroits, tandis que celle des autres points de la surface détermine, *grosso modo*, la quantité d'étrangeté quantique, dans quelle mesure la carte recèle un don d'ubiquité. La matrice densité de gauche correspond au fait que la carte se trouve à la fois dans les deux états comme indiqué en dessous, en superposition quantique, ainsi que le révèlent les deux pics intitulés « interférence quantique ». Dès qu'un photon rebondit sur la carte, la décohérence élimine ces deux pics, produisant la matrice densité de droite qui correspond à la situation où la carte est effectivement dans l'une ou l'autre des positions, mais vous ne savez pas laquelle. La légère élévation des pics correspond à un certain reliquat d'incertitude quantique entre les positions face dessus et face dessous.

finalement de me laisser emporter par le sommeil, pour la première fois de ma vie je songeai : *oui, je peux le faire !* Ma découverte sera-t-elle baptisée l'« effet Tegmark » ? Je savais que quoi qu'il se passe par la suite, je n'oublierais jamais l'effervescence de cette soirée. Je me sentais si heureux d'avoir pu saisir toutes ces opportunités et d'avoir pu rencontrer tous ces gens formidables dans cette grande aventure de la science. Il me semblait que c'était presque trop beau pour être vrai. Ça l'était effectivement…

Deux semaines plus tard, j'avais développé mes calculs dans une première épreuve d'article que j'avais intitulée

« Réduction apparente du paquet d'onde provoquée par la diffusion », *diffusion* étant un terme technique utilisé pour décrire le comportement de particules interagissant avec la matière. C'était la toute première fois que j'écrivais un article devant être publié, et j'avais l'impression de redevenir le petit garçon que j'avais été un soir du réveillon de Noël. Mon écriture de gaucher avait toujours été affreuse (chaque devoir réalisé à l'école me revenait avec des commentaires du style « Soigne ton écriture ! »), et il était excitant de voir mon griffonnage illisible se transformer en équations magnifiquement mises en page. En même temps, il était amusant de voir à quel point j'étais angoissé par le fait que quelqu'un ait déjà découvert mon résultat sans que je le sache. J'imaginais qu'une chose aussi importante, si elle avait été connue, aurait été mentionnée dans les manuels et que j'en aurais eu connaissance dans mes cours avancés de physique quantique, mais je demeurais néanmoins terrifié chaque fois que je consultais une référence suspecte durant ma recherche bibliographique. Jusque-là, tout allait bien…

Afin d'anticiper mes débuts d'auteur, j'allai même plus loin et changeai mon nom de famille, remplaçant *Shapiro* (mon nom paternel) par *Tegmark* (mon nom maternel), pour avoir une consonance plus originale. J'avais une affection particulière pour le nom *Shapiro* lorsque je vivais en Suède, car il était plutôt insolite : nous étions la seule famille de tout le pays à porter ce nom. À mon désarroi, j'ai découvert qu'il est aussi unique dans une académie internationale qu'*Andersson* l'est chez nous. Lorsque je fis une recherche dans la base de données des articles de physique contenant « M. Shapiro », j'obtins des milliers de réponses, le comble pour moi. Il y avait même trois M. Shapiro dans mon propre département de physique de Berkeley, dont l'un (Marjorie) m'enseignait la physique des particules ! À l'inverse, autant que je le sache, ma mère et sa famille sont les seuls Tegmark de la planète. J'étais également préoccupé par le fait que mon père risquait de prendre ce changement de nom comme une sorte de rejet paternel, mais lorsque je lui ai demandé son avis, il m'assura qu'il ne prêtait guère d'intérêt à la célèbre sentence de Shakespeare : « Qu'y a-t-il dans un nom ? »

Les joies d'être publié

Un mois ne s'était pas écoulé quand, après être revenu de mes vacances de Noël dans ma Suède natale, j'allais soumettre l'article, puis tout s'écroula. Tant de temps. Tant d'enthousiasme. Tant de ferveur. Tant d'excitation. Tant d'espoirs. Et *patatras* ! En quelques minutes, tout partait en fumée. Qui avait allumé la mèche ? En vérité Andy Elby, en m'informant qu'un physicien polonais du nom de Wojciech Zurek était déjà parvenu au même résultat. Fini l'effet Tegmark – celui-ci avait déjà un nom : la *décohérence*. En réalité, j'appris peu de temps après que le physicien allemand Dieter Zeh avait déjà découvert cet effet en 1970.

Au premier abord, cela me fit de la peine, comme à chaque fois que j'apprenais une mauvaise nouvelle. Puis je me mis à en plaisanter avec mes amis Wayne, Justin et Ted. Je regagnai alors mon domicile, sans m'apercevoir que j'étais réellement déprimé, puis entrai dans une stupide dispute avec mon amie à propos d'un fait parfaitement futile : elle avait préparé juste assez de riz pour elle et son amie, me laissant à la place du riz froid tiré du frigo. Je me sentis brusquement si triste que je voulais pleurer, chose que je ne parvins même pas à faire.

Progressivement, j'ai radicalement modifié mon attachement au fait d'être publié. Premièrement, la principale raison pour laquelle j'exerce en science est que j'adore découvrir des choses, et il est toujours aussi exaltant de redécouvrir quelque chose que d'être le premier à le faire – car au moment de la découverte, vous ne savez pas dans quelle situation vous vous trouvez. Deuxièmement, puisque je suis persuadé qu'il existe d'autres civilisations plus avancées que la nôtre – dans des univers parallèles si ce n'est dans le nôtre – *tout* ce que nous dévoilons ici, sur notre planète, n'est qu'une redécouverte, ce qui toutefois ne rabaisse en rien le plaisir de découvrir. Troisièmement, lorsque vous découvrez quelque chose vous-même, vous l'appréhendez et l'appréciez certainement de manière beaucoup plus profonde. En examinant l'histoire, j'ai également réalisé que de nombreuses révélations capitales en science ont été maintes fois redécouvertes – lorsque les bonnes questions sont dans l'air du temps et que les outils pour les aborder sont disponibles, de nombreuses personnes trouvent naturellement et indépendamment les mêmes réponses. En cours de mécanique quantique, je me souviens de la boutade d'Eugene Commins : « On l'appelle l'équation de Klein-Gordon parce qu'elle a été découverte par Schrödinger. »

Depuis, j'ai redécouvert de nombreuses autres choses, et tout ce que vous faites, généralement, n'est que redécouvrir les choses élémentaires puis explorer quelques détails intéressants que les autres n'avaient pas remarqués et *vice versa*, de sorte que vous puissiez toujours publier un article reconnaissant le travail antérieur effectué tout en ajoutant une certaine nouveauté. Cette fois, c'était presque perdu d'avance : j'avais dressé une liste des dix sources naturelles de décohérence les plus importantes, des substances ordinaires telles que l'air et la lumière du jour aux phénomènes imparables tels que la radioactivité naturelle et les neutrinos du fond provenant du Soleil – et j'ai alors découvert un magnifique article de Zeh et son étudiant Erich Joos, paru six ans auparavant, exhibant un tableau virtuellement identique. J'eus cependant suffisamment de matière originale dans mon article (http://arxiv.org/pdf/gr-qc/9310032.pdf) pour parvenir à le publier dans une revue moins prestigieuse, mais si j'avais espéré débuter ma carrière par un grand éclat, cela ressemblait plutôt à un *fiasco* total.

Rétrospectivement, la découverte la plus cocasse que j'aie pu faire n'est pas celle-ci, mais une autre datant de 1995, lorsque j'avais inventé une technique de mesure de l'état quantique (la fonction d'onde ou la matrice densité) d'une particule. Je n'oublierai jamais comment les bras m'en sont tombés, cette nuit-là, alors que j'étais sur le point de la soumettre : je me tenais là, comme un imbécile, fixant des yeux un article, dans la bibliothèque déserte : ces types m'avaient non seulement devancé, mais ils avaient élaboré une figure réellement soignée et pédagogique qui était foncièrement identique à mon graphique, et avaient inventé exactement la même désignation ésotérique que j'avais trouvée pour ma technique : la *tomographie en espace des phases*. Je ne pouvais que dire « HURF ! » – un mot particulier que mon frère Per et moi avions forgé pour insister sur l'effet de surprise instantanée.

J'ai finalement rencontré nombre de ces compétiteurs intimidants, et découvert qu'ils étaient tous des gens réellement formidables. Zeh et Zurek m'envoyèrent tous deux des courriels encourageants sur mon travail, tout en m'invitant à leur rendre visite et à donner des conférences. En 2004, j'ai rencontré Wojciech Zurek à Los Alamos et découvert l'un des privilèges les plus délicieux d'être scientifique : vous êtes invité à visiter des lieux exotiques où vous avez tout le loisir de discuter avec des gens fascinants – et vous appelez cela « travailler » ! On vous offre même votre billet de voyage ! Wojciech Zurek possède une chevelure drue et bouclée, et une lueur espiègle dans le regard, révélatrice de son goût pour l'aventure tant dans la recherche que dans les loisirs. Une fois, il me persuada de grimper sous un rocher qui surplombe la zone accidentée jouxtant les puissantes cascades de Gullfoss en Islande, puis de pénétrer à un mètre dans la chute d'eau – lorsque la cascade changea brutalement de direction, je me suis demandé combien d'univers parallèles avaient tout simplement perdu deux théoriciens de la décohérence au cours d'un tragique accident. Lorsque j'ai rencontré Dieter Zeh et son groupe à Heidelberg en 1996, j'ai été surpris du peu de reconnaissance dont il avait bénéficié pour sa découverte extrêmement importante sur la décohérence. En réalité, la plupart de ses collègues du département de physique de Heidelberg, vexés, avaient reproché à son travail d'être trop philosophique, bien que leur département fût précisément situé dans la « rue du Philosophe ». Il faisait ses réunions d'équipe dans une église, et je fus étonné d'apprendre que le seul financement qu'il avait pu obtenir afin de pouvoir écrire le tout premier livre sur la décohérence lui avait été gracieusement accordé par l'Église luthérienne d'Allemagne.

Tout cela me ramena à la juste raison que Hugh Everett n'était pas une exception : l'étude des fondements de la physique n'est pas une voie menant directement à la gloire et à la renommée. C'est comme dans les arts : la principale motivation provient de l'amour pour son travail. Seule une petite minorité de mes collègues physiciens ont choisi de s'attaquer aux questions réellement fondamentales, et lorsque je les ai rencontrés, j'ai senti une réelle passion mutuelle. J'imagine qu'un groupe d'amis ayant décliné la possibilité de mener une carrière lucrative pour devenir poètes, éprouvent un attachement similaire, ayant conscience du fait qu'ils sont tous dans cette barque non pour l'argent mais pour l'aventure intellectuelle.

À chaque fois qu'une personne assise à côté de moi dans l'avion me pose des questions de science, je me remémore cette manière correcte de considérer la compétition et l'art de publier. Dans mon siège d'avion, je suis ambassadeur du Royaume de Physique, prenant énormément de plaisir et de fierté à décrire non ce que j'ai personnellement réalisé, mais ce que les physiciens que nous sommes ont collégialement accompli. Parfois je les flatte, plus souvent qu'ils ne me vantent, mais le plus important est que nous puissions tous apprendre entre nous, s'inspirer mutuellement et accomplir plus de choses qu'une seule personne ne pourrait l'imaginer dans ses rêves les plus fous. C'est une communauté merveilleuse, et je me sens extrêmement honoré de pouvoir en faire partie.

Pourquoi votre cerveau n'est pas un ordinateur quantique

« Sir Roger Penrose n'est pas cohérent, et Max Tegmark affirme pouvoir le démontrer. » Holà ! Je lisais la première ligne d'un article du numéro de la revue *Science* du 4 février 2000, et j'en étais complètement retourné. Je n'avais jamais qualifié ce célèbre physicien mathématicien d'incohérent, les journalistes aiment jouer avec les mots et attiser les conflits, mais simplement rédigé un article (http://arxiv.org/pdf/gr-qc/9310032.pdf) déclarant que l'une des idées de Penrose était invalidée par la décohérence.

Ces dernières années, il y a eu un engouement sans précédent pour la conception de ce que l'on appelle des ordinateurs quantiques, tirant parti de l'étrangeté inhérente à la mécanique quantique pour résoudre certains problèmes de manière rapide. Par exemple, si vous avez acheté ce livre en ligne, le numéro de votre carte de paiement a été crypté par une méthode fondée sur le fait que multiplier entre eux deux nombres premiers de 300 chiffres est rapide, mais factoriser le nombre de 600 chiffres résultant (c'est-à-dire rechercher les deux facteurs de ce nombre) est extrêmement difficile, et les meilleurs ordinateurs actuels y passeraient plus de temps que l'âge de notre Univers. Si nous pouvions construire un vaste ordinateur quantique, alors un *hacker* pourrait l'utiliser pour obtenir rapidement la réponse et dérober votre argent, grâce à un algorithme quantique inventé par mon collègue du MIT Peter Shor. Comme le dit si bien le pionnier de l'informatique quantique David Deutsch, « les ordinateurs quantiques partagent l'information avec un nombre colossal de répliques d'eux-mêmes à travers tout le multivers », et ils peuvent obtenir des réponses très rapidement dans notre Univers en obtenant de l'aide, dans un certain sens, de leurs avatars. Un ordinateur quantique pourrait également simuler de manière assez efficace le comportement des atomes et des molécules, se substituant aux mesures effectuées dans les labos de chimie de la même façon que les simulations sur les ordinateurs classiques ont remplacé les mesures dans les souffleries. De nombreux ordinateurs modernes calculent plus rapidement grâce aux multiples processeurs disposés en parallèle. Un ordinateur quantique peut être imaginé comme l'ultime ordinateur parallèle, exploitant le multivers de niveau III comme une ressource de calcul et, dans un certain sens limité, effectuant différents calculs simultanément dans des univers parallèles.

Avant de construire une telle machine, de nombreux obstacles majeurs de conception doivent être levés, tels que l'isolation suffisante de l'information quantique, de sorte que la décohérence n'anéantisse pas les superpositions quantiques. La route est encore longue : tandis que l'ordinateur de votre téléphone portable stocke probablement des milliards de bits d'information (des 0 et des 1), le *nec plus ultra* des ordinateurs quantiques dans les labos des quatre coins du monde ne peut en stocker qu'une poignée. Néanmoins, Penrose et d'autres scientifiques ont suggéré une idée bouleversante : vous avez probablement déjà un ordinateur quantique – dans votre tête ! Ils ont postulé que nos cerveaux (du moins certaines régions) sont des ordinateurs quantiques, et que c'est là que réside la clé de la compréhension de la conscience.

Puisque la décohérence masque les effets quantiques, je décidai d'utiliser les formules de décohérence que j'avais découvertes pour vérifier si l'idée de Penrose pouvait s'appliquer. Je déroulai d'abord les maths relatives aux neurones (figure 8.7), la centaine de milliards de cellules qui, comme des fils électriques, transmettent les impulsions nerveuses dans votre cerveau. Les neurones sont fins et longs : si vous mettiez bout à bout les vôtres, vous pourriez enrouler quatre fois la Terre. Ils transmettent les signaux électriques en transportant des atomes de sodium et de potassium ayant chacun un électron en moins (et ayant par conséquent une charge électrique positive). Si vous branchez un voltmètre sur un neurone au repos, vous mesurerez 0,07 volt entre l'intérieur et l'extérieur de la cellule. Si une extrémité du neurone est stimulée pour abaisser cette tension,

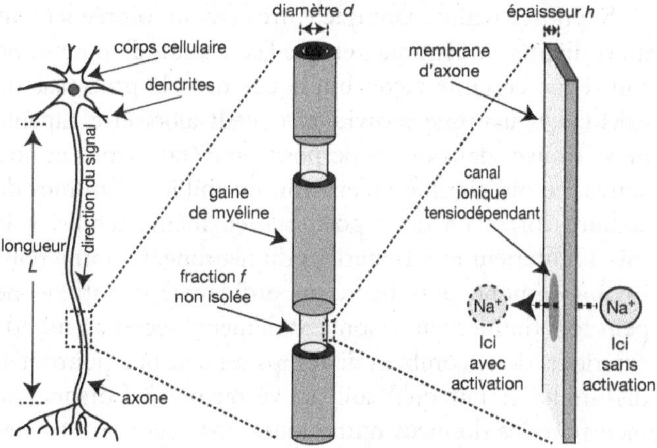

Figure 8.7 Illustration schématique d'un neurone (à gauche), d'une portion de sa longue partie tubulaire appelée axone (au centre) et d'un morceau de la membrane axonale (à droite). L'axone est typiquement isolé avec du matériau isolant appelé myéline laissant de minuscules zones exposées tous les demi-millimètres environ, où sont concentrés les canaux ioniques tensiodépendants de sodium et de potassium. Si le neurone est dans une superposition d'états activé et non activé, alors un million d'atomes de sodium approximativement (de symbole chimique Na) sont dans une superposition des positions intérieure et extérieure à la cellule (à droite).

des canaux ioniques tensiodépendants s'ouvrent dans la paroi cellulaire, déversant des flots d'atomes de sodium chargés, cette tension chute encore et davantage d'atomes s'engouffrent. Cette réaction en chaîne, appelée *activation*, se propage tout au long du neurone à une vitesse allant jusqu'à environ 300 kilomètres par heure, tandis qu'à peu près un million d'atomes de sodium pénètrent dans la cellule. L'axone redevient rapidement normal, et des neurones rapides peuvent réitérer ce processus plus d'un millier de fois par seconde.

Supposez maintenant que votre cerveau soit réellement un ordinateur quantique, et que l'activation d'un neurone soit d'une certaine façon impliquée dans le processus de calcul. Un neurone individuel devrait alors être capable de se trouver dans une superposition d'états activé et non activé, ce qui signifie qu'environ un million d'atomes de sodium soient en deux positions en même temps, à la fois à l'intérieur et à l'extérieur du neurone. Comme nous l'avons indiqué plus haut, un ordinateur quantique ne peut fonctionner que si son état demeure secret au monde extérieur, donc combien de temps un neurone pourrait-il dissimuler le fait qu'il soit activé ou non ? Lorsque j'ai incorporé les données numériques, ma réponse fut « pas longtemps du tout », ou pour être plus précis, environ 10^{-20} seconde (cent milliardièmes de milliardièmes de seconde). C'est la durée typique nécessaire pour qu'une molécule d'eau heurte au hasard un atome de sodium parmi un million et découvre où il se trouve, détruisant ainsi la superposition quantique. J'ai également développé mathématiquement un autre modèle que Penrose avait proposé, où le calcul quantique était effectué non par des neurones mais par des microtubules, des composantes du squelette cellulaire, puis j'ai découvert qu'ils subissaient une décohérence au bout d'environ 10^{-13} seconde (dix billionièmes de seconde). Pour que ma pensée corresponde à un calcul quantique, ils doivent l'achever avant que la décohérence ne se manifeste, donc je dois parvenir à réfléchir assez rapidement pour avoir 10 000 000 000 000 pensées par seconde. Peut-être que Roger Penrose réfléchit aussi rapidement, mais moi, certainement pas…

Il n'est pas si surprenant que votre cerveau ne fonctionne pas comme un ordinateur quantique : mes collègues qui s'évertuent à en concevoir doivent rivaliser d'ingéniosité pour combattre la décohérence, isolant généralement leurs dispositifs dans un vide froid et sombre pour préserver le secret de leurs états au reste du monde, alors que votre cerveau est un organe chaud et humide dont les parties ne sont pas isolées. Malgré tout, certaines personnes contestèrent mon article, et je fis l'expérience de ma première controverse scientifique. En particulier, Stuart Hameroff, l'un des pères de la conscience quantique, déclara qu'il pensait que j'avais « lâché une bombe dans cette discipline » et soulevé des problèmes pour les chercheurs en conscience quantique. « Êtes-vous un tueur à gages pour l'orthodoxie scientifique ? », s'enquit-il.

Je trouvais cela plutôt ironique, car je me tiens normalement dans le rang opposé à l'orthodoxie scientifique, et j'ai tendance à me ranger instinctivement du côté de l'opprimé qui persévère dans ses idées contestées. Encore une fois, je n'avais pas effectué ces calculs dans l'espoir d'obtenir un résultat particulier, mais simplement pour en découvrir la réponse. En vérité, j'aurais probablement été plus satisfait de la conclusion contraire, car je me serais vraiment réjoui d'avoir mon propre ordinateur quantique. Avec deux coauteurs, Hameroff publia une critique de mon article que j'estime erronée[7], et je n'arrive pas à imaginer

7. Ils ont affirmé que le modèle des microtubules que j'avais testé ne provenait pas du livre de Roger Penrose, mais en 2006, Stuart reconnut gracieusement le contraire. Ils ont également proposé que mes calculs devaient être erronés parce que l'échelle de temps avant décohérence que j'avais dérivée diminuait avec la température du cerveau, bien que vous pourriez imaginer intuitivement le contraire. Le point sur lequel ils insistaient est que dès que vous abaissez la température absolue d'environ 10 %, en dessous du 0° Celsius, votre cerveau gèle et le délai de décohérence croît considérablement. La légère diminution du délai de décohérence pour des réductions minuscules de température reflète le fait notoire que les choses sont plus enclines à se heurter mutuellement lorsque vous

que parfois des scientifiques s'attachent à une idée avec une telle ferveur religieuse qu'aucun fait ne peut les en dissuader. Je me demande si sa terminologie technique proprement impressionnante n'était qu'une tentative de rationalisation de cet argument : « La conscience est un mystère et la mécanique quantique est un mystère, donc elles doivent être reliées. »

J'ai finalement rencontré Stuart Hameroff en 2009, et j'ai trouvé en lui un confrère plutôt jovial et amical. Nous avons déjeuné ensemble à New York et, de façon intéressante, nous ne sommes pas parvenus à identifier le moindre calcul ni la moindre mesure sur lequel nous étions en désaccord, donc nous avons courtoisement concédé que notre différend portait sur la signification de la conscience.

Sujet, objet et environnement

Je dois faire une confession : mes calculs de décohérence du cerveau étaient simplement un prétexte. Ce n'était pas la véritable raison pour laquelle j'écrivais cet article. J'avais une idée qui me stimulait réellement et souhaitais vraiment la publier, mais je compris qu'elle aurait été perçue comme trop philosophique pour pouvoir franchir le stade de la publication. Donc je décidai de mettre en œuvre ce que j'appelle le stratagème du cheval de Troie : masquer la partie philosophique que je souhaitais dérober au comité

---

abaissez la température, de même que des neutrons lents ont plus de chance d'interagir avec une cible dans un réacteur nucléaire que des neutrons rapides. Ils ont également postulé que le cerveau pourrait effectuer des calculs quantiques *via* d'autres mécanismes, mais sans préciser lesquels et avec suffisamment de détails pour que je puisse les tester, et qu'il pourrait exister d'autres effets quantiques dans le cerveau non liés aux calculs, chose sur laquelle je n'ai jamais été en désaccord.

de lecture derrière des pages et des pages d'équations d'apparence respectable. De façon amusante, cette stratégie paya dans le sens où l'article fut admis, mais échoua dans la mesure où les gens ne retinrent que la question ostensible : celle consistant à montrer que le cerveau n'est pas un ordinateur quantique.

Donc, quel était mon message caché ? C'est une manière unifiée de concevoir la réalité quantique, comme l'illustre la figure 8.8. Feynman avait insisté sur le fait que la mécanique quantique divise notre Univers en deux parties : l'objet en cours d'étude et tout le reste (que l'on appelle l'*environnement*). Cependant, je pense qu'une pièce importante du puzzle quantique manquait : votre esprit.

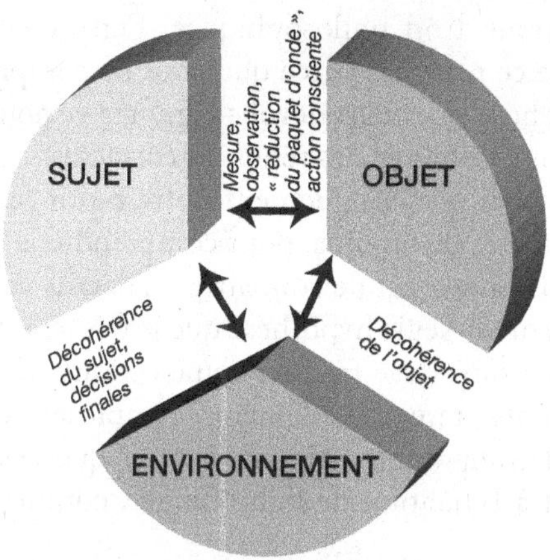

Figure 8.8 Il est commode de décomposer le monde en trois parties : celle correspondant à vos perceptions subjectives (le sujet), celle étant en cours d'étude (l'objet), et tout le reste (l'environnement). Comme indiqué, les interactions entre ces trois parties engendrent des effets qualitativement très différents, procurant une vision unifiée incluant aussi bien la décohérence que l'effondrement apparent de la fonction d'onde.

Comme l'a montré le travail d'Everett, la compréhension du processus d'observation nous oblige à considérer également une troisième partie dans notre Univers : votre état mental d'observateur, appelé *sujet* dans la figure 8.8[8].

Si vous n'êtes pas physicien, il pourrait vous sembler amusant que les gens abordent si peu souvent l'esprit dans la communauté des physiciens, focalisant toute leur attention sur les observations en mécanique quantique. Après tout, discuter d'observations sans mentionner l'esprit revient un peu à discuter de myopie sans faire mention de l'œil. Je pense que l'explication vient du fait que, puisque nous ne comprenons pas comment fonctionne la conscience, la plupart des physiciens se sentent mal à l'aise lorsqu'ils l'évoquent simplement, craignant d'être considérés comme trop philosophiques. Personnellement, je pense que ce n'est pas parce que nous ne comprenons pas quelque chose que nous devons l'ignorer et nous attendre malgré tout à obtenir des réponses correctes.

J'évoquerai plus longuement notre esprit dans le chapitre suivant. Néanmoins, pour comprendre la figure 8.8, il n'est pas important de connaître les détails de son fonctionnement : la seule hypothèse que je fais ici est que votre conscience subjective résulte, d'une certaine manière, des mouvements remarquablement complexes des particules qui composent votre cerveau, et que ces dernières obéissent à l'équation de Schrödinger, comme toutes les autres.

Dans mon article cheval de Troie, j'ai divisé l'équation de Schrödinger en morceaux : trois gouvernant les trois parties de notre Univers (le sujet, l'objet et

8. Je ne me réfère pas ici à votre cerveau tout entier, mais simplement à ses aspects relatifs à vos perceptions conscientes subjectives.

l'environnement), et des éléments supplémentaires gouvernant les interactions entre ces parties. J'ai alors analysé les effets de ces différentes parties de l'équation, et montré qu'une partie recouvre la matière traitée par mes manuels, une partie redonne les mondes multiples d'Everett, une autre rend compte de la décohérence de Zeh, et qu'une autre encore apporte quelque chose d'inédit. Les manuels classiques se focalisent seulement sur la partie de l'équation de Schrödinger qui gouverne l'objet (disons un atome), dans l'esprit réductionniste que les choses peuvent être analysées en tant que telles, sans se soucier de l'ensemble auquel elles participent. L'interaction entre le sujet et l'objet décrit les univers parallèles d'Everett, propageant les superpositions quantiques de l'objet à vous, le sujet. L'interaction entre l'environnement et l'objet redonne la décohérence, expliquant pourquoi les gros objets tels qu'une reine de cœur n'exhibent jamais de signe de comportement quantique étrange tel que l'ubiquité. Il est normalement impossible d'éliminer cette décohérence en pratique, mais même dans une expérience de pensée où vous le pourriez (disons, en répétant l'expérience des cartes quantiques dans une pièce sombre et froide dépourvue d'air, n'ayant qu'un seul photon pour interagir avec la carte puis être perçu par votre œil), il n'y aurait pas de différence : puisque la carte se trouve en deux endroits à la fois, il en est de même pour le photon, donc au moins un neurone de votre nerf optique devrait entrer dans une superposition d'états activé et non activé lorsque vous observez la carte, et comme nous l'avons vu, cette superposition devrait décohérer au bout d'environ 10^{-20} seconde.

Toutefois, cette décohérence n'explique toujours pas à elle seule pourquoi vous n'observez jamais l'étrangeté quantique, car votre processus mental (la dynamique interne du sujet) pourrait créer des superpositions étranges d'états mentaux familiers. Par chance, la troisième interaction de la figure 8.8 vient ici à la rescousse, c'est-à-dire celle entre le sujet et l'environnement. Le fait que la décohérence des neurones est beaucoup plus rapide que leur traitement de l'information signifie que si la complexité du phénomène d'activation de neurone dans votre cerveau a un quelconque rapport avec la conscience, alors la décohérence vous empêchera de faire l'expérience de superpositions étranges.

L'interaction sujet-environnement permet également de régler un autre problème. Wojciech Zurek a poursuivi ses recherches sur la décohérence bien au-delà de ce que j'avais redécouvert, et a montré qu'elle réalise une chose supplémentaire importante pour nous : non seulement elle explique pourquoi les objets macroscopiques ne se montrent jamais en plusieurs lieux à la fois, mais également pourquoi les états conventionnels (tels que n'être qu'en un seul endroit) sont si particuliers. En effet, parmi tous les états autorisés par la mécanique quantique pour les gros objets, ces états conventionnels sont les plus robustes à la décohérence, et par conséquent les seuls qui persistent. Cela est analogue au fait que les déserts tendent à être parsemés de cactus plutôt que de roses : ils sont plus résistants à cet environnement. En réalité, c'est grâce à un article sur ce sujet même, que j'ai coécrit avec mon père, que Wojciech m'invita à donner une conférence à Los Alamos.

Nous pouvons toujours atténuer la décohérence en tirant parti d'un astucieux dispositif expérimental tel que la pompe à vide ou le super-réfrigérateur, mais nous ne pourrons jamais inhiber la décohérence de nos neurones.

Nous ne savons pas comment fonctionne notre esprit, mais nous sommes persuadés que toute information qui parvient à notre conscience depuis le monde extérieur doit d'abord traverser les neurones de nos organes sensoriels, par exemple les nerfs optiques de nos yeux et les nerfs cochléaires de nos oreilles, lesquels subissent une décohérence extrêmement rapide. Donc, pendant la période où nous sommes subjectivement conscients de toute observation du monde extérieur, les choses ont déjà décohéré, garantissant que nous ne percevrons jamais l'étrangeté quantique et expliquant pourquoi nous n'observons que les états conventionnels robustes.

De toutes les controverses en physique, quelques-unes sont si marquantes qu'elles ont supplanté les autres et persisté pendant des générations. La grande controverse sur la manière d'interpréter la mécanique quantique en fait clairement partie. Une autre met en scène le *deuxième principe de la thermodynamique*. Celui-ci déclare que l'entropie d'un système isolé ne décroît jamais, où l'entropie est une mesure quantitative de notre *manque d'information* sur un système – elle représente essentiellement le nombre de bits d'information dont nous aurions besoin pour décrire son état quantique. D'un côté, certains scientifiques l'ont érigé au rang de principe sacré, et l'éminent astrophysicien Sir Arthur Eddington dit un jour : « Je pense que la loi stipulant que l'entropie ne cesse de s'accroître tient la position suprême parmi toutes les lois de la Nature. Si quelqu'un vous fait remarquer que votre théorie préférée de l'Univers est contraire aux équations de Maxwell, ma foi, tant pis pour les équations de Maxwell. Qu'on la trouve contraire à l'observation, soit : les expérimentateurs disent n'importe quoi, de temps en temps. Mais si elle va contre le deuxième principe de la thermodynamique, alors vous n'avez aucune chance : elle ne peut que sombrer dans la plus profonde humiliation. » D'un autre côté, des objections sérieuses au deuxième principe ont été soulignées par des géants de la physique tels que Maxwell, Gibbs, Loschmidt et Poincaré, et il n'existe toujours aucun consensus sur la manière de toutes les résoudre de façon satisfaisante.

À mon sens, ces deux grandes controverses, liées à la mécanique quantique et à la thermodynamique, sont intriquées au sens où elles peuvent toutes les deux être résolues en un tournemain si nous faisons appel à la définition standard de l'entropie donnée par la mécanique quantique (et explicitée par John von Neumann), abandonnons la réduction du paquet d'onde et considérons toutes les parties de la réalité : le sujet, l'objet et l'environnement.

Comme le résume la figure 8.8, la mesure et la décohérence correspondent à l'interaction de l'objet avec respectivement le sujet et l'environnement. Bien que ces processus puissent paraître distincts, l'entropie procure un parallélisme intéressant entre eux, mettant en jeu notre manque d'information vis-à-vis de l'objet, une quantité cruciale que nous appelons *entropie* en physique. Si l'objet n'interagit avec rien, son entropie demeure constante : vous en savez tout autant de son état une seconde plus tard, car vous pouvez calculer cet état à partir de l'état initial grâce à l'équation de Schrödinger. Si l'objet interagit avec vous, alors vous obtenez typiquement plus d'informations à son sujet, et son entropie décroît – après avoir ouvert vos yeux dans la figure 8.1, vos deux copies observent chacune une issue différente, mais chacune d'elles sait comment la carte est tombée dans son univers parallèle et acquiert par conséquent un bit supplémentaire d'information sur la carte. Cependant, si l'objet interagit avec l'environnement, vous perdez en règle générale de l'information et son entropie augmente : si Philip sait comment sont rangées ses cartes Pokémon, il aura moins d'information sur leur classement après qu'Alexander les ait mélangées. De façon similaire, si vous savez qu'une carte est dans l'état quantique correspondant à deux positions simultanées, puis qu'une personne ou un photon découvre sa localisation sans vous en informer, alors vous avez perdu un bit d'information sur elle : vous connaissez d'abord son état quantique superposé, mais elle est désormais bel et bien dans l'un des deux états quantiques et vous ne savez pas lequel. En résumé, voici comment je considère informellement tout cela : l'entropie d'un objet décroît lorsque vous l'observez et augmente dans l'autre cas. La décohérence est simplement une mesure dont vous ne connaissez pas le résultat. De manière plus rigoureuse, nous pouvons reformuler le deuxième principe de la thermodynamique de façon plus nuancée :

1) L'entropie de l'objet ne peut décroître sauf s'il interagit avec le sujet.
2) L'entropie de l'objet ne peut s'accroître sauf s'il interagit avec l'environnement.

La formulation traditionnelle de ce principe consiste simplement à ignorer le sujet. Lorsque j'ai publié un article technique sur cette idée (http://arxiv.org/pdf/1108.3080.pdf)[9], j'ai incorporé une démonstration mathématique

---

9. Si les maths ne vous dérangent pas, l'article explique également comment ce résultat, combiné à l'inflation, peut rendre compte du fait que l'entropie était extrêmement faible dans notre Univers primordial, donnant du coup un sens à ce que nous appelons la flèche du temps (merveilleusement exposée dans les livres de Sean Carroll et de Dieter Zeh de la section bibliographique). Il fournit aussi une généralisation en mécanique quantique de la procédure classique de mise à jour de notre connaissance avec de nouvelles informations, que l'on appelle le théorème de Bayes.

de la seconde partie (comment la décohérence augmente l'entropie), mais la preuve rigoureuse de la première partie (comment, en moyenne, l'observation réduit toujours l'entropie) me faisait toujours défaut, même si mes simulations par ordinateur suggéraient fortement que cela reste vrai. C'est alors que quelque chose de merveilleux se produisit, ce qui me rappela quelle chance j'avais de travailler au MIT : un étudiant arménien enthousiaste d'une trentaine d'années, Hrant Gharibyan, me demanda si j'avais des problèmes intéressants sur lesquels il pouvait travailler. Nous avons fait équipe, et il s'attaqua à mon problème avec beaucoup de ferveur, dévorant les livres de maths comme du pop-corn, et domptant les outils mathématiques tels que le produit de Schur et la majoration spectrale, lesquels demeurent étrangers à la plupart des physiciens, et que je n'avais appris que de mon père, qui est mathématicien. Alors lorsque je vis un jour Hrant afficher un sourire triomphant, je devinai qu'il venait de résoudre le problème ! Nous espérons publier sa démonstration dès que j'en aurai fini avec ce livre.

Figure 8.9 John Wheeler tel que je le connaissais (en 2004, tenant ici un livre pour la conférence de ses 90 ans), entouré de ses étudiants Richard Feynman (vers 1943), Hugh Everett (vers 1957) et Wojciech Zurek (en 2007, près des cascades islandaises). (*Crédit photographique : Pamela Bond, Contractor (Ellipses Enterprises), Mark Oliver Everett, Anthony Aguirre*)

Suicide quantique

J'avais pour habitude de penser qu'il existe deux familles de physiciens : les géants et les simples mortels. Les géants sont d'éminentes figures historiques telles que Newton, Einstein, Schrödinger et Feynman, possédant des pouvoirs surnaturels et auréolées de légendes et de mythes. Les simples mortels sont les physiciens que j'ai rencontrés qui, bien qu'étant peut-être brillants, sont tout simplement des gens ordinaires comme vous et moi. Puis il y eut John Wheeler. Lorsque je le vis en janvier 1996, je fus bouleversé. Il était avec nous, du haut de ses 84 ans, dans la cafétéria de Copenhague où nous déjeunions pendant la conférence. C'était pour moi le « dernier géant ». Il avait œuvré avec Niels Bohr en physique nucléaire. Il avait forgé le terme *trou noir*. Il avait promu la mousse d'espace-temps. Il avait eu Feynman et Everett comme étudiants. Il était devenu l'un de mes superhéros de physique avec sa passion pour les idées excentriques. Et il était là, mangeant simplement, comme un humble mortel ! Je me disais que je *devais* me présenter à lui, car sinon je m'en voudrais pour toujours, mais j'étais extrêmement nerveux à mesure que je m'approchais de sa table. Par le passé, j'avais déjà été snobé par des personnes placées au-dessus de moi dans la chaîne alimentaire académique ; en deux occasions différentes : des professeurs m'avaient tourné le dos avant de partir alors que nous étions en pleine conversation, et pourtant, ce n'étaient que de simples mortels. C'est pourquoi je fus médusé par la tournure des événements. J'étais planté là, tel un postdoctorant sans expérience et totalement inconnu, quand Wheeler me salua d'un sourire chaleureux et m'invita à le rejoindre à sa table !

Quand il eut compris mon intérêt pour la mécanique quantique, il m'exposa quelques-unes de ses nouvelles idées au sujet de l'existence, puis me confia une copie de certaines de ses notes récentes. Il ne haussait jamais le ton, et me parlait comme si j'étais son égal, bien que je ne me le sentisse nullement. Une quinzaine de jours plus tard, je reçus même un courriel de sa part – un message d'un géant ! Il écrivait :

Ce fut un grand plaisir et un honneur d'avoir discuté avec vous à Copenhague puisque je pense que vous partagez ma conviction que derrière la mécanique quantique se tient un certain principe magnifique et profond restant à découvrir, de même que la grande idée géométrique d'Einstein a éclairé sous un jour inattendu l'efficacité et la portée de la théorie de Newton soi-disant universelle. La vraisemblance d'une telle découverte est certainement proportionnelle à notre croyance qu'il y a là quelque chose à découvrir.

Il m'encouragea à venir à Princeton, m'écrivant : « Je désire vivement pouvoir discuter avec vous chaque jour. » À l'époque, je devais me décider entre différentes offres d'emploi postdoctorales – comment pouvais-je décliner sa proposition ? Je déménageai immédiatement pour Princeton, puis commençai à lui rendre visite de façon régulière, apprenant progressivement à mieux le connaître. Il vint avec sa femme à la pendaison de ma crémaillère, et signa même mon contrat de mariage dans le New Jersey – dans mon âme, j'avais l'impression d'avoir Dieu comme témoin.

Dans son bureau, il était sans cesse dérangé, donc sa manière favorite de discuter consistait à « effectuer des orbites » en même temps, c'est-à-dire à arpenter les couloirs du troisième étage qui encerclent les cours intérieures de l'immeuble de physique de l'université de Princeton. Avec ses récits pittoresques, j'avais l'impression de vivre l'histoire, comme lorsqu'il me décrivit quelle impression cela faisait de voir la première bombe à hydrogène exploser, et de rencontrer Klaus Fuchs, qui divulgua le secret de la bombe nucléaire à l'Union soviétique. Il me brossa également un tableau plus personnel des pères fondateurs de ma discipline, qui étaient pour lui de simples mortels.

Je lui ai montré mon article qui était sans conteste le plus extravagant de tous, explorant l'idée de l'univers mathématique qui fait l'objet de ce livre, et il me dit qu'il l'appréciait. Lorsque l'éditeur, malgré l'avis positif du comité de lecture, le rejeta au motif d'être « trop spéculatif », il m'encouragea à faire appel du rejet, ce qui s'avéra payant. Nous avons écrit par la suite un article pour *Scientific American*, intitulé « 100 ans de mystères quantiques », dans lequel nous tentions d'expliquer en langage familier à la fois les univers parallèles quantiques et la décohérence. Lorsque je lui ai demandé s'il croyait réellement aux univers parallèles quantiques, il répondit : « J'essaie de trouver du temps pour y croire les lundis, les mercredis et les vendredis. »

Je pleure très rarement, mais ce fut plus fort que moi lorsque j'appris le décès de John Wheeler en 2008. Il m'avait profondément marqué et inspiré, et lors de ses funérailles, on pouvait ressentir cette même impression palpable chez de nombreuses autres personnes. Au micro libre pendant la réception qui suivit, où ceux qui se sentaient peinés pouvaient parler de lui, je dis quelques mots au sujet de toute l'importance qu'il avait eue pour moi. Si je devais le résumer en un seul mot, je dirais qu'il était *inspirant*. Il était inspirant qu'une personnalité si brillante et célèbre fût aussi aimable, « traitant toute personne avec la même dignité » comme le dit avec justesse un autre orateur. Il m'avait incité à n'écouter que mon cœur et à travailler sur ce qui me passionnait réellement. Mais le meilleur témoignage de l'ampleur avec laquelle il avait inspiré les gens était de constater, en jetant un œil autour de la salle, combien de personnalités distinguées avaient voyagé d'au moins trois continents pour venir là. On aurait dit que la foule réunissait toute la communauté des physiciens.

Un après-midi, alors que j'accompagnais John de retour à Meadow Lakes, le village résidentiel où il passait sa retraite, je commençai à lui exposer avec enthousiasme une idée totalement insensée que je venais d'avoir, et que j'avais appelée « suicide quantique ». J'avais passé énormément de temps à me demander s'il existait une expérience pouvant nous convaincre que les univers parallèles d'Everett étaient bel et bien réels, et je mis finalement la main sur l'une d'elle.

Étonnamment, cette expérience ne nécessite qu'un équipement assez simple et largement disponible. Par contre, elle demande que vous soyez un expérimentateur extrêmement zélé, puisqu'elle revient à reproduire une version beaucoup plus trépidante de l'expérience du chat de Schrödinger – où vous êtes le chat. Le dispositif est une « mitraillette quantique » qui ouvre le feu en fonction du résultat d'une mesure quantique. Plus précisément, chaque fois que l'arme est actionnée, elle place une particule dans une superposition où celle-ci se trouve dans deux états à la fois (par exemple, tournant dans le sens horaire et antihoraire), puis mesure la particule. Si elle découvre que la particule est dans le premier état, elle tire, sinon elle produit simplement un clic audible. Les détails du mécanisme de déclenchement importent peu[10] tant que l'échelle de temps entre la mesure quantique et le véritable tir est beaucoup plus brève que la période caractéristique de la perception humaine, soit un centième de seconde par exemple.

Maintenant, supposons que vous mettiez cette mitraillette quantique en mode automatique, où elle se déclenche toutes les secondes. Oubliant le fait que vous croyiez ou non aux univers parallèles d'Everett, vous allez prédire que vous entendrez une succession apparemment aléatoire de coups réels et manqués telle que *bang-clic-bang-bang-bang-clic-clic-bang-clic-clic*. Soudain, vous faites quelque chose d'impensable : vous placez votre tête face au canon de l'arme et vous patientez. Qu'attendez-vous de percevoir par la suite ? Cela dépend du fait que les univers parallèles d'Everett soient réels ou non ! S'ils ne le sont pas, alors il n'y aura qu'une issue à chaque mesure quantique, donc vous serez irrévocablement mort ou vif au bout de la première seconde, avec 50 % de chance pour chaque alternative. Donc, vous pourriez peut-être espérer entendre un clic ou deux si vous êtes moyennement chanceux, puis plus rien : *game over*. La probabilité que vous surviviez n secondes est de $1/2^n$, donc votre chance de vivre ne serait-ce qu'une minute est inférieure à un trillionième (10^{-18}). Si les univers parallèles quantiques d'Everett *sont* réels, par contre, il y aura deux univers parallèles au bout de la première seconde : un où vous êtes vivant, et un où vous êtes mort et où le sol est maculé de sang. Autrement dit, il y a exactement une copie de vous percevant les choses avant et après l'événement déclencheur, et puisque celui-ci se produit trop rapidement pour

10. Par exemple, la particule pourrait être un atome d'argent dont le spin est mesuré par ce que nous appelons un dispositif de Stern-Gerlach, ou un photon traversant ou non un miroir semi-réfléchissant.

pouvoir le remarquer, la prédiction est que vous entendrez *clic* avec 100 % de certitude. Attendez quelques instants, et vous trouverez cela fascinant : dès que vous placez votre tête dans la ligne de mire, la succession apparemment aléatoire de bangs et de clics cède la place au simple *clic-clic-clic-clic-clic-clic-clic*, etc. Après dix clics, vous concluez que vous avez éliminé la réduction du paquet d'onde avec 99,9 % de confiance, au sens où si celle-ci survenait réellement, la probabilité d'être mort en cet instant excéderait 99,9 %. Au bout d'une minute, il n'y aurait qu'une chance sur un trillion qu'Everett ait eu tort. Pour lever tout soupçon sur le fait que la mitraillette quantique soit enrayée, vous écartez votre tête de la ligne de mire puis découvrez, comme par miracle, qu'elle se remet à tirer de façon intermittente.

Cependant, si vous êtes désormais convaincu qu'Everett avait raison et demandez à une amie d'être témoin de votre expérience, les choses se compliquent. Bien que vous demeuriez vivant dans un seul univers parallèle, elle reste présente dans tous ceux-ci, et observera typiquement que vous êtes décédé au bout de quelques secondes. Par conséquent, la seule chose dont vous pourriez réussir à la persuader, c'est que vous êtes un scientifique déséquilibré.

John trouvait cette idée intéressante. J'ai fait savoir que je pensais que de nombreux physiciens seraient incontestablement réjouis si un génie omniscient apparaissait au moment de leur agonie, et, en guise de récompense de leur curiosité de toute une vie, les récompensait en répondant à la question physique de leur choix. Mais seraient-ils heureux si le génie leur interdisait de divulguer ce secret à quiconque ? L'apanage le plus ironique de la mécanique quantique est probablement que si Everett avait raison, la situation serait quasiment analogue si, dès que vous vous sentez prêt à mourir, vous réitérez maintes fois le suicide quantique : vous pourriez vous convaincre expérimentalement que les univers parallèles quantiques existent bel et bien[11], mais vous ne pourrez jamais partager cette exclusivité avec d'autres !

Certes, vous pourriez bien entendu convaincre vos amis de participer à une expérience de suicide collectif, disons en connectant la gâchette quantique à une bombe nucléaire, de sorte que finalement vous vous trouveriez uniquement dans des univers parallèles, avec vos amis tous vivants ou tous morts. Mais ils ne seront probablement plus vos amis si vous le leur suggérez.

Immortalité quantique ?

Après avoir diffusé un article sur l'idée du suicide quantique, *New Scientist* et *The Guardian* publièrent des colonnes sur elle, ce qui ne manqua pas d'attirer une certaine attention, et il m'est amusant de voir combien cette idée a été ultérieurement reprise dans divers récits de science-fiction. Comme je l'ai mentionné précédemment, de nombreuses personnes tendent à avoir des idées similaires lorsque les esprits ont mûri, et j'ai découvert plus tard que d'autres personnes avaient certainement eu des pensées similaires auparavant, peut-être à commencer par le mathématicien autrichien Hans Moravec, qui mentionna cette idée dans son ouvrage de 1988 sur l'intelligence artificielle, *Mind Children*. Contrairement à mes précédentes redécouvertes, cependant, je pense que celle-ci eut un véritable impact, contribuant à diffuser plus largement cette idée.

Je fus bientôt inondé de courriels contenant des questions intéressantes sur le suicide quantique, qui m'amenèrent à me pencher sur ses implications. Voici

11. Le philosophe britannique Paul Almond a donné un contre-argument intéressant à ce sujet, et je reviendrai là-dessus au chapitre 11.

ma favorite : pouvez-vous imaginer que tous les événements potentiellement mortels dans la nature, tels que le suicide quantique, vous amènent à penser que vous êtes subjectivement immortel ? Vous pouvez répondre à cette interrogation à l'aide d'une expérience simple : attendez et constatez ! Si un jour, après une interminable succession de coïncidences apparemment improbables, vous découvrez que vous êtes le doyen de l'humanité, alors la conclusion ne fait pas l'ombre d'un doute ! Remarquez que vous ne devrez pas vous attendre à voir d'*autres* personnes être anormalement âgées, de même que vous ne devez pas vous attendre à voir d'autres personnes survivre longtemps à l'expérience du suicide quantique.

Ainsi, que prédisent les lois de la physique, en supposant qu'Everett avait raison et que la fonction d'onde ne s'effondre jamais ? Pour réussir, une expérience probante de suicide quantique doit remplir trois critères :

1) Le générateur de nombres aléatoires doit être quantique, et non classique (déterministe), de sorte que vous entriez réellement dans une superposition d'états mort et vif.
2) Elle doit vous tuer (ou au minimum vous rendre inconscient) sur une échelle de temps inférieure à celle à laquelle vous pouvez prendre conscience du résultat de la mesure quantique – sinon vous aurez un avatar de vous-même extrêmement dépité durant une seconde ou plus de savoir qu'il va certainement mourir, et toute l'expérience perd son sens.
3) Elle doit être absolument certaine de vous tuer réellement, pas simplement de vous blesser.

La plupart des accidents et des causes communes de décès ne remplissent manifestement pas ces trois critères, suggérant que vous ne vous sentirez somme toute nullement immortel. En particulier, au regard du deuxième critère, le décès n'est pas, dans des circonstances ordinaires, un phénomène binaire où vous êtes soit mort, soit vivant – c'est plutôt tout un *continuum* d'états de conscience de soi progressivement décroissant. Le suicide quantique fonctionne uniquement s'il introduit une transition brutale. Je soupçonne que lorsque je serai vieux, mes cellules cervicales disparaîtront progressivement (en réalité, elles ont déjà commencé à le faire...), de sorte que j'aurai toujours conscience de moi-même, mais de moins en moins. L'ultime étape de la mort serait ainsi assez décevante, comme lorsqu'une amibe pousse son dernier râle.

Le troisième critère place une limite pratique sur la durée à laquelle vous pouvez effectuer votre expérience de suicide quantique avant que des phénomènes aléatoires ne l'interrompent.

Par exemple, mon environnement subit une coupure de courant électrique en moyenne tous les trois ans, soit environ tous les $10^8 \approx 2^{27}$ secondes. Cela signifie que si ma mitraillette quantique est branchée sur une prise de courant plutôt que sur une batterie, je dois m'attendre à entendre environ 27 clics de suite avant qu'une coupure de courant mette fin à mon expérience – car après cela, il y aura plus d'univers parallèles où je suis vivant avec une arme arrêtée plutôt qu'avec une arme en fonctionnement. Plus ma mitraillette fonctionne longtemps, plus les phénomènes seront extraordinaires : par exemple, après une mélodie de 68 secondes de clics continus, je dois m'attendre à ce que mon arme soit frappée par une météorite... Dans la parodie de science-fiction de Douglas Adams, *Le Guide du voyageur galactique*, il y a un « générateur d'improbabilité infinie » vous permettant de faire l'expérience d'événements extrêmement improbables. Même si un tel dispositif ressemble à de la pure science-fiction, il n'en est rien : la mitraillette quantique agit effectivement de la sorte !

Je trouve le premier critère particulièrement intéressant. Supposez que votre dispositif suicidaire ne repose pas sur le hasard quantique, mais plutôt sur une chose telle qu'un lancer de pièce, où vous pourriez prédire, seulement en principe, si vous obtiendrez pile ou face, car vous ne connaissez pas parfaitement le mouvement initial de la pièce et n'avez pu calculer l'issue. Alors si vous commencez avec un seul univers parallèle, il y en aura toujours qu'un, au bout de la première seconde, et vous serez soit vivant soit mort, en fonction de la position initiale et du mouvement de la pièce, de sorte que vous ne *pourrez* vous sentir subjectivement immortel.

Qu'en est-il cependant si le multivers de niveau I du chapitre 6 est bien réel ? Une infinité d'univers parallèles débuteraient avec celui vous contenant, dans des états mentaux subjectivement indiscernables, mais auraient d'imperceptibles différences dans la position et la vitesse initiales de la pièce. Au bout d'une seconde, vous seriez mort dans la moitié de ces univers, mais quel que soit le nombre de fois que vous répétez l'expérience, il y en aurait toujours où vous ne seriez jamais touché. En d'autres termes, cette sorte d'expérience macabre de suicide aléatoire peut non seulement révéler l'existence d'univers parallèles de niveau III (quantiques), mais également celle d'univers parallèles plus généraux.

Je le concède, tout cela semble parfaitement insensé. « Ne le faites pas chez vous ! », pourrait-on dire. Qui plus est, comme je l'expliquerai au chapitre 11, je suis désormais persuadé que ni le suicide quantique ni l'immortalité quantique ne fonctionnent réellement, car ils dépendent, et de manière cruciale, d'une chose que j'estime inexistante dans la nature : un continuum mathématique divisible à l'infini. Mais qui sait vraiment ? Lorsque viendra le jour fatidique où vous penserez que votre vie est sur le point de s'achever, rappelez-vous de ceci et ne vous dites pas : « Il n'y a plus rien à faire dorénavant. » – Ce pourrait être faux. Vous pourriez découvrir pour la toute première fois que les univers parallèles existent réellement.

Multivers unifiés

Tous les animaux sont égaux
mais certains le sont plus que d'autres.
George Orwell, *La Ferme des animaux*, 1945

Je ne parviens tout simplement pas à me défaire de cette pensée harcelante : les multivers de niveaux I et III seraient-ils, en quelque sorte, un seul et même multivers ? Pourraient-ils être unifiés d'une certaine manière, de même que Maxwell avait unifié l'électricité et le magnétisme avec l'électromagnétisme, et Einstein l'espace et le temps avec l'espace-temps ? D'un côté, leurs natures semblent radicalement différentes : les univers parallèles de niveau I du chapitre 6 sont très éloignés dans notre bonne vieille région tridimensionnelle de l'espace, tandis que les univers parallèles de niveau III de ce chapitre peuvent se trouver ici même, du moment que les trois dimensions sont impliquées, mais séparés de nous dans l'espace de Hilbert, l'espace abstrait muni d'une infinité de dimensions, où évoluent les fonctions d'onde. D'un autre côté, les multivers de niveaux I et III ont de nombreux points communs. Jaume Garriga et Alex Vilenkin ont rédigé un article montrant, comme moi, que les univers parallèles de niveau I, qui pourraient avoir été créés par l'inflation cosmologique, contiennent tous la même succession d'événements que les univers parallèles quantiques d'Everett. La figure 8.10 illustre le fait que si un événement quantique oblige deux événements à se produire en superposition quantique, divisant effectivement votre avenir en deux branches quantiques parallèles, alors l'issue quantique parallèle dont vous n'avez pas conscience se

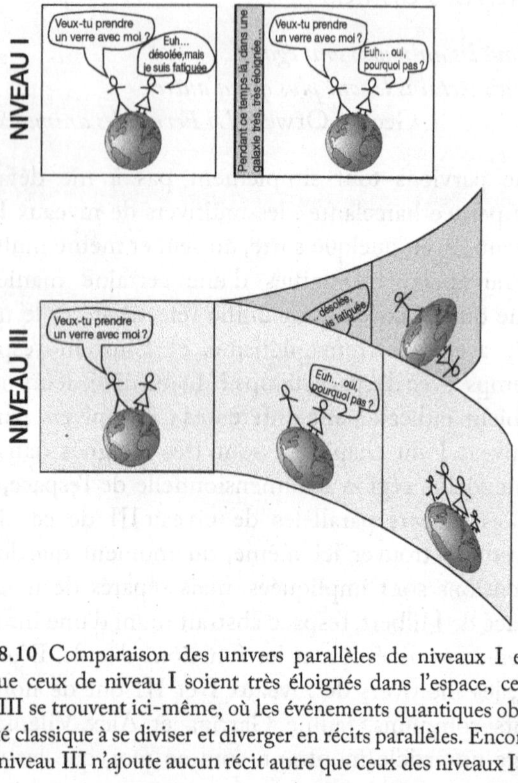

Figure 8.10 Comparaison des univers parallèles de niveaux I et III. Bien que ceux de niveau I soient très éloignés dans l'espace, ceux de niveau III se trouvent ici-même, où les événements quantiques obligent la réalité classique à se diviser et diverger en récits parallèles. Encore une fois, le niveau III n'ajoute aucun récit autre que ceux des niveaux I ou II.

produit également ici même, dans votre branche quantique particulière – pas seulement très loin dans l'espace.

Il y avait également une autre source de tourmente : Anthony Aguirre. Anthony est l'un de mes meilleurs amis, et nos vies se ressemblent sur de nombreux points : nous tentons tous deux de mener notre carrière tout en consacrant du temps à nos deux jeunes fils, nous sommes tous deux obsédés par les grandes questions, et avons fondé ensemble le *Foundational Questions Institute*, fqxi.org, une organisation généreusement financée permettant de soutenir la recherche physique extrêmement audacieuse et gratifiante que délaissent les agences conventionnelles de financement. Qu'avait-il dit pour me tourmenter de la sorte ? « Certains univers parallèles sont-ils réellement plus égaux que d'autres ? »

Ce à quoi il faisait allusion était que l'explication que j'ai fournie pour les probabilités quantiques, plus haut dans ce chapitre, fonctionne admirablement bien lorsque vous avez des issues de probabilités égales (comme la carte quantique dont les chances de tomber face dessus et face dessous sont toutes deux de 50 %), mais plus lorsque les probabilités ne sont pas équilibrées. Par exemple, supposez que votre carte soit initialement très légèrement inclinée, de sorte que la probabilité (le carré de la fonction d'onde) soit de 2/3 pour tomber face dessus et de 1/3 pour tomber face dessous. Alors, la figure 8.2 demeurerait identique : il y a toujours 2 × 2 × 2 × 2 = 16 issues possibles après quatre essais, et la plus probable est toujours celle où la carte chute face dessus 50 % du temps, et non 2/3 du temps. Everett parvint néanmoins à sauver les apparences et à prédire une probabilité de 2/3, en proposant que certaines de ces issues possèdent une mesure d'existence plus importante que d'autres et que, plus formellement, cette mesure d'existence pourrait se calculer comme étant le carré de la fonction d'onde. Cela fonctionnait, et de nombreux auteurs ont depuis lors donné des arguments plus élaborés pour légitimer l'usage du carré de la fonction d'onde, or Anthony m'a convaincu qu'il y avait là un défaut hideux dans le raisonnement, par ailleurs très élégant, d'Everett. Les gens me demandent souvent si je crois en l'existence des univers parallèles d'Everett. Certes, mais il serait très maladroit de répondre : « Oui, mais… euh… hum… certains sont plus réels que d'autres ! »

En mars 2008, Anthony me fit part d'une idée de solution possible (que j'exposerai dans un instant) que son vénérable professeur de Harvard David Layzer avait suggérée, et nous avons passé deux heures passionnantes dans un bistrot de Belmont à griffonner des symboles mathématiques sur le revers de nos serviettes[12] – en vain. Nos calculs ne s'avérèrent pas concluants. Mais je ne pouvais pas non plus oublier cette idée. Deux ans plus tard, je redevins obsédé par celle-ci et découvris un article de 1968, du théoricien de la gravité quantique Jim Hartle, dont je pensais qu'il contenait une autre pièce du puzzle. Mais tandis que j'étais assis là, dans mon appartement de Winchester, à la tombée de la nuit de ce 6 mars 2010, je ne parvenais pas à ajuster toutes les pièces. Frustré, je décidai de marcher à travers la ville tout en méditant. À ma surprise, au bout de cinq minutes passées dans cet air hivernal, j'eus finalement le déclic ! J'ai soudainement réalisé comment faire d'une pierre deux coups de ces

12. Je trouve singulier qu'il y ait tant d'allusions aux « calculs effectués au dos de l'enveloppe » alors que, dans mon expérience personnelle, la plupart des calculs improvisés l'ont été, en vérité, sur des serviettes, malgré leur propension à se déchirer et leur qualité généralement inférieure comme support d'écriture.

problèmes : l'unification de deux niveaux de multivers et la compréhension des probabilités inégales. Je demeurai éveillé jusqu'à trois heures du matin, et absorbé toute la journée suivante dans une sorte de transe magique que vous ne pouvez pleinement apprécier qu'en la ressentant. J'imaginais que c'était l'un de mes éclairs de génie les plus formidables depuis la redécouverte de la décohérence dix-neuf ans plus tôt, et je ne pus sortir sans avoir tapé le canevas d'un article de quatre pages pour Anthony.

La figure 8.11 illustre l'idée essentielle. Supposez que vous soyez sur le point de réaliser l'expérience des cartes quantiques avec une carte légèrement inclinée, de sorte que vous vous attendez à la voir tomber face dessus et empocher 100 € avec une probabilité de 2/3. Selon la vision de l'ancienne école (indiquée à gauche dans chaque rectangle de la figure 8.11), il y a une copie de vous au départ et une ou deux copies après l'expérience, en fonction du fait

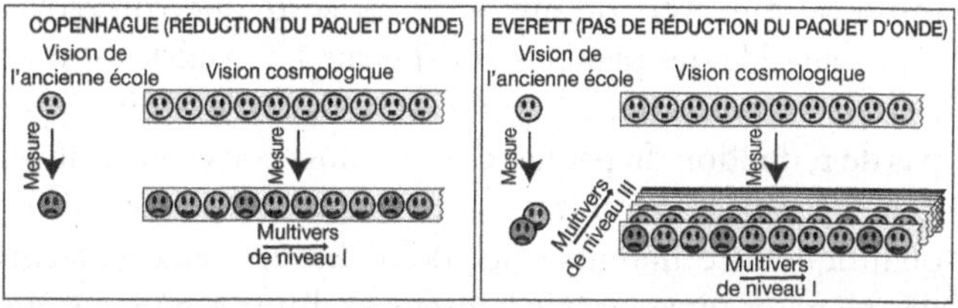

Figure 8.11 Comment les multivers de niveaux I et III sont unifiés. Chaque cercle représente une planète où vous avez parié de l'argent que votre carte quantique tombera face vers le haut. Avant la mesure, l'expression de votre visage est neutre ; après, vous êtes soit heureux d'avoir gagné, soit déçu d'avoir perdu. La carte est initialement très légèrement inclinée, de sorte que vous vous attendez à gagner avec une probabilité de 2/3. Ces planètes sont typiquement très éloignées les unes des autres, disons d'un gogolplex de mètres dans toutes les directions, mais je les ai représentées ici alignées et côte à côte pour illustrer l'idée essentielle.

que la fonction d'onde s'effondre ou pas. Si l'interprétation de Copenhague est correcte, il n'y aura qu'une issue déterminée, engendrée au hasard, tandis que si Everett a raison, il y aura deux univers parallèles, contenant chacun une seule de vos copies : un où vous êtes heureux d'avoir gagné et un où vous êtes dépité.

Supposons maintenant que le multivers de niveau I du chapitre 6 existe, comme le suggère la cosmologie moderne. Cela signifie qu'une infinité de copies indiscernables de vous soient sur le point de réaliser exactement la même expérience sur d'autres planètes extrêmement éloignées dans l'espace, ce qu'illustre la rangée de visages neutres de la figure. Dans mes calculs, j'ai appliqué l'équation de Schrödinger à la fonction d'onde décrivant la collection complète de particules composant tous vos avatars et votre expérience.

Qu'en est-il ressorti ? Si la fonction d'onde s'effondre, alors vous obtenez une seule issue aléatoire pour l'espace infini (le multivers de niveau I), de sorte que vous soyez réjoui sur 2/3 des planètes et déçu sur 1/3 d'elles – il n'y a rien de surprenant. Si Everett a raison au sens où il n'y a pas de réduction du paquet d'onde, alors vous vous trouvez dans un espace infini, tout entier dans une superposition quantique de différents états, dont chacun d'eux renferme des planètes où vous êtes heureux et d'autres où vous êtes dépité. Voici maintenant le point crucial : tous ces états de l'espace s'avèrent indiscernables les uns des autres, vous êtes heureux sur exactement 2/3 des planètes en nombre infini ! Toute succession finie de planètes, ayant des issues « heureux » et « déçu », dans l'un de ces états peut se retrouver autre part dans l'espace dans chacun des autres états. Vous pourriez penser qu'il devrait également y avoir des états de l'espace qui sont différents, par exemple un où vous seriez heureux sur chaque planète. Cependant, en vertu de l'équation de Schrödinger et des mathématiques de l'espace de Hilbert, je fus capable de démontrer que la fonction d'onde que vous obtenez est en fait simplement égale à une superposition d'un nombre infini d'états indiscernables. Anthony et moi avons trouvé cela sensationnel pour plusieurs raisons.

En premier lieu, le grand débat sur la question de savoir si la fonction d'onde s'effondre ou non tourne au ridicule : elle n'a plus aucune importance ! La figure 8.11 montre que, peu importe qu'Everett ait raison ou non, vous êtes heureux sur 2/3 des planètes. En vérité, les deux positions dans ce débat sur la réduction du paquet d'onde en ressortent affectées. L'interprétation de Copenhague a introduit son effondrement controversé pour se débarrasser de ces univers parallèles gênants et obtenir une issue unique, or comme vous pouvez le constater dans la figure, cela n'est guère efficace : même avec l'effondrement, nous aboutissons toujours à des univers parallèles ayant les deux issues. L'interprétation d'Everett se distingue par ses univers parallèles (quantiques) de niveau III, mais vous êtes en mesure de constater dans la figure que vous pouvez les ignorer sans problème, car ils sont tous indiscernables. En ce sens, les multivers de niveaux I et III sont unifiés : tant que vous considérez un espace infini muni d'un multivers de niveau I, vous pouvez ignorer tous ses univers parallèles de niveau III, car ce ne sont en pratique que des copies identiques. Peut-être que le niveau III pourrait également s'unifier avec le niveau II, mais nous ne sommes pas encore parvenus à le démontrer.

Deuxièmement, la figure 8.11 révèle l'origine des probabilités inégales en transposant les mondes multiples d'Everett dans notre bonne vieille région tridimensionnelle de l'espace : les différentes issues ne se produisent pas simplement autre part dans cet espace de Hilbert mathématique abscons, mais également très loin dans notre propre espace que nous contemplons avec les télescopes. Le point crucial est qu'après que votre carte soit tombée (mais avant que vous n'ayez ouvert les yeux pour l'observer), vous n'avez aucun moyen de savoir laquelle de vos nombreuses copies vous êtes, car elles s'imaginent toutes subjectivement indiscernables jusqu'à cet instant. Vous devez par conséquent vous considérer comme un membre aléatoire de ce groupe de copies. Puisque vous savez que 2/3 d'entre elles verront la carte face dessus lorsqu'elles ouvriront les yeux, vous considérerez ce que vous observez comme du hasard, où la probabilité de voir la face dessus est de 2/3. Tout cela est analogue à la manière dont les nobles ont originellement introduit la notion de probabilité en France, dans le but d'optimiser leur stratégie de gain : si, dans un jeu, tout ce que vous savez est que vous serez dans l'une des nombreuses situations tout aussi probables (correspondant, par exemple, aux différentes manières dont les cartes pourraient avoir été distribuées), alors vous dites que vos chances de gagner représentent tout simplement la fraction de toutes les situations où vous gagnez.

Troisièmement, cela nous permet de proposer ce que nous appelons l'*interprétation cosmologique de la mécanique quantique*. Nous interprétons dans ce cas la fonction d'onde d'un objet comme décrivant non pas l'ensemble imaginaire colossal de toutes les possibilités de ce que pourrait faire l'objet, mais plutôt comme la véritable collection spatiale des copies identiques de l'objet existant dans notre espace infini. De surcroît, l'incertitude quantique que vous éprouvez reflète simplement votre incapacité à vous localiser dans le multivers de niveau I, c'est-à-dire à savoir laquelle de vos copies, infiniment nombreuses à travers l'espace, est celle ayant vos perceptions subjectives.

Dans certains domaines, les coauteurs d'un article listent traditionnellement leurs noms par ordre alphabétique. En cosmologie, cependant, nous disposons généralement les auteurs dans l'ordre reflétant l'importance de leur contribution à l'article. Dans la plupart des cas, il est évident de savoir qui a le plus contribué, mais cette fois, il était difficile de le dire. Au moment où nous étions prêts à soumettre cet article à la publication, Anthony et moi avions travaillé avec autant de peine et avions réalisé des contributions égales de part et d'autre. Nous eûmes une conversation téléphonique amusante à ce sujet où nous faisions réciproquement l'éloge des contributions de l'autre tout en se retenant avec obstination de lui proposer d'être le premier. J'ai finalement suggéré une solution que nous avons tous deux adoptée : décider de l'ordre des auteurs grâce à un générateur quantique de nombres aléatoires. Dans cet univers particulier, il est le premier auteur (http://arxiv.org/pdf/1008.1066.pdf), mais si notre article est correct, je suis le premier auteur non seulement dans la moitié des univers parallèles de niveau III où nous avons utilisé cette procédure, mais également dans la moitié des univers parallèles de niveau I.

En 2010, Alex Vilenkin m'invita à donner une conférence sur cet article à Tufts, et comme au début du chapitre 5, Alan Guth était dans la salle. Je m'efforçais de ne pas songer à cet instant où, treize ans auparavant, la tête d'Alan chancelait vers sa chaise, et je tentais de me préparer mentalement à l'inévitable, car je ne pouvais me rappeler une seule conférence où il n'avait pas sombré dans le sommeil. C'est alors que le miracle s'est produit, notre article ne pouvait recevoir de plus belle récompense et ce fut le couronnement de ma carrière scientifique : Alan demeura éveillé tout au long de mon discours !

Mondes multiples ou mots multiples ?

Que penser de toutes ces tergiversations quantiques ? Devons-nous croire en l'effondrement de la fonction d'onde ou dans les univers parallèles quantiques ? Même si la mécanique quantique est sans conteste la théorie physique la plus brillante jamais inventée, le débat vieux d'un siècle au sujet de son interprétation en une vision cohérente de la réalité physique n'annonce aucun signe d'apaisement. Une véritable zoologie de tentatives d'explication s'est développée au cours des ans, incluant les interprétations ensembliste, de Copenhague, instrumentale, hydrodynamique, de la conscience, de Bohm, logique quantique, des mondes multiples, de la mécanique stochastique, des esprits multiples, des histoires cohérentes, de l'effondrement objectif, transactionnelle, modale, existentielle, relationnelle, de Montevideo et cosmologique[13]. De surcroît, différents partisans d'une interprétation particulière sont souvent en désaccord sur sa définition précise. En vérité, il n'y a même pas de *consensus* sur celles que nous devrions effectivement qualifier d'interprétations…

Vous pourriez imaginer que puisque les experts débattent toujours, un siècle après que la mécanique quantique a été découverte, et qu'aucun consensus ne se profile à l'horizon, ils pourraient probablement continuer à le faire pendant encore un siècle. Toutefois, le contexte du débat a changé sur trois plans importants, impliquant

13. Vous trouverez des références sur toutes ces interprétations dans http://arxiv.org/abs/1008.1066.

la théorie, la cosmologie et la technologie, ce qui a engendré des mutations sociologiques que je trouve assez intéressantes.

En premier lieu, nous avons vu comment les découvertes théoriques d'Everett, de Zeh et des autres ont démontré que même si vous abandonnez le postulat de la réduction du paquet d'onde, si controversé, et ne considérez que les fondamentaux de la mécanique quantique où l'équation de Schrödinger demeure valide, alors vous aurez toujours l'*impression* subjective de l'effondrement de la fonction d'onde lorsque vous effectuez des observations, vérifiant toutes les lois de probabilité, et vous demeurerez béatement inconscient de l'existence des univers parallèles quantiques.

Deuxièmement, les découvertes cosmologiques que nous avons exposées aux chapitre 5 et 6 suggèrent que nous soyons toujours confrontés aux univers parallèles, même si l'argument d'Everett est erroné. Qui plus est, nous avons vu plus haut comment ces univers parallèles de niveau I fusionnent de façon élégante avec les quantiques.

Troisièmement, le soutien en faveur de l'idée selon laquelle la gravité quantique effondrerait la fonction d'onde s'est lui-même effondré à cause d'une percée de la théorie des cordes que l'on appelle la correspondance AdS/CFT. Les détails de cet acronyme importent peu pour notre discussion : l'idée centrale est que l'on a découvert qu'une transformation mathématique montre que certaines théories quantiques des champs incorporant la gravitation peuvent être réinterprétées comme d'autres théories quantiques des champs sans gravitation. La gravité n'engendre manifestement pas de réduction du paquet d'onde si sa présence même n'est qu'une question d'interprétation.

Quatrièmement, des expériences encore plus précises ont invalidé de nombreuses tentatives pour rendre compte de l'étrangeté quantique.

Par exemple, le hasard quantique apparent pourrait-il être remplacé par une forme de quantité inconnue intrinsèque aux particules, que nous appelons une variable cachée ? Le physicien irlandais John Bell a démontré que, dans ce cas, des quantités pouvant être mesurées dans certaines expériences délicates contrediraient inéluctablement les prédictions quantiques standard. Après plusieurs années, la technologie s'est finalement perfectionnée au point que ces expériences sont devenues possibles, et l'explication des variables cachées a été évincée.

Se pourrait-il qu'une minuscule correction à l'équation de Schrödinger nous demeure encore cachée, de sorte qu'elle engendre la disparition des superpositions quantiques pour les objets suffisamment grands ? Lorsque la mécanique quantique a vu le jour, il y avait effectivement plusieurs physiciens qui pensaient qu'elle ne pouvait fonctionner qu'à l'échelle atomique. Cela n'a pas duré longtemps ! La simple expérience d'interférence de la double fente (figure 7.7), saluée par Feynman comme la mère de tous les effets quantiques, a été reproduite avec succès pour des objets plus gros que les particules élémentaires individuelles : des atomes, des petites molécules et même la molécule de carbone 60 en forme de ballon de football, nommée « fullerène ». Lorsque j'étais en cours supérieur, j'ai demandé à mon camarade de classe Keith Schwab s'il pensait que nous pouvions expérimentalement démontrer qu'un objet macroscopique se trouve en deux positions à la fois. De façon surprenante, deux décennies plus tard, il fit précisément cela dans son propre laboratoire de Caltech, avec une tige métallique contenant plusieurs milliards d'atomes. En réalité, son collègue de Santa Barbara, Andrew Cleland, y était déjà parvenu avec une palette métallique suffisamment large pour pouvoir être observée à l'œil nu. Le groupe d'Anton Zeilinger à Vienne a même commencé à envisager de le faire avec un virus. Si nous imaginons, en guise d'expérience de pensée, que ce virus possède une certaine forme primitive de conscience, alors l'interprétation des mondes multiples semble inévitable : l'extrapolation à des superpositions mettant en jeu des êtres sensibles autres que les humains ne serait plus qualitative mais purement quantitative. Le groupe de Zeilinger a également démontré que les propriétés quantiques contre-intuitives des photons persistent même lorsqu'ils traversent 89 kilomètres dans l'espace – une distance loin d'être microscopique. Je pense donc que le verdict expérimental est formel : le monde *est* étrange, et nous devons simplement apprendre à vivre avec cela.

En fait, de nombreuses personnes prêtent de l'intérêt à l'étrangeté quantique pour des raisons non pas philosophiques mais financières : cette étrangeté même permet d'ouvrir la porte à des technologies innovantes et utiles. Selon une estimation récente, plus d'un quart du produit national brut des États-Unis découle désormais des inventions permises par la mécanique quantique, des lasers aux circuits intégrés. En vérité, les technologies balbutiantes telles que la cryptographie quantique et l'ordinateur quantique exploitent explicitement le multivers de niveau III, et fonctionnent uniquement si la fonction d'onde ne s'effondre pas.

Ces progrès théoriques, technologiques et en cosmologie ont provoqué une mutation profonde des mentalités. Quand je donne des conférences, j'aime savoir ce que pensent les gens dans l'auditoire. Lorsque je leur ai demandé quelle interprétation de la mécanique quantique leur semble la plus vraisemblable, voici ce qu'ils m'ont répondu, tout d'abord en 1997, lors d'une conférence sur la mécanique quantique à l'UMBC dans le Maryland, puis en 2010, lors d'une conférence donnée au département de physique de Harvard :

Interprétation	Maryland 1997	Harvard 2010
Copenhague	13	0
Everett	8	16
Bohm	4	0
Histoires cohérentes	4	2
Dynamique modifiée	1	1
Aucune d'elles/indécis	18	16
Nombre total de votes	48	35

Même si ces sondages sont hautement informels et non scientifiques, et ne sont nullement représentatifs de l'ensemble des physiciens, ils révèlent néanmoins un changement assez radical des mentalités : après avoir régné en maître absolu durant des décennies, l'interprétation de Copenhague voit ses opinions favorables chuter à moins de 30 % en 1997 puis à 0 % en en 2010 ! Au contraire, après avoir été proposée en 1957 et être passée inaperçue pendant une décennie environ, l'interprétation des mondes multiples d'Everett a dû endurer 25 ans de critiques acerbes et de ridicule occasionnel avant de dominer dans le sondage de 2010. Il est digne de remarquer également que la fraction des votants indécis est importante, suggérant que la polémique sur la mécanique quantique bat toujours son plein.

Le biologiste autrichien Konrad Lorenz, spécialiste du comportement animal, a postulé que les découvertes scientifiques importantes devaient traverser trois phases : elles sont d'abord parfaitement ignorées, puis elles sont violemment critiquées, et enfin elles remportent un large consensus. Le sondage suggère qu'après avoir passé la phase 1 dans les années 1960, les univers parallèles d'Everett se positionnent désormais quelque part entre les phases 2 et 3.

À mon sens, cette prise de conscience signifie qu'il est temps de mettre à jour nos manuels de physique quantique pour aborder la décohérence (nombreux sont ceux qui ne le font toujours pas) et établir que l'interprétation de Copenhague doit plutôt être considérée comme l'*approximation de Copenhague* : même si la fonction d'onde ne s'effondre probablement jamais, c'est une approximation très commode pour effectuer les calculs comme si elle s'effondrait réellement au moment de l'observation.

Toute théorie physique possède deux parties : des équations mathématiques et des termes nous indiquant ce qu'elles signifient. Même si j'ai énuméré plus haut les noms d'une quinzaine d'interprétations de la mécanique quantique, nombre d'entre elles ne diffèrent que dans leur volet « terminologique ». Pour moi, la question la plus intéressante consiste à comprendre ce qui constitue la partie mathématique, et plus particulièrement à savoir si les maths les plus élémentaires (simplement l'équation de Schrödinger, sans exception) sont suffisantes. Jusqu'à présent, nous n'avons pas la moindre parcelle d'évidence expérimentale à l'appui du contraire, donc de nombreuses interprétations quantiques possèdent un volet « terminologique » assez copieux pour appréhender les univers parallèles. Ainsi, lorsque vous sélectionnez votre interprétation favorite, la question qui se pose réellement est de savoir ce qui vous importune le plus : une profusion de mondes ou une profusion de mots ? Lorsque le temps fut venu de rédiger un article pour le compte-rendu de la conférence de 1997 du Maryland, je l'intitulai « Interprétation de la mécanique quantique : mondes multiples ou mots multiples ? », afin de taquiner certains de mes collègues. Je m'attendais à être inondé d'une multitude de courriels virulents en réaction, mais je dois leur accorder que même si je pense qu'ils ont tort au sujet de la mécanique quantique, ils possèdent vraiment un excellent sens de l'humour…

Au chapitre 7, nous avons montré que toutes les choses sont constituées de particules, et que les particules sont dans un sens des objets purement mathématiques. Dans ce chapitre, nous avons vu qu'en mécanique quantique, il existe quelque chose d'incontestablement plus fondamental : la fonction d'onde et la région de dimension infinie, que l'on appelle l'espace de Hilbert, où elle évolue. Les particules peuvent être créées et détruites, et peuvent avoir plusieurs positions simultanées. À l'inverse, il n'y a, il n'y avait et il n'y aura toujours qu'une seule fonction d'onde, et c'est cette entité qui se déplace dans l'espace de Hilbert, sous la gouverne de l'équation de Schrödinger. Or si l'ultime réalité physique correspond à la fonction d'onde, à quelle sorte de créature cette dernière ressemble-t-elle ? De quoi est-elle constituée ? Qu'est-ce qui compose l'espace de Hilbert ? À ce que nous savons, rien : il semble que ce ne soient que des objets purement mathématiques ! Encore une fois, à mesure que nous tentons de nous immiscer plus profondément dans la recherche de la réalité physique sous-jacente, nous achoppons sur des fondements qui sont eux-mêmes purement mathématiques. Nous allons explorer cette idée plus en détail au chapitre 10.

En bref

- Dans la théorie quantique mathématiquement la plus simple, il existe quelque chose de plus fondamental que notre espace tridimensionnel et les particules qui l'habitent : la fonction d'onde et la région de dimension infinie où elle évolue, l'espace de Hilbert.
- Dans cette théorie, les particules peuvent être créées et détruites, et peuvent se trouver en plusieurs lieux à la fois, mais il n'y a, n'y avait et n'y aura toujours qu'une seule fonction d'onde, évoluant dans l'espace de Hilbert d'une manière déterminée par l'équation de Schrödinger.
- Cette théorie quantique mathématiquement la plus simple, où l'équation de Schrödinger s'applique toujours, prédit l'existence d'univers parallèles où votre vie suit une infinité de parcours différents.
- Elle implique également que le hasard quantique soit une illusion, engendrée par le clonage quantique de votre personne.
- Il n'y a rien de quantique dans le hasard apparent, lequel survient même si vous êtes cloné de manière classique.
- Cette théorie quantique mathématiquement la plus simple prédit également un effet de censure appelé décohérence, qui masque à nos yeux toute cette étrangeté, imitant ainsi la réduction du paquet d'onde.
- La décohérence se produit en permanence dans votre cerveau, ce qui invalide les suggestions populaires telles que la « conscience quantique ».
- Ce multivers quantique s'unifie avec le multivers spatial du chapitre 6, de sorte que la fonction d'onde d'un système décrive ses copies illimitées dans l'espace, et l'incertitude quantique est le reflet de notre ignorance à déterminer quelle copie particulière est en cours d'observation.
- Si nous vivons dans un espace infini, uniforme, comme dans le modèle standard de la cosmologie, alors il importe peu de savoir si, finalement, la fonction d'onde s'effondre : tous les mondes multiples d'Everett sont indiscernables, et l'effondrement n'empêche nullement toutes les issues quantiques de se produire réellement.

- Ce multivers quantique vous rend probablement subjectivement immortel, auquel cas vous finirez par découvrir que vous serez un jour le doyen de l'humanité, or ceci ne nécessite même pas la mécanique quantique, mais simplement le multivers de niveau I dans un espace infini. Je pense que ce n'est pas notre cas, comme je l'expliquerai au chapitre 11.
- La fonction d'onde et l'espace de Hilbert, qui représentent sans conteste la réalité physique la plus fondamentale, sont des objets purement mathématiques.

III
RÉTROSPECTIVE

9
Les réalités interne, externe et consensuelle

La couleur n'existe que par convention ; de même le doux ; de même l'amer. En réalité, il n'y a que des atomes et le vide.

Démocrite, v. 400 av. J.-C.

« Zut ! Ma valise ! »

Ils avaient déjà embarqué dans mon vol de Boston à destination de Philadelphie, où je devais les assister pour un documentaire de la BBC sur Hugh Everett, lorsque j'ai réalisé que ma main ne portait pas de valise. Je fis marche arrière pour regagner le poste de contrôle de sécurité.

« Quelqu'un a-t-il oublié à l'instant une valise à roulettes noire, ici ? »

« Non », répondit le contrôleur.

« Mais elle est ici – c'est ma valise, juste là ! »

« Ce n'est pas une valise noire », rétorqua le vigile. « C'est une valise kaki. »

Jusqu'ici, je n'avais jamais réalisé à quel point j'étais daltonien, et il était assez humiliant de reconnaître que de nombreuses suppositions que j'avais faites auparavant sur la réalité – et sur ma garde-robe – étaient parfaitement fausses. Comment pouvais-je faire confiance à ce que mes sens m'indiquaient sur le monde extérieur ? Et si je ne le pouvais pas, comment alors espérer connaître quelque chose avec certitude au sujet de la réalité externe ? Après tout, tout ce que je savais sur le monde extérieur et mes sens fallacieux, je le tenais précisément de mes sens. Épistémologiquement, cela me plaçait sur un pied d'égalité avec le prisonnier ayant passé sa vie entière reclus, et dont la seule information sur le monde extérieur et son gardien de prison provenait précisément de ce gardien peu digne de confiance. Plus généralement, comment puis-je croire ce que mes perceptions conscientes me renvoient au sujet du monde si je ne comprends pas comment fonctionne mon esprit ?

Ce dilemme fondamental a été exploré avec éloquence par les philosophes à travers les siècles, dont les géants que sont Platon, René Descartes, David Hume et Emmanuel Kant. Socrate disait : « La sagesse absolue est de savoir qu'on ne sait rien. » Du coup, comment pouvons-nous espérer progresser dans notre quête de la compréhension de la réalité ?

Jusqu'à présent, dans ce livre, nous avons emprunté une approche physique pour explorer notre réalité physique externe, en zoomant en arrière sur le macrocosme transgalactique et en avant sur le microcosme subatomique, tentant d'appréhender les choses par leurs constituants fondamentaux tels que les particules élémentaires. Cependant, tout ce dont nous avons une connaissance directe, ce sont plutôt les *qualia*, les constituants de base de notre perception consciente[1], incarnés par le pourpre d'une

1. En guise d'introduction à la vaste littérature sur la conscience provenant de psychologues, de neuroscientifiques, de philosophes et d'autres, je

rose, le timbre d'une cymbale, l'odeur d'un steak, la saveur d'une mandarine ou la douleur d'une piqûre. Ne devons-nous donc pas comprendre la conscience avant d'essayer d'appréhender complètement la physique ? J'avais pour habitude de répondre « oui », pensant que nous ne pourrions jamais assimiler l'insaisissable « théorie du Tout » de notre réalité physique externe sans comprendre au préalable les lentilles mentales déformantes à travers lesquelles nous la percevons. Mais j'ai changé d'opinion et dans ce bref interlude, je souhaite vous expliquer pourquoi.

Réalité externe et réalité interne

Peut-être songez-vous : *Ok Max, mais je ne suis pas daltonien. En cet instant, j'observe la réalité externe avec mes propres yeux, et il serait paranoïaque d'imaginer qu'elle ne soit pas ainsi.* De grâce, tentez simplement d'effectuer ces expériences :

Expérience 1 : tournez plusieurs fois la tête de gauche à droite.

Expérience 2 : faites pivoter plusieurs fois vos yeux de gauche à droite, sans bouger votre tête.

Avez-vous remarqué comment la première fois, la réalité externe semble se déplacer, et comment la seconde fois elle semble demeurer immobile, même si vos globes oculaires ont tourné les deux fois ? Cela prouve que ce que votre esprit visuel observe n'est pas la réalité externe, mais un modèle de la réalité stocké dans votre cerveau ! Si vous regardez les images enregistrées par une caméra vidéo en rotation, vous constaterez clairement qu'elle se déplace comme dans l'expérience 1. Mais si vos yeux sont

---

recommande les ouvrages relatifs à l'esprit de la section bibliographique à la fin de ce livre.

une forme de caméra vidéo biologique, l'expérience 2 démontre que votre conscience ne perçoit pas directement les images formées sur vos rétines. De fait, les neuroscientifiques ont désormais étudié très précisément les informations enregistrées par vos rétines, et celles-ci sont traitées de manière extrêmement complexe pour façonner en permanence un modèle élaboré du monde extérieur, emmagasiné dans votre cerveau. Jetez encore un regard devant vous : vous verrez que, grâce à ce traitement avancé de l'information, votre modèle de la réalité est tridimensionnel bien que les images brutes provenant de vos rétines soient bidimensionnelles.

Je n'ai pas d'interrupteur près de mon lit, donc je l'examine souvent avec attention, ainsi que tous les obstacles jonchant le sol, puis j'éteins la lumière et marche jusqu'à mon lit. Tentez de le faire : posez ce livre, levez-vous, regardez autour de vous puis faites quelques pas les yeux fermés. Pouvez-vous « voir »/« sentir » les objets de la pièce se mouvant par rapport à vous ? C'est parce que votre modèle de la réalité est mis à jour, cette fois grâce aux informations provenant du mouvement de vos jambes plutôt que de vos yeux. Votre cerveau réactualise continuellement son modèle de la réalité en exploitant toutes les informations utiles à sa disposition, incluant le son, le toucher, l'odeur et le goût.

Appelons ce modèle de la réalité votre réalité interne, parce que c'est la manière dont vous percevez subjectivement la réalité externe du point de vue interne de votre esprit. La réalité est également interne au sens où elle n'existe qu'en votre for intérieur : votre esprit fait comme s'il observait le monde extérieur, alors qu'il n'observe en vérité qu'un modèle de la réalité situé dans votre crâne – lequel à son tour traque en permanence ce qu'il y a à l'extérieur de votre cerveau par le truchement de processus élaborés mais automatiques dont vous n'avez pas conscience.

Il est absolument crucial de ne pas confondre cette réalité interne avec la réalité externe qu'elle analyse, car ce sont deux choses bien différentes. La réalité interne de mon cerveau ressemble au tableau de bord de ma voiture : une synthèse pratique des informations les plus utiles. De même qu'il indique la vitesse, le niveau de carburant, la température du moteur et d'autres paramètres que le conducteur doit connaître, le tableau de bord – le modèle de la réalité – de mon cerveau m'indique ma vitesse et ma position, mon appétit, la température ambiante, les principaux éléments de mon entourage et d'autres choses que l'opérateur de mon corps humain doit connaître.

La vérité, toute la vérité, et rien que la vérité

Un jour, l'indicateur « vérifiez le moteur » du tableau de bord de ma voiture s'alluma me signalant un défaut, mais une fois au garage aucun dysfonctionnement ne fut constaté. De manière similaire, les occasions ne manquent pas où le modèle de la réalité d'une personne peut être défectueux et différer de la véritable réalité externe, donnant naissance à des illusions (des perceptions incorrectes de choses existant bel et bien dans la réalité externe), des omissions (la non-perception de choses existant bel et bien dans la réalité externe) et des hallucinations (la perception de choses n'existant nullement dans la réalité externe). Si nous déclarons sous serment dire la vérité, toute la vérité, et rien que la vérité, nous devons être conscients que nos perceptions pourraient violer ces trois assertions à cause, respectivement, des illusions, des omissions et des hallucinations.

Sur le plan métaphorique, l'incident « vérifiez le moteur » était une hallucination de ma voiture – ou la sensation d'un mal imaginaire. J'ai récemment découvert que mon véhicule souffrait également d'une illusion : à la lecture des indicateurs de vitesse, il pense qu'il roule toujours à 3 km/h de plus que sa vitesse réelle. Ce n'est pas si mal comparé à l'énorme liste des illusions humaines que les spécialistes des sciences cognitives ont découvertes, lesquelles affectent tous nos sens et déforment notre réalité interne. La figure 9.1 indique deux exemples d'illusions optiques, où votre système visuel crée une réalité interne différente de la réalité externe. Si votre version de cette figure est en couleur au lieu d'être en noir et blanc, vous verrez probablement que le disque inférieur de la vignette de gauche est orange tandis que celui du haut est une nuance de marron. Dans la réalité externe, la lumière provenant de ces deux disques possède des propriétés identiques, et une

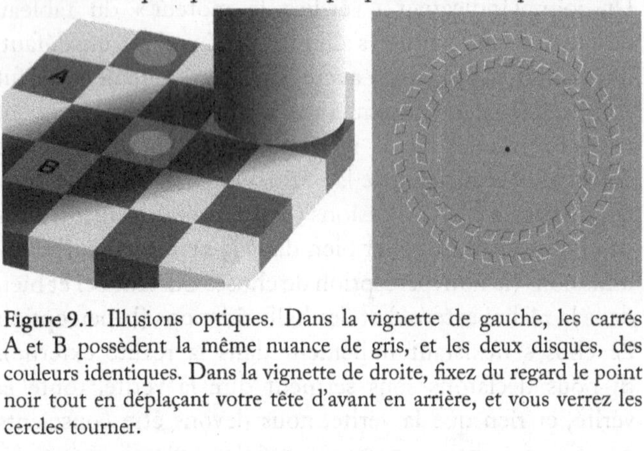

Figure 9.1 Illusions optiques. Dans la vignette de gauche, les carrés A et B possèdent la même nuance de gris, et les deux disques, des couleurs identiques. Dans la vignette de droite, fixez du regard le point noir tout en déplaçant votre tête d'avant en arrière, et vous verrez les cercles tourner.

longueur d'onde d'environ 600 nanomètres. Si un projecteur éclairait avec cette lumière, le faisceau serait orange. D'où vient le marron ? Avez-vous déjà observé un projecteur ou la pointe d'un laser émettre un faisceau marron ? C'est impossible, car la lumière marron n'existe pas ! La couleur marron n'existe pas dans la réalité externe, mais seulement dans votre réalité interne : c'est simplement ce que vous observez quand vous regardez une faible lueur orange sur un fond plus sombre.

Parfois, je m'amuse à comparer comment un même fait est retranscrit par des chaînes d'information telles que MSNBC, FOX News, la BBC, Al Jazeera, *Pravda* et d'autres. Je découvre que lorsqu'il s'agit de relater la vérité, toute la vérité, et rien que la vérité, c'est la deuxième sentence qui rend majoritairement compte des différences entre leurs manières de brosser la réalité : ce qu'elles omettent. Je pense que la même chose reste valable pour nos sens : même s'ils peuvent produire des hallucinations et des illusions, ce sont les omissions qui rendent majoritairement compte de la divergence entre les réalités externe et interne. Mon système visuel omet l'information permettant de distinguer les valises noires des kakis, mais même si vous n'êtes pas daltonien, vous manquez la plus grande partie de l'information transportée par la lumière. Lorsque j'ai appris à l'école que toutes les couleurs de la lumière se composent d'un mélange des trois couleurs primaires rouge, vert et bleu, je pensais que ce chiffre trois nous enseignait quelque chose de fondamental au sujet de la réalité externe. Mais j'avais tort : il nous renseigne seulement sur les omissions de notre système visuel. Plus précisément, il nous indique que notre rétine possède trois types de cônes, qui captent ensemble les milliers de nombres pouvant être mesurés dans un spectre de lumière (voir la figure 2.5 au chapitre 2) et n'en conservent que trois correspondant à l'intensité lumineuse moyenne à travers trois vastes gammes de longueurs d'onde.

De surcroît, les longueurs d'onde de la lumière, en dehors de l'étroite plage de 400-700 nanomètres, demeurent complètement invisibles à notre système visuel, et la surprise fut totale lorsque les détecteurs conçus par l'homme ont révélé que notre réalité externe est considérablement plus riche que ce que nous imaginions, regorgeant d'ondes radio, de micro-ondes, de rayons X et de rayons gamma. Or la vision n'est pas le seul de nos sens coupable d'omissions : nous ne pouvons entendre le couinement ultrasonore des souris, des chauves-souris et des dauphins, et nous sommes insensibles à la plupart des odeurs ténues qui dominent la réalité interne olfactive des chiens. Même si certaines espèces animales perçoivent plus d'information visuelle, auditive, olfactive, gustative, et des autres sens que nous, êtres humains, ils ignorent tout du monde subatomique, du cosmos constellé de galaxies, de l'énergie sombre et de la matière noire qui, comme nous l'avons vu au chapitre 4, composent 96 % de notre réalité externe.

Réalité consensuelle

Dans les deux premières parties de ce livre, nous avons vu que notre monde physique peut remarquablement bien se décrire par des équations mathématiques, donnant l'espoir qu'un jour les équations d'une « théorie du Tout » seront découvertes, et décriraient avec perfection notre réalité externe à toutes les échelles. L'ultime triomphe de la physique serait de prendre pour point de départ la réalité externe issue de la « perspective de l'oiseau » du mathématicien étudiant ces équations (lesquelles seraient idéalement assez simples pour tenir sur son tee-shirt) puis de dériver à partir d'elles sa réalité interne, la manière dont il perçoit subjectivement les choses dans sa « perspective de la grenouille » de la réalité externe. Pour y parvenir, il faudrait avoir une parfaite compréhension des rouages de la conscience, en tenant compte des illusions, des omissions, des hallucinations et autres complications.

Cependant, entre les réalités externe et interne se trouve aussi une troisième *réalité consensuelle* intermédiaire, comme l'illustre la figure 9.2. C'est la version de la réalité sur laquelle tous les êtres terrestres que nous

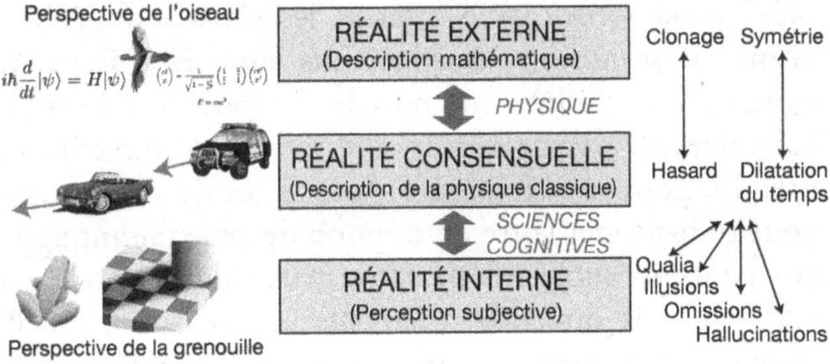

Figure 9.2 Nous pouvons voir la réalité de trois manières corrélées : de la perspective de l'oiseau du mathématicien étudiant les équations la décrivant, de la perspective subjective de la grenouille d'un observateur conscient situé en elle, et de la perspective consensuelle intermédiaire dans laquelle nous la décrivons généralement aux autres (comme par exemple le mouvement tridimensionnel d'objets classiques). L'ultime quête de notre compréhension se divise donc en deux parties, pouvant être abordées séparément : la physique doit révéler comment la réalité externe est reliée à la réalité consensuelle (tenant compte des complications telles que le clonage d'observateurs se manifestant comme du hasard et le mouvement rapide apparaissant comme un ralentissement du temps), et les sciences cognitives doivent indiquer comment la réalité consensuelle est reliée à la réalité interne (tenant compte des *qualia* et des complications telles que l'illusion, l'omission et l'hallucination).

sommes s'accordent : les positions et mouvements tridimensionnels des objets macroscopiques, et d'autres propriétés quotidiennes du monde pour lesquelles nous *partageons la même description* en termes de concepts familiers issus de la physique classique. Le tableau 9.1 résume ces descriptions et ces perspectives de la réalité, et la façon dont elles sont reliées entre elles.

Chacun de nous possède sa propre réalité interne individuelle, modelée à partir de la perception subjective de notre position, de notre orientation et de notre état d'esprit, et déformée par nos biais cognitifs personnels : dans votre réalité interne, les rêves sont réels et le monde se renverse lorsque vous faites le poirier. Au contraire, la réalité consensuelle est partagée. Lorsque vous donnez à votre ami les indications de directions à prendre pour vous rejoindre, vous faites de votre mieux pour transformer votre description de celle faisant appel aux concepts subjectifs de votre réalité interne (tels que « ici » ou « la direction à laquelle je fais face ») à celle impliquant les concepts partagés de la réalité consensuelle (tels que « au 70 rue de la Paix » ou « au nord »). Puisque nous, scientifiques, devons être précis et quantitatifs lorsque nous nous référons à notre réalité consensuelle partagée, nous faisons de notre mieux pour être le plus objectif possible : nous déclarons que la lumière possède une « longueur d'onde de 600 nanomètres » au lieu d'une « couleur orange » et qu'une chose possède des « molécules $CH_3COOC_5H_{11}$ » au lieu du « goût de la banane ». La réalité consensuelle n'est pas exempte de certaines illusions partagées par rapport à la réalité externe, comme nous allons le décrire ci-dessous : par exemple, les chats, les chauves-souris et les robots perçoivent le même hasard quantique et la même dilatation relativiste du temps. Elle est cependant dénuée, par définition, d'illusions propres aux esprits biologiques, et se détache par conséquent de la question de savoir comment fonctionne notre conscience humaine. La réalité interne peut paraître déficiente pour un daltonien, en noir et blanc pour un phoque, irisée pour un oiseau percevant quatre couleurs primaires, et encore plus différente pour une abeille sensible à la lumière polarisée, une chauve-souris utilisant un sonar, un aveugle aux sens du toucher et de l'audition affûtés, ou l'aspirateur robotisé dernier cri, mais nous nous accordons tous à reconnaître si une porte est ouverte.

C'est pourquoi j'ai changé d'opinion : même si la compréhension de la nature détaillée de la conscience humaine représente un défi passionnant, elle *n'est pas* nécessaire pour une théorie fondamentale de la physique, qui nécessite « seulement » de dériver la réalité consensuelle de ses équations. En d'autres termes, ce que Douglas Adams appelle « l'ultime question sur la Vie, l'Univers et tout le reste » se divise clairement en deux volets pouvant être abordés séparément : le défi pour la physique consiste à dériver la réalité consensuelle de la réalité externe, et celui des sciences cognitives, de déduire la réalité interne de la réalité consensuelle. Ce sont deux défis considérables pour ce troisième millénaire. Ils possèdent tous deux leur part de mystère, et je suis soulagé de savoir que nous n'avons pas besoin de les résoudre collectivement.

Mémento sur la réalité	
Réalité externe	Monde physique, dont je pense qu'il existerait même si les êtres humains n'existaient pas.
Réalité consensuelle	Description partagée du monde physique sur laquelle s'accordent les observateurs conscients.
Réalité interne	Manière dont vous percevez subjectivement la réalité externe.
Modèle de la réalité	Modèle de la réalité externe façonné par votre cerveau, c'est la réalité interne que vous percevez.
Perspective de l'oiseau	Votre perspective de la réalité externe lorsque vous étudiez les équations mathématiques abstraites qui la décrivent.
Perspective de la grenouille	Votre perspective subjective du monde physique (votre réalité interne).

Tableau 9.1 *Mots-clés introduits dans ce chapitre et réutilisés par la suite.*

La physique : une passerelle entre les réalités externe et consensuelle

Nous avons vu plus haut que la réalité consensuelle est assez différente de la réalité interne, et que le défi consistant à les relier est aussi difficile que de comprendre la conscience. De même, comme nous l'avons vu auparavant dans ce livre, la réalité consensuelle est également très différente de la réalité externe, donc il est crucial de ne pas les confondre. En vérité, je pense que l'histoire de la physique moderne témoigne du fait que dans plusieurs de ses avancées révolutionnaires, le plus difficile n'était pas de résoudre les maths, mais de comprendre comment ces deux réalités s'associent.

Lorsqu'Einstein a découvert la relativité restreinte en 1905, plusieurs des équations fondamentales avaient déjà été formulées par Hendrik Lorentz et d'autres scientifiques. Malgré tout, le génie d'Einstein a consisté à comprendre la relation entre les mathématiques et les mesures. Il a réalisé que les longueurs et les durées apparaissant dans la description mathématique de la réalité externe diffèrent de celles mesurées dans la réalité consensuelle, et que cette différence dépend du mouvement : si un avion vole au-dessus d'un groupe de personnes, il sera plus court dans leur réalité consensuelle qu'avant le décollage, et les horloges qu'il embarque avanceront plus lentement[2].

Quand Einstein a découvert la relativité générale une décennie plus tard, Bernhard Riemann et d'autres mathématiciens avaient déjà développé les idées centrales du formalisme mathématique. Cependant, l'étape à franchir était encore si difficile qu'il fallait tout le génie d'Einstein : comprendre que l'espace courbe de la description mathématique de la réalité externe correspond à la gravitation dans la réalité consensuelle. Pour apprécier toute la subtilité de cette idée, imaginez que la veille de sa mort, Isaac Newton est approché par un génie voulant exaucer son dernier vœu. Après un certain temps de réflexion, Newton dévoile son souhait :

« Dites-moi, s'il vous plaît, quelles seront les équations modernes de la gravitation dans 300 ans. »

---

2. Einstein a réalisé que, bien que des observateurs ayant la même position et suivant le même mouvement partagent une réalité consensuelle commune, deux groupes se mouvant relativement l'un à l'autre auront des réalités consensuelles différentes. Autrement dit, il peut y avoir plusieurs réalités consensuelles distinctes, mais leurs différences s'expliquent par des effets physiques qui n'ont rien à voir avec la conscience ou la structure interne des observateurs.

Le génie couche sur le papier les équations complètes de la relativité générale puis, étant un génie sympathique, lui explique également comment les traduire dans la notation mathématique de l'époque, désormais caduque. Aurait-il été évident pour Newton d'interpréter cela comme une généralisation de sa propre théorie ?

La difficulté à connecter la réalité externe à celle consensuelle a atteint son apogée avec la découverte de la mécanique quantique, par le fait que les physiciens se demandent toujours aujourd'hui comment interpréter la théorie, un siècle environ après son avènement. Comme nous l'avons vu au chapitre 8, la réalité externe est décrite par un espace de Hilbert où une fonction d'onde évolue de manière déterministe dans le temps, tandis que dans la réalité consensuelle, les choses semblent se produire au hasard, avec des distributions de probabilité pouvant être calculées avec une grande précision à partir de la fonction d'onde. Il fallut attendre plus de trente ans après la naissance de la mécanique quantique pour qu'Everett démontre comment ces deux réalités peuvent être réconciliées, et le monde dut patienter dix ans encore avant la découverte de la décohérence, laquelle permet d'accorder de manière déterminante la présence des macrosuperpositions dans la réalité externe avec leur absence dans la réalité consensuelle.

Aujourd'hui, le grand défi de la physique théorique consiste à unifier la mécanique quantique et la gravitation. En me fondant sur la progression historique de ces exemples, je prévois que la théorie mathématique correcte de la gravité quantique pulvérisera tous les records de difficulté d'interprétation. Supposez que la veille du prochain séminaire sur la gravité quantique, notre bon génie pénètre dans la salle de conférence puis inscrit les équations de la théorie ultime sur un tableau. Tous les participants comprendront-ils ce qui sera effacé le jour suivant ? Je le doute !

En résumé, notre quête de la compréhension de la réalité se divise en deux volets pouvant être abordés séparément : le grand défi des sciences cognitives consistant à relier notre réalité consensuelle à notre réalité interne, et celui de la physique à connecter notre réalité consensuelle à la réalité externe. Nous avons vu que ces deux défis paraissent insurmontables. Notre réalité consensuelle semble être habitée d'objets statiques et impénétrablement solides, mais hormis le billiardième du volume d'une pierre, tout n'est que de l'espace vide entre des particules s'agitant frénétiquement. Notre réalité consensuelle ressemble à une scène tridimensionnelle où les événements se déroulent au cours du temps, mais comme nous l'explorerons au chapitre 11, les travaux d'Einstein suggèrent que le changement est une illusion, le temps n'étant que la quatrième dimension d'un espace-temps immuable qui existe tout simplement, qui n'est ni créé ni détruit, et qui contient notre histoire cosmique de même qu'un DVD contient un film. Le monde quantique semble aléatoire, mais comme nous l'avons vu au chapitre précédent, les travaux d'Everett suggèrent que le hasard, lui aussi, est une illusion, incarnant simplement le ressenti de nos esprits lors du clonage dans des univers parallèles se séparant. Le monde de la gravité quantique se cache derrière tout cela – mais les physiciens que nous sommes ont encore un looooooooong chemin à parcourir !

Dans le reste de cet ouvrage, nous allons nous focaliser sur la quête de la physique, la poussant dans ses retranchements logiques : d'après ce que nous savons sur notre réalité consensuelle, à quoi ressemble cette réalité externe ? Quelle est sa nature ultime ?

En bref

- J'ai montré que, bien qu'il n'y ait qu'une seule véritable réalité, il existe plusieurs façons complémentaires de la percevoir.
- Dans la réalité interne de votre esprit, la seule information que vous ayez sur la réalité externe n'est que le mince échantillon que vous en traduisent vos sens.
- Cette information est déformée de plusieurs façons, et vous indique incontestablement autant de choses sur la manière dont fonctionnent vos sens et votre cerveau que sur la réalité externe.
- La description mathématique de la réalité externe que la physique théorique a dévoilée semble extrêmement différente de la manière dont nous la percevons.
- À mi-chemin entre les réalités externe et interne se tient la « réalité consensuelle », la description du monde physique partagée par tous les observateurs conscients.
- Ce que Douglas Adams appelait humoristiquement « l'ultime question sur la Vie, l'Univers et tout le reste » suit un clivage net en deux volets pouvant être abordés séparément : le défi des sciences physiques consiste à déduire la réalité consensuelle de la réalité externe, et celui des sciences cognitives à dériver la réalité interne de la réalité consensuelle.
- Le reste de cet ouvrage se focalise sur le premier de ces deux grands défis.

10

Réalité physique et réalité mathématique

La philosophie est écrite dans cet immense livre qui se tient toujours ouvert devant nos yeux, je veux dire l'Univers, mais on ne peut le comprendre si l'on ne s'applique d'abord à en comprendre la langue et à connaître les caractères avec lesquels il est écrit. Il est écrit dans la langue mathématique et ses caractères sont des triangles, des cercles et autres figures géométriques, sans le moyen desquels il est humainement impossible d'en comprendre un mot. Sans eux, c'est une errance vaine dans un labyrinthe obscur.

Galilée, *L'essayeur*, 1623

La déraisonnable efficacité des mathématiques dans les sciences de la nature est une chose presque mystérieuse [...] Il n'y a aucune explication rationnelle à cela.

Eugene Wigner, 1960

Un vendredi matin à Princeton, alors que je venais tout juste d'achever la lecture de mes courriels au sujet d'un projet de livre, d'un four en panne et d'un débat sur le suicide quantique, je découvre ce message, provenant d'un vénérable professeur de ma connaissance, dans ma boîte mail :

Date : *4 décembre 1998, 7:17:42 EST*

Objet : *Un courriel difficile à écrire…*

Cher Max,

[…] vos articles extravagants ne vous mènent à rien. Premièrement, en les soumettant à des revues sérieuses et en les voyant malheureusement publiés, vous leur ôtez tout leur côté « excentrique » […] Je suis éditeur de la revue […] et votre article ne sera jamais accepté. Cela serait probablement sans importance si vos collègues ne jugeaient cette facette de votre personnalité comme un mauvais présage pour les développements à venir […] Vous devez comprendre que, si vous ne séparez pas définitivement ces activités de votre recherche rationnelle, ou si vous ne les abandonnez pas complètement, voire les reléguer à des discussions informelles, vous compromettrez sérieusement votre avenir.

Au premier abord, ce message eut sur moi l'effet d'une douche froide, mais cet instant devint l'un des plus valorisants lorsque j'ai réalisé que je venais à nouveau de me surpasser, établissant ainsi un nouveau record à battre. Lorsque je fis suivre ce message à mon père, qui m'a grandement inspiré dans ma carrière scientifique, il me répondit avec ce vers de Dante : « *Segui il tuo corso et lascia dir le genti !* », c'est-à-dire en français « Poursuis ton chemin, et laisse dire les gens ! »

Je trouve amusant de constater à quel point cet esprit conformiste et moutonnier est présent chez les physiciens, étant donné que nous passons notre temps à promouvoir une pensée qui sort des sentiers battus et la remise en question de l'autorité. J'étais déjà particulièrement sensible à cette situation sociologique lors de mes études supérieures : par exemple, la théorie révolutionnaire de la relativité d'Einstein ne s'est jamais vue décerner le prix Nobel[1], Einstein passa lui-même à côté de la découverte de l'expansion de l'Univers due à Friedmann, et Hugh Everett ne décrocha même pas de poste en physique. En d'autres termes, des découvertes beaucoup plus importantes que celles que j'espérais réellement faire avaient été méprisées. J'affrontais par conséquent ce dilemme dès l'université : j'étais épris de passion pour la physique précisément parce que j'étais fasciné par les questions les plus fondamentales, même s'il était clair pour moi que si je n'écoutais que mon cœur, mon prochain employeur aurait été McDonald.

Je ne voulais pas choisir entre ma passion ou ma carrière, j'ai donc développé une stratégie secrète qui s'avéra finalement excellente, laquelle permettait également de subvenir à mes besoins. Je l'ai appelée ma « stratégie Dr Jekyll/Mr Hyde », et elle exploite une brèche sociologique.

---

1. Sur nobelprize.org, vous pouvez lire que le prix Nobel de physique fut décerné en 1922 à Albert Einstein « pour les services rendus à la physique théorique, plus particulièrement sa découverte du principe de l'effet photoélectrique ». Cependant, l'un de mes collègues suédois, membre du comité Nobel, me montra un jour la version complète et moins connue du discours de remise du prix. Dans ma traduction de ce texte ci-dessous, j'ai mis en gras une mise en garde cocasse que certains esprits bourrus ont probablement insérée pour exprimer leur réticence vis-à-vis de la théorie de la relativité, universellement saluée aujourd'hui comme l'un des plus grands triomphes de l'esprit humain :
L'ACADÉMIE ROYALE DES SCIENCES DE SUÈDE a lors de sa réunion du 9 novembre 1922, en accord avec les statuts du 27 novembre 1895 et selon la volonté d'ALFRED NOBEL, décidé de décerner, **indépendamment de toute considération pouvant, après une possible confirmation, être accordée à la relativité et à la théorie de la gravitation**, le prix récompensant pour 1921 la personne ayant réalisé la découverte ou l'invention la plus importante dans le domaine de la physique, à ALBERT EINSTEIN pour ses contributions à la physique théorique, plus particulièrement sa découverte de l'effet photoélectrique.

Alors que Giordano Bruno périt sur le bûcher en 1600 pour ses idées (qui concernaient des hérésies telles que l'infinité de l'espace) et que Galilée fut condamné à la prison à vie pour avoir proclamé que la Terre tourne autour du Soleil, les sanctions d'aujourd'hui sont plus clémentes. Si vous vous intéressez aux grandes questions aux connotations philosophiques, la majeure partie des physiciens vous considéreront pratiquement de la même façon que si vous étiez féru de jeux vidéo : ce que vous faites après le travail est votre affaire et ils ne s'élèveront pas contre vous tant que ce loisir ne vous détourne pas de votre travail quotidien, et tant que vous n'y accordez pas trop d'importance au travail. Donc, à chaque fois qu'un bureaucrate me demande ce sur quoi je travaille, je me glisse dans la peau du respectable Dr Jekyll et lui réponds que je travaille sur des questions d'actualité en cosmologie, telles que celles du chapitre 4, mettant en jeu de grandes quantités de mesures et de données, etc., etc. Mais secrètement, lorsque personne ne prête attention, je me transforme en un diabolique Mr Hyde et je fais ce qu'il me plaît *réellement* : poursuivre la nature ultime de la réalité comme dans les chapitres 6, 8 et la majeure partie du reste de cet ouvrage. Pour apaiser les craintes, j'ai inséré un encart sur mon site web relatif à mes « intérêts collatéraux », où j'affirme non sans humeur qu'à chaque fois que j'écris dix articles sérieux, je m'autorise à me laisser aller et à en sortir un farfelu. Cela est très pratique puisque je suis le seul à compter… Lorsque j'obtins mon diplôme à Berkeley, j'avais publié huit articles dont la moitié était rédigée par Mr Hyde, donc je n'y ai pas fait allusion dans ma thèse doctorale. J'appréciais réellement mon directeur de thèse de Berkeley, Joe Silk, mais par précaution, je m'assurais toujours qu'il fut loin de l'imprimante avant d'imprimer les articles de Hyde, et je les lui ai montrés après que j'eus officiellement achevé ma thèse[2]... J'étais adepte de cette stratégie : à chaque fois que je l'ai appliquée pour décrocher des postes et des bourses de recherche, je ne mentionnais que les travaux du Dr Jekyll, tandis que je poursuivais parallèlement mes recherches sur ces grandes questions dont les flammes me dévorent – d'une manière savoureuse, faut-il l'admettre, non comme Bruno.

Ce rusé stratagème fonctionna même nettement mieux que prévu, et je suis extrêmement ravi de travailler dans une université avec des collègues et des étudiants brillants, sans cesser pour autant de méditer sur mes principaux centres d'intérêt. Mais je pense que je dois dorénavant régler mes comptes avec la communauté scientifique, et que le temps est venu de m'acquitter de cette redevance. Si nous imaginons tous les thèmes de recherche alignés devant nous, dans un espace métaphorique, alors il doit y avoir une ligne démarcative entre ce qui constitue la physique ordinaire de ce qui ne l'est pas. Le plus amusant au sujet de cette frontière est que, comme l'illustre la figure 10.1, elle est en perpétuel mouvement ! En certains endroits, elle se contracte, où des théories allant de l'alchimie à l'astrologie quittent le courant de pensée dominant. En d'autres, elle s'étale pour incorporer des idées, telles que la théorie de la relativité et la théorie microbienne, passant d'une minorité spéculative à un paradigme scientifique. J'ai

2. Je divulguais également les articles de M. Hyde à un moment stratégique. De même que les hommes politiques aiment dévoiler discrètement les nouvelles impopulaires le vendredi après-midi pour laisser le temps aux gens de les oublier avant les nouvelles de la semaine suivante, j'écrivais ces articles prétendument insensés lors de l'été 1996, juste après que j'eus obtenu mon emploi postdoctoral à Princeton, parce que je savais que cela laissait le maximum de temps aux gens pour oublier avant que je postule à nouveau.

toujours pensé qu'il existe d'autres questions auxquelles les physiciens peuvent utilement contribuer même si elles semblent au premier abord plutôt philosophiques, et j'ai désormais exercé depuis suffisamment longtemps pour ne pas faire d'excuses : je pense que j'ai maintenant l'obligation morale vis-à-vis des jeunes scientifiques de sortir Mr Hyde de ce placard académique et de repousser un peu la frontière. C'est pourquoi Anthony Aguirre et moi avons fondé le *Foundational Questions Institute* que j'ai mentionné au chapitre 8 (http://fqxi.org). Et c'est pourquoi j'écris ce livre.

Ainsi, lequel de mes articles avait bien pu déclencher cette mise en garde « arrêtez ou vous allez ruiner votre carrière » ? Quel était donc le sujet abordé pour qu'il soit si éloigné de la frontière actuelle du courant dominant de la figure 10.1, au point que ce professeur jugeât utile de

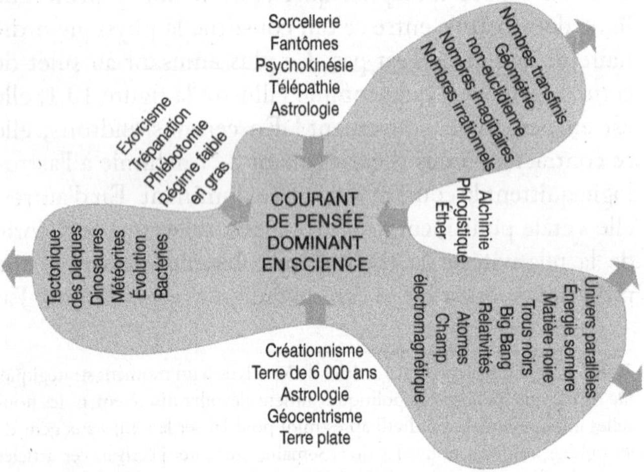

Figure 10.1 La frontière circonscrivant le courant de pensée dominant ne cesse de bouger.

me rappeler au troupeau ? Il concerne l'idée centrale de ce livre : que notre monde physique est un objet mathématique géant. Et c'est avec ce chapitre que nous allons débuter son exploration.

Des maths partout !

Quelle est la réponse à l'ultime question sur la Vie, l'Univers et tout le reste ? Dans la parodie de science-fiction de Douglas Adams *Le Guide du voyageur galactique*, cette réponse s'avère être 42. La partie la plus difficile a consisté à découvrir la véritable question. En réalité, même si nos ancêtres investigateurs se sont indubitablement posé de telles questions fondamentales, leur quête d'une « théorie du Tout » a évolué en même temps que leurs connaissances croissaient. À mesure que les Grecs de l'Antiquité remplaçaient leurs explications fondées sur des mythes par des modèles mécanistiques du système solaire, leur questionnement passait progressivement du *pourquoi* au *comment*.

Depuis, l'étendue de nos interrogations s'est resserrée dans certains domaines et s'est développée dans d'autres, comme l'illustre la figure 10.1. Certaines questions furent abandonnées car considérées comme empreintes de naïveté ou de fourvoiements, comme l'explication de la taille des orbites planétaires à partir de principes premiers, laquelle était populaire à la Renaissance. La même chose pourrait se produire pour des recherches actuellement en vogue, telles que la prédiction de la quantité d'énergie sombre dans le cosmos, s'il s'avère que la quantité présente dans notre voisinage n'est qu'un accident de l'histoire, comme nous l'avons mentionné au chapitre 6. De même, votre habileté à répondre à d'autres questions a surpassé toutes les attentes des générations précédentes : Newton aurait été ébahi de savoir que nous avons un jour mesuré l'âge de notre Univers avec une précision de 1 %, et appréhendé le microcosme avec suffisamment d'exactitude pour pouvoir construire un iPhone.

Je trouve très pertinent que Douglas Adams ironise au sujet du nombre 42, car les mathématiques ont joué un rôle déterminant dans toutes ces réussites[3]. L'idée selon laquelle notre Univers serait, dans un certain sens, mathématique remonte au moins à l'époque des pythagoriciens de la Grèce antique, et a donné lieu à des siècles de discussions parmi les physiciens et les philosophes. Au XVIIe siècle, Galilée avait notoirement déclaré que notre Univers est un « immense livre » écrit dans la langue mathématique. Plus récemment, dans les années soixante, le lauréat du prix Nobel de physique Eugene Wigner fit allusion au fait que la « déraisonnable efficacité des mathématiques dans les sciences de la nature » réclamait une explication.

Formes, motifs et équations

Nous allons explorer ci-dessous une explication complètement radicale. Avant tout, nous avons cependant besoin de préciser avec exactitude ce que nous tentons d'expliquer. Cessez votre lecture pendant quelques minutes et regardez

3. Au lieu de continuer à collectionner les timbres, je me suis mis à collectionner les questions amusantes dont la réponse est 42. Voici mes préférées jusqu'à présent :

1. À quelle latitude ce livre a-t-il été écrit ?
2. Quel est le rayon de l'arc-en-ciel, en degrés ?
3. Quel pourcentage, tout au plus, de gaz l'environnant un trou noir peut-il engloutir ?

Il s'avère que l'alimentation du trou noir ressemble beaucoup à celle d'un nourrisson : la majeure partie de la matière est ingurgitée à grande vitesse... Les trous noirs peuvent avaler tout au plus $1 - 1/\sqrt{3} \approx 42\ \%$ du gaz environnant.

autour de vous. Où se trouvent toutes ces maths que nous nous apprêtons à aborder ? Ne sont-elles pas uniquement liées aux nombres ? Vous pouvez probablement en glaner quelques-uns ici ou là, par exemple le numéro de la page de ce livre, mais ce ne sont que des symboles inventés et imprimés par des gens, donc nous pouvons difficilement dire qu'ils reflètent la profondeur mathématique de notre Univers.

À cause de notre système éducatif, de nombreuses personnes associent les mathématiques à de l'arithmétique. Comme la physique, les mathématiques ont évolué pour aborder des questions plus générales. Par exemple, comme l'indique sa citation ci-dessus, Galilée qualifie les figures géométriques, telles que les cercles et les triangles, de mathématiques, donc lorsque vous regardez autour de vous, voyez-vous des formes ou des motifs géométriques ? Encore une fois, ceux d'origine humaine, comme la forme rectangulaire de ce livre, ne comptent pas. Mais tentez de jeter un caillou et observez la magnifique forme que la nature assigne à sa trajectoire ! Galilée fit une découverte remarquable, illustrée dans la figure 10.2 : les trajectoires de tout ce que vous lancez possèdent la *même* forme, appelée *parabole* renversée. De surcroît, la forme d'une parabole peut se décrire par une équation mathématique extrêmement simple, $y = x^2$ où x représente la position horizontale et y la position verticale (la hauteur). En fonction de la vitesse et de la direction initiales, cette forme peut être étirée tant verticalement qu'horizontalement, mais elle demeure toujours une parabole.

Quand nous observons que les choses se meuvent en orbites dans l'espace, nous découvrons une autre forme récurrente, comme l'illustre la figure 10.3 : l'*ellipse*. L'équation $x^2 + y^2 = 1$ décrit les points d'un cercle, et une

Figure 10.2 Lorsque vous lancez quelque chose en l'air, sa trajectoire dessine toujours la même forme, que l'on appelle une *parabole* renversée, à condition qu'elle ne heurte rien et que la résistance de l'air soit négligeable.

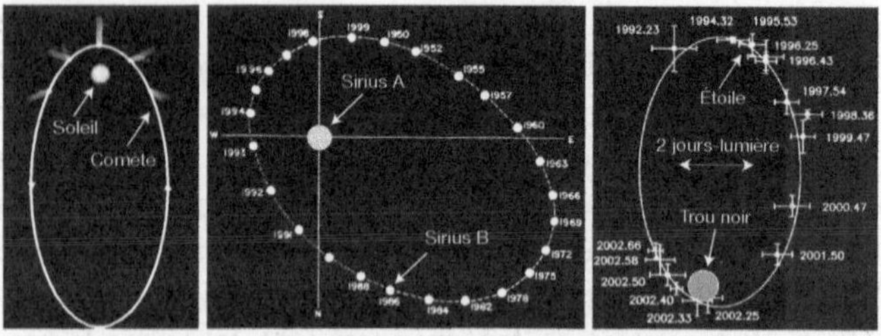

Figure 10.3 Lorsqu'un corps céleste tourne autour d'un autre à cause de la gravité, son orbite possède toujours la même forme, appelée *ellipse*, qui est simplement un cercle étiré dans une direction (cela reste vrai tant qu'il n'y a pas de source de frottement et que vous ignorez les corrections d'Einstein à la théorie de la gravitation de Newton, lesquelles sont généralement infimes sauf à proximité d'un trou noir). L'orbite reste une ellipse même pour des objets radicalement différents, disons pour une comète gravitant autour du Soleil (à gauche), une naine blanche – un cadavre stellaire – orbitant autour de Sirius A, l'étoile la plus brillante dans notre ciel nocturne (au centre), et une étoile tournant autour du trou noir colossal situé au centre de notre galaxie (à droite), lequel est quatre millions de fois plus massif que notre Soleil. (*Avec la gracieuse permission de Reinhard Genzel et Rainer Schödel pour l'image de droite.*)

ellipse est simplement un cercle étiré. En fonction de la vitesse et de la direction initiales de l'objet gravitant et de la masse de l'objet central, la forme de l'orbite peut être aussi bien étirée qu'inclinée, mais elle demeure toujours une ellipse. Qui plus est, ces deux formes sont reliées : le bout d'une ellipse très allongée possède exactement la même forme qu'une parabole, donc en réalité, toutes ces trajectoires sont simplement des portions d'ellipses[4].

Les êtres humains que nous sommes ont progressivement découvert de nombreuses autres formes et motifs récurrents dans la nature, mettant en jeu non seulement le mouvement et la gravité, mais également des phénomènes aussi disparates que l'électricité, le magnétisme, la lumière, la chaleur, la chimie, la radioactivité et les particules subatomiques. Ces régularités sont résumées par ce que nous appelons nos *lois de la physique*. À l'instar de la forme d'une ellipse, toutes ces lois peuvent se décrire par le truchement d'équations mathématiques, comme l'illustre la figure 10.4. Pourquoi est-ce ainsi ?

Nombres

Les équations ne sont pas les seules manifestations des mathématiques que l'on retrouve dans la nature : il y a également les *nombres*. Contrairement aux artifices humains tels que les numéros de page de ce livre, je me réfère dorénavant aux nombres incarnant des propriétés fondamentales de notre réalité physique. Par exemple, combien de crayons pouvez-vous disposer de sorte qu'ils soient tous

4. En réalité, si vous empêchiez le ballon de basket de la figure 10.2 de heurter le sol en comprimant notre planète toute entière en un trou noir situé en son centre, alors la partie parabolique de la trajectoire du ballon demeurerait identique, et se prolongerait en une ellipse complète autour du trou noir.

Figure 10.4 L'art et la poésie peuvent capter beaucoup de choses en quelques symboles seulement, et il en est de même pour les équations de la physique. De gauche à droite et de haut en bas, ces chefs-d'œuvre décrivent l'électromagnétisme, le mouvement proche de la vitesse de la lumière, la gravitation, la mécanique quantique et l'expansion de notre Univers. Nous n'avons toujours pas découvert d'équation pour une théorie unifiée du Tout.

perpendiculaires (à 90 degrés) entre eux ? La réponse est 3 – par exemple, en les plaçant le long des trois arêtes issues d'un coin de votre chambre. D'où sort ce nombre 3 ? Nous l'appelons nombre de dimensions de notre espace, mais pourquoi y a-t-il 3 dimensions plutôt que 4, 2 ou 42 ? Et pourquoi y a-t-il, autant que nous le sachions, exactement 6 espèces de quarks dans notre Univers ? Comme nous l'avons vu au chapitre 7, il existe beaucoup d'autres nombres entiers cachés dans la nature pour décrire les types de particules élémentaires qui existent.

Et comme si ces perles mathématiques ne suffisaient pas, nous découvrons également des quantités encodées dans la nature qui ne sont pas des nombres entiers, mais qui nécessitent des chiffres après la virgule. Selon mon dernier comptage, la Nature renferme 32 de ces nombres fondamentaux. Est-ce que le nombre affiché sur votre pèse-personne, lorsque vous vous tenez dessus, compte parmi ces nombres ? Non, car il mesure une quantité (votre masse) qui change de jour en jour et n'est par conséquent pas une propriété fondamentale de notre Univers. Qu'en est-il de la masse d'un proton, s'élevant à $1{,}672622 \times 10^{-27}$ kg, ou de la masse d'un électron, de $9{,}109382 \times 10^{-31}$ kg, qui semblent demeurer parfaitement constantes dans le temps ? Elles ne comptent pas non plus, car elles mesurent des nombres de kilogrammes, et ce n'est qu'une unité arbitraire de mesure de la masse que les hommes ont inventée. Par contre, si vous divisez l'un de ces deux derniers nombres par l'autre, vous obtenez quelque chose de réellement fondamental : le proton est environ 1836,15267 fois plus massif que l'électron[5].

1836,15267 est un *nombre pur*, au même titre que π ou $\sqrt{2}$, au sens où c'est une quantité n'impliquant aucune

5. Si vous vous demandez pourquoi ce rapport peut être mesuré de façon beaucoup plus précise que les deux masses séparément, c'est parce que les deux erreurs de mesure sont très fortement reliées (corrélées).

unité anthropique de mesure telle que le gramme, le mètre, la seconde ou le volt. Pourquoi est-il proche de 1836 ? Pourquoi pas 2013 ou 42 ? En bref, nous ne le savons pas, mais nous pensons que nous pouvons en principe calculer ce nombre, et toutes les autres constantes fondamentales de la nature mesurées jusqu'à présent, à partir simplement des 32 nombres listés dans le tableau 10.1.

Ne soyez pas impressionné par la terminologie technique intimidante des nombres de ce tableau, qui peut être ignorée sans crainte pour notre propos. L'essentiel, c'est qu'il existe quelque chose de profondément mathématique au sujet de notre Univers, et que plus nous y prêtons attention, plus elle nous semble mathématique. Au sujet des constantes de la nature, il existe des centaines de milliers de nombres purs qui ont été mesurés dans tous les domaines de la physique, allant du rapport des masses des particules élémentaires au rapport des longueurs d'onde caractéristiques de la lumière émise par différentes molécules, et en utilisant des ordinateurs suffisamment puissants pour résoudre les équations décrivant les lois de la nature, il semble que chacun de ces nombres peut être calculé à partir des 32 valeurs du tableau 10.1. Certains des calculs et certaines des mesures s'avèrent réellement ardus et n'ont pas encore été effectués, et il est probable que lorsque cela sera fait, quelques décimales différeront entre la théorie et l'expérience. Ce type de divergence s'est produit maintes fois par le passé, et a été typiquement résolu après l'un des trois faits suivants :

1) Quelqu'un a découvert une erreur dans l'expérience.
2) Quelqu'un a découvert une erreur dans le calcul.
3) Quelqu'un a découvert une erreur dans nos lois de la physique.

Paramètre	Signification	Valeur mesurée
g	Constante de couplage de l'interaction faible en m_Z	$0{,}6520 \pm 0{,}0001$
θ_W	Angle de Weinberg	$0{,}48290 \pm 0{,}00005$
g_s	Constante de couplage de l'interaction forte en m_Z	$1{,}220 \pm 0{,}004$
μ^2	Coefficient quadratique de Higgs	$\approx -2 \times 10^{-34}$
λ	Coefficient quartique de Higgs	$\approx 0{,}5$
G_e	Couplage de Yukawa de l'électron	$0{,}000002931 \pm 10^{-9}$
$G\mu$	Couplage de Yukawa du muon	$0{,}0006060 \pm 0{,}0000002$
G_τ	Couplage de Yukawa du tau	$0{,}01022$
G_u	Couplage de Yukawa du quark up	$0{,}000014 \pm 0{,}000003$
G_d	Couplage de Yukawa du quark down	$0{,}000029 \pm 0{,}00003$
G_c	Couplage de Yukawa du quark charmé	$0{,}0073 \pm 0{,}0001$
G_s	Couplage de Yukawa du quark étrange	$0{,}000546 \pm 0{,}00003$
G_t	Couplage de Yukawa du quark top	$0{,}995 \pm 0{,}008$
G_b	Couplage de Yukawa du quark bottom	$0{,}0230 \pm 0{,}0002$
$\sin \theta_{12}$	Angle de mélange de la matrice CKM des quarks	$0{,}2243 \pm 0{,}0016$
$\sin \theta_{23}$	Angle de mélange de la matrice CKM des quarks	$0{,}0413 \pm 0{,}0015$
$\sin \theta_{13}$	Angle de mélange de la matrice CKM des quarks	$0{,}0037 \pm 0{,}0005$
δ_{13}	Phase de la matrice CKM des quarks	$1{,}05 \pm 0{,}24$

Paramètre	Signification	Valeur mesurée
θ_{qcd}	Phase du vide QCD à violation CP	$< 10^{-9}$
$G_{\nu e}$	Couplage de Yukawa du neutrino électronique	$< 1{,}3 \times 10^{-11}$
$G_{\nu\mu}$	Couplage de Yukawa du neutrino muonique	$< 9{,}8 \times 10^{-7}$
$G_{\nu\tau}$	Couplage de Yukawa du neutrino tauique	< 0,00009
$\sin^2 2\theta'_{12}$	Angle de mélange de la matrice MNS des neutrinos	0,857 ± 0,024
$\sin^2 2\theta'_{23}$	Angle de mélange de la matrice MNS des neutrinos	≥ 0,95
$\sin^2 2\theta'_{13}$	Angle de mélange de la matrice MNS des neutrinos	≤ 0,098 ± 0,013
δ'_{13}	Phase de la matrice MNS des neutrinos	?
ρ_Λ	Densité d'énergie sombre	$(1{,}16 \pm 0{,}07) \times 10^{-123}$
ξ_b	Masse baryonique par photon ρ_b/n_γ	$(4{,}66 \pm 0{,}06) \times 10^{-29}$
ξ_c	Masse de la matière noire froide par photon ρ_c/n_γ	$(24{,}9 \pm 0{,}7) \times 10^{-29}$
ξ_ν	Masse des neutrinos par photon $\rho_\nu/n_\gamma = \frac{3}{11}\Sigma m_{\nu i}$	$< 0{,}59 \times 10^{-29}$
Q	Amplitude de fluctuation scalaire δ_H à l'horizon	$(2{,}0 \pm 0{,}2) \times 10^{-5}$
n	Index spectral scalaire	0,960 ± 0,007

Tableau 10.1 *Chaque propriété fondamentale mesurée dans la nature peut être calculée à partir des 32 nombres de ce tableau, du moins en principe. Certains d'eux ont été mesurés avec une précision extrême, alors que d'autres n'ont pas encore été déterminés expérimentalement. La signification détaillée*

de ces valeurs importe peu pour notre propos, mais si vous êtes intéressé, vous en trouverez une explication dans mon article sur **http://arxiv.org/abs/astro-ph/0511774**. *Mais qu'est-ce qui détermine ces nombres ?*

Dans le troisième cas, on découvre en général une loi plus fondamentale de la physique, comme lorsque les équations de la gravitation de Newton furent remplacées par celles d'Einstein, lesquelles expliquent pourquoi le mouvement de Mercure autour du Soleil ne dessine pas une ellipse parfaite. À chaque fois, la prise de conscience de l'apanage mathématique de la nature s'est trouvée renforcée.

Si, à l'avenir, vous découvrez une loi de physique encore plus exacte, celle-ci pourrait diminuer le nombre de paramètres, à 32 dans le tableau 10.1, en vous permettant de calculer certains d'eux à partir des autres, ou les accroître en en ajoutant de nouveaux, par exemple les masses de nouvelles espèces de particules qui auraient été découvertes au Grand collisionneur de hadrons près de Genève.

De nouveaux indices

Que faire donc de toutes ces allusions mathématiques présentes dans notre monde physique ? La plupart de mes collègues physiciens les considèrent au sens où la nature est, pour certaines raisons, décrite par les mathématiques, du moins approximativement, et en restent là. Dans son livre *Is God a Mathematician ?*, l'astrophysicien Mario Livio conclut que « les scientifiques ont sélectionné les problèmes sur lesquels ils souhaitent travailler selon qu'ils puissent être soumis à un traitement mathématique ». Mais je suis convaincu que nous pouvons aller beaucoup plus loin.

En premier lieu, *pourquoi* les maths décrivent-elles si bien la nature ? Je consens, comme Wigner, qu'il faut trouver une explication. Ensuite, tout au long de ce livre, nous avons découvert des indices suggérant que la nature n'est pas simplement *décrite* par les mathématiques, mais que certaines facettes d'elle *sont* mathématiques :

1) Aux chapitres 2 à 4, nous avons vu que le tissu de notre monde physique, l'espace lui-même, est un objet purement mathématique au sens où seules ses propriétés intrinsèques sont des propriétés mathématiques – des valeurs telles que le nombre de dimensions, la courbure et la topologie.
2) Au chapitre 7, nous avons vu que toute la « substance » de notre monde physique est constituée de particules élémentaires, qui s'avèrent à leur tour être des objets purement mathématiques au sens où seules leurs propriétés intrinsèques sont des propriétés mathématiques – les nombres listés dans le tableau 7.1 tels que la charge, le spin et le nombre leptonique.
3) Au chapitre 8, nous avons vu qu'il existe quelque chose d'incontestablement plus fondamental que notre espace tridimensionnel et les particules qui l'habitent : la fonction d'onde et la région de dimension infinie, appelée espace de Hilbert, dans laquelle elle évolue. Contrairement aux particules qui peuvent être créées et détruites, et qui peuvent se trouver en plusieurs lieux à la fois, il n'y a, il n'y avait et il n'y aura toujours qu'une seule fonction d'onde, se déplaçant dans l'espace de Hilbert sous la gouverne de l'équation de Schrödinger – la fonction d'onde et l'espace de Hilbert sont des objets purement mathématiques.

Qu'est-ce que tout cela signifie ? Laissez-moi dorénavant vous faire partager ce que j'en pense, et voyons si tout cela est plus crédible à vos yeux qu'à ceux de ce professeur affirmant que ma carrière est vouée au désastre.

L'hypothèse de l'Univers mathématique

J'étais déjà assez fasciné par toutes ces allusions mathématiques lors de mes études supérieures. Un soir à Berkeley, en 1990, tandis que mon ami Bill Poirier et moi étions en train de méditer sur l'ultime nature de la réalité, j'eus soudainement une idée sur cette signification profonde : notre réalité n'est pas simplement *décrite* par les mathématiques, elle *est* mathématique au sens très précis que je vais vous décrire. Non seulement des facettes d'elle, mais sa totalité, y compris vous[6]. Cette idée semblait réellement saugrenue et tirée par les cheveux, donc après en avoir fait part à Bill, je l'ai remâchée durant des années avant de rédiger ce premier article sur elle.

Mais avant d'entrer dans les détails, voici le canevas logique de ma façon d'aborder cette question. En premier lieu, nous avons deux hypothèses, l'une semblant anodine et l'autre plutôt radicale :

> Hypothèse de la réalité externe (HRE) : il existe une réalité physique externe complètement indépendante des êtres humains.
>
> Hypothèse de l'Univers mathématique (HUM) : notre réalité physique externe est une structure mathématique.

6. Roger Penrose exprime des sentiments similaires dans son livre *À la découverte des lois de l'Univers. La prodigieuse histoire des mathématiques et de la physique,* Odile Jacob, 2007.

Deuxièmement, je possède un raisonnement montrant qu'avec une définition suffisamment large de la structure mathématique, la première implique la seconde.

Mon hypothèse de départ, l'Hypothèse de la réalité externe, n'est pas si controversée : je suppose que la majorité des physiciens soutiennent cette vieille idée, même si elle fait toujours l'objet de discussions. Les solipsistes métaphysiques la rejettent catégoriquement, et les partisans de l'interprétation de Copenhague de la mécanique quantique pourraient la récuser du fait que, pour eux, il n'existe pas de réalité en dehors de l'observation. En supposant qu'une réalité externe existe, les théories physiques s'attachent à décrire son fonctionnement. Nos théories les plus abouties, telles que la relativité générale et la mécanique quantique, ne décrivent que partiellement cette réalité : la gravité, par exemple, ou le comportement de particules subatomiques. Au contraire, le Graal de la physique théorique est une théorie du Tout – une description exhaustive de la réalité.

Réduire la franchise de bagages

Ma réflexion personnelle sur cette théorie commence avec un raisonnement implacable sur les formes qu'elle peut emprunter : si nous supposons que la réalité existe indépendamment des êtres humains, alors pour qu'une description puisse être complète, elle doit également être parfaitement définie pour des entités non humaines – des extraterrestres ou des supercalculateurs, par exemple – ignorant tout des concepts humains. Pour le dire autrement, une telle description doit être exprimable sous une forme dépourvue de tout bagage humain tel que « particule », « observation » ou tout autre mot du langage.

À l'inverse, toutes les théories physiques que j'ai apprises possèdent deux composantes : des équations mathématiques et un « bagage » – des mots expliquant comment les équations s'identifient à ce que nous observons et appréhendons intuitivement. Lorsque nous déduisons les conséquences d'une théorie, nous introduisons des concepts nouveaux et des mots pour les exprimer par commodité, tels que *proton*, *atome*, *molécule*, *cellule* et *étoile*. Il est important cependant de ne pas perdre de vue le fait que ce sont les êtres humains qui inventent ces concepts : nous pourrions en principe tout calculer sans ce bagage. Un hypothétique supercalculateur idéal pourrait calculer l'évolution dans le temps de l'état de notre Univers sans forcément traduire ce qui se passe en termes humains, en évaluant simplement le mouvement de toutes les particules ou la variation de la fonction d'onde.

Supposez par exemple que la trajectoire du ballon de basket de la figure 10.2 soit celle d'un magnifique panier vous faisant gagner la partie, et que vous souhaitiez par la suite la décrire à un ami. Puisque le ballon est constitué de particules élémentaires (des quarks et des électrons), vous pourriez en principe décrire son mouvement sans une quelconque référence aux ballons de basket :

- La particule 1 se déplace suivant une parabole,
- La particule 2 se déplace suivant une parabole,
- ...
- La particule 138 314 159 265 358 979 323 846 264 se déplace suivant une parabole.

L'inconvénient, malgré tout, c'est qu'il vous faudrait plus de temps que l'âge de notre Univers pour dire cela. Ce serait également inutilement répétitif, car toutes les particules sont liées entre elles et se meuvent à l'unisson. C'est pourquoi nous avons forgé le terme *ballon* pour désigner cette unité toute entière, nous permettant de gagner du temps en décrivant simplement le mouvement de l'ensemble une fois pour toutes.

Le ballon a été conçu par les êtres humains, mais la situation est la même pour les objets composites n'ayant pas été façonnés par l'homme, tels que les molécules, les pierres et les étoiles : l'invention de mots pour les désigner est une commodité tant pour le gain de temps que pour l'apport de concepts ou de raccourcis abstraits afin d'appréhender le monde plus intuitivement. Bien qu'utiles, ces mots sont tous des bagages facultatifs : par exemple, j'ai employé le terme étoile à plusieurs reprises dans ce livre, mais vous pourriez en principe remplacer chaque occurrence de ce mot par une définition fondée sur ses constituants élémentaires, par exemple *un agrégat d'environ* 10^{57} *atomes gravitationnellement liés, dont certains participent à une fusion nucléaire*. Autrement dit, la nature contient de nombreuses espèces d'entités qui ne demandent qu'à être dénommées. Certes, chaque population humaine sur la Terre possède de fait un mot pour dire étoile dans sa propre langue, souvent forgé de manière indépendante pour refléter sa tradition culturelle et linguistique. Je soupçonne la plupart des civilisations extraterrestres de systèmes planétaires lointains d'avoir également inventé un nom ou un symbole pour *étoile* même si elles ne communiquent pas par des sons.

Un autre fait frappant est que vous pouvez souvent prédire mathématiquement l'existence de ces entités dignes d'un nom, à partir des équations gouvernant leurs parties. De cette façon, toute la hiérarchie-Lego des structures que nous avons évoquée au chapitre 7 peut être devinée, des particules élémentaires aux atomes et molécules, et notre contribution humaine consiste simplement à trouver des mnémoniques pour désigner les objets à chaque niveau.

Par exemple, si vous résolvez l'équation de Schrödinger pour cinq quarks ou moins, il s'avère qu'il n'existe que deux manières assez stables de les arranger : en formant un ensemble constitué soit de deux quarks up et un quark down, soit de deux quarks down et un quark up, et nous avons enrichi notre bagage en appelant ces deux types d'assemblages des « protons » et des « neutrons », par commodité. De façon analogue, si vous appliquez l'équation de Schrödinger à ces agrégats, il s'avère qu'il n'existe que 257 manières stables de les assembler. Les êtres humains que nous sommes ont complété leur bagage pour qualifier ces assemblées de protons et de neutrons de « noyaux atomiques », et ont également inventé une désignation spécifique pour chaque variante : *hydrogène*, *hélium*, etc. L'équation de Schrödinger vous permet aussi de calculer toutes les manières de disposer les atomes en objets plus gros, mais cette fois il y a tant d'objets stables distincts qu'il est compliqué de tous les désigner – au lieu de cela, nous nommons simplement les classes importantes de ces objets (telles que « molécules » ou « cristaux »), et les objets les plus courants ou intéressants dans chacune d'elles (par exemple, « eau », « graphite », « diamant »).

Je pense que ces objets composites sont émergents, au sens où ils émergent comme solutions d'équations ne mettant en jeu que des objets plus fondamentaux. Cette émergence est subtile et difficile à appréhender car historiquement, le processus scientifique s'est principalement joué dans l'autre sens : nous connaissions les étoiles avant de réaliser qu'elles sont constituées d'atomes, nous connaissions les atomes avant de réaliser qu'ils sont constitués d'électrons, de protons et de neutrons, et nous avions connaissance des neutrons avant de découvrir les quarks. Pour chaque objet émergent qui semble important à nos yeux, nous enrichissons notre bagage en inventant de nouveaux concepts.

Le même schéma d'émergence et de création anthropique de bagage peut être perçu dans la figure 10.5. J'ai grossièrement disposé les théories scientifiques en un arbre généalogique où chacune d'elles peut, au moins par principe, dériver de celles plus fondamentales situées au-dessus. Comme mentionné, toutes ces théories possèdent deux composantes : des équations mathématiques et des mots expliquant comment celles-ci s'identifient à ce que nous observons. Par exemple, nous avons vu au chapitre 8 que la mécanique quantique, telle qu'elle est généralement présentée dans les manuels, possède ces deux attributs : des maths telles que l'équation de Schrödinger mais aussi des postulats fondamentaux exprimés en français courant, tels que le postulat de réduction du paquet d'onde. À chaque niveau de la hiérarchie des théories, de nouveaux concepts (par exemple, les protons, les atomes, les cellules, les organismes, les cultures) sont introduits parce qu'ils sont commodes, capturant l'essentiel de la description sans nécessairement recourir à une théorie supérieure plus fondamentale. Ce sont nous, êtres humains, qui avons introduit ces concepts et leurs désignations : en principe, tout aurait pu être dérivé de la théorie fondamentale au sommet de l'arbre, même si un tel réductionnisme extrême est souvent malaisé en pratique. *Grosso modo*, à mesure que nous descendons dans l'arbre, le nombre de mots croît tandis que le nombre d'équations diminue, flirtant avec le zéro pour les disciplines hautement appliquées telles que la médecine et la sociologie. Au contraire, les théories proches du sommet sont très mathématiques, et les physiciens s'évertuent toujours à en comprendre les éventuels concepts, avec des mots permettant de les appréhender.

Le Graal de la physique consiste à découvrir ce que nous appelons, non sans humour, une « théorie du Tout » (ou ToE pour *Theory of Everything*), de laquelle nous pourrions dériver tout le reste – elle prendrait la place du grand point d'interrogation situé au sommet de l'arbre généalogique. Comme nous l'avons mentionné au chapitre 7, nous savons qu'il nous manque là quelque chose parce que nous n'avons toujours pas de théorie cohérente unifiant la gravitation et la mécanique quantique. Cette ToE représenterait une description exhaustive de la réalité physique externe postulée par l'Hypothèse de la réalité externe. Au début de cette section, j'ai dit qu'une telle description complète doit être dépourvue de tout bagage humain. Cela implique qu'elle ne doit contenir aucun concept ! Autrement dit, elle doit être une théorie purement mathématique, dénuée d'explication ou de « postulat » tel que ceux des manuels de mécanique quantique (les mathématiciens sont parfaitement capables – et souvent fiers – d'étudier des structures mathématiques abstraites déconnectées de toute signification intrinsèque ou de tout concept physique). Ainsi, un mathématicien infiniment intelligent pourrait retrouver tout l'arbre des théories de la figure 10.5 à partir seulement de ces équations, en dérivant les propriétés de la réalité physique qu'elles décrivent, les propriétés de ses hôtes, leurs perceptions du monde, et même les mots qu'ils inventent. La description de cette théorie du Tout purement mathématique pourrait potentiellement se révéler si simple que ses équations tiendraient sur un tee-shirt.

Tout cela soulève une question : est-il réellement possible de découvrir une telle description de la réalité externe ne contenant aucun bagage ? Si oui, cette description des objets de la réalité externe et de leurs relations mutuelles

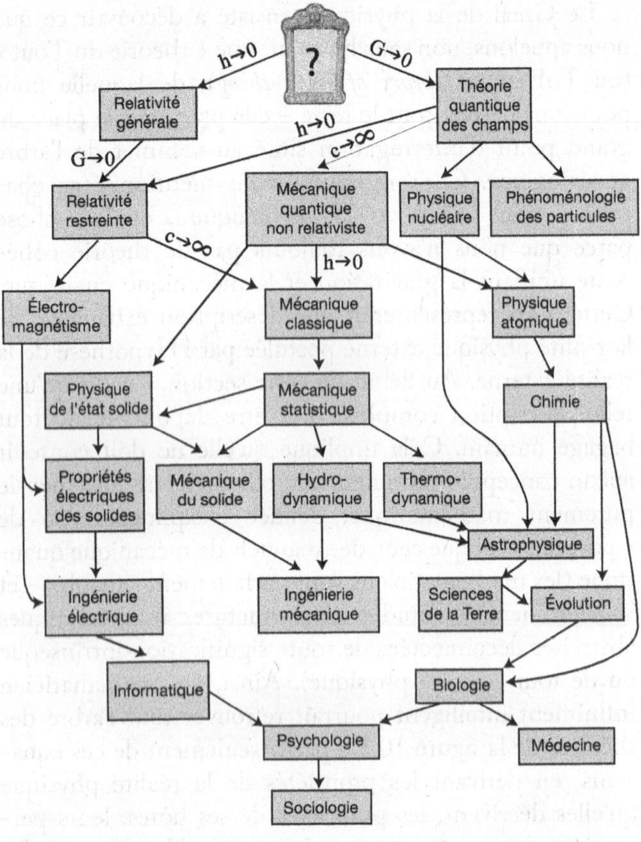

Figure 10.5 Les théories peuvent être grossièrement organisées en un arbre généalogique où chacune pourrait, au moins par principe, dériver d'une plus fondamentale située au-dessus. Par exemple, on retrouve la relativité restreinte à partir de la relativité générale dans l'approximation où la constante gravitationnelle *G* de Newton tend vers zéro, la mécanique classique à partir de la relativité restreinte dans l'approximation où la vitesse de la lumière *c* est infinie, et les concepts de l'hydrodynamique tels que la densité et la pression peuvent dériver de la physique classique expliquant comment les particules rebondissent

les unes sur les autres. Néanmoins, les cas où ces relations sont bien comprises forment une minorité. Dériver la biologie de la chimie ou la psychologie de la biologie semble irréalisable en pratique. Seuls des aspects restreints et approchés de ces disciplines sont mathématiques, et il est probable que tous les modèles mathématiques découverts jusqu'ici en physique ne soient que des approximations d'aspects limités de la réalité.

devrait être parfaitement abstraite, obligeant tout mot ou tout symbole à n'être qu'un signe dépourvu d'une quelconque signification préconçue. De fait, les seules propriétés de ces entités seraient celles incarnant leurs relations réciproques.

Structures mathématiques

Pour répondre à cette question, nous devons examiner plus attentivement les mathématiques. Pour un logicien moderne, voici ce qu'est précisément une structure mathématique : un ensemble d'entités abstraites munies de relations entre elles. Considérez les nombres entiers, par exemple, ou les objets géométriques tels que le dodécaèdre, qui avait la faveur des pythagoriciens. La contradiction est flagrante avec la façon dont la plupart des gens perçoivent les mathématiques : une forme pernicieuse de pénitence, ou un ensemble de procédés pour manipuler les nombres. À l'instar de la physique, les mathématiques ont évolué pour aborder des questions plus générales.

Les mathématiques modernes sont l'étude formelle des structures pouvant être définies d'une manière purement abstraite, sans bagage humain. Considérez les symboles mathématiques comme des signes dénués de signification intrinsèque. Il n'y a pas de différence à écrire « deux plus deux font quatre », « 2 + 2 = 4 » ou « *dos más dos es igual a cuatro* ». La notation utilisée pour représenter les entités et les relations n'est pas importante : les seules propriétés des nombres entiers sont celles incarnant leurs relations réciproques. En fait, nous n'inventons pas les structures mathématiques – nous les découvrons puis inventons uniquement la notation pour les décrire. Si une civilisation extraterrestre s'intéresse aux formes tridimensionnelles n'ayant que des faces plates identiques, elle pourrait découvrir les cinq configurations de la figure 7.2 que nous, Terriens, avons appelées solides de Platon. Elle pourrait forger ses propres désignations exotiques, mais ne pourrait en inventer une sixième car elle n'existe tout simplement pas.

En résumé, voici les deux idées élémentaires à retenir de notre discussion précédente :

1) L'Hypothèse de la réalité externe implique qu'une « théorie du Tout » (une description exhaustive de notre réalité physique externe) ne possède pas de bagage humain.
2) Si une chose est libre de tout appareil descriptif, c'est bien la structure mathématique.

Ensemble, elles impliquent l'Hypothèse de l'Univers mathématique, c'est-à-dire que la réalité physique externe décrite par la ToE est une structure mathématique[7]. Ainsi, la clef de voûte de cette discussion est que si vous croyez en une réalité externe indépendante des êtres humains, vous devez également considérer notre réalité physique comme

7. Dans la littérature philosophique, John Worrall a forgé l'expression *réalisme structurel* comme compromis entre le réalisme scientifique et l'antiréalisme. *Grosso modo*, celui-ci affirme que la nature fondamentale de la réalité n'est correctement décrite que par le contenu mathématique ou structurel des théories scientifiques. Cette expression a été interprétée et affinée de plusieurs façons par différents philosophes des sciences, et Gordon McCabe a proposé que la tournure *réalisme structurel universel* soit utilisée pour mon hypothèse stipulant que notre univers physique est isomorphe à une structure mathématique.

une structure mathématique. Rien d'autre ne possède de description exempte de bagage humain. Autrement dit, nous vivons tous dans un gigantesque objet mathématique – plus élaboré qu'un dodécaèdre, et aussi probablement plus complexe que les objets affublés de noms aussi ésotériques que les variétés de Calabi-Yau, les fibrés tensoriels et les espaces de Hilbert, apparaissant aujourd'hui dans les théories physiques les plus avancées. Tout dans notre monde est purement mathématique – y compris vous.

Qu'est-ce qu'une structure mathématique ?

« Aaaaaaaaaaaaaaattendez une minute ! » C'est ce que mon ami Justin Bendich avait pour habitude de vociférer à chaque fois qu'un argument de physique soulevait des questions pressantes sans réponse, et l'Hypothèse de l'Univers mathématique en soulève trois :

- Qu'est-ce qu'une structure mathématique, au juste ?
- Comment précisément notre monde physique peut-il être une structure mathématique ?
- Cela nous permet-il de faire des prédictions testables ?

Nous affronterons la deuxième question au chapitre 11 et la troisième au chapitre 12. Commençons par explorer la première interrogation – nous y reviendrons plus en détail au chapitre 12.

Bagage et descriptions équivalentes

Nous avons décrit auparavant comment nous enrichissions nos descriptions de bagages humains supplémentaires. Examinons dorénavant le point de vue opposé : comment l'abstraction mathématique permet de se décharger de tout concept et de réduire les choses à leur plus simple expression. Considérez la succession particulière de déplacements aux échecs qui est désormais connue sous le nom de « partie immortelle », où les blancs sacrifient de façon spectaculaire les tours, un fou et la reine pour mettre échec et mat le roi adverse avec les trois pièces mineures restantes, comme indiqué dans la figure 10.6. Sur Terre, cette partie a été jouée pour la première fois en 1851 par Adolf Anderssen et Lionel Kieseritzky. Cependant, la même partie est rejouée tous les ans dans la ville italienne de Marostica, avec des joueurs en chair et en os, en lieu et place de pièces d'échecs, et elle est régulièrement reproduite par d'innombrables fans du jeu d'échecs tout autour du monde. Certains joueurs (dont mon frère Per, son fils Simon et mon fils Alexander dans la figure 10.6) utilisent des pièces en bois, tandis que d'autres utilisent des pièces en marbre ou en plastique de formes et de tailles différentes.

Certains échiquiers sont marron et beige, d'autres sont noir et blanc, d'autres encore sont virtuels, simulés en 2D ou en 3D sur des écrans d'ordinateur comme dans

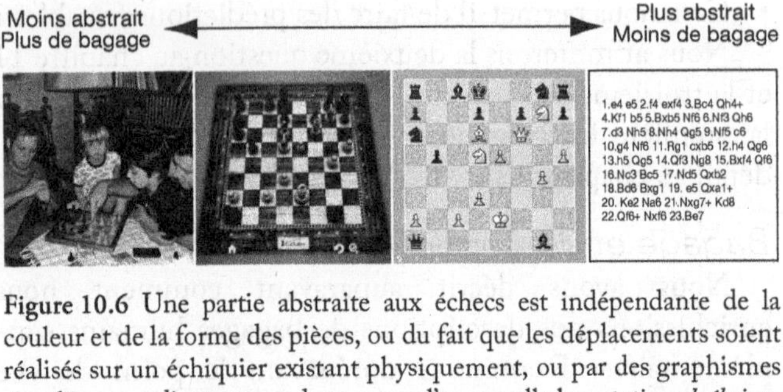

Figure 10.6 Une partie abstraite aux échecs est indépendante de la couleur et de la forme des pièces, ou du fait que les déplacements soient réalisés sur un échiquier existant physiquement, ou par des graphismes simulés par ordinateur, ou dans ce que l'on appelle la *notation algébrique* dans le jargon des échecs – c'est toujours la même partie d'échecs. De manière analogue, une structure mathématique est indépendante des symboles utilisés pour la décrire.

la figure 10.6. À nouveau, aucun de ces détails n'a d'importance, en quelque sorte : lorsque des *aficionados* du jeu d'échecs qualifient la « partie immortelle » de magnifique, ils ne se réfèrent pas au charisme des joueurs, ni à la beauté de l'échiquier ou des pièces, mais à une entité plus abstraite que nous pourrions appeler partie abstraite, ou succession de déplacements.

Examinons attentivement comment les êtres humains s'appliquent à décrire de telles entités abstraites. Premièrement, une description doit être spécifique, donc nous inventons des objets, des mots ou d'autres symboles pour faire le lien avec les idées abstraites : par exemple, en France, nous appelons la pièce d'échecs pouvant se déplacer en diagonale, un « fou ». Deuxièmement, il est évident que ce nom est arbitraire, et que d'autres désignations pourraient tout aussi bien convenir – en réalité, cette pièce est appelée *bishop* (évêque) en anglais, *strelec* (tireur) en slovaque, *löpare* (coureur) en suédois et *fil* (éléphant) en perse. Cependant, nous pouvons réconcilier l'unicité de la « partie immortelle » avec la multiplicité de ses descriptions possibles en introduisant le puissant concept d'équivalence :

1) Nous définissons ce que nous entendons par équivalence entre deux descriptions.
2) Nous disons que si deux descriptions sont équivalentes, elles décrivent une seule et même chose.

Par exemple, nous nous accordons à reconnaître que deux descriptions quelconques d'une configuration aux échecs sont équivalentes si les seules différences entre elles se rapportent à la taille des pièces, ou aux noms que les joueurs leur donnent dans leur langue natale.

N'importe quel mot, concept ou symbole apparaissant dans certaines descriptions équivalentes, mais pas toutes, est clairement facultatif et est donc du domaine du bagage humain. Ainsi, si nous désirons saisir l'essence même de la partie immortelle, de quelle quantité de bagage pouvons-nous nous défaire ? Indubitablement de beaucoup, car les ordinateurs sont capables de jouer aux échecs sans avoir une quelconque notion de langage ou de concept humain tel que la couleur, la texture, la taille et le nom d'une pièce aux échecs. Pour appréhender complètement la portée du raisonnement, nous devons poser une définition plus rigoureuse de l'équivalence :

> Équivalence : deux descriptions sont équivalentes s'il existe une correspondance entre elles préservant toutes les relations.

Les échecs mettent en jeu des entités abstraites (des pièces différentes et des carrés différents sur l'échiquier) et des relations entre elles. Par exemple, une relation qu'une pièce doit avoir vis-à-vis d'un carré est que la première peut se tenir sur le second. Une autre relation entre une telle pièce et un tel carré est qu'elle peut se déplacer jusqu'à lui. Par exemple, les deux vignettes centrales de la figure 10.6 sont équivalentes par notre définition : il y a une correspondance entre les pièces tridimensionnelles et bidimensionnelles et l'échiquier de sorte que dès qu'une pièce 3D se tient sur un carré particulier, la pièce 2D correspondante se tient sur le carré correspondant. De façon similaire, la description purement verbale en français, d'une configuration donnée aux échecs, est équivalente à une description donnée purement verbalement en espagnol si vous pouvez élaborer un dictionnaire listant la correspondance entre les mots français et espagnols, et si son emploi pour traduire la description espagnole redonne la description française.

Lorsque des revues ou des sites web reproduisent des parties d'échecs, ils utilisent habituellement une autre description, tout aussi équivalente : la notation algébrique (figure 10.6, à droite). Ici, les pièces sont représentées non par des objets ou des mots, mais par des lettres seules : le *fou* est équivalent à *F*, par exemple, et les carrés sont symbolisés par une lettre précisant la colonne et un nombre précisant la ligne. Puisque la description abstraite de la partie dans la figure 10.6 (à droite) est équivalente à une description sous la forme d'un film des coups joués sur un échiquier physique, tout ce qui se trouve dans la deuxième description, et non dans la première, n'est qu'un bagage – de l'existence physique de l'échiquier aux formes, couleurs et noms des pièces. Même les spécificités de la notation algébrique aux échecs ne sont que des bagages : lorsque les ordinateurs jouent aux échecs, ils utilisent typiquement d'autres descriptions abstraites des configurations, faisant appel à certaines suites de 0 et de 1 dans leurs mémoires. Que reste-t-il donc après s'être débarrassé de tous ces bagages ? Qu'est-ce qui est représenté par toutes ces descriptions équivalentes ? La « partie immortelle » elle-même, 100 % pure, sans plus ni moins.

Bagage et structures mathématiques

L'étude de notre exemple mettant en scène des pièces abstraites d'échecs, des carrés d'échiquiers et des relations entre eux n'est qu'un spécimen d'un concept beaucoup plus général : la structure mathématique. C'est un concept standard de la logique mathématique moderne. J'en donnerai une description plus formelle au chapitre 12, mais cette définition non technique suffit largement pour le moment :

> Structure mathématique : ensemble d'entités abstraites munies de relations entre elles.

Pour en comprendre la signification, considérons quelques exemples. La figure 10.7 (à gauche) est une description d'une structure mathématique ayant quatre entités, dont certaines sont reliées par la relation *aime*. Dans la figure, l'entité *Philip* est représentée par une image dotée de nombreuses propriétés intrinsèques, telles que d'avoir les cheveux bruns. Au contraire, les entités d'une structure mathématiques sont purement abstraites, ce qui implique qu'elles ne possèdent aucune propriété intrinsèque. Cela signifie que quels que soient les symboles utilisés pour les représenter, ce ne sont que de simples signes dont les

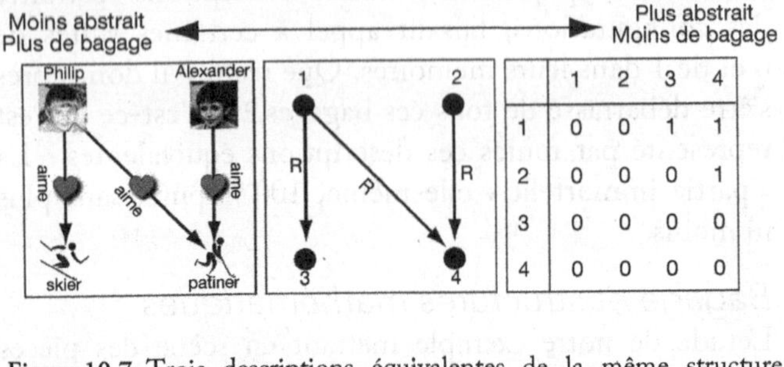

Figure 10.7 Trois descriptions équivalentes de la même structure mathématique, que les mathématiciens appelleraient un « graphe ordonné à quatre éléments ». Chaque description contient quelques bagages arbitraires, mais la structure qu'elles décrivent toutes est exempte à 100 % de bagage : ses quatre entités n'ont aucune propriété excepté les relations présentes entre elles, et les relations n'ont aucune propriété excepté l'information sur les éléments qu'elles relient.

propriétés sont superflues : pour éviter de tomber dans le piège consistant à attribuer les propriétés des symboles aux entités abstraites qu'ils représentent, considérez la description plus spartiate de la vignette centrale. Cette description est équivalente à la première, parce que si vous appliquez la correspondance donnée par le dictionnaire suivant :

Philip = 1, *Alexander* = 2, *skier* = 3, *patiner* = 4 et *aime* = R, toutes les relations sont préservées. Par exemple, « Alexander aime patiner » se traduit par « 2 R 4 », qui est en fait l'une des relations de la vignette centrale.

Les parties d'échecs peuvent être décrites uniquement par des symboles, dépourvus de tout graphisme, et il en est de même pour les structures mathématiques. Par exemple, la vignette de droite de la figure 10.7 exhibe une troisième description équivalente de notre structure mathématique, sous la forme d'un tableau numérique 4 × 4. Dans celui-ci, une valeur 1 signifie que la relation (*aime*) s'applique entre l'élément correspondant à cette ligne et celui de cette colonne, de sorte que s'il y a 1 dans la troisième colonne de la première ligne, on sait que « Philip aime skier ». Indubitablement, il existe beaucoup plus de manières équivalentes de décrire cette structure mathématique, mais il n'existe qu'une seule structure mathématique décrite par toutes ces descriptions équivalentes. En résumé, toute description particulière d'une structure mathématique contient des bagages, mais pas la structure elle-même. Il est primordial de ne pas confondre la description avec ce qu'elle décrit : même la description qui semble la plus abstraite d'une structure mathématique n'est toujours pas la structure elle-même. En fait, celle-ci correspond à la classe de toutes ses descriptions équivalentes. Le tableau 10.2 résume les relations entre ces concepts-clés et d'autres, associés à l'idée de l'Univers mathématique.

Symétrie et autres propriétés mathématiques

Certains mathématiciens prennent plaisir à débattre de ce que sont réellement les mathématiques, et il n'y a manifestement aucun *consensus*. Néanmoins, une définition assez répandue caractérise les mathématiques comme « l'étude formelle des structures mathématiques ». En ce sens, les mathématiciens ont identifié un grand nombre de structures mathématiques intéressantes, allant des plus familières comme le cube, l'icosaèdre (figure 7.2) et les nombres entiers à celles aux noms exotiques d'espaces de Banach, d'orbifolds et de variétés pseudo-riemanniennes.

L'une des choses les plus importantes que font les mathématiciens lorsqu'ils étudient les structures mathématiques consiste à démontrer des théorèmes au sujet de leurs propriétés. Or, quelles propriétés une structure mathématique pourrait-elle avoir si l'on considère que ses entités et ses relations ne possèdent aucune caractéristique intrinsèque ?

Considérez la structure mathématique décrite par la vignette de gauche de la figure 10.8. Elle ne possède aucune relation entre ses entités, donc rien ne permet de distinguer une entité de n'importe quelle autre. Cela signifie que cette structure mathématique ne possède aucune propriété autre que son *cardinal*, le nombre d'entités qu'elle possède. Les mathématiciens l'appellent « l'ensemble de 8 éléments », et sa seule propriété est d'avoir huit éléments – une structure, somme toute, bien monotone !

La vignette centrale de la figure 10.8 décrit une structure mathématique différente et plus intéressante, munie de huit éléments et d'une relation. Une description de

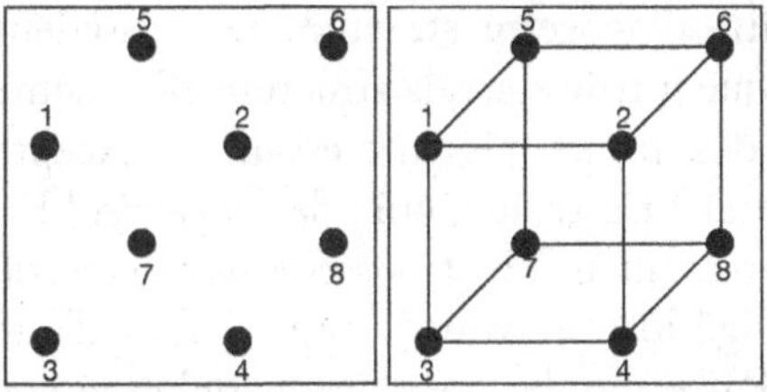

	1	2	3	4	5	6	7	8
1	0	1	1	0	1	0	0	0
2	1	0	0	1	0	1	0	0
3	1	0	0	1	0	0	1	0
4	0	1	1	0	0	0	0	1
5	1	0	0	0	0	1	1	0
6	0	1	0	0	1	0	0	1
7	0	0	1	0	1	0	0	1
8	0	0	0	1	0	1	1	0

Figure 10.8 La vignette centrale décrit une structure mathématique munie de huit éléments (symbolisés par des points) et de relations entre eux (symbolisées par des segments). Vous pouvez interpréter ces éléments comme les sommets d'un cube et la relation comme précisant quels sommets sont reliés par une arête, mais cette interprétation est un bagage parfaitement facultatif – la vignette de droite montre une description équivalente de cette même structure mathématique sans graphisme ni géométrie – par exemple, le fait qu'il y ait un 1 dans la cinquième colonne de la sixième ligne signifie que la relation s'applique entre les éléments 5 et 6. Cette structure mathématique possède de nombreuses propriétés intéressantes, dont la symétrie de réflexion et certaines symétries de rotation. Au contraire, la structure mathématique décrite dans la vignette de gauche ne possède pas de relation, et aucune propriété intéressante hormis son cardinal égal à 8, le nombre des éléments qu'elle contient.

cette structure considère que les éléments sont les sommets d'un cube et que la relation détermine quels sommets sont reliés par une arête. Toutefois, souvenez-vous de ne pas confondre la description avec ce qu'elle décrit : la structure mathématique elle-même ne possède aucune propriété intrinsèque telle que la taille, la couleur, la texture ou la composition – elle ne possède que ces huit entités reliées que vous pouvez, le cas échéant, interpréter comme les sommets d'un cube. En réalité, la vignette de droite de la figure 10.8 fournit une définition équivalente de cette structure mathématique, sans faire une quelconque référence aux notions géométriques telles que le cube, le sommet ou l'arête.

Donc si les entités de cette structure ne possèdent aucune caractéristique intrinsèque, la structure elle-même peut-elle exhiber des propriétés intéressantes (excepté d'avoir huit éléments) ? En réalité, oui : des *symétries* ! En physique, nous disons qu'un objet possède une symétrie s'il demeure inchangé lorsque vous le transformez d'une certaine manière. Par exemple, nous disons qu'un visage possède une *symétrie de réflexion* car il paraît identique après avoir permuté la droite et la gauche. De la même façon, la structure mathématique de la figure 10.8 (au milieu) possède une symétrie de réflexion : si vous permutez les éléments 1 et 2, 3 et 4, 5 et 6, et 7 et 8, le dessin des relations restera toujours le même. Elle possède également une certaine *symétrie de rotation*, correspondant soit à la rotation du cube de 90 degrés autour d'une de ses faces, soit de 120 degrés autour d'un de ses sommets, soit de 180 degrés autour du centre d'une arête. Même si nous associons intuitivement la symétrie à la géométrie, vous pouvez découvrir en fait ces mêmes symétries en manipulant simplement le tableau de la vignette de droite de la figure 10.8 : si vous renumérotez les huit éléments de certaines façons puis triez à nouveau le tableau par ordre croissant de numéros de lignes et de colonnes, vous obtenez exactement le même tableau qu'au départ.

Une question épineuse et célèbre en philosophie s'appelle le *problème de la régression à l'infini*. Par exemple, si nous déclarons que les propriétés d'un diamant peuvent s'expliquer par les propriétés et l'arrangement de ses atomes de carbone, que les propriétés d'un atome de carbone peuvent s'expliquer par les propriétés et l'arrangement de ses protons, neutrons et électrons, que les propriétés d'un proton peuvent s'expliquer par les propriétés et l'arrangement de ses quarks, et ainsi de suite, il semble que nous soyons condamnés à poursuivre indéfiniment cette tentative d'explication des propriétés par celles des parties constitutives. L'Hypothèse de l'Univers mathématique offre une solution radicale à ce problème : au niveau le plus élémentaire, la réalité est une structure mathématique, donc ses parties ne possèdent aucune propriété intrinsèque ! En d'autres termes, l'Hypothèse de l'Univers mathématique implique que nous vivions dans une *réalité relationnelle*, au sens où les propriétés du monde qui nous entoure n'émergent pas des propriétés de ses ultimes constituants élémentaires, mais des relations entre eux[8]. La réalité physique externe est par conséquent plus que la somme de ses parties, de sorte que nous puissions lui trouver de nombreuses propriétés intéressantes même si ses parties ne possèdent aucune caractéristique intrinsèque.

Les structures mathématiques particulières illustrées dans les figures 10.7 et 10.8 appartiennent à la famille des *graphes* : des éléments abstraits, dont certains sont reliés deux à deux. Vous pouvez utiliser d'autres graphes pour décrire les structures mathématiques correspondant au dodécaèdre et aux autres solides de Platon de la figure 7.2. Le réseau d'amis sur Facebook est un autre spécimen de graphe : ici, les éléments correspondent à tous les utilisateurs de Facebook, et deux utilisateurs sont reliés s'ils

8. Notre cerveau peut fournir un autre exemple de situation où les propriétés émergent principalement des relations. Selon l'hypothèse de l'origine cellulaire des concepts en neurosciences, des motifs particuliers d'activation dans différents groupes de neurones correspondent à des concepts distincts. La principale différence entre les groupes conceptuels liés à « rouge », « voler » et « Angelina Jolie » ne résident clairement pas dans les types de neurones impliqués, mais dans leurs relations (connexions) aux autres neurones.

Mémento sur l'Univers mathématique	
Bagage	Concepts et mots inventés par les êtres humains par commodité, n'étant pas nécessaires pour décrire la réalité physique externe.
Structure mathématique	Ensemble d'entités abstraites munies de relations entre elles ; peut être décrite d'une manière indépendante du bagage utilisé.
Équivalence	Deux descriptions d'une structure mathématique sont équivalentes s'il existe une correspondance entre elles préservant toutes les relations. Si deux structures mathématiques possèdent des descriptions équivalentes, elles sont identiques.
Symétrie	Propriété de rester inchangé suite à une transformation, par exemple une sphère parfaite demeure inchangée lorsqu'on la tourne.
Hypothèse de la réalité externe	Hypothèse stipulant qu'il existe une réalité physique externe complètement indépendante des êtres humains.
Hypothèse de l'Univers mathématique	Hypothèse déclarant que notre réalité physique externe est une structure mathématique. Je prétends qu'elle découle de l'Hypothèse de la réalité externe.
Hypothèse de l'Univers calculable	Notre réalité physique externe est une structure mathématique définie par des fonctions calculables (chapitre 12).
Hypothèse de l'Univers fini	Notre réalité physique externe est une structure mathématique finie (chapitre 12).

Tableau 10.2 *Résumé des concepts-clés associés à l'idée de l'Univers mathématique.*

sont amis. Même si les mathématiciens ont étudié intensivement les graphes, ceux-ci constituent simplement l'une des nombreuses familles distinctes de structures mathématiques. Nous discuterons plus en détail des structures mathématiques au chapitre 12, mais portons d'abord notre attention sur quelques exemples supplémentaires, afin d'avoir une meilleure idée de toute la diversité des structures mathématiques.

Il existe plusieurs structures mathématiques correspondant à différents types de nombres. Par exemple, ce que nous appelons les *nombres naturels* 1, 2, 3... forment ensemble une structure mathématique. Ici, les éléments sont les nombres et il existe toute une panoplie de relations. Certaines d'elles (par exemple, *est égal à*, *est plus grand que* et *est divisible par*) peuvent s'appliquer à deux nombres (disons, « 15 *est divisible par* 5 »), d'autres établissent un rapport entre trois nombres (« 17 *est la somme de* 12 *et* 5 ») et d'autres encore concernent d'autres quantités de nombres. Les mathématiciens ont progressivement découvert des classes plus vastes de nombres qui forment leur propre structure mathématique, tels que les *nombres entiers* (incluant les nombres négatifs), les *nombres rationnels* (incluant les fractions), les *nombres réels* (incluant la racine carrée de 2), les *nombres complexes* (incluant la racine carrée de –1) et les *nombres transfinis* (incluant les nombres infinis). Lorsque je ferme les yeux et que je pense au chiffre 5, il me semble jaune. Encore une fois, dans toutes ces structures mathématiques, les nombres eux-mêmes ne possèdent aucune propriété intrinsèque, et leurs seules caractéristiques sont données par leurs relations aux autres nombres – 5 possède la propriété d'être la somme de 4 et 1, par exemple, mais il n'est pas jaune et n'est constitué d'aucune substance.

Une autre vaste classe de structures mathématiques correspond aux différents types d'espaces. Par exemple, l'espace tridimensionnel euclidien que nous avons étudié à l'école est une structure mathématique. Ici, les éléments sont les points de l'espace 3D et les nombres réels, interprétés comme des distances et des angles. Il existe de nombreux types distincts de relations. Par exemple, trois points peuvent vérifier la relation d'être situés sur une même droite. La structure mathématique correspondant à l'espace euclidien à quatre dimensions est différente, et avec n'importe quel autre nombre de dimensions, nous en avons encore une autre. Les mathématiciens ont également découvert de nombreux autres types d'espaces plus généraux formant leurs propres structures mathématiques, tels que l'espace de Minkowski, les espaces de Riemann, les espaces de Hilbert, les espaces de Banach et les espaces de Hausdorff. Nombreux sont ceux qui avaient pour habitude d'imaginer notre espace physique tridimensionnel comme un espace euclidien. Nous avons vu, cependant, au chapitre 2, qu'Einstein a mis un terme à cela. Tout d'abord, sa théorie de la relativité restreinte a déclaré que nous vivons dans un espace de Minkowski (incluant le temps comme une quatrième dimension), puis sa relativité générale a affirmé que nous vivons plutôt dans un espace riemannien, signifiant qu'il puisse être courbé. C'est alors, comme nous l'avons vu au chapitre 7, que la mécanique quantique s'est manifestée pour souligner que nous vivons en réalité dans un espace de Hilbert. Encore une fois, les points de ces espaces ne possèdent aucune constitution, ils ne sont affublés d'aucune couleur, texture ou autre propriété intrinsèque.

Bien que la collection des structures mathématiques connues soit vaste et diversifiée, et qu'il en reste toujours plus à découvrir, chaque structure mathématique peut individuellement être analysée pour déterminer ses propriétés de symétrie, et elles sont nombreuses à en avoir d'intéressantes. De manière intrigante, l'une des découvertes les plus importantes en physique concerne le fait que notre réalité physique possède également des symétries sous-jacentes : par exemple, les lois de la physique exhibent une symétrie de rotation, ce qui signifie qu'il n'existe aucune direction particulière dans notre Univers que nous puissions appeler « haut ». Elles semblent également revêtir une symétrie de translation (de déplacement linéaire), signifiant qu'il n'existe aucun lieu privilégié que nous puissions qualifier de centre du cosmos. Nombre des espaces susmentionnés possèdent des symétries merveilleuses, dont certaines coïncident avec celles observées dans notre monde physique. Par exemple, l'espace euclidien possède tant une symétrie de rotation (de sorte que vous ne puissiez dire quelle est la différence lorsqu'on le tourne) qu'une symétrie de translation (de sorte que vous ne puissiez dire quelle est la différence lorsqu'on le déplace latéralement). L'espace quadridimensionnel de Minkowski possède encore plus de symétries : vous ne pouvez même pas dire quelle est la différence lorsque vous effectuez une espèce de rotation généralisée entre les dimensions spatiales et temporelle – et Einstein a démontré que ceci explique pourquoi le temps semble ralentir si vous voyagez à une vitesse proche de celle de la lumière, comme mentionné au chapitre précédent. De nombreuses autres symétries subtiles de la nature ont été découvertes au cours du siècle écoulé, et elles forment les fondements des théories de la relativité d'Einstein, de la mécanique quantique et du modèle standard de la physique des particules.

Remarquez que ces propriétés de symétrie, qui sont si prépondérantes en physique, proviennent précisément du manque de propriétés intrinsèques des constituants élémentaires de la réalité, c'est-à-dire de l'essence même de sa signification en tant que structure mathématique. Si vous vous procurez une sphère incolore puis que vous en peignez une partie en jaune, sa symétrie de rotation va disparaître. De manière similaire, si les points d'un espace tridimensionnel possèdent une quelconque propriété faisant que certains d'eux sont intrinsèquement différents des autres, alors l'espace va perdre ses symétries de rotation et de translation. Nous pouvons dire que « moins, c'est plus », au sens où moins les points possèdent de propriétés, plus l'espace revêt de symétries.

Si l'Hypothèse de l'Univers mathématique est exacte, notre Univers serait une structure mathématique, et à partir de sa description, un mathématicien infiniment intelligent pourrait parvenir à dériver toutes nos théories physiques. Comment pourrait-il y arriver, au juste ? Nous ne le savons pas, mais je suis persuadé que sa première étape serait celle-ci : calculer les symétries de la structure mathématique.

Au début de ce chapitre, je vous ai fait part du sinistre présage selon lequel mes publications sur la relation entre les mathématiques et la physique étaient vouées à l'échec et allaient ruiner ma carrière. Je vous ai dorénavant exposé la première partie de ces idées, postulant que notre réalité physique externe est une structure mathématique, ce qui paraît véritablement insensé. Cependant, ce n'est qu'une première impression – cette idée deviendra encore plus extravagante lorsque nous examinerons les conséquences et les prédictions testables de l'Hypothèse de l'Univers mathématique ! Entre autres, nous aboutirons inéluctablement à un nouveau multivers, si vaste qu'il rend même le multivers de niveau III de la mécanique quantique bien ridicule en comparaison. Mais avant cela, nous devons répondre à une question brûlante. Notre monde physique évolue à chaque instant, tandis que les structures mathématiques ne changent pas – elles existent tout simplement. Comment notre monde peut-il donc incarner une structure mathématique ? Nous abordons cette énigme au prochain chapitre.

En bref

- Depuis l'Antiquité, le fait que notre monde physique puisse être si efficacement décrit par les mathématiques a taraudé l'esprit de l'humanité.
- Depuis toujours, les physiciens n'ont cessé de découvrir des formes, des motifs et des régularités dans la nature, qui sont descriptibles par des équations mathématiques.
- Le tissu de notre réalité physique contient des dizaines de nombres purs, à partir desquels toutes les constantes mesurées peuvent en principe être calculées.
- Certaines entités physiques fondamentales telles que l'espace vide, les particules élémentaires et la fonction d'onde semblent être purement mathématiques au sens où seules leurs propriétés intrinsèques sont des propriétés mathématiques.
- L'Hypothèse de la réalité externe (HRE), stipulant qu'il existe une réalité physique externe complètement indépendante des êtres humains, est acceptée par la majeure partie des physiciens, mais pas tous.
- À l'aide d'une définition suffisamment large des mathématiques, l'HRE implique l'Hypothèse de l'Univers mathématique (HUM) selon laquelle notre monde physique serait une structure mathématique.
- Cela signifie que notre monde physique est non seulement décrit par les mathématiques, mais qu'il est mathématique (une structure mathématique), faisant de nous des parties conscientes d'un gigantesque objet mathématique.
- Une structure mathématique est un ensemble abstrait d'entités et de relations entre elles. Les entités ne possèdent aucun « bagage » : elles n'ont aucune propriété excepté ces relations.
- Une structure mathématique peut exhiber de nombreuses propriétés intéressantes – par exemple, des symétries – même si ses entités et ses relations n'en possèdent absolument aucune.

- L'HUM vient à bout de l'infâme problème de la régression à l'infini, où les propriétés de la nature ne peuvent s'expliquer que par celles de ses parties, ce qui requiert des explications supplémentaires, *ad infinitum* : les propriétés de la nature n'émergent pas des propriétés de ses ultimes constituants élémentaires (lesquels en sont dénués), mais des relations qu'il y a entre ces derniers.

11
Le temps est-il une illusion ?

La distinction entre le passé, le présent et le futur n'est qu'une illusion, aussi tenace soit-elle.

Albert Einstein, 1955

Chaque heure qui passe est une heure creuse. En particulier l'heure du déjeuner.

Douglas Adams, *Le Guide du voyageur galactique*

Si vous êtes comme moi, les questions sans réponse doivent vous hanter l'esprit. Le chapitre précédent en a soulevé plusieurs, il est donc légitime que vous remettiez en cause tout ce que j'ai dit. Par exemple, j'ai affirmé que notre réalité physique externe est une structure mathématique, mais que cela signifie-t-il, au juste ? Cette réalité physique change en permanence – les feuilles volent au vent et les planètes virevoltent autour du Soleil – tandis que les structures mathématiques sont immuables : un dodécaèdre abstrait a toujours eu et aura toujours exactement douze faces pentagonales. Comment une chose peut-elle être à la fois versatile et statique ? Une autre question pressante a trait à votre implication personnelle dans cette hypothétique structure mathématique – comment vos pensées et vos sensations conscientes peuvent-elles prendre part à une structure mathématique ?

Comment la réalité physique peut-elle être mathématique ?

La réalité atemporelle

Einstein peut nous aider à répondre à ces questions. Il nous apprend qu'il existe deux manières équivalentes de concevoir notre réalité physique : comme une région tridimensionnelle que nous appelons *espace*, où les choses évoluent dans le temps, ou comme une région quadridimensionnelle appelée *espace-temps*, qui existe tout simplement et qui est immuable – ni créée ni détruite[1]. Ces deux perspectives correspondent à celles de la grenouille et de l'oiseau sur la réalité, que nous avons évoquées au chapitre 9 : la deuxième est le point de vue extérieur d'un physicien étudiant sa structure mathématique, tel un oiseau survolant de haut un paysage, tandis que la première est la vision intérieure d'un observateur résidant dans cette structure, à l'instar d'une grenouille vivant dans le paysage supervisé par l'oiseau.

Mathématiquement, l'espace-temps est un espace à quatre dimensions, les trois premières étant nos dimensions spatiales familières et la quatrième étant le temps. La figure 11.1 illustre l'idée, représentée de sorte que la dimension temporelle soit dans la direction verticale et les dimensions spatiales dans les directions horizontales. Pour

1. Cette idée où le temps constitue la quatrième dimension d'une réalité immuable a été promulguée et explorée par de nombreux auteurs, dont H. G. Wells dans son roman de 1895 *La Machine à explorer le temps*. Julian Barbour brosse un tableau intéressant de cette idée et de sa gestation dans son ouvrage *The End of Time*.

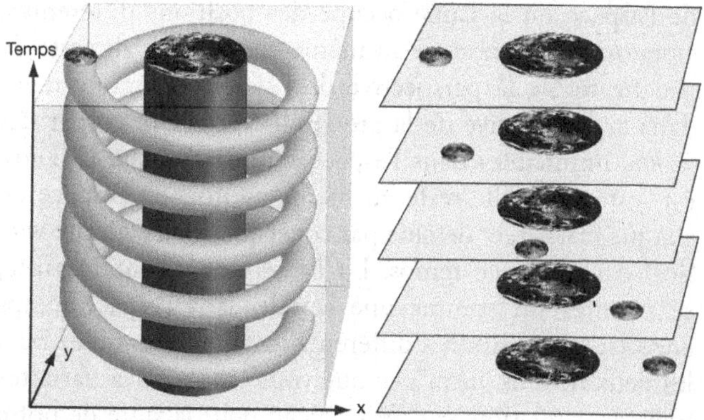

Figure 11.1 Orbite de la Lune autour de la Terre. Nous pouvons tout aussi bien l'imaginer comme une position dans l'espace qui change dans le temps (à droite) que comme une forme spirale immuable dans l'espace-temps (à gauche), correspondant à une structure mathématique. Les clichés de l'espace (à droite) ne sont que des tranches horizontales de l'espace-temps (à gauche).

éviter toute confusion, je n'ai dessiné que deux des trois dimensions d'espace, notées x et y, parce que mon cerveau commence à fumer si je tente de me représenter des objets quadridimensionnels… La figure montre la Lune tournant autour de la Terre sur une orbite circulaire – pour que les choses soit compréhensibles, j'ai dessiné une orbite beaucoup plus petite que dans les véritables proportions et considéré plusieurs simplifications[2]. La vignette de droite montre la perspective de la grenouille : cinq clichés

2. Pour simplifier les choses, la figure 11.1 omet le fait que la Terre et la Lune tournent sur elles-mêmes, que l'orbite de la Lune soit légèrement oblongue (c'est une ellipse plutôt qu'un cercle parfait) et que l'attraction gravitationnelle lunaire impose à la Terre d'effectuer également un mouvement circulaire, dont le rayon s'élève approximativement à 74 % de celui de la Terre.

de l'espace où la Lune occupe des positions différentes, alors que la Terre reste au même endroit. La vignette de gauche révèle la perspective de l'oiseau : le mouvement dans la perspective de la grenouille est remplacé par des *formes* immuables dans l'espace-temps. Puisque la Terre est immobile, elle reste au même endroit de l'espace en chaque instant, et dessine par conséquent un cylindre vertical dans l'espace-temps. La Lune est plus intéressante, se manifestant comme une spirale dans l'espace-temps encodant sa position à différents instants. Examinez bien les deux dessins jusqu'à ce que vous compreniez parfaitement leur relation, car c'est crucial pour la suite de notre discussion. Pour obtenir des clichés de l'espace (à droite) à partir de l'espace-temps (à gauche), faites simplement des coupes horizontales dans l'espace-temps aux instants que vous jugez utiles.

Remarquez que l'espace-temps ne réside pas à l'intérieur de l'espace et du temps – ce sont plutôt l'espace et le temps qui existent en son sein. Je prétends que notre réalité physique externe est une structure mathématique, laquelle est une entité abstraite et immuable, par définition, située en dehors de l'espace et du temps. Cette structure mathématique correspond à la perspective de l'oiseau sur notre réalité, non celle de la grenouille, de sorte qu'elle doit contenir l'espace-temps, non simplement l'espace. Elle contient également des éléments additionnels, comme nous le verrons plus bas, correspondant à la substance contenue dans notre espace-temps. Cela n'altère cependant en rien sa nature atemporelle : si l'histoire de notre Univers était un jeu d'échecs, la structure mathématique correspondrait non pas à une configuration unique, mais à la partie toute entière (figure 10.6). Si l'histoire de notre Univers était un film, la structure mathématique correspondrait non pas à une scène donnée, mais au DVD tout entier. Donc selon la perspective de l'oiseau, les trajectoires des objets évoluant dans l'espace-temps quadridimensionnel ressemblent à un enchevêtrement de spaghettis. Quand la grenouille voit une chose se mouvant à vitesse constante, l'oiseau observe la tige raide d'un spaghetti non cuit. Quand la grenouille remarque la Lune gravitant autour de la Terre, l'oiseau observe la spirale d'un rotini comme dans la figure 11.1. Quand la grenouille contemple les centaines de milliards d'étoiles qui orbitent dans notre galaxie, l'oiseau observe des centaines de milliards de spaghettis entrelacés. Pour la grenouille, la réalité est décrite par les lois du mouvement et de la gravitation de Newton. Pour l'oiseau, la réalité est incarnée par la géométrie des pâtes.

Passé, présent et futur

« Excusez-moi, quelle heure est-il ? » Je pressens que vous avez, comme moi, déjà posé cette question, comme si *cette* heure-là était l'une des choses les plus fondamentales qui soient. Certes, vous n'avez probablement jamais approché un inconnu pour lui demander : « Excusez-moi, en quel endroit sommes-nous ? » Si vous étiez vraiment désespérément perdu, vous auriez probablement plutôt demandé : « Excusez-moi, mais où suis-je ? » – reconnaissant par là que vous ne vous interrogez pas sur une propriété de l'espace, mais sur une propriété de vous-même : votre position dans l'espace au moment où vous posez la question. De façon similaire, lorsque vous demandez l'heure, vous ne cherchez pas vraiment à connaître une propriété du temps, mais plutôt votre position dans le temps. L'espace-temps contient toutes les positions et tous les instants, donc il n'y a pas *un* instant, unique pour tous, de même qu'il n'y a pas *un* lieu. Il serait par conséquent plus judicieux (d'un point de vue scientifique si ce n'est social) de demander : « À quelle heure suis-je ? » L'espace-temps ressemble à une carte de l'histoire cosmique dépourvue d'indication « vous êtes ici ». Si vous avez besoin de vous orienter, je vous recommande de vous équiper d'une montre et d'un GPS.

Lorsqu'Einstein a écrit que « la distinction entre le passé, le présent et le futur n'est qu'une illusion, aussi tenace soit-elle », il soulignait le fait que ces concepts ne possèdent aucune signification objective dans l'espace-temps. La figure 11.2 montre que lorsque nous pensons au « présent », nous nous référons à la tranche du temps dans l'espace-temps correspondant à l'instant où nous avons cette pensée. Nous désignons par « futur » et « passé » les régions de l'espace-temps situées au-dessus et en dessous de cette tranche. C'est parfaitement analogue à votre usage des termes *ici*, *devant moi* et *derrière moi* pour désigner des zones distinctes de l'espace-temps relativement à votre position actuelle. Sans conteste, la région située devant vous n'est pas moins réelle que celle située derrière vous – en vérité, si vous marchiez en avant, une partie de ce qui se trouve actuellement devant vous se trouvera ultérieurement derrière, et l'est actuellement pour différentes personnes. De la même façon, dans l'espace-temps, le futur est tout aussi réel que le passé – des régions de l'espace-temps situées actuellement dans votre avenir se trouveront ultérieurement dans votre passé. Puisque l'espace-temps est statique et immuable, aucune partie de lui ne peut changer de statut factuel, et toutes les parties doivent être aussi réelles les unes que les autres[3].

---

3. Dans son livre *La réalité cachée*, Brian Greene souligne avec insistance cette conclusion en faisant remarquer que, selon la théorie de la relativité

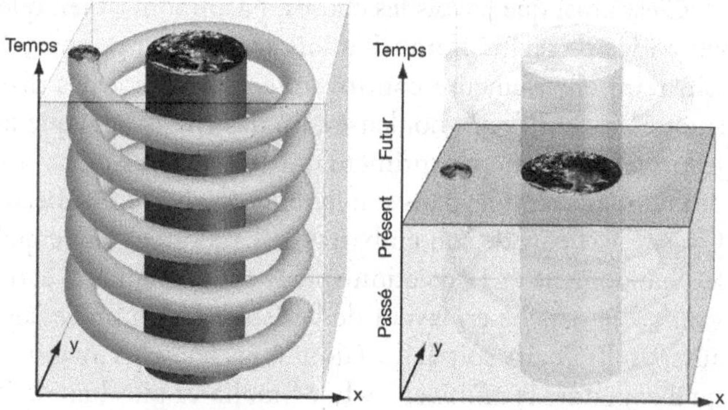

Figure 11.2 La distinction entre le passé, le présent et le futur n'existe que dans la perspective de la grenouille (à droite), et non dans celle de l'oiseau relative à la structure mathématique (à gauche) – dans la dernière, vous ne demandez pas « quelle heure est-il ? » mais plutôt « à quelle heure suis-je ? »

En résumé, le temps n'est pas une illusion, mais l'écoulement du temps l'est. De même que le changement. Dans l'espace-temps, le futur existe et le passé ne disparaît jamais. Lorsque nous combinons l'espace-temps classique d'Einstein avec la mécanique quantique, nous obtenons les univers parallèles quantiques du chapitre 8. Cela signifie qu'il existe plusieurs passés et futurs qui sont tous réels – mais cela n'amoindrit en rien la nature mathématique immuable de toute la réalité physique.

---

d'Einstein, la tranche horizontale délimitant le passé du futur de la figure 11.2 devient inclinée si vous vous déplacez. Il n'y a indubitablement plus aucune distinction fondamentale entre le passé et le futur si vous pouvez reconsidérer l'explosion d'une supernova lointaine s'étant déjà produite comme ne s'étant pas encore produite simplement en marchant plus vite.

C'est ainsi que je vois les choses. Néanmoins, bien que cette idée de réalité immuable soit ancienne et remonte à Einstein, elle demeure controversée et sujette à des discussions scientifiques houleuses, où des chercheurs que je respecte grandement expriment une large palette de points de vue. Par exemple, dans son livre *La Réalité cachée*, Brian Greene fait part de son embarras à abandonner l'idée que le changement et la création soient fondamentaux, écrivant : « Je penche en faveur de l'existence d'un processus, aussi préliminaire soit-il [...] dont nous pouvons imaginer qu'il engendre le multivers. » Lee Smolin va plus loin dans son ouvrage *Time Reborn*, avançant qu'en plus de considérer le changement comme réel, le temps serait en vérité la seule chose à être réelle. À l'autre extrémité du spectre, Julian Barbour affirme dans son livre *The End of Time* que non seulement le changement est une illusion, mais que nous pourrions décrire la réalité physique sans même faire appel au concept du temps.

Comment l'espace-temps et son contenu peuvent être mathématiques

Nous avons vu jusqu'à présent que l'espace-temps peut être considéré comme une structure mathématique. Mais que dire de tout son contenu, par exemple le livre que vous lisez en ce moment ? En quoi peut-il faire partie de cette structure mathématique ?

Ces dernières années, nous avons découvert que de nombreuses choses qui semblent complètement déconnectées des mathématiques, telles que les textes, les sons, les images et les films, peuvent être représentées mathématiquement par les ordinateurs et transmises sur Internet sous la forme de suites numériques. Portons notre attention sur la manière dont les ordinateurs y parviennent

– car comme nous le verrons bientôt, la nature réalise une chose assez semblable pour représenter toute la matière qui nous entoure.

En ce moment précis où je tape le mot *mot*, mon ordinateur le représente dans sa mémoire comme la suite de trois nombres « 109 111 116 ». Il traduit chaque lettre minuscule par un nombre égal à 96 plus la position alphabétique de cette lettre, de sorte que $a = 97$ et $m = 109$. En même temps, mon ordinateur est en train de jouer *De Profundis* du compositeur estonien Arvo Pärt, qui est également représenté par une suite de nombres – ces nombres ne s'interprètent pas comme des lettres mais comme les positions des membranes du haut-parleur, à raison de 44 100 valeurs par seconde, ce qui engendre au final les vibrations de l'air que mes oreilles et mon cerveau traduisent par des sons. Au moment où je frappe la touche *m* de mon clavier, mon écran m'affiche l'image visuelle d'un *m*, et cette image est également représentée par des nombres. Même si toutes les images affichées paraissent lissées et continues, mon écran est en réalité une grille rectangulaire de 1 920 × 1 200 pixels, comme l'illustre la figure 11.3, et la couleur de chaque pixel est indiquée par trois nombres situés entre 0 et 255, précisant les intensités de lumière rouge, verte et bleue émises en ce pixel, des combinaisons idoines de ces trois couleurs pouvant produire toutes les intensités possibles des couleurs de l'arc-en-ciel. La veille au soir, alors que mes enfants et moi regardions une vidéo sur YouTube, mon ordinateur a divisé de manière similaire non seulement les deux dimensions spatiales de mon écran en pixels, mais également la dimension temporelle car la vidéo est numérisée à raison de 30 images par seconde.

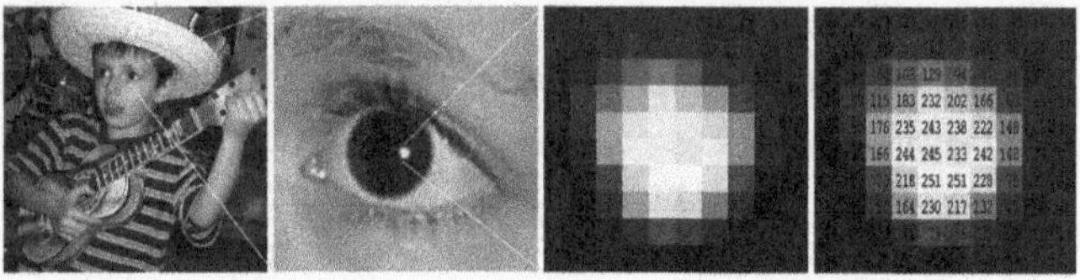

Figure 11.3 Les ordinateurs représentent généralement les images en tons grisés par un nombre en chaque point (pixel) de l'image (vignette la plus à droite). Plus la valeur est élevée, plus la lumière est intense en ce pixel, où 0 représente le noir (aucune lumière) et 255, le blanc. De manière similaire, les *champs* en physique classique sont représentés par des nombres en chaque point de l'espace-temps, qui représentent, *grosso modo*, la quantité de « matière » présente en ce point.

Lorsque les physiciens travaillent, ils simulent souvent des événements en 3D tels qu'un ouragan, une explosion de supernova ou la formation d'un système planétaire. Pour y parvenir, nous divisons l'espace tridimensionnel en pixels 3D nommés *voxels* (pour *volumetric pixels*). Nous découpons aussi l'espace-temps 4D en voxels 4D. Chacun de ces voxels 4D représente ce qui se passe en cette position et à cet instant par un ensemble de nombres encodant tous les paramètres pertinents, tels que la température, la pression, la densité et la vitesse des différentes substances du voxel. Par exemple, dans une simulation de notre système solaire, un voxel situé au centre du Soleil aura une valeur de température extrêmement élevée, et un voxel situé en dehors et ne contenant pratiquement que de l'espace vide aura une valeur de pression très proche de zéro. Les valeurs des voxels voisins vérifient certaines relations codées dans les équations mathématiques, et lorsqu'un ordinateur réalise une simulation, il tire parti de ces relations pour retrouver les valeurs manquantes, à l'instar d'un joueur de sudoku. Si un supercalculateur dresse une prévision météorologique, les voxels spatiotemporels correspondant à l'instant présent sont alimentés par les valeurs mesurées de pression atmosphérique, de température, etc. L'ordinateur utilise alors les équations appropriées pour calculer les nombres devant combler les voxels spatiotemporels correspondant à demain et au reste de la semaine.

Même si ces simulations représentent mathématiquement des facettes de notre réalité physique externe, elles ne le font que de manière approximative. L'espace-temps n'est certainement pas constitué des voxels imprécis utilisés pour simuler la météo du lendemain, et c'est pourquoi les prévisions météorologiques sont parfois inexactes. Cependant, l'idée de l'existence d'un ensemble de nombres en chaque point de l'espace-temps semble assez profonde, et je pense qu'elle nous renseigne non seulement sur notre *description* de la réalité, mais sur la réalité elle-même. Le *champ* est l'un des concepts les plus fondamentaux de la physique moderne, et il représente précisément une entité constituée de nombres en chaque point de l'espace-temps. Par exemple, il y a un *champ de température* correspondant à l'air vous enveloppant : il existe une température bien définie en chaque point, parfaitement indépendante des voxels inventés par l'homme, et vous pouvez la mesurer en y plaçant un thermomètre – ou vos doigts si vous n'exigez pas de valeur très précise. Il y a également un *champ de pression* : en chaque point, se trouve une valeur de pression pouvant être mesurée à l'aide d'un baromètre – ou avec votre oreille, ce qui ne manquera pas de l'endolorir si elle est trop élevée ou lui faire détecter des sons si elle fluctue dans le temps.

Nous savons dorénavant qu'aucun de ces deux champs n'est véritablement fondamental : ce ne sont que des mesures différentes de la vitesse moyenne des molécules d'air, de sorte qu'ils cessent d'être bien définis si vous tentez de les mesurer aux échelles subatomiques. Il y a cependant d'autres champs qui semblent être fondamentaux, et qui participent au tissu même de notre réalité physique externe. En premier lieu, considérons le *champ magnétique*. Il est représenté non par un nombre (comme la température), mais par trois en chaque point de l'espace-temps, encodant tant une intensité qu'une direction. Vous avez probablement fait l'expérience du champ magnétique avec une boussole, observant comment son aiguille aimantée, indiquant le Nord, s'aligne avec le champ magnétique terrestre. L'aiguille s'aligne plus rapidement si le champ magnétique est plus intense, tel qu'à proximité d'un appareil d'IRM. Le *champ électrique* est un deuxième exemple, et il est également représenté par un triplet de nombres encodant l'intensité et la direction. On le mesure facilement par la force qu'il exerce sur un objet chargé – comme lorsque vos cheveux sont attirés électriquement vers un peigne en plastique. Ces champs électrique et magnétique s'unifient de manière élégante en ce que nous nommons le *champ électromagnétique*, représenté par six nombres en chaque point de l'espace-temps. Comme nous l'avons mentionné au chapitre 7, la lumière n'est qu'une ondulation du champ électromagnétique, donc si notre monde physique est une structure mathématique, toute la lumière de notre Univers (somme toute, plutôt physique) correspondrait à six nombres en chaque point de l'espace-temps (ce qui semble plutôt mathématique). Ces nombres vérifient les relations mathématiques connues sous le nom d'équations de Maxwell, indiquées dans la figure 10.4.

Une mise en garde s'impose à ce stade : je n'ai décrit ici que ce que nous savons de l'électricité, du magnétisme et de la lumière en physique classique. La mécanique quantique apporte son lot de complications, mais loin de rendre cela moins mathématique, elle remplace l'électromagnétisme classique par la *théorie quantique des champs*, la pierre angulaire de la physique des particules moderne. Dans celle-ci, la fonction d'onde détermine le degré de réalité de chaque configuration possible des champs électrique et magnétique. La fonction d'onde est elle-même un objet mathématique, un point abstrait situé dans l'espace de Hilbert.

Comme nous l'avons vu au chapitre 7, la théorie quantique des champs suppose que la lumière est constituée de particules appelées photons, et que les nombres composant les champs électrique et magnétique peuvent grossièrement être imaginés comme représentatifs du nombre de photons présents à chaque instant et position. De même que l'intensité du champ électromagnétique correspond au nombre de photons à chaque instant et position, il existe d'autres champs correspondant à toutes les autres particules élémentaires connues. Par exemple, l'intensité du *champ de l'électron* et du *champ du quark* reflète respectivement le nombre d'électrons et de quarks en chaque instant et position. De fait, l'ensemble des mouvements de toutes les particules dans tout l'espace-temps correspond, en physique classique, à une suite de nombres attachée à chaque point d'un espace mathématique quadridimensionnel – une structure mathématique. Dans la théorie quantique des champs, la fonction d'onde détermine le degré de réalité de chaque configuration possible de chacun de ces champs.

Comme mentionné au chapitre 7, les physiciens n'ont pas encore découvert une structure mathématique pouvant décrire *tous* les aspects de la réalité, y compris la gravitation, mais jusqu'ici, rien n'indique que la théorie des cordes, ou tout autre candidat faisant l'objet de recherches actives pour établir cette description, ne soit moins mathématique que la théorie quantique des champs.

Description versus équivalence

Avant de poursuivre, une question sémantique importante doit être levée. Contrairement à la plupart de mes collègues physiciens qui stipulent que notre réalité physique externe est (au moins approximativement) *décrite par* les mathématiques, je prétends qu'elle *est* mathématique (plus précisément, elle est une structure mathématique). En d'autres termes, ma conjecture est beaucoup plus forte. Pourquoi ?

Tout ce que j'ai dit jusqu'à présent dans ce chapitre suggère que notre réalité physique externe puisse être *décrite* par une structure mathématique. Si un manuel de physique contient à l'avenir la théorie du Tout (ToE) si convoitée, alors ses équations établiront une description complète de la structure mathématique qu'est la réalité physique externe. J'écris ici *qu'est* au lieu de *qui correspond à* parce que si deux structures sont équivalentes, il n'y a aucun sens à ne pas les considérer comme une seule et même, comme l'a souligné le philosophe israélien Marius Cohen[4]. Souvenez-vous de la puissante notion mathématique d'équivalence que nous avons évoquée au chapitre 10, incarnant l'essence même des structures mathématiques : si deux descriptions complètes sont équivalentes, elles ne décrivent qu'une seule

4. Marius Cohen, *On the Possibility of Reducing Actuality to a Pure Mathematical Structure* (thèse de master, Université Ben Gourion du Néguev, Israël, 2003).

et même chose[5]. Cela signifie que si certaines équations mathématiques décrivent complètement à la fois notre réalité physique externe et une structure mathématique, alors celles-ci ne forment qu'une seule et même entité, donc l'Hypothèse de l'Univers mathématique est vérifiée : notre réalité physique externe est une structure mathématique.

On rappelle que deux structures mathématiques sont équivalentes si vous pouvez apparier leurs éléments tout en préservant les relations. Si vous pouvez associer chaque entité de notre réalité physique externe à une entité correspondante d'une structure mathématique (« telle intensité du champ électrique située ici dans l'espace physique correspond à ce nombre-là dans la structure mathématique », par exemple), alors notre réalité physique externe satisfait à la définition d'être une structure mathématique – en réalité, cette même structure mathématique.

Nous avons vu au chapitre 10 que si quelqu'un souhaite éviter l'Hypothèse de l'Univers mathématique, il peut le faire en rejetant l'Hypothèse de la réalité externe stipulant qu'il existe une réalité physique externe complètement indépendante des êtres humains. Il pourrait alors conjecturer que notre Univers est constitué en quelque sorte de matière parfaitement descriptible par une structure mathématique, mais possédant également d'autres propriétés qui ne sont pas décrites par elle, et qui ne peuvent être décrites de

---

5. Si vous avez un certain bagage mathématique et êtes familier avec la notion d'isomorphisme, vous pouvez reformuler ce raisonnement comme suit. D'après la définition de structure mathématique, il découle que s'il existe un isomorphisme entre une structure mathématique et une autre structure (une correspondance bijective entre les deux respectant les relations), alors elles ne forment qu'une seule et même structure. Si notre réalité physique externe est isomorphe à une structure mathématique, alors on peut dire, par définition, qu'elle est une structure mathématique.

manière abstraite, indépendante de tout bagage humain. Je pense néanmoins que ce point de vue ferait retourner dans sa tombe le célèbre philosophe des sciences Karl Popper, car nous avons vu au chapitre 6 qu'il avait mis en exergue le fait que les théories scientifiques doivent avoir des effets observables. *A contrario*, puisque la description mathématique est supposée parfaite, rendant compte de tout ce qui peut être observé, toutes ces bagatelles supplémentaires qui rendraient notre Univers non mathématique ne correspondraient par définition à aucun effet observable, redonnant des théories à 100 % anti-scientifiques.

Qu'êtes-vous ?

Nous avons désormais vu comment l'espace-temps et son contenu matériel peuvent être imaginés comme des parties d'une structure mathématique. Mais qu'en est-il de *nous* ? Nos pensées, nos émotions, notre conscience, et cette profonde sensation existentielle du *je suis* – rien de tout cela ne me semble, pour le moins, mathématique. D'un autre côté, nous sommes également constitués des mêmes particules élémentaires qui composent tout le reste de notre monde physique, que nous avons considéré comme purement mathématique. Comment réconcilier ces idées antagonistes ?

Selon moi, nous ne comprenons pas encore complètement ce que nous sommes. De surcroît, comme évoqué au chapitre 9, nous n'avons en réalité pas besoin d'appréhender entièrement les mystères de la conscience pour comprendre notre réalité physique externe. Malgré tout, j'ai le sentiment que la physique moderne a levé le voile sur des indices séduisants et féconds sur la manière de nous concevoir. Voyons donc de quoi il en retourne.

La trame de la vie

George Gamow, le pionnier de la cosmologie que nous avons rencontré au chapitre 3, intitula son autobiographie *Ma ligne d'univers*, une expression également employée par Einstein pour se référer aux trajectoires dans l'espace-temps. En réalité, votre ligne d'univers n'est pas une ligne à proprement parler : elle possède une épaisseur non nulle et n'est pas droite. Considérons d'abord les 10^{29} particules élémentaires environ (des quarks et des électrons) qui constituent votre corps. Elles dessinent ensemble une forme tubulaire dans l'espace-temps, analogue à la spirale de l'orbite lunaire (figure 11.1), mais néanmoins plus compliquée pour refléter le fait que votre mouvement de la naissance à la mort est plus complexe que celui de la Lune. Par exemple, si vous faites des longueurs dans une piscine, cette portion de votre tube spatiotemporel possède une forme en zigzag, et si vous vous amusez sur une balançoire, elle possède une forme ondulée.

Toutefois, la propriété la plus intéressante de votre tube spatiotemporel n'est pas sa forme arquée, mais sa structure interne, laquelle est prodigieusement complexe. Contrairement aux particules constitutives de la Lune qui sont agrégées en un arrangement relativement statique, un grand nombre de vos particules sont en mouvement constant les unes par rapport aux autres.

Considérez, par exemple, les particules qui composent vos globules rouges. À mesure que le sang circule dans votre corps pour délivrer l'oxygène dont vous avez besoin, chaque globule rouge dessine sa propre forme tubulaire, unique dans l'espace-temps, correspondant à un itinéraire complexe traversant vos artères, vos capillaires et vos veines et repassant régulièrement par le cœur et les poumons. Ces tubes spatiotemporels de différents globules rouges sont entrelacés pour former un motif tressé (figure 11.4, vignette centrale) plus élaboré que tout ce que vous pourrez voir dans un salon de coiffure : tandis qu'une tresse classique n'est constituée que de trois nattes contenant peut-être trente mille cheveux chacune, entrelacées selon un motif répétitif simple, cette tresse spatiotemporelle est constituée de milliards de nattes (une pour chaque globule rouge), composées chacune de milliards de trajectoires de particules élémentaires, entrelacées en un motif sophistiqué qui ne se répète jamais. Autrement dit, si

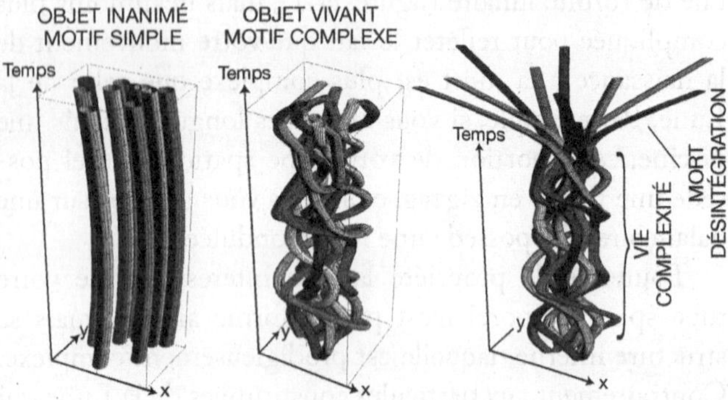

Figure 11.4 La complexité est l'apanage de la vie. Le mouvement d'un objet correspond à un motif dans l'espace-temps. Un agrégat inanimé de dix particules accélérant vers la gauche constitue un motif simple (à gauche), tandis que les particules constituant un organisme vivant dessinent un motif sophistiqué (au milieu), correspondant aux mouvements complexes accompagnant le traitement de l'information et d'autres processus vitaux. Lorsqu'un organisme vivant meurt, il se désintègre finalement et ses particules se séparent les unes des autres (à droite). Ces illustrations approximatives ne montrent que dix particules : votre motif spatiotemporel met en jeu environ 10^{29} particules et est prodigieusement complexe.

vous imaginiez passer une année entière à confectionner à une amie une coiffure réellement sophistiquée, tressant ses cheveux en entrelaçant séparément non pas des nattes mais chaque cheveu individuellement, le motif que vous obtiendriez demeurerait toujours extrêmement simple en comparaison.

Toute cette complexité est encore ridicule en comparaison des motifs liés au traitement de l'information dans votre cerveau. Comme nous l'avons signalé au chapitre 8 et illustré dans la figure 8.7, les cent milliards de neurones environ que vous possédez génèrent constamment des signaux électriques (des « activations »), qui mettent en mouvement mille milliards de milliards d'atomes environ, principalement des ions sodium, potassium et calcium. Les trajectoires de ces atomes forment un enchevêtrement prodigieusement sophistiqué dans l'espace-temps, dont les entrelacs tressés correspondent au stockage et au traitement de l'information et permettent l'émergence de notre propre conscience, si familière. La communauté scientifique s'accorde généralement à reconnaître que nous ne savons toujours pas comment cela fonctionne, il est donc honnête d'avouer que nous ne savons toujours pas ce que nous sommes précisément. Néanmoins, pour résumer grossièrement, nous pourrions dire ceci : *vous êtes un motif dans l'espace-temps.* Un motif mathématique. Plus précisément, vous êtes une tresse dans l'espace-temps – certainement l'une des plus élaborées qu'il nous est donné de connaître.

Certains trouvent émotionnellement désagréable de nous imaginer comme des collections de particules. En réalité, je fus pris d'un fou rire alors que j'étais dans la vingtaine, lorsque mon ami Emil traita mon ami Mats d'*atombög*, un mot suédois signifiant « sac d'atomes », dans le but de l'insulter. Néanmoins, si quelqu'un déclare « je ne peux croire que je sois simplement un sac d'atomes ! » je m'insurgerai contre l'emploi du mot *simplement* : la tresse spatiotemporelle compliquée qui correspond à son esprit est, de loin, le type le plus merveilleusement complexe de motif que nous n'ayons jamais rencontré dans notre Univers. Les motifs spatiotemporels du supercalculateur le plus rapide au monde, du Grand Canyon ou même du Soleil, sont bien ridicules en comparaison.

Tandis qu'un grand nombre des particules qui vous composent exhibent un mouvement invariablement complexe, faisant de vous un être vivant, d'autres se meuvent de façon moins élaborée, comme celles qui composent votre épiderme et permettent aux autres particules de ne pas se disperser. Cela signifie que votre tube spatiotemporel ressemble à ces câbles électriques où les fils intérieurs sont tressés ensemble et la gaine isolante commune ressemble à un tube creux. De surcroît, la plupart de vos particules sont régulièrement remplacées. Par exemple, les trois-quarts environ du poids de votre corps sont occupés par des molécules d'eau, lesquelles sont remplacées tous les mois à peu près, et les cellules de votre peau ou les globules rouges sont régénérés au bout de quelques mois. Dans l'espace-temps, les trajectoires de ces particules rejoignant puis quittant votre corps forment un motif évocateur des fils de soie familiers attachés à un épi de maïs. Aux deux extrémités de votre tresse spatiotemporelle, correspondant à votre naissance et à votre mort, tous les brins se séparent progressivement, ce qui correspond à la jonction, l'interaction puis finalement la séparation de toutes vos particules, qui suivent alors leur propre chemin (figure 11.4, à droite). La structure spatiotemporelle de votre vie entière ressemble ainsi à un arbre : à la base, correspondant aux premiers instants, se trouve un système complexe de racines incarnant les trajectoires dans l'espace-temps de nombreuses particules, qui fusionnent progressivement en tresses plus épaisses pour culminer en un unique tronc tubulaire correspondant actuellement à votre corps (avec un motif tressé prodigieusement complexe en son sein, comme nous l'avons décrit plus haut). Au sommet, correspondant aux derniers instants, le tronc se divise en branches de plus en plus fines, correspondant au fait que vos particules poursuivent leurs propres destinées, distinctes, dès que votre vie s'est éteinte. En d'autres termes, la trame de la vie ne possède qu'une étendue limitée dans la dimension temporelle, et les fils crépus de la tresse s'éparpillent aux deux extrémités.

Tous les motifs que nous avons évoqués n'existent bien entendu que dans les quatre dimensions, et non les trois, et les métaphores au sujet des tresses, des câbles et des arbres ne doivent pas être considérées au pied de la lettre. L'idée centrale est simplement que vous pouvez être un motif figé dans l'espace-temps – les détails spécifiques de ce motif importent peu pour le sujet de notre discussion. Ce motif fait partie de la structure mathématique qu'est notre Univers, et les relations entre les différentes parties de ce motif sont codées dans les équations mathématiques. Comme nous l'avons vu au chapitre 8, la mécanique quantique d'Everett vous affuble d'une structure encore plus intéressante – mais non moins mathématique – car une copie unique de vous (le tronc de l'arbre) peut se ramifier en de nombreuses branches, chacune ayant le sentiment d'être unique et seule – nous reviendrons ultérieurement sur ce point.

Vivre l'instant présent

Nous avons désormais montré que l'espace et son contenu matériel, y compris vous-mêmes, peuvent être des parties d'une structure mathématique. Mais cela a un prix : nous devons abandonner la sensation familière de l'écoulement du temps comme si elle était une simple illusion, et imaginer plutôt le temps comme la quatrième dimension d'une structure mathématique immuable. Comment pouvons-nous donc réconcilier cela avec notre expérience subjective que les choses changent d'un instant à l'autre ?

Toutes vos perceptions subjectives existent dans l'espace-temps, de même que chaque scène d'un film existe sur son DVD. Plus formellement, l'espace-temps contient un vaste nombre de motifs en forme de tresses, correspondant aux perceptions subjectives situées à la fois en des lieux différents, car associées à des personnes différentes, et à des instants distincts. Appelons chacune de ces perceptions un « instant d'observateur ». J'avais forgé une désignation différente dans mon article de 1996 sur l'Univers mathématique, mais je préfère *instant d'observateur* sachant que Nick Bostrom et d'autres philosophes l'ont adopté comme terme de référence ces dernières années. Vous savez par expérience que certains de ces instants d'observateur semblent connectés et s'homogénéisent en une séquence apparemment continue, correspondant à ce que vous appelez la vie. Cependant, cette impression soulève des questions profondes. *Comment fonctionne cette connexion ?* Plus précisément, existe-t-il un certain principe selon lequel les instants d'observateur semblent connectés, et pourquoi cette séquence connectée d'instants d'observateur donne-t-elle subjectivement l'impression de l'écoulement du temps ?

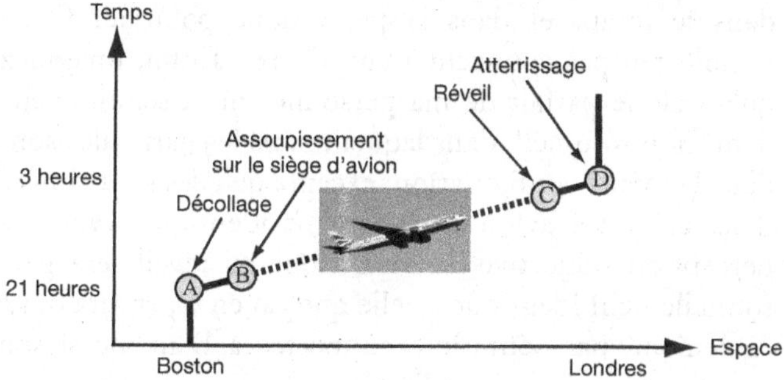

Figure 11.5 Ma ligne d'univers lors d'un voyage à Londres. Je décolle (A), m'assoupis peu après (B) puis me réveille (C) peu de temps avant d'atterrir (D). Même si ma perception consciente en (C) est située en un point différent de (B) tant dans l'espace que dans le temps, elle semble se connecter continûment avec ma précédente perception consciente en (B), mais pas avec les nombreuses autres perceptions conscientes (des passagers voisins) qui sont beaucoup plus proches de (C), dans l'espace et dans le temps, que (B).

Nous pourrions intuitivement conjecturer que cette connexion est liée à la continuité : deux instants d'observateur semblent connectés s'ils sont adjacents dans l'espace-temps et participent au même motif. Néanmoins, la figure 11.5 montre que cette question est beaucoup plus subtile qu'elle ne paraît, et que la réponse ne peut être aussi simple. Tout d'abord, l'instant d'observateur correspondant à mon réveil (noté C) semble connecté à celui de mon assoupissement (noté B). Plus particulièrement, cela me donne l'impression que C est la continuation de B, même si ces deux instants d'observateur ne se jouxtent nullement dans l'espace-temps. Ensuite, il existe de nombreux autres instants d'observateur (correspondant aux perceptions des autres passagers de mon vol) étant beaucoup plus proches de C à la fois dans le temps et dans l'espace, donc pourquoi C ne semble-t-il pas connecté à l'un d'eux ? Enfin, imaginez qu'un clone parfait de ma personne soit assemblé pendant mon sommeil, dans lequel toutes les particules sont dans la même configuration, excepté qu'elles sont situées dans un autre avion parfaitement identique. Alors la perception subjective de mon clone au réveil sera personnellement identique à celle que j'ai en C, et sera donc également, par définition, connectée à B même si son motif spatiotemporel ne l'est pas[6].

Ceci suggère que l'on se fourvoie en considérant cette question de continuité, et qu'il n'existe tout simplement aucun nouveau processus physique à découvrir pour expliquer cette apparence de connexité entre certains instants d'observateur, expliquant par conséquent notre sensation familière de l'écoulement du temps. Par chance, il existe une explication plus simple, ne faisant pas appel à une physique inédite, ce que nous allons explorer maintenant. L'Hypothèse de l'Univers mathématique combinée à notre expérience subjective nous indique qu'il existe des structures enchevêtrées très complexes dans l'espace-temps qui sont conscientes et se considèrent subjectivement comme des instants d'observateur. Nous savons que ces structures peuvent être localisées à la fois dans l'espace et dans le temps : votre cerveau occupe un volume d'un litre environ, et le temps

---

6. Si les instructions d'assemblage de mon clone étaient transmises par liaison hertzienne du scanner corporel qui analyse mon original, alors les tresses spatiotemporelles de moi et de mon clone seraient toujours connectées par un motif très sophistiqué du champ électromagnétique. Or une copie conforme de moi se réveillant dans le multivers de niveau I du chapitre 6 se sentirait également connectée à C, sans qu'aucun transfert d'information n'ait lieu entre les deux copies.

qui lui est nécessaire pour faire l'expérience de pensées ou de sensations individuelles est de l'ordre du dixième de seconde, à un facteur 10 près. Cela signifie que ce que ressentira subjectivement un instant d'observateur ne dépend que de ce qui se trouve dans cette région localisée de l'espacetemps – non de ce qu'il y a ailleurs dans l'espace (tel que la réalité externe que vous observez autour de vous) ou dans le temps (tel que ce que vous avez ressenti quelques secondes plus tôt). Des composantes cruciales de vos perceptions conscientes ont cependant besoin des deux à la fois : en ce moment, vous êtes conscient à la fois du livre devant vous et de la phrase que vous avez lue il y a cinq secondes, même si ni l'un ni l'autre n'appartiennent à la minuscule région constituant votre instant d'observateur actuel. En d'autres termes, il s'avère que la perception subjective de votre instant d'observateur fait appel à ce qui se trouve ailleurs à la fois dans l'espace et le temps – sans qu'elle n'ait besoin de l'une ou l'autre séparément. Comment cela se peut-il ?

Nous avons discuté de la partie spatiale de ce paradoxe au chapitre 9, et avons conclu que votre conscience observe en réalité non pas le monde extérieur, mais un modèle élaboré de la réalité contenu dans votre cerveau, lequel est constamment mis à jour grâce aux informations provenant de vos organes sensoriels afin de déceler ce qui se passe réellement dans le monde extérieur[7]. Le motif spatiotemporel correspondant donc à votre instant

7. Pour une discussion détaillée sur la perception du temps et l'abondante littérature philosophique sur ce sujet, rédigée depuis deux millénaires, consultez http://plato.stanford.edu/entries/time-experience/. En particulier, l'idée selon laquelle des aspects déterminants de l'intuition du temps, tels que la durée, ne peuvent s'expliquer que comme des perceptions cognitives avait déjà été explorée il y a 1 600 ans par saint Augustin.

d'observateur actuel inclut l'état de votre modèle de la réalité à l'instant présent. Comme l'illustre la figure 11.6, la partie temporelle est assez analogue : votre modèle du monde incorpore non seulement l'information sur la situation présente de votre environnement, mais également les souvenirs de ses états dans le passé.

Chacune des huit bandes film représente un unique instant d'observateur. Nous observons dans chacune d'elle une image nette de ce qui se passe actuellement, et des souvenirs de plus en plus vagues de ce qu'il s'est produit dans le passé. Vous avez par conséquent conscience d'une succession temporelle complète d'événements en cet instant précis. De même que votre modèle spatial de la réalité vous procure l'impression subjective d'observer un espace tridimensionnel bien que votre esprit n'observe en vérité qu'un modèle de la réalité dans votre cerveau, ce modèle temporel de la réalité muni de ses séquences de souvenirs vous procure l'impression subjective de l'écoulement du temps par le truchement d'une succession événementielle bien que votre esprit n'observe en vérité qu'un modèle de la réalité dans votre cerveau lors d'un instant d'observateur bien déterminé.

En d'autres termes, votre sensation subjective que le temps s'écoule provient des relations entre ces souvenirs que vous avez en l'instant présent. Imaginez une expérience de pensée où un clone parfait de ma personne est construit dans sa phase de sommeil, possède l'ensemble de tous mes souvenirs, et n'est réveillé que durant le laps de temps nécessaire pour percevoir un unique instant d'observateur. Il aura toujours l'impression que le temps s'est écoulé à l'issue d'un passé riche et tumultueux, même s'il ne

---

L'Hypothèse de l'Univers mathématique redonne à ces questions une actualité des plus brûlantes.

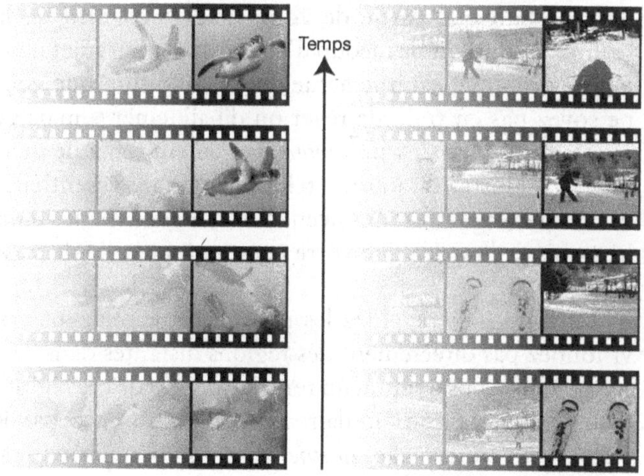

Figure 11.6 Perceptions subjectives dans l'espace-temps (instants d'observateur) d'un plongeur et d'un skieur à quatre instants distincts. Chaque bande film correspond à un unique instant d'observateur, incluant à la fois l'image nette de ce qui se passe en ce moment, et des souvenirs de plus en plus flous de ce qui s'est passé quelques instants auparavant. Si j'avais mélangé les huit bandes au hasard, vous pourriez facilement reconstruire les séquences du fait de leurs relations : les impressions visuelles actuelles (image de droite) de certains instants d'observateur se retrouvent dans les souvenirs d'autres.

fera l'expérience que d'un seul instant. Cela signifie que les intuitions subjectives de durée et de changement ne sont que des qualia, des perceptions instantanées élémentaires telles que la sensation de rouge, de bleu ou de douceur.

Cette conséquence de l'Hypothèse de l'Univers mathématique semble assez radicale, donc arrêtez un instant votre lecture pour bien vous approprier cette idée et y réfléchir. Ce dont vous avez conscience à l'instant présent ne ressemble pas à un cliché mais à un clip vidéo. Ce film n'est pas la réalité – il n'existe que dans votre tête, en tant que partie de votre modèle cognitif de la réalité. Il contient beaucoup d'informations au sujet de la réalité physique externe actuelle – à condition que vous ne soyez pas en train de rêver ou d'halluciner – mais ne constitue toujours qu'un *remake* largement remanié de la réalité, à l'instar du journal télévisé, mettant essentiellement en exergue certains événements assez proches dans le temps et l'espace que votre cerveau juge utile de vous signaler.

Lorsque vous regardez les nouvelles à la télé, vous ne visionnez pas directement des régions distantes dans l'espace : vous n'observez qu'un remake *au sujet* de ces régions distantes. De façon similaire, vous ne visionnez pas le passé, mais un remake *au sujet* du passé. Contrairement au journal télévisé qui dure plusieurs minutes, vous observez vos actualités internes *toutes en même temps*, et êtes par conséquent simultanément conscient des événements passés et présents. Une seconde plus tard, vous prenez à nouveau conscience de vos actualités internes, toutes en même temps, lesquelles semblent pratiquement inchangées, à l'instar d'une rediffusion télévisée, hormis qu'elles ont été légèrement réadaptées pour incorporer une autre seconde d'informations à la fin, raccourcissant le reste de la séquence. Autrement dit, même si un instant d'observateur occupe objectivement un volume de moins d'un litre pendant une seconde, il a subjectivement l'impression d'occuper tout l'espace que vous appréhendez et tout le temps présent dans vos souvenirs. Vous avez l'impression d'observer cet espace et ce temps à l'endroit et l'instant présents, mais ce ne sont que des parties du modèle de la réalité que vous avez forgé. Cela explique l'intuition subjective de l'écoulement du temps, même s'il n'existe pas.

Conscience de soi

De surcroît, vous êtes vous-même dans le film car votre modèle de la réalité inclut un modèle de vous-même – cela explique pourquoi vous êtes non seulement conscient mais également conscient de vous-même. Du coup, lorsque vous vous imaginez en train de lire ce livre, ce qui se passe réellement est que votre modèle cognitif de la réalité révèle que son modèle de vous regarde son modèle du livre, comme l'illustre la figure 11.7. Ce qui nous emmène vers l'ultime question sur la conscience : qui observe votre modèle cognitif de la réalité pour susciter cette conscience subjective ? Voici ma réponse : *personne !*

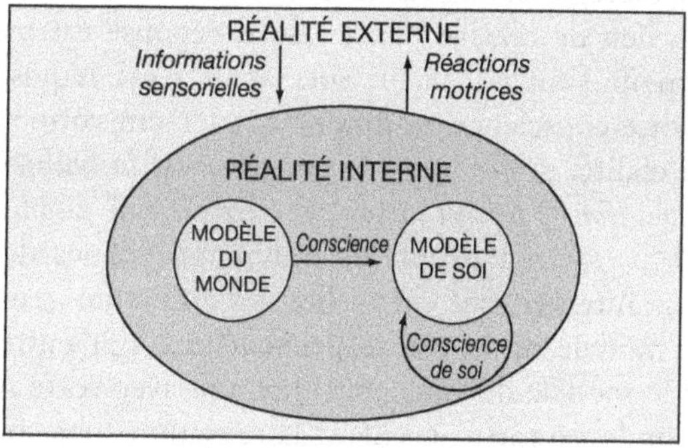

Figure 11.7 Je pense que la conscience est la manière dont l'information se perçoit lorsqu'elle est traitée de façon plus ou moins complexe, et que le type particulier de conscience que les êtres humains perçoivent subjectivement émerge lorsque notre modèle cognitif de nous-même interagit avec notre modèle cognitif du monde. La flèche indique la direction du transfert d'information. Par exemple, les informations provenant de nos sens permettent continuellement à notre modèle du monde de capturer les aspects essentiels de ce qui se passe en ce moment dans la réalité externe, et les informations en sortie proviennent de notre cortex moteur qui agit sur nos muscles pour affecter la réalité externe, par exemple pour tourner une page de ce livre.

Si une autre partie de votre cerveau observait réellement le modèle de la réalité tout entier puis devenait consciente de toutes les informations qui y sont contenues, alors cette région cervicale aurait besoin de transférer physiquement toutes ces informations dans sa propre copie locale. Ce serait un énorme gaspillage de ressources d'un point de vue évolutionnaire, et la recherche en neurosciences n'a mis en évidence aucune duplication aussi coûteuse. De surcroît, elle ne répondrait même pas à la question : si un spectateur est réellement nécessaire, ce modèle dupliqué de la réalité aurait à son tour besoin d'un spectateur pour être subjectivement perçu, engendrant ainsi un autre problème de régression à l'infini.

Au lieu de cela, je pense que la réponse est merveilleusement simple : aucun spectateur n'est requis parce que votre conscience *est* fondamentalement votre modèle de la réalité. *Je pense que la conscience est la manière dont l'information se perçoit lorsqu'elle est traitée de façon plus ou moins complexe.* Puisque les différentes parties de votre cerveau interagissent entre elles, les différentes parties de votre modèle de la réalité peuvent interagir entre elles, donc le modèle de vous peut interagir avec votre modèle du monde extérieur, éveillant la sensation subjective que le premier perçoit le second. Lorsque vous observez une fraise, votre modèle cognitif de la couleur rouge donne l'impression d'être subjectivement très réel – et il en est de même du modèle cognitif plaçant le regard inquisiteur de votre esprit à une position d'observation privilégiée. Nous savons déjà que notre cerveau fait preuve d'une incroyable créativité pour interpréter les mêmes types élémentaires de signaux électriques dans un ensemble de neurones comme des qualia qui semblent subjectivement complètement différents : nous les percevons comme des couleurs, des sons, des odeurs, des goûts ou des textures selon que ces neurones sont associés aux yeux, aux oreilles, au nez, à la bouche ou à la peau. La différence essentielle ne tient pas aux neurones véhiculant cette information, mais à la manière dont ils sont connectés. Même si votre perception de vous-même et votre perception de la fraise sont radicalement différentes, il est fort possible qu'elles soient fondamentalement apparentées : des motifs complexes dans l'espace-temps. En d'autres termes, je prétends que les perceptions de soi, que ce point de vue subjectif que vous appelez le « moi », ne sont que des qualia, au même titre que vos perceptions subjectives du « rouge » ou du « vert ». En bref, la conscience du rouge et celle de soi-même sont des qualia.

Prédire votre avenir

L'un des principaux objectifs de la science, et en vérité ce pourquoi principalement notre cerveau est utile, consiste à prédire notre avenir. Mais si le temps ne s'écoule pas, qu'entendons-nous alors par prédire l'avenir ?

La figure 11.6 montre comment nous pouvons reformuler cette question sous une forme compréhensible sans même évoquer les notions de changement ou d'écoulement du temps. Les huit instants d'observateur illustrés appartiennent à deux individus distincts, un plongeur et un skieur, correspondant chacun à un long motif tressé dans l'espace-temps. La comparaison de ces huit instants d'observateur révèle certaines relations intéressantes entre eux, où les impressions visuelles de l'instant (image de droite sur chaque bande film) de certains instants d'observateur coïncident avec les souvenirs récents (image du milieu) d'autres, et où les souvenirs récents de certains instants d'observateur coïncident avec les souvenirs plus anciens (image de gauche) d'autres. Cela définit de manière unique deux séquences temporelles distinctes d'instants d'observateur, correspondant aux deux colonnes de bandes film, où les instants les plus récents sont indiqués en haut dans la figure.

Considérez tous les instants d'observateur de tout l'espace-temps. Ceux qu'il est naturel d'appeler *vos perceptions futures* sont ceux que nous pouvons de manière analogue faire coïncider avec votre instant d'observateur actuel, s'ajustant à l'instar des pièces d'un puzzle. Plus précisément, ils doivent partager les mêmes souvenirs dans le même ordre (en accordant une certaine latitude pour les oublis et pertes de mémoire), tout en ayant des souvenirs supplémentaires dans la séquence. Supposez, par exemple, que vous soyez le plongeur venant tout juste d'observer la tortue géante nageant vers la droite (figure 11.6, colonne de gauche, deuxième instant d'observateur à partir du haut) et que vous souhaitiez prédire votre avenir. En guise d'expérience de pensée, supposez également que vous soyez infiniment intelligent, que vous ayez découvert quelle est la structure mathématique de notre Univers, et ayez calculé tous ses instants d'observateur et comment ils se perçoivent subjectivement. Vous réalisez que le seul d'entre eux qui correspond à votre instant d'observateur actuel et possède une seconde supplémentaire de perceptions à la fin est celui situé en haut à gauche de la figure. Vous prédisez par conséquent que c'est ce que vous allez percevoir une seconde plus tard : dans une seconde, vous allez voir la tortue géante se retourner et commencer à nager vers vous. Du coup, vous retrouvez la notion scientifique traditionnelle de causalité : vous pouvez prédire le futur à partir du présent.

Où êtes-vous ? (Et que percevez-vous ?)

Nous avons vu que notre réalité physique peut être une structure mathématique, incluant l'espace, le temps et la matière, y compris vous-même. Nous avons également vu comment vous pouvez, du moins en principe, être capable d'effectuer des prédictions sur votre avenir grâce à l'analyse des instants d'observateur, en tentant de les ajuster comme les pièces d'un puzzle. Pour prédire les choses, en pratique, cette approche basée sur les instants d'observateur se réduit souvent à de la physique « de tous les jours ». Supposez, par exemple, que vous effectuiez l'expérience illustrée à la figure 10.2, en lançant un ballon de basket en l'air puis en étudiant son mouvement. Si vous supposez (1) que les équations de la gravitation d'Einstein décrivent ce mouvement, et (2) qu'il n'existe aucune autre personne ressentant subjectivement les mêmes choses que vous – ayant exactement les mêmes souvenirs de sa vie – alors vous savez que les seuls instants d'observateur futurs coïncidant continûment avec le vôtre à ce moment-là, sont ceux où vous voyez le ballon effectuer une trajectoire parabolique comme dans la figure, de sorte que vous pouvez prédire ce que vous allez percevoir. Comment saviez-vous que ce doit être une parabole et non une autre forme, disons une spirale ? En résolvant les équations d'Einstein et en trouvant que la parabole est la solution.

Prédire votre avenir, bis

Nous avons vu, cependant, que la deuxième hypothèse est probablement fausse : si le multivers de niveau I existe, ou celui de niveau III, alors il se trouve d'autres personnes ressentant subjectivement exactement les mêmes choses que vous, et le problème de prédire votre avenir devient nettement plus intéressant ! Je voulais faire un clin d'œil lorsque j'ai choisi le titre « Où êtes-vous ? (Et que percevez-vous ?) », car je voulais que cette question soit également posée avec le mot *vous* interprété dans son sens pluriel. Comme nous allons le voir, elle devient particulièrement subtile lorsque le nombre de vous augmente ou décroît.

Poursuivons notre expérience de pensée où vous connaissez chaque détail de la structure mathématique que nous habitons. Prédire votre avenir revient donc à passer par trois étapes :

1) Trouver toutes les entités conscientes d'elles-mêmes qui y sont présentes.
2) Calculer ce qu'elles perçoivent subjectivement de sorte que vous sachiez lesquelles pourraient être vous, et ce qu'elles percevront à l'avenir.
3) Prédire ce que vous allez percevoir subjectivement à l'avenir (sous forme de probabilités pour chaque option différente).

De façon amusante, comme nous allons le voir, ces trois étapes soulèvent des problèmes considérables et insolubles !

Détecter la conscience de soi

Commençons par la première étape. Étant donné une certaine structure mathématique incarnant notre réalité physique externe, et incluant éventuellement un multivers, comment pouvons-nous détecter toutes les entités conscientes d'elles-mêmes en son sein ? Nous avons montré que les êtres humains correspondent à certains motifs tressés complexes dans l'espace-temps. Toutefois, nous ne voulons pas restreindre notre exploration de la conscience de soi à notre propre forme de vie humaine, donc utilisons la désignation plus générique de *sous-structure autoconsciente* (ou « SAC » pour abréger) pour se référer à toute partie d'une structure mathématique éprouvant des perceptions subjectives. Nous utiliserons également de temps en temps son synonyme *observateur*, mais nous nous efforcerons de mentionner SAC à chaque fois que nous aurons besoin de mettre de côté l'anthropocentrisme.

Comment donc détecter les SAC dans une structure mathématique ? La réponse immédiate est manifestement que nous ne le savons pas encore – la science n'a tout simplement pas progressé jusque-là. Nous ne pouvons même pas répondre à cette question dans la situation particulière la plus familière à nos yeux : notre propre espace-temps. *Primo*, nous ne savons pas quelle structure mathématique nous habitons, car le modèle autocohérent de la gravité quantique brille par son absence. *Secundo*, même si nous connaissions notre structure mathématique, nous ne saurions qu'en faire pour y déceler ses SAC.

Imaginez qu'un sympathique extraterrestre passant par-là vous procure un « détecteur de SAC », un appareil portable bien commode, ressemblant à un détecteur de métaux, mais produisant un signal sonore puissant à chaque fois qu'il détecte un SAC. Vous déambulez avec et remarquez qu'il bipe doucement lorsque vous le dirigez vers un poisson rouge, un peu plus fort lorsque vous le dirigez vers un chat et vous perce les tympans lorsque vous le pointez sur vous-même, mais qu'il demeure parfaitement muet lorsque vous le dirigez vers un concombre, une voiture ou un cadavre. Comment ce détecteur de SAC pourrait-il fonctionner ?

Même si le manuel d'utilisation rudimentaire fourni avec le détecteur de SAC mentionne simplement l'existence d'un « algorithme propriétaire », je pense qu'il doit en partie mesurer à la fois la complexité et le contenu en information de l'objet vers lequel vous le pointez. La *complexité* d'un objet est un concept généralement défini comme étant le plus petit nombre de bits nécessaires pour le décrire complètement (un bit est un 0 ou un 1). Par exemple, un diamant descriptible par 10^{24} atomes de carbone disposés selon une matrice parfaitement régulière possède une complexité extrêmement faible par rapport à un disque dur doté d'une capacité d'un téraoctet de nombres aléatoires, car ce dernier ne peut être décrit avec moins d'un téraoctet (environ 8×10^{12} bits) d'information. De fait, ce disque dur est beaucoup moins complexe que votre cerveau, où plus de cent billiards (10^{17}) de bits d'information sont nécessaires pour décrire seulement l'état de ses synapses.

Cependant, quelle que soit sa taille, un disque dur ne peut être conscient de lui-même, donc la complexité seule ne suffit certainement pas pour caractériser un SAC. L'autre quantité que doit pouvoir mesurer le détecteur de SAC est le *contenu en information* de l'objet que vous sondez. Nous avons des définitions rigoureuses du contenu en information en mathématiques et en physique, que nous devons aux travaux de Claude Shannon et John von Neumann, effectués il y a un demi-siècle. Bien que la complexité d'un objet indique dans quelle mesure il est compliqué de le décrire, son contenu en information[8] quantifie la manière dont il décrit le reste du monde. Autrement dit, l'information est une mesure

8. Ce que j'appelle, par négligence, le contenu en information d'un objet est désigné techniquement par *information partagée* entre l'objet et le reste du monde.

de la quantité de *signification* que possède la complexité. Si vous remplissez votre disque dur avec des nombres aléatoires, celui-ci ne contient aucune information sur le monde extérieur, mais si vous le remplissez de livres d'histoire ou de vidéos sur votre famille, alors ce n'est plus vrai. Votre cerveau contient une vaste quantité d'informations sur le monde extérieur, tant sous la forme de souvenirs d'instants passés et de lieux distants que sous la forme de son modèle continuellement mis à jour de ce qui se passe autour de vous en ce moment. Lorsqu'une personne décède, le contenu en information des motifs d'activation électrique de ses neurones s'évanouit, comme si le système électrique tout entier s'éteignait, et en peu de temps, le contenu en information stocké chimiquement et biologiquement dans ses synapses commence également à disparaître.

De fait, la complexité et le contenu en information sont néanmoins insuffisants pour garantir la conscience de soi – par exemple, un caméscope possède les deux sans être autoconscient pour autant. Cela signifie que le détecteur de SAC doit rechercher des ingrédients supplémentaires d'autoconscience qui sont plus difficiles à appréhender. Par exemple, la figure 11.7 suggère qu'un SAC doit être capable non seulement de stocker l'information, mais également de la traiter sous une certaine forme calculatoire, et qu'un degré assez élevé d'interconnexions doit être requis dans ce traitement de l'information. Le neuroscientifique Giulio Tononi a fait une proposition assez fascinante pour quantifier ce niveau requis d'« interconnexité », décrite dans les publications de Koch et Tononi de la section bibliographique. L'idée centrale est que pour qu'un système de traitement de l'information soit conscient, il doit être intégré dans un ensemble unifié ne pouvant se décomposer en parties quasiment indépendantes[9]. Cela signifie que toutes les parties doivent calculer conjointement en tenant compte de nombreuses informations au sujet d'elles-mêmes – sinon il y aurait plus d'une conscience indépendante, comme dans une pièce emplie de personnes ou, peut-être, dans les deux hémisphères cérébraux d'un patient dont le corps calleux qui les relie a été sectionné. S'il y avait des parties suffisamment indépendantes mais trop simples, elles ne seraient pas plus conscientes, à l'instar des pixels indépendants d'un appareil photo numérique.

Des générations de physiciens et de chimistes ont étudié ce qu'il advient lorsque vous regroupez de vastes quantités d'atomes, découvrant que leur comportement collectif dépend de la manière dont ils sont arrangés : la différence centrale entre un solide, un liquide et un gaz réside non pas dans les types d'atomes, mais dans leur arrangement. Je nourris l'espoir que nous assimilerons un jour la conscience à une autre phase de la matière. Je m'attends à ce qu'il y ait plusieurs types de consciences, de même qu'il y a plusieurs types de liquides, mais dans les deux cas, ils montrent certaines caractéristiques que nous pouvons espérer comprendre.

9. Cette idée est étroitement liée à ce que nous appelons les codes redondants et de correction d'erreur, employés dans les codes-barres, les disques durs, la téléphonie mobile et autres technologies modernes de l'information : vous utilisez plus de bits que le minimum requis, ce qui vous permet de coder l'information de manière collectivement plus intelligente de sorte qu'aucune information ne soit perdue même si vous perdez une fraction acceptable de vos bits. Notre cerveau semble utiliser une architecture similairement redondante, car il ne semble pas dépendre de manière critique de n'importe quel neurone, et continue de fonctionner normalement même si un nombre acceptable de neurones meurent. Peut-être que la raison pour laquelle la conscience a évolué est en partie due au fait que cette redondance fut utile sur le plan évolutionnaire.

En guise de premier pas vers la compréhension de la conscience, considérons d'abord la *mémoire* – quels signes particuliers possède-t-elle ? Pour qu'une substance puisse utilement stocker de l'information, elle doit avoir un vaste éventail d'états possibles à longue durée de vie. Les solides l'ont, mais pas les liquides et les gaz : si vous gravez le prénom d'une personne sur une alliance en or, l'information sera toujours présente des années après, mais si vous le gravez sur la surface d'une mare, il sera effacé en moins d'une seconde du fait du changement de forme de la surface de l'eau. Une autre caractéristique utile d'une substance à mémoire est qu'elle est non seulement facilement lisible (comme l'alliance en or), mais aussi facilement inscriptible : la modification de l'état de votre disque dur ou de vos synapses nécessite moins d'énergie que de graver de l'or.

Quels signes particuliers pourrions-nous attribuer à un *orditronium*, la substance la plus générale pouvant traiter l'information comme un ordinateur ? Plutôt que de demeurer simplement immobile comme une alliance en or, il doit faire preuve d'une dynamique complexe, de sorte que son état futur dépende de manière sophistiquée (et contrôlable ou programmable, faut-il l'espérer) de l'état présent. Son arrangement atomique doit être moins ordonné qu'un solide rigide où rien d'intéressant ne change, mais plus ordonné qu'un liquide ou un gaz. Au niveau microscopique, l'orditronium n'a pas nécessairement besoin d'être très compliqué, car les informaticiens ont montré que tant qu'un dispositif peut exécuter certaines opérations logiques élémentaires, il est *universel* : il peut être programmé pour réaliser le même traitement que tout autre ordinateur avec suffisamment de temps et de mémoire.

Que dire du *perceptronium*, la substance la plus générale ayant subjectivement conscience d'elle-même ? Si

Tononi a raison, elle doit non seulement avoir les caractéristiques de l'orditronium, mais également la propriété selon laquelle son information est indivisible, formant un ensemble unifié. Donc lorsque notre détecteur de SAC analyse une région emplie d'atomes, il doit premièrement découvrir lesquels sont étroitement connectés aux autres, et classer les groupes d'atomes connectés comme des objets, disons un banc sur lequel sont assises deux personnes. Il identifiera alors les parties de ces objets qui vérifient les critères de l'orditronium : par exemple, deux cerveaux et deux processeurs de téléphone portable. Finalement, il déterminera qu'il n'y a qu'un perceptronium dans chaque cerveau, et que ce sont deux parties distinctes assez déconnectées l'une de l'autre, correspondant chacune à la conscience d'une personne.

Calculer la réalité interne : que nous enseigne l'histoire ?

Dès que vous avez localisé une entité autoconsciente à l'aide de votre détecteur de SAC, l'étape suivante consiste à calculer ce qu'elle perçoit subjectivement. Selon la terminologie du chapitre 9, nous souhaitons calculer sa réalité interne à partir de la réalité externe. C'est un défi tenace contre lequel notre expérience reste limitée, car la physique s'est historiquement attachée à se focaliser sur le problème inverse : connaissant nos perceptions subjectives, nous avons cherché les équations mathématiques pouvant les décrire. Par exemple, Newton a observé le mouvement de la Lune et a mis au jour une loi de la gravitation qui l'explique. Néanmoins, je pense que l'histoire de la physique est riche d'enseignements sur la manière dont les réalités interne et externe sont reliées : en voici sept exemples.

Garder son sang-froid

Même si ce problème est sans solution et extrêmement difficile, nous avons vu au chapitre 9 que nous pouvons judicieusement le diviser en deux parties : les physiciens que nous sommes peuvent se limiter à prendre pour point de départ la réalité externe et à prédire la réalité consensuelle sur laquelle tous les observateurs rationnels s'accordent, laissant la question de la réalité interne aux spécialistes des neurosciences et aux psychologues. Concernant la plupart des questions délicates au sujet de la prédiction de l'avenir que nous allons rencontrer, vous verrez que la distinction entre la réalité consensuelle et la réalité interne est sans importance. De surcroît, l'histoire de la physique regorge de cas d'école utiles tels que la mécanique classique, la relativité générale ou la mécanique quantique, où nous connaissons à la fois les équations de base et ce que cela fait d'être gouverné par elles.

Nous nous attachons à ce qui est stable

En tant qu'êtres humains, nous remplaçons plusieurs fois dans notre vie la majeure partie de notre « matériel » (par exemple nos cellules) et de notre « logiciel » (par exemple nos souvenirs). Cependant, nous nous percevons comme stables et permanents. De la même façon, nous percevons les objets autres que nous comme permanents. Ou plus exactement, ce que nous percevons comme des objets sont les facettes du monde qui affichent une certaine permanence. Par exemple, lorsque nous contemplons l'océan, nous percevons les vagues au mouvement incessant comme des objets car elles exhibent une certaine permanence, même si l'eau ne fait que se soulever puis s'abaisser. De manière analogue, comme nous l'avons vu au chapitre 8, nous ne percevons que les facettes du monde qui semblent passablement stables au regard de la décohérence quantique.

Nous nous considérons comme des êtres localisés

La relativité et la mécanique quantique montrent clairement que vous vous percevez comme « local » alors que vous ne l'êtes pas. Même si dans la réalité externe de la relativité générale vous n'êtes qu'un motif tressé étendu dans un espace-temps quadridimensionnel statique, vous vous imaginez malgré tout comme localisé en une position et un instant particuliers dans un monde tridimensionnel qui est la scène du cosmos. Comme nous l'avons mentionné précédemment, vos perceptions fondamentales sont des instants d'observateur, correspondant chacun à une zone localisée particulière de votre motif tressé plutôt qu'à l'ensemble de toute votre vie.

La mécanique quantique nous enseigne la même chose : si vous vous trouvez dans la superposition quantique d'être en deux endroits distincts à la fois dans la réalité externe (l'espace mathématique de Hilbert où l'équation de Schrödinger s'applique), alors comme nous l'avons vu au chapitre 8, ces deux copies de vous percevront une réalité interne où elles se trouvent chacune en un endroit bien défini.

Nous nous percevons comme uniques

En outre, nous avons vu au chapitre 8 que nous nous percevons comme uniques et comme des systèmes isolés bien que ce ne soit pas vrai. Nous avons vu que même si la mécanique quantique nous clone effectivement de sorte que nous parvenions à plusieurs positions microscopiquement différentes à la fois, intriqués de façon pêle-mêle avec d'autres systèmes, nous nous percevons comme demeurant uniques et isolés, affublés chacun d'une identité indépendante et distincte. Ce qui semble être une « bifurcation d'observateurs » dans la réalité externe est tout simplement perçu comme un léger flou aléatoire dans notre réalité interne.

La même chose se produit avec le clonage classique, comme dans la figure 8.3 : le clonage avec déterminisme donne le même sentiment d'unicité que celui lié au hasard. En d'autres termes, notre identité locale et unique, bien définie, n'existe que dans notre réalité interne. Sur le plan fondamental, c'est une illusion.

Nous nous percevons comme immortels (?)

Au chapitre 8, nous avons également discuté de la possibilité que les multivers de niveau I et/ou de niveau III fassent que nous nous sentions immortels. En résumé, la relation entre les réalités externe et interne est assez subtile lorsque le nombre de vos avatars augmente ou décroît :

- lorsque le nombre de vous augmente, vous percevez subjectivement du hasard ;
- lorsque le nombre de vous décroît, vous percevez subjectivement l'immortalité.

Le dernier point est particulièrement controversé, et le fait de savoir si c'est une déduction correcte ou non pourrait conduire à la résolution de ce que l'on appelle le problème de la mesure, que nous allons décrire plus loin.

Nous nous attachons à ce qui est utile

Pourquoi percevons-nous le monde comme stable et nous-mêmes comme locaux et uniques ? Voici ce que j'en pense : parce que c'est utile. Il semble que les êtres humains ont vu évoluer la conscience de soi en premier lieu car certains aspects de notre monde se soumettent à la prédiction, de sorte qu'en excellant à modéliser notre monde, à prédire notre avenir et à prendre les bonnes décisions, nous avons accru nos chances de reproduction. La conscience de soi ne serait alors qu'un effet collatéral de ce traitement avancé de l'information. Plus généralement, tout SAC qui a évolué ou qui a été conçu dans un certain dessein doit receler intrinsèquement une conscience de soi, du fait de posséder un modèle interne du monde et de soi-même.

Il est alors assez naturel que les SAC ne perçoivent que les facettes de la réalité externe qui leur semblent utiles pour parvenir à leurs fins. Par exemple, les oiseaux migrateurs ressentent le champ magnétique terrestre car il leur permet de se repérer, tandis que les taupes sont aveugles car la perception visuelle est inutile pour leur mode de vie souterrain. Bien que ce qui est utile, et donc perçu, varie d'une espèce à l'autre, certaines considérations élémentaires semblent être partagées par toutes les formes de vie. Par exemple, il ne peut qu'être utile de percevoir les aspects du monde exhibant suffisamment de stabilité et de régularité pour que ces informations nous permettent de prédire l'avenir. Si vous observez une mer démontée, la perception du mouvement exact de milliards de molécules d'eau serait assez inutile car elles se heurtent et changent de direction en moins d'un milliardième de seconde. Par contre, le discernement qu'une immense vague est en train de vous faire barrage est plutôt utile car vous pouvez prédire son mouvement futur plusieurs secondes à l'avance et tirer parti de cette prédiction pour éviter d'être rayé de la carte du patrimoine génétique.

De la même façon, il est utile pour un SAC de se percevoir comme unique et localisé, car l'information ne peut être traitée que localement. Même s'il existe une copie conforme de vous un gogolplex de mètres plus loin, ou dans une région décohérée de l'espace de Hilbert quantique, aucune information ne peut être transmise entre vos deux personnes, donc chacun de vous a tout intérêt à considérer les choses simplement et à agir comme si l'autre copie n'existait pas.

Nous percevons ce pour quoi la conscience est nécessaire

Puisque les régions de notre cerveau qui modélisent le monde et notre positionnement dans celui-ci (et donnent ainsi naissance à la conscience) sont très utiles et fortement sollicitées, leur usage est principalement réservé aux décisions/calculs qui en ont réellement besoin. De même que vous n'allez pas utiliser un supercalculateur pour faire du traitement de texte, votre cerveau ne fait pas appel aux modules de la conscience pour accomplir des tâches banales telles que la synchronisation de votre battement du cœur – elles sont plutôt sous-traitées par d'autres régions cervicales dont vous n'avez pas conscience du fonctionnement. Cela suggère que si un robot futuriste devient autoconscient, il pourrait demeurer inconscient des tâches routinières sous-jacentes ne nécessitant pas d'accéder à son modèle de la réalité (multiplier des nombres entre eux, par exemple). Le canevas de la conscience tissé par Giulio Tononi explique pourquoi une telle sous-traitance cognitive inconsciente peut fonctionner.

Je trouve intéressant pour nous, êtres humains, que la défense corporelle contre les ennemis microscopiques (notre système immunitaire hautement complexe) ne semble pas être autoconsciente, bien que notre défense contre des adversaires macroscopiques (notre cerveau contrôlant divers muscles) le soit. C'est vraisemblablement parce que des aspects de notre monde qui sont pertinents dans le premier cas sont si différents (des échelles de longueur plus courtes et de durée plus longues) de ceux du second qu'une réflexion logique et sophistiquée ainsi que la conscience de soi qui l'accompagne ne sont pas nécessaires.

Quand êtes-vous ?

Nous avons montré précédemment comment une structure mathématique peut contenir des instants d'observateur conscients d'eux-mêmes, tels que celui que vous avez en ce moment, et avons exploré les défis soulevés par leur recherche et la découverte de leurs perceptions subjectives. Vous existez dans une structure mathématique contenant une certaine variété d'espace-temps, donc pour faire des prédictions physiques, vous devez tenter d'appréhender dans quelle sorte de structure mathématique vous vous trouvez ainsi que la position de votre instant d'observateur actuel dans celle-ci : où êtes-vous dans l'espace et quand êtes-vous dans le temps ? Comme nous allons le voir, le « quand » est beaucoup plus subtil que le « où », surtout lorsque le nombre de vous varie dans le temps.

Au-delà de l'approche de Popper

À mon sens, la science consiste à comprendre la réalité et notre place dans celle-ci. D'un point de vue pragmatique, elle doit façonner un modèle de la réalité nous permettant de prédire notre avenir le plus exactement possible, de sorte que nous puissions adapter nos agissements à ce qui aura le plus de chances de se produire – je pense que c'est précisément pour nous aider à accomplir cette tâche que nous avons l'aubaine d'avoir vu évoluer la conscience. Les penseurs à travers les siècles ont tenté de formaliser ce processus scientifique, et je considère que la plupart des scientifiques contemporains admettent qu'il se résume à cela :

1) Faire des prédictions à partir d'hypothèses.
2) Comparer les observations avec les prédictions, corriger les hypothèses.
3) Recommencer.

Les scientifiques appellent souvent *théorie* une collection d'hypothèses. Dans le contexte de l'HUM, les hypothèses centrales permettant de déterminer un modèle de la réalité consistent à savoir quelle structure mathématique nous habitons et quel instant d'observateur particulier en son sein est celui que vous ressentez en ce moment. Karl Popper avait insisté sur le deuxième point de la liste, soulignant que les hypothèses ne pouvant produire des prédictions vérifiables ne sont pas scientifiques. Même s'il avait mis un accent particulier sur la réfutabilité, c'est-à-dire sur le fait que nous soyons capables, en principe, de vérifier si des hypothèses scientifiques sont fausses, il existe une merveilleuse trousse à outils mathématique, dénommée théorie bayésienne de la décision, qui généralise la dichotomie vrai/faux pour autoriser des variantes plus nuancées : chaque hypothèse possible se voit assigner un nombre situé entre 0 et 1, sa probabilité d'être vraie selon vous, et il existe une formule simple permettant de réactualiser ces probabilités à chaque fois que vous effectuez de nouvelles observations.

Aussi élégante et aussi unanime qu'elle puisse être, cette approche de la science soulève néanmoins un problème : elle requiert *deux* instants d'observateur connectés.

Dans le premier, vous faites votre prédiction, et dans le second vous méditez sur ce que vous avez observé. Cela fonctionne parfaitement dans la situation conventionnelle où il n'y a, il n'y a eu et il n'y aura toujours qu'une seule copie de vous tout au plus (figure 11.8, à gauche), mais s'effondre dans n'importe quel scénario d'univers parallèles où vous avez des *alter ego*. Comme nous l'avons vu aux chapitres 6 et 8, ces scénarii peuvent donner naissance à des effets nouveaux tels que l'immortalité subjective et le hasard subjectif (figure 11.8).

Dans le contexte de l'HUM, nous avons montré que les perceptions de l'écoulement du temps et des hypothèses et observations ayant été faites existent dans chaque instant d'observateur *individuel* que nous ressentons. Cela signifie que nous devons transcender l'approche en deux temps de Popper en une science munie d'une seule étape pouvant être appliquée à un unique instant d'observateur. Je me

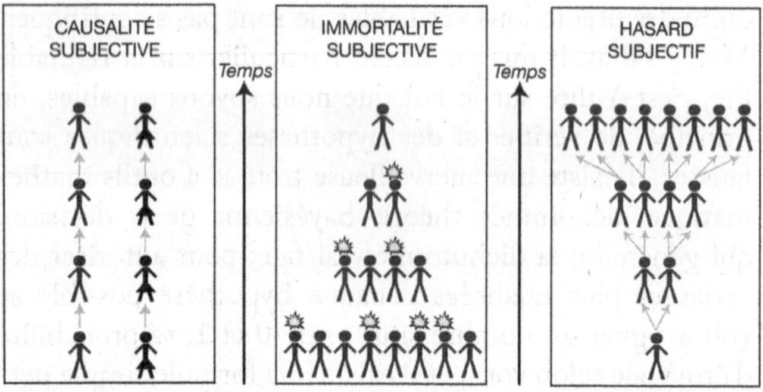

Figure 11.8 Quand chaque instant d'observateur peut être relié de manière unique à un prédécesseur et à un successeur, nous percevons la causalité subjective (à gauche). Quand certains successeurs, mais pas tous, disparaissent, nous pouvons percevoir l'immortalité subjective. Quand plusieurs successeurs subjectivement distincts partagent le même prédécesseur, nous percevons le hasard subjectif.

complais à imaginer que je possède cette effarante télécommande de poche pour la réalité elle-même. Lorsque j'assiste à une conférence ennuyeuse, je peux presser la touche avance rapide. Lorsque je ressens quelque chose de formidable, je peux faire marche arrière puis repasser cet instant autant de fois que je le souhaite. Et afin de transcender Popper, j'appuie simplement sur pause. Je peux dorénavant, dans l'esprit d'Horace, véritablement cueillir l'instant présent, le capturer, me l'approprier et méditer sur lui sans me soucier nullement du lendemain. En particulier, je peux réfléchir sur ce que je postule et ce que j'observe. Si mon cerveau fonctionne normalement, je découvrirai que mon modèle interne de la réalité concorde avec les dernières nouvelles du monde extérieur que me renvoient mes sens. Et si mon algorithme de raisonnement scientifique est correct, je découvrirai que les prédictions que je me souviens avoir faites pour cet instant sont en accord décent avec ce qui se passe réellement. Pendant que mes sens s'évertuent à consigner les nouvelles informations devant être perçues par ma conscience dans les instants d'observateur futurs, la partie consciente de mon esprit s'attelle à tirer parti de mon algorithme de raisonnement scientifique pour réactualiser mes hypothèses sur des aspects plus subtils et abstraits de la réalité.

Pourquoi n'êtes-vous pas une fourmi ?

Ainsi, quel raisonnement tiendriez-vous dans votre instant d'observateur dès que vous aurez pressé la touche pause ? Vous avez besoin de fondations solides pour cela, non seulement afin de survivre dans un multivers, mais également, comme nous le verrons, pour donner un sens à ce que nous appelons l'argument de l'apocalypse et à d'autres énigmes philosophiques célèbres. Si vous croyez en l'Hypothèse de l'Univers mathématique, vous devez tenter de découvrir dans quelle structure mathématique vous vivez. Si cette structure contient de nombreux instants d'observateur qui pensent subjectivement comme le vôtre, alors vous pouvez être n'importe lequel d'entre eux. Sauf s'il y a quelque chose dans les mathématiques qui brise d'une certaine manière la symétrie et en favorise certains, vous avez autant de chances d'être n'importe lequel d'entre eux. Par conséquent, comme je l'ai proposé dans mon article de 1996 sur l'Univers mathématique, vous parvenez à la conclusion suivante :

> Vous devez raisonner comme si votre instant d'observateur en est un choisi au hasard parmi tous ceux possibles.

Les deux dernières décennies ont fait l'objet d'un débat houleux mais passionnant, dans la littérature philosophique, sur les diverses alternatives de raisonnement, lequel a été en partie déclenché par l'argument de l'apocalypse (que nous allons bientôt examiner) et des énigmes apparentées. L'idée fondamentale selon laquelle nous devons nous attendre à trouver notre conscience non pas en un *lieu* aléatoire (en vertu du principe copernicien) mais dans un *observateur* aléatoire possède une longue histoire. Nous avons vu au chapitre 6 que Brandon Carter l'a formulée sous la forme d'un principe anthropique faible, et au chapitre 5 qu'Alex Vilenkin l'a formulée comme le *principe de médiocrité*. Les philosophes contemporains tels que Nick Bostrom, Paul Almond et Milan Ćircović l'ont exploré intensivement, et en 2002 Bostrom a forgé l'expression désormais adoptée d'*hypothèse d'auto-échantillonnage forte*.

> Hypothèse d'auto-échantillonnage forte (HAEF) : chaque instant d'observateur doit raisonner comme s'il était choisi au hasard dans l'ensemble de tous les instants d'observateur de sa classe de référence.

La subtilité réside ici dans l'interprétation de la *classe de référence*, et les philosophes qui acceptent l'HAEF y font fréquemment allusion. Si vous utilisez l'option de restriction maximale et limitez la classe de référence aux instants d'observateur de vos autres copies qui se sentent subjectivement indiscernables du vôtre, vous retrouvez ma première approche. Néanmoins, nous allons voir que vous pouvez également parvenir à d'autres conclusions intéressantes en étant plus laxiste : vous obtenez toujours des conclusions correctes même si des instants d'observateur distincts sont permis, tant que la manière dont ils se sentent subjectivement différents n'entrave pas la réponse que vous cherchez à obtenir. Pour mieux appréhender cela, considérons un exemple de la manière dont l'HAEF fonctionne – l'énigme de la Belle au bois dormant de Nick Bostrom :

La Belle au bois dormant se porte volontaire pour subir l'expérience suivante et est mise au courant de tous les détails. Le dimanche, elle est endormie. Une pièce non biaisée est alors lancée. Si la pièce tombe sur face, la Belle au bois dormant est réveillée puis interrogée le lundi suivant. Si la pièce affiche pile, elle est réveillée puis interrogée le lundi et le mardi qui suivent, mais lorsqu'on la rendort le lundi, on lui administre une dose de médicament amnésique assurant qu'elle ne se rappellera pas de son précédent réveil. À chaque fois que la Belle au bois dormant est réveillée puis interrogée, on lui demande :

« Selon vous, quelle est la probabilité que la pièce soit tombée sur face ? »

Après moult publications sur ce sujet, la communauté des philosophes est désormais partagée entre les partisans du « demi » et ceux du « tiers », pensant qu'elle devrait annoncer respectivement une probabilité de 1/2 ou de 1/3. Dans le cadre de l'HUM, il n'y a rien de véritablement aléatoire, donc substituons la pièce par une mesure quantique réalisant ces issues équiprobables dans deux univers parallèles de niveau III. Il y a désormais trois instants d'observateur, subjectivement indiscernables dans la structure mathématique, correspondant à cette Belle au bois dormant en plein interrogatoire, et ils sont tous aussi réels les uns que les autres :

1) La pièce est tombée sur face et c'est le lundi.
2) La pièce est tombée sur pile et c'est le lundi.
3) La pièce est tombée sur pile et c'est le mardi.

Puisqu'un seul des trois événements correspond à face, elle devrait lui attribuer une probabilité de 1/3 et faire l'expérience du hasard subjectif associé lorsqu'elle découvre la vérité.

Supposez maintenant que les expérimentateurs décident secrètement de revernir ses ongles dans une couleur dépendant de l'issue de la mesure quantique. Cela signifie que les instants d'observateur ne sont plus tous indiscernables, mais tant qu'elle n'a pas connaissance du code couleur, les probabilités resteront inchangées pour elle. Autrement dit, nous avons toute latitude pour élargir la classe de référence tant que cela ne biaise pas les résultats.

Cette conclusion possède des conséquences radicales : elle suggère que quelles que soient l'immensité et l'invraisemblance du multivers existant, les êtres humains que nous sommes sont probablement *assez ordinaires* parmi tous les observateurs posant cette sorte de question ! Par exemple, il est extrêmement improbable que des systèmes planétaires typiques contiennent des billiards d'hominidés similaires à nous, car si c'était le cas, il serait environ un million de fois plus probable que l'on se trouve dans un tel système planétaire peuplé, plutôt que dans le nôtre avec ses 7 milliards d'habitants. En d'autres termes, l'HAEF nous permet de faire des propositions sur ce qui se passe même dans des lieux que nous ne pouvons observer.

Toutefois, comme tout outil puissant, l'HAEF doit être utilisée avec parcimonie. Par exemple, pourquoi n'êtes-vous pas une fourmi ? Si nous considérons les formes de vies terrestres basées sur le carbone comme classe de référence, nos dix billiards (10^{16}) d'amies à six pattes sont plus d'un million de fois plus nombreuses que les bipèdes que nous sommes, donc cela n'implique-t-il pas qu'il est un million de fois plus probable que votre instant d'observateur actuel soit celui d'une fourmi plutôt que celui d'un être humain ? Si c'est le cas, cela anéantirait votre conception fondamentale de la réalité avec 99,9999 % de chances. Certes, nous avons négligé le fait que les êtres humains vivent environ cent fois plus longtemps que les fourmis, mais cela ne modifie en rien cette conclusion dérangeante.

En vérité, la solution réside dans le choix de la classe de référence. Comme l'illustre la figure 11.9, vous avez plusieurs choix distincts de classe de référence, la plus inclusive étant celle de tous les instants d'observateur de toutes les sous-structures autoconscientes et la plus exclusive, l'ensemble de ceux qui ont exactement les mêmes perceptions subjectives que vous en cet instant. Si vous posez la question « quelle sorte d'entité dois-je m'attendre à être ? », alors votre classe de référence doit clairement se restreindre aux entités pouvant se poser cette question – exit donc les fourmis !

Figure 11.9 *Quelle est la probabilité que [insérez ici votre question favorite] si j'étais un…* ? Vous remplacez ici les points de suspension par votre *classe de référence*, illustrée ci-dessus. Avec l'Hypothèse de l'Univers mathématique, il est toujours possible de raisonner comme si vous étiez un membre au hasard de la classe de référence la plus restrictive, correspondant à tous les instants d'observateur qui pensent subjectivement comme vous, mais dans certains cas, vous pouvez esquisser des conclusions supplémentaires valides et intéressantes en élargissant la classe de référence, par exemple aux êtres humains ou aux autres entités autoconscientes capables de poser la même question.

Toute la question du choix de la bonne classe de référence correspond à l'usage idoine de ce que les statisticiens nomment des probabilités conditionnelles, et si nous le bâclons, nous pouvons être confrontés à de cuisants échecs. En 2010, un important sondage échoua à prédire la réélection de Harry Reid, le chef de file de la majorité du Sénat aux États-Unis, dans le Nevada, parce que le logiciel du serveur vocal raccrochait lorsque la personne interrogée ne parlait pas anglais, omettant ainsi les réponses des partisans hispanophones de Reid. Au chapitre 6, nous avons vu qu'une région typique de l'espace pourrait s'attendre à se trouver dans un univers doté d'une quantité excessive d'énergie sombre pour former les galaxies, et qu'un atome typique d'hydrogène dans notre Univers particulier pourrait s'attendre à se trouver dans un nuage de gaz intergalactique ou dans une étoile. Mais ce ne sont pas là que vous devez vous attendre à vous trouver : « tous les points » ou « tous les atomes » représentent des classes de référence non pertinentes pour vous, car ni les points, ni les atomes ne peuvent poser des questions.

Pourquoi n'êtes-vous pas un cerveau de Boltzmann ?

Si vous jugez qu'il est complètement démentiel d'avoir un camarade extraterrestre dans votre classe de référence, vous serez bien surpris de savoir que certains de mes collègues s'attachent à débattre de camarades encore plus saugrenus : des simulations et des cerveaux de Boltzmann.

Nous sommes la preuve vivante que les atomes peuvent être disposés selon un arrangement élaboré qui se sent subjectivement conscient. Jusqu'ici, notre recherche en physique n'a dévoilé aucune preuve suggérant que ce soit la seule voie possible conduisant à la conscience. Nous devons par conséquent considérer l'éventualité qu'il puisse y avoir d'autres variantes d'arrangements atomiques ayant également conscience de soi, et que certaines formes de vie (peut-être nous-mêmes ou nos descendants) construiront un jour ces entités. Nous pensons immédiatement aux robots intelligents du fait qu'ils aient de véritables corps physiques pouvant interagir avec le monde qui les entoure, mais ce pourrait être des simulations à l'instar des personnages de l'holodeck dans *Star Trek : La Nouvelle*

Génération, ou l'agent Smith dans *Matrix*[10], dont les corps sont purement virtuels et les vies ne se déroulent que dans la réalité virtuelle d'un ordinateur extrêmement puissant. Certaines de ces simulations pourraient avoir des instants d'observateur ressentant subjectivement exactement les mêmes choses que vous en ce moment précis.

Dans ce cas, vous devez impérativement inclure vos avatars simulés dans votre classe de référence. Nick Bostrom et d'autres chercheurs ont publié beaucoup de choses sur ce sujet, concluant qu'il y a une probabilité non négligeable que vous soyez en fait simulé. J'en donnerai un contre-argument dans le prochain chapitre, mais si vous souhaitez en avoir le cœur net d'ici là, je vous conseillerais, dans l'esprit du pari de Pascal, de vivre pleinement votre vie et de faire toute sorte de choses intéressantes et nouvelles. De la sorte, si vous êtes une simulation, la créature qui vous a engendré éveillera certainement plus d'intérêt pour ne pas vous éteindre…

Contrairement aux simulations qui sont créées intentionnellement, ce que nous appelons les cerveaux de Boltzmann naissent de coïncidences. Après avoir été l'instigateur de la discipline de la mécanique statistique il y a 150 ans environ, le physicien autrichien Ludwig Boltzmann a réalisé que si vous laissez seul un objet chaud pendant suffisamment longtemps, même les arrangements les plus improbables d'atomes se produiront fortuitement. Le temps nécessaire pour que les particules se réarrangent spontanément en un cerveau autoconscient est extrêmement long, mais si vous êtes très patient, cela se produira.

---

10. Remarquez que plusieurs des personnages de *Matrix* vivent des expériences simulées dans des cerveaux humains. Au contraire, les personnages simulés dans le film *Passé virtuel* n'impliquent aucun support humain.

Revenons à notre Univers tel qu'il est aujourd'hui, et considérons son destin à long terme. L'expansion accélérée diluera finalement toute la matière qui emplit actuellement notre cosmos, mais si la densité d'énergie sombre cosmique demeure constante (comme le suggèrent les mesures récentes), il subsistera toujours un léger reliquat d'énergie thermique. Cette chaleur provient du même type de fluctuations quantiques que celles ayant engendré les oscillations du rayonnement fossile du chapitre 5, et Stephen Hawking a notoirement découvert que plus notre Univers se dilate, plus ce que nous appelons la température de Hawking sera élevée. L'énergie sombre fait que notre Univers se dilate beaucoup plus lentement qu'au cours de l'inflation, de sorte que sa contribution thermique n'est que d'un millième de milliardième de milliardième de milliardième (10^{-30}) de degré au-dessus du zéro absolu.

Cette température est loin d'être printanière, même pour les habitués suédois, mais elle n'est pas rigoureusement nulle, ce qui signifie que si vous attendez assez longtemps, cette énergie thermique se réarrangera en ce que vous voulez. Dans le modèle cosmologique standard, ce réagencement aléatoire se poursuit *pour toujours*, donc il produira fortuitement une réplique exacte de vous pensant subjectivement exactement comme vous, et ayant les faux souvenirs d'avoir vécu toute votre vie. Le plus souvent, il répliquera simplement votre cerveau désincarné, survivant juste assez longtemps pour faire l'expérience de votre instant d'observateur actuel. Et tout cela recommencera, une infinité de fois, de sorte que pour chaque copie de vous ayant évolué et vécu une authentique vie, il y a un nombre infini de cerveaux de Boltzmann désincarnés et fantomatiques pensant qu'ils vivent réellement la même vie.

C'est profondément troublant. Si notre espace-temps contient réellement ces cerveaux de Boltzmann, alors vous êtes certain à 100 % d'être l'un d'eux ! Somme toute, l'instant d'observateur du vous ayant évolué est dans la même classe de référence que ces cerveaux, car ils pensent subjectivement la même chose, donc vous devez raisonner comme si vous étiez l'un de ces instants d'observateur choisi au hasard – et ceux désincarnés surpassent en nombre ceux dotés d'un corps d'une infinité de fois...

Avant de vous tourmenter l'esprit par le statut ontologique de votre corps, voici un test simple permettant de déterminer si vous êtes un cerveau de Boltzmann. Pause. Introspection. Examinez vos souvenirs. Dans le scénario du cerveau de Boltzmann, il est en vérité fort probable que n'importe quel souvenir particulier que vous ayez soit faux plutôt que réel. Néanmoins, pour chaque ensemble de souvenirs faux pouvant passer pour avoir été réels, les ensembles de souvenirs très similaires différant de quelques bits aléatoires dispersés de façon remarquable (par exemple, vous vous souvenez de la cinquième symphonie de Beethoven comme d'un son purement statique) sont nettement plus probables, car il y a considérablement plus de cerveaux désincarnés partageant ces souvenirs. Cela est dû au fait qu'il y a beaucoup plus de chances d'avoir des choses presque identiques que parfaitement semblables. Ceci signifie que si vous êtes réellement un cerveau de Boltzmann pensant ne pas en être un, en creusant un peu dans vos souvenirs, vous devrez découvrir de plus en plus d'absurdités. Et après cela, vous ferez l'expérience de la désagrégation de votre réalité, à mesure que vos particules constitutives dérivent à nouveau vers l'espace glacial et presque vide d'où elles proviennent.

En d'autres termes, si vous lisez toujours ceci, vous n'êtes *pas* un cerveau de Boltzmann. Cela implique que quelque chose cloche fondamentalement dans ce que nous avons supposé au sujet de l'avenir de notre Univers, et qu'il y a là un enseignement à tirer. Nous allons bientôt examiner cela dans la section du « problème de la mesure ».

L'argument de l'apocalypse : est-ce la fin du monde ?

Nous avons vu que l'idée selon laquelle nous devons être des observateurs ordinaires est puissante et révèle des conséquences surprenantes. *L'argument de l'apocalypse* est une autre conséquence largement débattue ; il fut proposé pour la première fois par Brandon Carter en 1983.

Pendant la Seconde Guerre mondiale, les forces alliées parvinrent à estimer le nombre de chars allemands à partir de leurs numéros de série. Si le premier char capturé a le numéro de série 50, cela élimine avec 95 % de chances l'hypothèse qu'il y ait plus de mille chars, car dans ce cas, la probabilité de capturer l'un des cinquante premiers construits est inférieure à 5 %. L'hypothèse centrale est que le premier char capturé soit considéré comme un élément choisi au hasard dans la classe de référence de tous les chars.

Carter souligna le fait que si nous assignons à chaque être humain un numéro de série à la naissance, alors nous pouvons tenir exactement le même raisonnement pour estimer le nombre total d'hommes qui auront vécu. Lorsque je vins au monde en 1967, j'étais approximativement la cinquante-milliardième personne née, donc si je suis un être humain choisi au hasard parmi tous ceux qui auront vécu, je peux éliminer avec 95 % de chances l'hypothèse que plus de mille milliards d'êtres humains seront nés un jour. En d'autres termes, il est hautement improbable qu'il y aura plus de mille milliards d'hommes nés, parce que cela me placerait dans les 5 premiers pourcents d'hommes à exister – un fait que nous ne pouvons expliquer qu'en invoquant une étrange coïncidence bien improbable. De surcroît, si la population mondiale se stabilise à 10 milliards d'individus avec une espérance de vie de 80 ans, alors l'humanité telle que nous la connaissons disparaîtra avec 95 % d'assurance avant l'an 10 000.

Si je pense que notre apocalypse sera causée par les armes nucléaires (ou la technologie informatique, les biotechnologies ou toute autre technologie n'ayant existé que depuis 1945), alors mes prédictions deviennent plus lugubres : mon numéro de naissance depuis que les dangers ont commencé est 1,6 milliard, et je peux déterminer avec 95 % de chances qu'il y aura 32 milliards de naissances supplémentaires après moi, ce qui nous emmène à l'an 2100. Et c'est la limite pour 95 % de chances – une fin du monde plus probable pour l'humanité est proche de l'instant présent. Pour échapper à cette conclusion pessimiste, j'ai besoin de mentionner une idée expliquant *a priori* pourquoi je dois faire partie des 5 premiers pourcents de tous les êtres humains à être nés dans l'ombre de ces technologies. Nous reviendrons sur le risque existentiel posé par la technologie au chapitre 13.

Certaines personnes prennent l'argument de l'apocalypse très au sérieux. Par exemple, lorsque j'ai eu le plaisir de rencontrer Brandon Carter lors d'une conférence, il m'informa, non sans une certaine exaltation, des dernières nouvelles au sujet du déclin du *boom* de la population, affirmant qu'il avait prédit que cela devait se produire, et que nous devions nous attendre à ce que l'humanité survive encore pour un certain temps. D'autres ont critiqué cet argument sur plusieurs plans. Par exemple, les choses deviennent plus subtiles s'il y a d'autres planètes habitées par des gens comme nous. La figure 11.10 illustre cet exemple, où le nombre total d'individus qui auront vécu varie grandement d'une planète à l'autre. Si vous savez que cette situation existe, vous devez alors être plus optimiste concernant l'avenir que ne le suggère l'argument standard de l'apocalypse. En réalité, si je crois en la théorie plus extrême stipulant qu'il n'y a que deux planètes habitées dans l'espace-temps, hébergeant un total de 10 milliards et de 10 millions de milliards d'individus du début jusqu'à la fin, alors la probabilité est de 50 % que je sois en ce

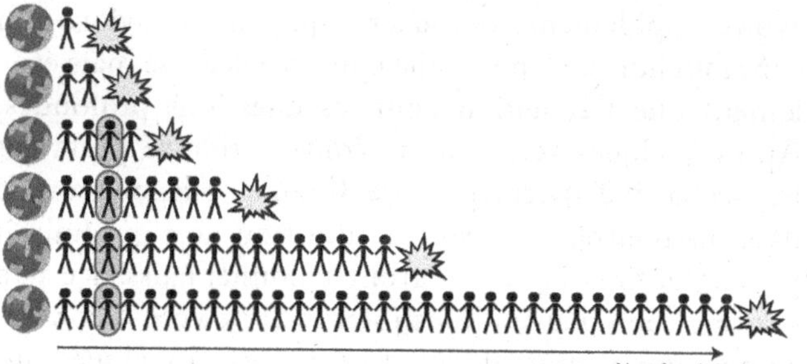

Figure 11.10 Si vous savez que votre numéro de naissance est 3 milliards, vous pourrez penser qu'il n'y a que 10 % de chances que plus de 30 milliards d'individus auront vécus sur votre planète. Mais supposez que vous sachiez qu'il existe six planètes similaires à la vôtre, où le nombre total de personnes nées du début jusqu'au déclin de leur civilisation soit respectivement de 1, 2, 4, 8, 16 et 32 milliards (chaque personnage représente ci-dessus un milliard d'individus). Dans ce cas, la probabilité qu'il y ait plus de 30 milliards de vies sur votre planète est en réalité de 25 %. Il y a exactement quatre personnes ayant votre numéro de naissance et vous pouvez être, de façon équiprobable, n'importe laquelle d'entre elles, et l'une d'elles (25 %) vit sur la planète du bas, très prospère, dans l'image ci-dessus.

moment sur la planète qui verra finalement s'épanouir des millions de milliards d'habitants.

Malheureusement, ce contre-exemple ne procure que de faux espoirs. Rien ne permet de le confirmer, et j'ai même de bonnes raisons de croire que cette théorie des deux planètes est erronée : l'observation que mon numéro de naissance soit environ 50 milliards élimine cette théorie avec plus de 99,999999 % de confiance, car la probabilité qu'une personne au hasard soit née dans les 50 premiers milliards n'est que de 0,0000005 %.

Pourquoi la Terre est-elle si vieille ?

En mars 2005, j'eus le privilège de rencontrer Nick Bostrom lors d'une conférence en Californie, et nous avons rapidement découvert que nous avions en commun non seulement une enfance suédoise mais également une fascination pour les questions profondes. Après quelques verres, notre conversation se porta sur les scénarii d'apocalypse. Le Grand collisionneur de hadrons pourrait-il créer un mini trou noir qui finirait par engloutir la Terre ? Pourrait-il donner naissance à un « strangelet » pouvant précipiter la Terre vers sa conversion en une matière de quarks étranges ? Quelques-uns de mes collègues du MIT, dont je pense que les calculs sont bons, ont conclu que le risque est négligeable, mais que dire si nous avons omis quelque chose ? D'habitude, ce qui me rassure le plus, c'est que la nature soit considérablement plus puissante que n'importe quelle machine construite par l'homme : par exemple, des particules de rayons cosmiques créées à proximité de trous noirs monstrueux frappent quotidiennement la Terre avec une énergie supérieure à un million de fois ce que peuvent délivrer nos accélérateurs, et 4,5 milliards d'années après sa formation, la Terre est toujours saine et sauve. Elle est donc indubitablement extrêmement robuste, et il n'y a pas lieu de s'inquiéter. Pour la même raison, je ne devrais pas me tourmenter au sujet des autres scénarios d'apocalypse cosmique, tels que le « gel » de l'espace en une autre phase énergétiquement inférieure, comme au chapitre 5, où une bulle de mort cosmique contenant cette nouvelle variété inhospitalière d'espace se dilate à la vitesse de la lumière, anéantissant tous les êtres sur son passage à l'instant précis où ils en prennent conscience : si nous sommes toujours présents depuis si longtemps, de tels phénomènes doivent être très rares, sinon inexistants.

C'est alors qu'une pensée terrible me secoua l'esprit : mes arguments rassurants avaient une faille ! Supposez que chaque planète ait 50 % de chances d'être détruite chaque jour. La majeure partie serait alors anéantie en quelques semaines, mais dans un espace infini revêtu d'une infinité de planètes, il y aura toujours un nombre infini de planètes restantes, où les habitants demeurent béatement insouciants du cruel destin qui les attend. Et si je suis simplement un observateur aléatoire dans l'espace-temps, je peux m'attendre à incarner un individu ignorant naïvement être l'un de ces agneaux qu'on est sur le point d'abattre. En d'autres termes, le fait que ma région de l'espace n'ait pas encore été détruite ne me dit *rien*, car *tous* les observateurs vivants se trouvent dans des régions de l'espace non détruites. Ma nervosité commençait à se faire sentir. J'avais l'impression d'être dans un zoo, face à une horde de lions affamés, venant tout juste de réaliser que la grille, dont je pensais qu'elle me protégeait, n'était qu'une illusion d'optique – que les lions ne pouvaient percevoir.

Nick et moi demeurâmes extrêmement perplexes pendant un certain temps, jusqu'à ce que nous décidions de mettre sur pied un autre argument anti-apocalyptique sans faille. La Terre s'est formée environ 9 milliards d'années après notre Big Bang, et il est dorénavant clair que notre galaxie (ainsi que d'autres, similaires, situées ailleurs) arbore un grand nombre de planètes ressemblant à la Terre et s'étant formées plusieurs milliards d'années plus tôt. Cela signifie que lorsque nous considérons tous les observateurs similaires à nous dans tout l'espace-temps, une fraction significative de ceux-ci a existé bien avant nous. Du coup, dans un scénario où les planètes sont aléatoirement détruites avec une demi-vie assez brève (disons un jour, une année ou un millénaire), presque tous les instants d'observateur se produiront beaucoup plus tôt, et il est extrêmement improbable que nous nous trouvions sur une planète s'étant formée en un lieu bien confortable, relativement tard dans ce scénario. Nous décidâmes de rédiger un article sur cette idée, et travaillâmes jusque tard dans la nuit dans le salon d'un hôtel. Lorsque je me laissai finalement emporter par le sommeil, je savais avec 99,9 % de certitude que les bulles de la mort, les trous noirs et les strangelets devaient nous laisser encore tranquilles pour un milliard d'années.

À moins, bien entendu, que nous, êtres humains, fassions quelque chose de stupide que la nature n'a pas encore tentée…

Pourquoi n'êtes-vous pas plus jeune ?

Nous venons de voir que si la physique démontrait de terribles instabilités, de sorte que la majorité des planètes ne subsistent pas longtemps, alors nous devrions nous attendre à ce que l'on soit sur l'une des premières planètes habitables à s'être formées, non sur cette planète tardive qu'est la nôtre. La théorie déprimante est ainsi écartée. Malheureusement pour l'inflation, Alan Guth a réalisé que sous certaines hypothèses apparemment raisonnables, il prédisait la même chose ! Déconcerté par son invention théorique qui prévoyait une Terre beaucoup plus jeune, il baptisa cela le *paradoxe de la jeunesse*. À l'époque où je devins son collègue au MIT, vers 2004, j'ai passé beaucoup de temps à me demander comment faire des prédictions dans un multivers. J'ai écrit un long article sur ce sujet, qui me donna plus de mal que tous les autres auparavant, et je fus surpris de découvrir que le paradoxe de la jeunesse était encore plus radical que nous le pensions.

Comme nous l'avons vu au chapitre 5, l'inflation se poursuit éternellement, doublant le volume d'espace toutes les 10^{-38} secondes environ, créant un espace-temps désordonné ayant d'innombrables Big Bangs se produisant en différents instants et d'innombrables planètes se formant à différentes époques. Nous avons vu qu'un observateur sur n'importe laquelle de ces planètes considérera son Big Bang comme étant l'instant où l'inflation a cessé dans sa région de l'espace. Pour moi, le temps écoulé entre mon Big Bang et mon instant d'observateur actuel est d'environ 14 milliards d'années. Considérons maintenant tous les instants d'observateur simultanés : pour certains, l'âge de leur Big Bang est de 13 milliards d'années, pour d'autres c'est 15, etc. Du fait du doublement frénétique de volume, il y aura $2^{10^{38}}$ fois plus de Big Bangs au cours de la seconde suivante, car le volume a doublé 10^{38} fois pendant cette seconde supplémentaire. De la même manière, il y a $2^{10^{38}}$ fois plus d'observateurs dans les galaxies qu'ils ont formées. Cela signifie que si je suis un instant d'observateur au hasard parmi tous ceux se produisant en ce moment, alors il est $2^{10^{38}}$ fois plus probable que je me trouve dans un univers d'une seconde de moins, dont le Big Bang ne s'est produit il n'y a qu'une seconde ! C'est-à-dire environ 1 suivi de cent milliards de milliards de milliards de milliards de zéros fois plus probable. Ma planète devrait être plus jeune, mon corps devrait être plus jeune, et nous devrions avoir la sensation que tout se soit formé et ait évolué dans la précipitation.

Une région de l'espace faisant l'expérience d'un Big Bang plus récent sera plus chaude, parce qu'elle aura eu moins de temps pour se refroidir, donc il est hautement improbable que nous nous trouvions dans un univers relativement froid, et c'est le *problème de la froideur* : lorsque j'ai calculé la probabilité de mesurer une température de fond diffus cosmologique inférieure à trois degrés au-dessus du zéro absolu, j'ai obtenu $10^{-10^{56}}$, donc lorsque la sonde COBE a mesuré cette température à 2,725 Kelvin, elle invalidait toute notre histoire fondée sur l'inflation avec 99,999… 999 % de chances, où il y a cent milliards de milliards de milliards de milliards de milliards de milliards de neuf après la virgule. Pas bon du tout… Sur le mur de la honte des désaccords flagrants entre la théorie et l'expérience, ceci surpasse même le problème de la stabilité de l'atome d'hydrogène du chapitre 7 (28 neuf) et le problème de l'énergie sombre du chapitre 4 (123 neuf). Bienvenue au *problème de la mesure* !

Le problème de la mesure : la physique en crise

Quelque chose ne colle absolument pas, mais quoi au juste ? L'inflation éternelle est-elle réellement définitivement écartée ? Focalisons toute notre attention sur ce problème. Nous avons posé une question raisonnable au sujet de ce qu'un observateur ordinaire doit s'attendre à mesurer, et nous avons porté notre choix sur l'exemple particulier de la température du rayonnement fossile. Puisque nous avons considéré l'inflation éternelle, nous avons pris en compte un espace-temps contenant plusieurs instants d'observateur mesurant plusieurs températures différentes, donc nous ne pouvons prédire une réponse unique, mais simplement des probabilités pour différents intervalles de température. Ce n'est donc, pour ainsi dire, pas la fin du monde : nous avons vu au chapitre 7 que la mécanique quantique ne prédit que des probabilités, non des réponses définitives, mais demeure néanmoins une théorie scientifique féconde et parfaitement testable. Le problème vient plutôt des probabilités calculées : elles nous indiquent que ce que nous observons est en fait ridiculement improbable, de sorte que la théorie sous-jacente soit évincée.

Une erreur se serait-elle glissée dans nos calculs de probabilité ? Les maths sont en principes élémentaires : les probabilités sont simplement les fractions de tous les instants d'observateur de notre classe de référence qui mesurent diverses températures. S'il n'y en a que cinq et qu'ils observent 1, 2, 5, 10 et 12 degrés au-dessus du zéro absolu, la fraction d'eux mesurant moins de trois degrés est deux cinquièmes : 2/5 = 40 % – facile ! Or qu'en est-il s'il y a, comme le prédit l'inflation éternelle, une *infinité* d'instants d'observateur, et que la fraction d'eux mesurant moins de trois degrés soit l'infini divisé par l'infini ? Quel sens donner à tout cela ?

Les mathématiciens ont développé un élégant système consistant à *considérer les limites*, lesquelles peuvent très souvent donner un sens à ∞/∞. Par exemple, quelle fraction de tous les entiers naturels 1, 2, 3,… sont pairs ? Il y a une infinité de nombres et une infinité d'entre eux sont pairs, donc la fraction est ∞/∞. Mais si nous ne prenons en compte que les n premiers nombres, nous obtenons une réponse intelligible qui dépend faiblement de notre limite n de comptage. Si nous faisons croître n, nous découvrons que la fraction varie de moins en moins à mesure que n grandit. Si nous considérons maintenant la limite lorsque n tend vers l'infini, nous obtenons une réponse bien définie qui ne dépend nullement de n : la moitié exactement des nombres sont pairs.

Cette réponse semble intelligible, mais les infinis sont fallacieux : la fraction des nombres pairs dépend de l'ordre dans lequel nous les énumérons ! Si nous ordonnons ainsi ces nombres : 1, 2, 4, 3, 6, 8, 5, 10, 12, 7, 14, 16 et ainsi de suite, alors le même procédé de limite indique que 2/3 d'eux sont pairs ! Cela est dû au fait que dans cette liste de nombres, nous avons deux nombres pairs pour chaque nombre impair. Nous ne trichons pas car tous les nombres pairs et impairs finiront par apparaître dans cette liste ; nous les avons simplement réordonnés. De la même manière, en réordonnant les nombres de manière adéquate, je peux vous démontrer que la fraction paire est égale à un divisé par votre numéro de téléphone…

De même, la fraction du nombre infini d'observateurs dans l'espace-temps réalisant une observation particulière dépend de l'ordre dans lequel vous les comptez ! Les cosmologistes utilisent le terme *mesure* pour se référer à un rangement ordonné des instants d'observateur, ou, plus généralement, à une méthode pour calculer des probabilités sans infinis fastidieux. Les probabilités insensées que j'avais calculées pour le problème de la froideur correspondaient à une mesure particulière, et la plupart de mes collègues avaient deviné que le problème ne venait pas de l'inflation mais de la mesure : d'une manière ou d'une autre, il était trompeur d'invoquer la classe de référence de tous les instants d'observateur à un instant fixe.

Ces dernières années, nous avons vu déferler une avalanche d'articles intéressants proposant des mesures alternatives. Il s'est avéré remarquablement difficile d'en trouver une fonctionnant avec l'inflation éternelle : certaines mesures étaient recalées par le problème de la froideur, d'autres échouaient à prédire si vous êtes un cerveau de Boltzmann, et d'autres encore prédisaient que nous devions observer de gigantesques trous noirs dans notre ciel déformé. Alex Vilenkin m'avoua récemment s'être senti découragé : quelques années auparavant, il avait espéré qu'une seule mesure pût éluder tous ces écueils, et qu'elle fût si simple et si élégante qu'elle nous aurait immédiatement séduits. Au lieu de cela, nous sommes désormais en présence d'un certain nombre de mesures différentes semblant proposer des prédictions distinctes mais raisonnables, sans que rien ne nous permette de choisir entre elles. Si les probabilités que nous prédisons reposent sur la mesure préalable, et que nous pouvons supposer qu'une mesure donne n'importe quelle réponse souhaitée, alors nous n'avons réellement rien prédit du tout.

Je partage la préoccupation d'Alex. En vérité, je considère le problème de la mesure comme la crise la plus profonde de la physique moderne. Selon ma manière de l'aborder, l'inflation s'autodétruit logiquement. Comme nous l'avons vu au chapitre 5, nous avions considéré sérieusement l'inflation parce qu'elle fait des prédictions correctes : elle prédit que des observateurs ordinaires doivent mesurer un espace plat plutôt que courbe autour d'eux (problème de la platitude), qu'ils doivent mesurer une température du fond diffus cosmologique identique dans toutes les directions (problème de l'horizon), qu'ils doivent mesurer un spectre de puissance similaire à celui de la sonde WMAP, etc. Or elle prédit également qu'un nombre infini d'observateurs évaluent différentes quantités avec des probabilités dépendant d'une mesure que nous ne connaissons pas. Du coup, cela signifie que, strictement parlant, l'inflation ne prédit absolument rien sur ce que des observateurs ordinaires doivent observer. Toutes ses prédictions sont recalées, dont celles qui nous avaient permis au départ de la considérer avec sérieux ! L'auto-annihilation est complète. Notre bébé Univers inflationnaire a grandi pour devenir un adolescent indocile.

Par équité vis-à-vis de l'inflation, je ne pense pas qu'il y ait une quelconque théorie cosmologique concurrente qui soit meilleure, donc, à proprement parler, je ne considère pas cela comme un argument à l'encontre de l'inflation. Je suis simplement fermement persuadé que nous devons résoudre le problème de la mesure, et je pense que dès que nous l'aurons levé, une certaine forme d'inflation persistera. De surcroît, le problème de la mesure ne se limite pas à l'inflation, mais réside dans *toute* théorie invoquant une infinité d'observateurs. Par exemple, revenons à la mécanique quantique exempte d'effondrement. L'argument de l'immortalité quantique du chapitre 8 est cruellement suspendu au fait qu'il y ait une infinité d'observateurs, de sorte que certains survivent toujours, ce qui veut dire que nous ne pouvons croire l'une de ses conclusions tant que le problème de la mesure ne sera pas résolu.

Comme l'illustre la figure 11.11, l'immortalité subjective ne requiert pas la mécanique quantique, mais simplement les univers parallèles – peu importe que les deux avions de la figure soient dans des régions distinctes de notre espace tridimensionnel (multivers de niveau I) ou dans des

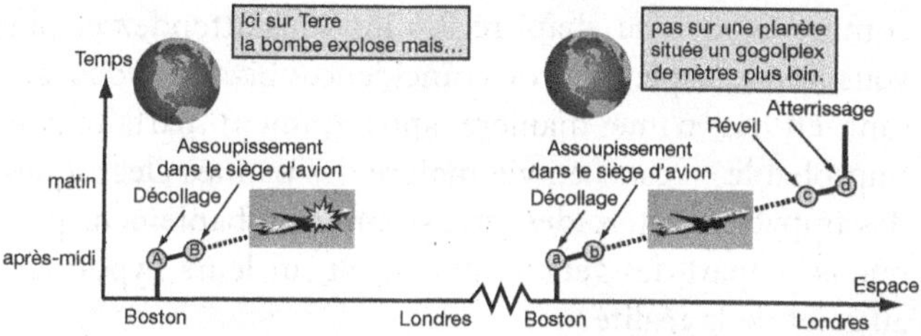

Figure 11.11 Dans la figure 11.5, nous avons vu comment l'instant d'observateur (c) ressent la continuation de l'instant d'observateur (b) du fait qu'il partage les mêmes souvenirs. Cependant, (c) ressent également la continuation de (B), un instant d'observateur appartenant à un avatar dont le vol est identique excepté qu'une bombe terroriste tue tous les passagers avant qu'ils ne se réveillent. S'il n'y a pas d'autres avatars, la prédiction correcte pour (B) et (b) est qu'ils percevront ensuite (c).

régions distinctes de notre espace de Hilbert (multivers de niveau III). Considérons donc d'une manière générale un scénario de multivers où un certain mécanisme tue la moitié de toutes vos copies chaque seconde. Au bout de vingt secondes, un seul avatar pour chaque million environ (1 pour 2^{20}) demeurera en vie. Jusqu'à cet instant, il y a eu $2^{20} + 2^{19} + \ldots + 4 + 2 + 1 \approx 2^{21}$ instants d'observateur d'une seconde, donc un instant d'observateur seulement sur deux millions se souvient avoir survécu pendant vingt secondes. Comme l'a souligné Paul Almond, cela signifie que ceux survivant aussi longtemps doivent invalider l'hypothèse de départ (qu'ils sont en train de subir l'expérience de l'immortalité) avec 99,99995 % de confiance. Autrement dit, la situation est philosophiquement étrange : vous débutez avec une théorie correcte sur ce qu'il se passe, vous faites une prédiction sur ce qu'il se passera (vous allez survivre), vous confirmez par l'observation que votre prédiction est correcte, mais vous faites malgré tout volte-face pour déclarer que cette théorie est invalidée ! De surcroît, comme évoqué au chapitre 8, plus vous attendez et plus vous faites l'expérience de coïncidences bizarres vous laissant en vie d'une manière apparemment parfaitement improbable – rester en vie malgré des pannes électriques, des impacts d'astéroïdes, etc. suffirait probablement pour que la plupart des gens s'interrogent sur leurs hypothèses au sujet de la réalité…

Problèmes d'infinis

Que nous enseigne le problème de la mesure ? Voici ce que je pense : une hypothèse est fondamentalement bancale dans le socle même de la physique moderne. Les échecs de la mécanique classique ont nécessité de basculer vers la mécanique quantique, et je suis persuadé que nos meilleures théories d'aujourd'hui ont également besoin d'un bouleversement majeur. Personne ne sait avec certitude où se trouve la racine du problème, mais j'ai des soupçons. Voici mon principal suspect : ∞.

En vérité, j'ai deux suspects : l'« infiniment grand » et l'« infiniment petit ». Par *infiniment grand*, j'entends que l'espace peut avoir un volume infini, que le temps peut s'écouler éternellement, et qu'il peut exister une infinité d'objets physiques. Par *infiniment petit*, je me réfère au *continuum* : l'idée que même un centimètre cube d'espace contient une infinité de points, qu'il peut être étiré à l'infini sans qu'il ne se passe rien d'extraordinaire, et qu'il existe des quantités dans la nature pouvant varier continûment. Les deux sont étroitement reliés : nous avons vu au chapitre 5 que l'inflation engendre un volume infini en dilatant indéfiniment l'espace continu.

Nous n'avons aucune preuve observationnelle directe de l'existence de l'infiniment grand ou de l'infiniment petit. Nous évoquons des volumes infinis munis d'une infinité de planètes, mais notre Univers observable ne contient qu'environ 10^{89} objets (principalement des photons). Si l'espace est un authentique *continuum*, alors il faut une quantité infinie d'informations pour décrire quelque chose d'aussi simple que la distance entre deux points, car il s'agit d'un nombre muni d'une infinité de chiffres après la virgule. En pratique, les physiciens que nous sommes ne sont jamais parvenus à mesurer quelque chose avec plus de seize décimales environ.

Je me souviens de ma méfiance vis-à-vis de l'infini alors que j'étais déjà adolescent, et plus je m'y suis familiarisé, plus je suis devenu circonspect. Sans l'infini, il n'y a jamais eu aucun problème de mesure – nous avons toujours calculé les mêmes fractions peu importe l'ordre dans lequel nous comptions les choses. Sans l'infini, il n'y a pas d'immortalité quantique.

Mon scepticisme vis-à-vis de l'infini est partagé par une toute petite minorité de physiciens. Chez les mathématiciens, l'infini et le *continuum* ont toujours fait l'objet d'une grande suspicion. Carl Friedrich Gauss, parfois qualifié de « plus grand mathématicien depuis l'Antiquité », eut ces mots il y a deux siècles : « Je proteste contre l'usage de la grandeur infinie comme quelque chose d'achevé, ce qui n'est jamais admissible en mathématiques. L'infini est purement une manière de parler ; son vrai sens est une limite de laquelle certains rapports s'approchent indéfiniment, tandis que d'autres peuvent croître sans restriction. » Critiquant le *continuum* et les idées apparentées, son collègue Leopold Kronecker dit une fois : « Dieu a fait les nombres entiers, tout le reste est l'œuvre de l'homme. » Au cours du siècle dernier, cependant, l'infini est devenu une référence en mathématiques, contre laquelle il n'y eut que quelques critiques verbales – par exemple, le mathématicien australo-canadien Norman Wildberger rédigea un essai déclarant que « les nombres réels sont un canular ».

Pourquoi donc les physiciens et mathématiciens d'aujourd'hui sont-ils si charmés par l'infini, au point de ne pas le remettre en question ? Sur le fond, c'est parce que l'infini est une approximation extrêmement pratique, et que nous n'avons pas découvert d'autre alternative. Par exemple, considérez l'air face à vous. Consigner les positions et les vitesses d'octillions d'atomes serait désespérément fastidieux. Mais si vous négligez le fait que l'air est constitué d'atomes et le considérez approximativement comme un *continuum*, une substance régulière ayant une densité, une pression et une vitesse en chaque point, vous découvrez que cet air idéal vérifie une équation merveilleusement simple expliquant presque tout ce que nous savons, de la propagation des ondes sonores dans l'air à l'action du vent. Malgré cette commodité, nous savons qu'en réalité l'air n'est pas continu. En serait-il de même pour l'espace, le temps et tous les autres constituants élémentaires de notre monde physique ? Nous allons explorer cette question au chapitre suivant.

En bref

- Les structures mathématiques sont éternelles et immuables : elles n'existent pas dans l'espace et le temps – ce sont plutôt l'espace et le temps qui existent dans (certaines de) celles-ci. Si l'histoire cosmique était un film, la structure mathématique serait alors le DVD tout entier.
- L'Hypothèse de l'Univers mathématique (HUM) implique que l'écoulement du temps soit une illusion, de même que le changement.
- L'HUM implique que la création et la destruction soient des illusions, car elles invoquent du changement.
- L'HUM entraîne que non seulement l'espace-temps est une structure mathématique, mais également tout son contenu matériel, incluant les particules qui nous constituent. Mathématiquement, cette matière semble être associée à des « champs » : des nombres déterminant ce qui se trouve en chaque point de l'espace-temps.
- L'HUM suppose que vous soyez une sous-structure auto-consciente faisant partie de la structure mathématique. Dans la théorie de la gravitation d'Einstein, vous êtes une structure remarquablement complexe et enchevêtrée dans l'espace-temps, dont les motifs tressés correspondent au traitement de l'information et à la conscience de soi. Dans la mécanique quantique, votre motif tressé se ramifie comme un arbre.
- Les images de la réalité subjective que vous percevez en ce moment n'existent que dans votre cerveau, elles font partie de votre modèle cognitif de la réalité, et comportent non seulement des éléments triés sur le volet du lieu et de l'instant présents, mais également une sélection d'événements distants et passés pré-enregistrés, donnant l'illusion que le temps s'écoule.
- Vous avez non seulement conscience des choses mais également de vous-même parce que votre modèle cognitif de la réalité inclut un modèle de vous et de vos relations avec le monde extérieur : vos perceptions d'un point de vue particulier que vous appelez le « je » ne sont que des qualia, au même titre que vos perceptions subjectives de « rouge » et de « doux ».

- La théorie selon laquelle notre réalité physique externe serait parfaitement descriptible par une structure mathématique même si elle n'en est pas une est non scientifique à 100 % car elle ne ferait absolument aucune prédiction observable.
- Vous devez considérer votre instant d'observateur actuel comme étant un instant d'observateur ordinaire parmi tous ceux qui éprouvent les mêmes choses que vous. Ce raisonnement conduit à des conclusions controversées au regard de la fin de l'humanité, de la stabilité de notre Univers, de la validité de l'inflation cosmologique et du fait que vous puissiez être un cerveau désincarné ou une simulation.
- Il mène également au problème de la mesure, une crise scientifique sérieuse qui remet en question l'aptitude même de la physique à prédire quoi que ce soit.

12
Le multivers de niveau IV

Qu'est-ce qui insuffle le feu dans les équations et leur fournit un univers à décrire ?

Stephen Hawking

Pourquoi je crois au multivers de niveau IV

Pourquoi ces équations et pas d'autres ?

Supposez que vous soyez physicien et que vous découvriez comment unifier toutes les lois physiques en une « théorie du Tout ». En tirant parti de ses équations mathématiques, vous pouvez répondre aux questions profondes qui laissent aujourd'hui les physiciens dans l'obscurité la plus complète, telles que la manière dont fonctionne la gravité quantique et celle de résoudre le problème de la mesure. On s'arracherait le tee-shirt arborant ces équations, et on vous décernerait le prix Nobel. Vous êtes aux anges, mais la nuit précédant la cérémonie de remise du prix, vous ne pouvez fermer l'œil parce qu'une question embarrassante, due à mon héros John Wheeler et toujours sans réponse, vous taraude l'esprit : *pourquoi ces équations particulières et pas d'autres ?*

Dans les deux derniers chapitres, j'ai tenté d'étayer l'Hypothèse de l'Univers mathématique (HUM), selon laquelle notre réalité physique externe est une structure mathématique, ce qui rend la question de Wheeler d'autant plus lancinante. Les mathématiciens ont découvert un grand nombre de structures mathématiques, et la figure 12.1 en mentionne certaines des plus simples dans ses rectangles. Aucune de celles de la figure ne correspond à notre réalité physique, même si certaines peuvent décrire notre monde dans des domaines de validité limités. En 1916, le rectangle intitulé « RELATIVITÉ GÉNÉRALE » était un candidat sérieux au titre de théorie exacte, contenant non seulement l'espace et le temps mais également diverses formes de matière, or la découverte de la mécanique quantique a établi peu de temps après que notre réalité physique revêt des caractéristiques que cette structure mathématique particulière ne pouvait décrire. Par chance, vous pouvez désormais compléter cette figure en ajoutant la structure mathématique que vous avez découverte et obtiendrez la récompense qu'il se doit, sachant que ce nouveau rectangle dans la figure est *le* rectangle, celui correspondant à notre réalité physique.

À ce stade, j'ai l'impression d'entendre la douce voix de John Wheeler rétorquer : *mais alors pourquoi tous ces rectangles ?* Si le vôtre correspond à une réalité existant physiquement, pourquoi ceux-ci ne le sont pas ?

Tous les rectangles sont sur un même pied d'égalité mathématique, correspondant à différentes structures mathématiques, donc pourquoi certains seraient plus plausibles que d'autres au regard de l'existence physique ? Y aurait-il réellement une asymétrie existentielle fondamentale, inexpliquée, résidant au cœur même de la réalité, et séparant les structures mathématiques en deux classes – celles ayant une existence physique et celles n'en ayant pas ?

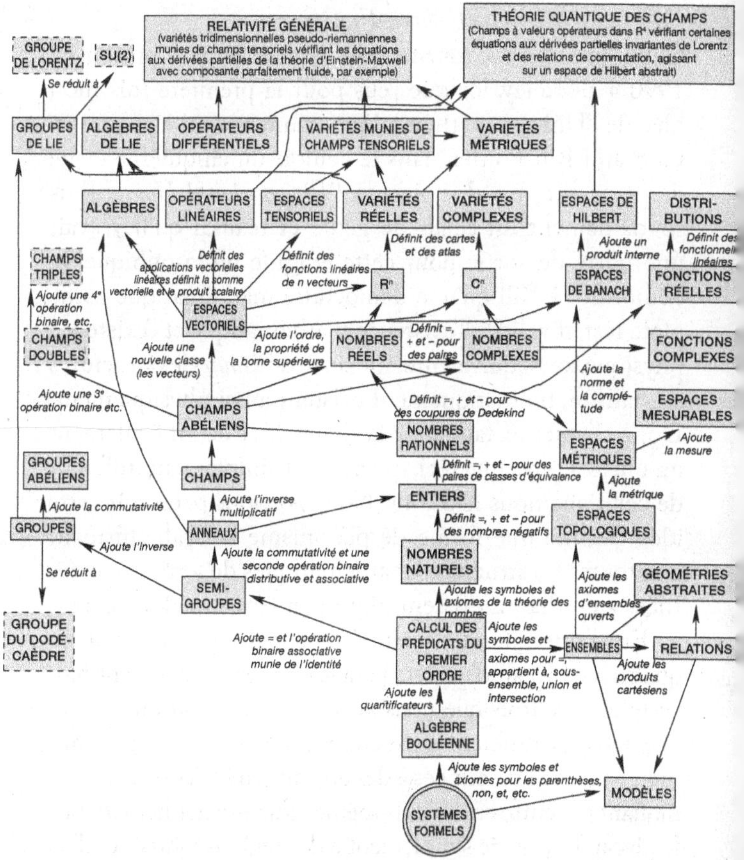

Figure 12.1 Relations entre diverses structures mathématiques élémentaires. Les flèches indiquent généralement l'ajout de nouveaux symboles et/ou d'axiomes. Celles qui se rencontrent indiquent une combinaison de structures – par exemple, une algèbre est à la fois un espace vectoriel et un anneau, et un groupe de Lie est autant un groupe qu'une variété. Cet arbre généalogique complet se prolonge probablement à l'infini – la figure n'en montre que la petite partie située au plus près des origines.

Démocratie mathématique

Cette question me tourmentait déjà réellement un soir de 1990 à Berkeley, lorsque j'eus pour la première fois mon idée de l'Univers mathématique et interrogeai à ce propos mon ami Bill Poirier, dans le couloir du cinquième étage donnant sur nos dortoirs de l'*International House*. J'eus soudainement un éclair de génie et réalisai qu'il y avait une porte de sortie pour cette énigme philosophique. Je démontrai à Bill qu'une démocratie mathématique complète restait valide : l'existence mathématique et l'existence physique sont équivalentes, de sorte que *toutes* les structures existant mathématiquement existent aussi physiquement. Donc chaque rectangle de la figure 12.1 décrit également un univers physique réel, qui est tout simplement différent de celui que nous habitons. Nous pouvons percevoir cette idée comme une forme de platonisme radical, affirmant que toutes les structures mathématiques du « royaume des Idées » de Platon existent physiquement « quelque part ».

En d'autres termes, cette idée stipule qu'il y aurait un quatrième niveau d'univers parallèles considérablement plus vaste que les trois que nous avons rencontrés jusqu'ici, correspondant à différentes structures mathématiques. Les trois premiers niveaux sont liés à des univers parallèles ne communiquant pas entre eux dans la même structure mathématique : le niveau I s'associe simplement à des régions lointaines d'où la lumière n'a pas encore eu le temps de nous parvenir, le niveau II recouvre des régions inaccessibles pour toujours du fait de l'inflation cosmologique dans l'espace intercalaire, et le niveau III, les « mondes multiples » d'Everett, met en scène des zones disjointes de l'espace de Hilbert de la mécanique quantique. Contrairement au fait que les univers parallèles des niveaux I, II et III vérifient les mêmes équations mathématiques fondamentales (décrivant la mécanique quantique, l'inflation, etc.), ceux du niveau IV se laissent guider par des équations différentes, correspondant à des structures mathématiques distinctes. La figure 12.2 illustre

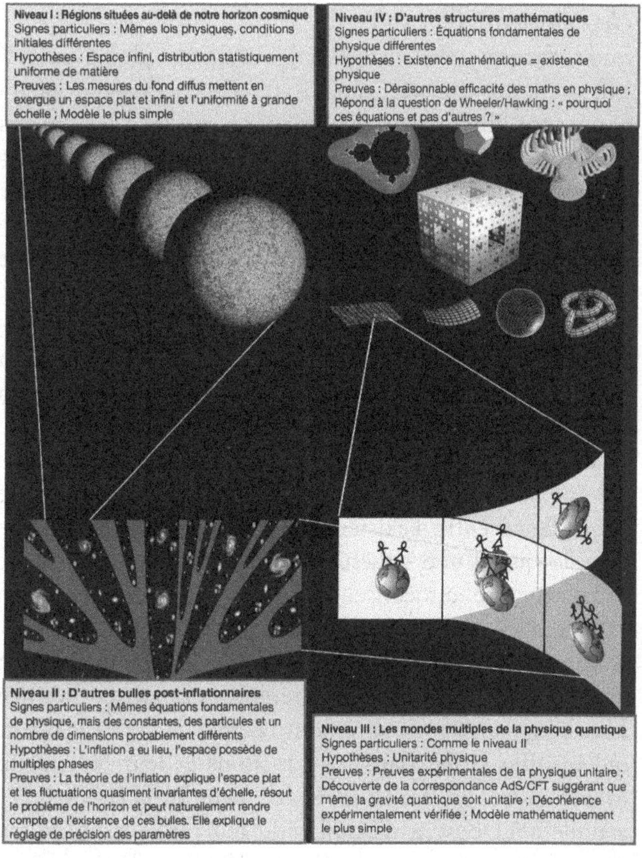

Figure 12.2 Les univers parallèles décrits dans ce livre forment une hiérarchie à quatre niveaux, où chaque multivers représente un membre unique parmi les nombreux que compte le niveau supérieur.

cette hiérarchie de multivers à quatre niveaux, pierre angulaire de cet ouvrage.

Pourquoi l'Hypothèse de l'Univers mathématique implique le multivers de niveau IV

Si la théorie selon laquelle le multivers de niveau IV existerait est correcte, du fait qu'elle ne possède aucun paramètre libre, toutes les propriétés de tous les univers parallèles (incluant les perceptions subjectives de toutes les sous-structures autoconscientes) pourraient en principe être dérivées par un mathématicien infiniment intelligent. Mais cette théorie est-elle correcte ? Le multivers de niveau IV existe-t-il réellement ?

De manière intéressante, dans le contexte de l'Hypothèse de l'Univers mathématique (HUM), l'existence du multivers de niveau IV n'est pas une option. Comme l'a montré en détail le précédent chapitre, l'HUM affirme qu'une structure mathématique *est* notre réalité physique externe, au lieu de n'en être qu'une *description.* Cette équivalence entre l'existence physique et mathématique signifie que si une structure mathématique contient une sous-structure autoconsciente, cette dernière considérera exister elle-même dans un univers physiquement réel, comme vous et moi (bien que ce soit génériquement un univers doté de propriétés différentes du nôtre). Stephen Hawking aurait notoirement demandé : « Qu'est-ce qui insuffle le feu dans les équations et leur fournit un univers à décrire ? » Dans le contexte de l'HUM, il n'y a nullement besoin d'insuffler le feu car la subtilité ici, c'est qu'une structure mathématique ne *décrit* pas un univers, mais *est* un univers. De surcroît, il n'y a pas besoin non plus de *fournir* quoi que ce soit. Vous ne pouvez *fournir* une structure mathématique – elle existe tout simplement. Elle n'existe pas dans l'espace et le temps, car ce sont eux qui existent en elle. En d'autres termes, toutes les structures existant mathématiquement revêtent le même statut ontologique, et la question la plus intéressante ne consiste pas à savoir lesquelles existent physiquement (elles existent toutes), mais lesquelles contiennent la vie – et peut-être nous. De nombreuses structures mathématiques – le dodécaèdre, par exemple – sont dépourvues de complexité, terreau de l'émergence de formes de sous-structures autoconscientes, donc il est probable que le multivers de niveau IV ressemble à un vaste désert majoritairement inhospitalier, où la vie est confinée dans de rares oasis, incarnant des structures mathématiques biologiquement propices telles que la nôtre. De manière analogue, nous avons souligné au chapitre 6 le fait que le multivers de niveau II soit un monde majoritairement stérile, où la conscience est confinée dans la minuscule région de l'espace où les valeurs de la densité d'énergie sombre et d'autres paramètres physiques sont finement ajustées pour la vie. Dans le multivers de niveau I, l'histoire semble se répéter, et la vie s'épanouit principalement dans la minuscule zone de l'espace située à proximité de surfaces planétaires. En tant qu'êtres humains, nous occupons donc une place réellement privilégiée !

Explorons le multivers de niveau IV : qu'y a-t-il ailleurs ?

Notre voisinage local

Attardons-nous à explorer le multivers de niveau IV et la riche faune de structures mathématiques qu'il contient, à commencer par notre voisinage local.

Même si nous ne savons toujours pas exactement dans quelle structure mathématique nous vivons, il est aisé de concevoir quelques petites modifications pouvant produire d'autres structures mathématiques valides. Par exemple, le modèle standard de la physique des particules met en jeu certaines symétries que les mathématiciens notent $SU(3) \times SU(2) \times U(1)$, et si nous les remplaçons par des symétries différentes, nous obtenons une structure mathématique ayant d'autres types de particules et de forces, les quarks, les électrons et les photons étant remplacés par d'autres entités aux propriétés inédites. Dans certaines structures mathématiques, la lumière n'existe pas. Dans d'autres, il n'y a pas de gravitation. Dans la description mathématique d'Einstein de l'espace-temps, les chiffres 1 et 3 précisant respectivement le nombre de dimensions du temps et de l'espace peuvent se substituer à d'autres valeurs de votre choix.

Nous avons discuté au chapitre 6 de la manière dont l'inflation, dans une unique structure mathématique munie de son unique jeu de lois *fondamentales* physiques, peut donner naissance à différentes lois *effectives* de physique dans des régions distinctes de l'espace, formant un multivers de niveau II. Nous considérons désormais un point de vue plus radical, où même les lois fondamentales sont différentes – où il n'y aurait pas de mécanique quantique, par exemple. Si la théorie des cordes peut être définie mathématiquement de façon rigoureuse, il existe une structure mathématique dans laquelle elle est la « théorie du Tout correcte », mais nulle part ailleurs dans le multivers de niveau IV.

Lorsque nous contemplons le multivers de niveau IV, nous devons laisser notre imagination déambuler librement, ne pas nous encombrer de nos préjugés sur ce que sont supposées être les lois de la physique. Considérez l'espace et le temps : au lieu d'être continus comme le suggère notre monde, ils peuvent être discrets, comme dans Pac-Man, Tetris, ou le jeu de la vie de John Conway, dans lesquels le mouvement ne se produit que par saccades intermittentes. À partir du moment où toutes les interactions avec le joueur sont désactivées de sorte que l'évolution temporelle puisse être calculée de manière déterministe, ces jeux correspondent tous à des structures mathématiques valides. Par exemple, la figure 12.3 révèle un clone de Tetris 3D, FRAC, mentionné au chapitre 3, que j'ai programmé avec mon ami Per Bergland en 1990, et si vous y jouez sans toucher le clavier (ce qui n'est pas la meilleure stratégie pour marquer des points…), le jeu entier du début jusqu'à la fin

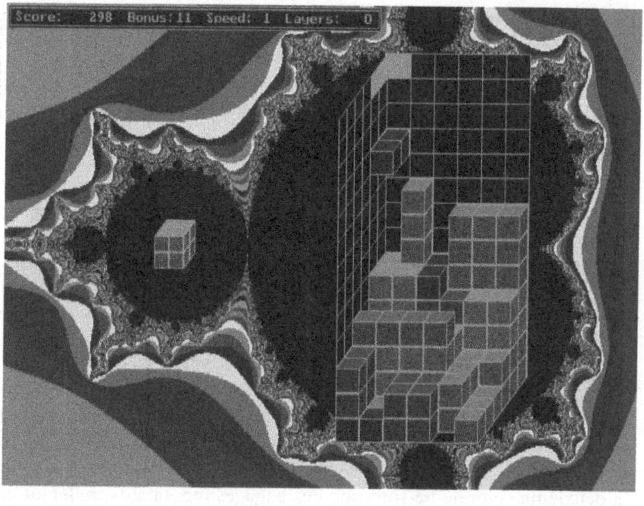

Figure 12.3 FRAC, un clone de Tetris 3D, incarne une structure mathématique où l'espace et le temps sont discrets et non continus.

est déterminé par des formules mathématiques élémentaires codées dans celui-ci, ce qui fait de lui une structure mathématique du multivers de niveau IV. On a souvent conjecturé que même notre Univers exhiberait une certaine forme de discontinuité spatiotemporelle, dissimulée à des échelles si minuscules qu'on ne l'a encore jamais remarquée.

Pour aller encore plus loin, il existe plusieurs structures mathématiques qui ne s'embarrassent même pas de l'espace et du temps, de sorte qu'il n'y ait aucun sens à dire qu'il se soit produit quelque chose en elles. La majeure partie des structures mentionnées dans la figure 12.4 sont de ce type : rien ne survient dans le dodécaèdre abstrait, par exemple, car sa structure mathématique ne contient pas de temps.

Code	Structure mathématique
100	Ensemble vide
105	Ensemble de 5 éléments
113100120	Rotations du triangle
11220000110	Groupe C2
11220001110	Algèbre de Boole
1132000012120201	Groupe C3
12410002311003102	Rotations du tétraèdre
126100024351100510243	Rotations du cube
214220010100111101110111	Graphe du « cerf-volant »
1281001230567410015620473	Rotations de l'octaèdre

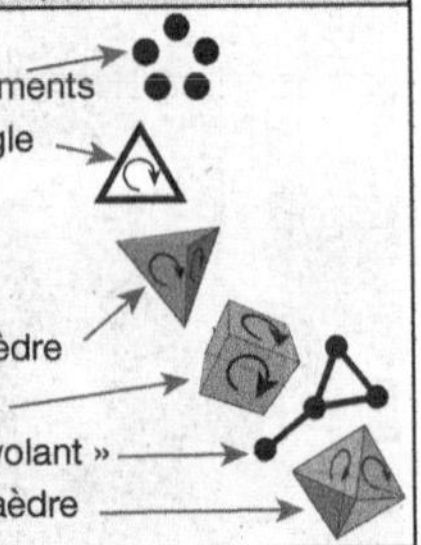

Figure 12.4 Un programme informatique peut engendrer automatiquement une liste ordonnée de toutes les structures mathématiques finies, où chacune est codée par une suite de chiffres. Le tableau ci-dessus en montre quelques exemples, utilisant le procédé de codification de mon article de 2007 sur l'Univers mathématique. Les mots et dessins de la deuxième colonne ne sont que des bagages redondants, reflétant en quelque sorte la manière dont les êtres humains désignent et illustrent ces structures.

Notre code postal dans le multivers de niveau IV

Comme mentionné au chapitre 10, une structure mathématique est simplement un ensemble d'éléments abstraits et de relations entre eux. Pour explorer le multivers de niveau IV de manière plus systématique, nous pouvons écrire un programme informatique qui engendre automatiquement une liste de structures mathématiques existantes, à commencer par la plus simple, puis en progressant petit à petit vers celles plus complexes. La figure 12.4 révèle dix éléments d'une telle liste, qui utilise un procédé de codification que j'ai décrit dans mon article de 2007 sur l'Univers mathématique (http://arxiv.org/pdf/0704.0646.pdf). Les détails de cet algorithme importent peu pour notre discussion, excepté qu'il possède l'élégante propriété que *toute* structure mathématique ayant un nombre fini d'éléments apparaîtra quelque part dans la liste. Donc, chacune d'elles peut être identifiée par un numéro unique : son code dans cette liste magistrale.

Pour les structures mathématiques finies, toutes les relations peuvent être décrites par des tables finies de nombres, généralisant le concept de table de multiplication aux autres types de relations. Pour les structures ayant un très grand nombre d'éléments, ces tables deviennent volumineuses, ce qui donne lieu à de longs codes apparaissant vers la fin de la liste. Toutefois, une petite partie de ces très grosses structures encodent une élégante simplicité, ce qui facilite leur description. Considérez, par exemple, la structure mathématique où les éléments sont les nombres entiers 0, 1, 2, 3… et les relations sont l'addition et la multiplication. Il serait proprement rébarbatif de préciser comment fonctionne la multiplication en déroulant une table de multiplication gigantesque pour toutes les paires de nombres : même si nous nous limitons au premier million de nombres, nous aurions besoin d'une table d'un million de lignes et d'un million de colonnes, contenant mille milliards d'entrées. Au lieu de cela, nos chères petites têtes blondes apprennent simplement à l'école la table de multiplication des dix premiers nombres, puis un algorithme élémentaire pour l'étendre à la multiplication des nombres à plusieurs chiffres. Nous décrivons la multiplication de manière encore plus efficace dans nos ordinateurs : en représentant les nombres sous forme binaire, nous n'avons besoin de spécifier qu'une table de multiplication 2 × 2 pour les 0 et 1, puis un court algorithme déterminant comment l'utiliser pour multiplier des nombres arbitrairement grands.

Un programme informatique est simplement enregistré comme une succession finie de 0 et de 1 (une *chaîne de bits*), pouvant être interprétée comme un nombre entier unique écrit en binaire. Cela nous procure une méthode alternative pour coder et énumérer les structures mathématiques de la figure 12.4 : nous assignons à chacune d'elles un nombre dont la chaîne de bits est le plus court programme permettant de définir toutes ses relations. En fait, les structures apparaissant en haut de la liste sont les plus simples à décrire, même si ce sont des structures énormes au regard de leur nombre d'éléments. Les précurseurs de la théorie de la complexité, Ray Solomonoff, Andreï Kolmogorov et Gregory Chaitin, ont défini la notion de *complexité algorithmique* (ou plus simplement de *complexité*) d'une chaîne de bits comme équivalant à la longueur en bits de sa description cohérente la plus courte, par exemple d'un programme informatique affichant cette chaîne. Cela signifie que notre liste magistrale alternative range les structures mathématiques par ordre de complexité croissante.

Une merveilleuse propriété de cette liste est qu'elle peut également traiter les structures mathématiques ayant un nombre infini d'éléments. Par exemple, pour définir la structure mathématique de tous les nombres entiers munis de l'addition et de la multiplication, nous avons simplement besoin de déterminer le plus court programme pouvant lire des nombres arbitrairement grands, les ajouter et les multiplier – *Mathematica* ainsi que d'autres logiciels de calcul algébrique formel possèdent précisément ces algorithmes. Les structures mathématiques mettant en scène une infinité de points dans un *continuum*, telles que l'espace-temps, les champs électromagnétiques et les fonctions d'ondes, sont souvent remarquablement bien approchées par des structures finies qu'un ordinateur peut également manipuler – en réalité, c'est ainsi que mes collègues et moi réalisons en pratique la plupart de nos calculs de physique théorique.

En résumé, le multivers de niveau IV peut être exploré de manière systématique en énumérant les structures mathématiques à l'aide d'un ordinateur et en étudiant leurs propriétés. Si nous parvenons un jour à identifier la structure mathématique dans laquelle nous vivons, nous pourrons nous y référer par son numéro dans la liste, et déterminer pour la première fois notre adresse dans la réalité physique toute entière, comme l'illustre assez bizarrement la figure 12.5. Des pays différents sur la Terre utilisent des procédés distincts pour préciser une adresse : par exemple, certains utilisent des codes postaux numériques, d'autres des codes postaux alphabétiques et d'autres encore n'utilisent pas de codes postaux. De façon similaire, la manière dont vous notez la partie locale de votre adresse variera entre les structures mathématiques : la plupart n'ont ni mécanique quantique, ni inflation, et par conséquent ne connaissent pas les niveaux III, II et I, ainsi que les planètes, tandis que d'autres pourraient contenir d'autres types d'univers parallèles que nous n'avons jamais imaginés.

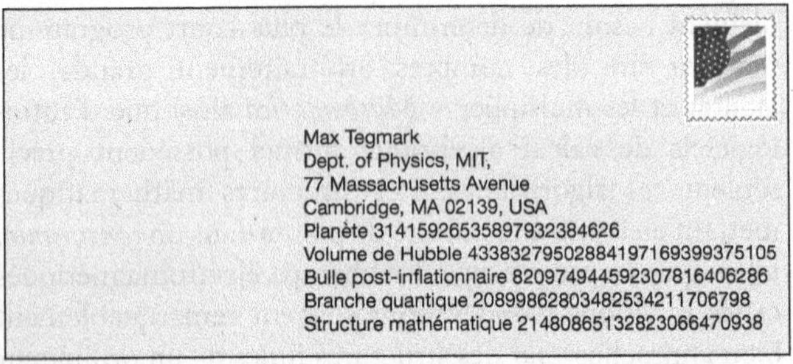

Figure 12.5 Pour déterminer mon adresse dans la réalité physique toute entière, je dois lister ma position dans le multivers de niveau IV (le numéro de ma structure mathématique), dans le multivers de niveau III (ma branche de la fonction d'onde quantique), dans le multivers de niveau II (ma bulle post-inflationnaire), dans le multivers de niveau I (mon volume d'horizon cosmique) et dans notre Univers. Je n'ai listé que des nombres finis dans cet exemple, bien qu'il puisse y avoir une infinité de membres dans chacun des quatre niveaux, de sorte que ma véritable adresse puisse invoquer des nombres beaucoup trop grands pour tenir sur une enveloppe.

La structure du multivers de niveau IV

L'étude du multivers de niveau IV est intéressante en soi. Si nous adoptons la définition formelle répandue des mathématiques comme « l'étude des structures mathématiques », alors l'exploration du multivers de niveau IV est ce que les mathématiciens font durant toute leur vie. Pour un physicien comme moi, qui croit en l'Hypothèse de l'Univers mathématique, cette étude revient à explorer l'ultime réalité physique et à tenter de déceler notre place dans celle-ci. Or, bien entendu, il est plus aisé d'explorer le multivers de niveau IV que n'importe quel multivers de niveau inférieur voire même notre Univers, car il n'y a nullement besoin de fusées ou de télescopes – mais simplement des ordinateurs et des idées ! Par conséquent, j'ai pris beaucoup de plaisir durant des années à écrire des programmes informatiques destinés à produire cette sorte d'énumération et de classification des structures mathématiques, que nous venons de voir.

Lorsque nous y sommes confrontés en pratique, nous devons faire face à une redondance colossale. Il y a une multitude de manières différentes d'écrire un programme informatique pour réaliser un calcul donné, et il y a similairement un nombre phénoménal de manières équivalentes de décrire des structures mathématiques finies par des tables de nombres – correspondant, par exemple, à différentes manières d'ordonner/numéroter les éléments. Comme nous l'avons mentionné au chapitre 10, une structure mathématique est une classe d'équivalence de descriptions, donc notre liste magistrale ne devrait contenir toutes les structures mathématiques qu'une seule fois, déterminée uniquement par la plus courte de ses nombreuses descriptions équivalentes.

Avec deux structures mathématiques quelconques, vous pouvez en définir une nouvelle en combinant tous leurs éléments et toutes les relations. Plusieurs structures de la liste sont ainsi composées, et lors de l'étude du multivers de niveau IV, il est plus raisonnable de les ignorer. Cela est dû au fait qu'il n'existe aucune relation connectant les deux parties, ce qui signifie qu'un observateur autoconscient dans l'une des parties ignorera totalement et demeurera indéfiniment insensible à l'existence de l'autre partie, de sorte qu'il puisse agir comme si l'autre partie n'existait pas – ou ne faisait pas partie de sa structure mathématique. Le seul point sur lequel les structures composées méritent peut-être une attention particulière, c'est dans le cas où elles participent à la solution du problème de la mesure, modifiant ainsi la probabilité que vous assigneriez de vivre dans des structures mathématiques différentes. Puisqu'une structure composée est plus compliquée à décrire, elle apparaîtra typiquement plus bas que ses parties dans la liste magistrale, se voyant ainsi octroyer une « mesure » probablement inférieure. En réalité, pour tout nombre fini de structures dans le multivers de niveau IV, il existe également une unique structure composée, beaucoup plus bas dans la liste magistrale, les contenant toutes.

Même si les différentes structures mathématiques du multivers de niveau IV ne sont pas « connectées », quelle que soit l'acception physique de ce terme, il existe plusieurs relations intéressantes entre elles sur un plan plus général. Par exemple, nous venons de voir que certaines peuvent être la combinaison d'autres. Par ailleurs, une structure peut dans un sens décrire une autre structure : les éléments de la première peuvent correspondre aux relations de la seconde, et les relations de la première peuvent décrire ce qu'il advient lorsque vous combinez les relations de la seconde. Dans ce sens, les 24 relations de la structure des « rotations du cube » de la figure 12.4 sont décrites par ce que les mathématiciens appellent le « groupe des rotations du cube », une structure ayant 24 éléments correspondant à toutes les rotations possibles laissant le cube parfaitement identique à lui-même. Plusieurs structures mathématiques différentes partagent ces symétries et peuvent ainsi se revendiquer comme incarnant *le* cube – par exemple, les structures dont les éléments correspondent aux faces, aux sommets ou aux arêtes du cube et dont les relations précisent soit la manière dont les rotations réarrangent ces éléments, soit qui est voisin de qui.

Limites du multivers de niveau IV : indécidabilité, incalculabilité et indétermination

Quelle est la taille du multivers de niveau IV ? En premier lieu, il y a une infinité de structures mathématiques finies. Plus précisément, une infinité aussi grande que celle des nombres 1, 2, 3… car nous avons vu que nous pouvions les énumérer sous la forme d'une liste unique numérotée. Mais combien de structures mathématiques infinies, possédant chacune un nombre infini d'éléments, le multivers de niveau IV contient-il ? Nous avons vu que certaines structures infinies peuvent également être définies et incluses dans la liste magistrale à côté des structures finies, grâce à des programmes informatiques permettant de déterminer leurs relations. Cependant, à vouloir jouer avec l'infini, nous avons finalement ouvert la boîte de Pandore des problèmes ontologiques. Pour mieux appréhender cela, considérez une structure mathématique où les éléments sont les nombres 1, 2, 3… incluant les trois relations (fonctions) de la liste suivante, prenant en paramètre ces nombres et calculant une nouvelle valeur en vertu des définitions suivantes :

1) $P(n)$: étant donné un nombre n, $P(n)$ représente le plus petit nombre premier plus grand que n.
2) $T(n)$: étant donné un nombre n, $T(n)$ représente le plus petit nombre premier jumeau plus grand que n (un nombre premier jumeau est un nombre premier

situé à proximité d'un autre nombre premier ; 11 et 13 sont des exemples de nombres premiers jumeaux).

3) $H(m,n)$: étant donné deux nombres m et n, $H(m,n)$ est égal à 0 si le $m^{\text{ème}}$ programme informatique de la liste magistrale de tous les programmes informatiques ne s'arrête jamais lorsqu'on lui introduit les bits de n en entrée, et $H(m,n)$ est égal à 1 si le programme s'arrête au contraire au bout d'un nombre fini d'étapes.

Cette structure est-elle qualifiée pour appartenir au multivers de niveau IV ? ou n'est-elle pas suffisamment bien définie ? La première fonction, $P(n)$, est un jeu d'enfant : il est facile d'écrire un programme énumérant tous les nombres qui suivent n et s'arrêtant dès qu'il rencontre un nombre premier, et nous avons l'assurance que ce programme s'interrompra au bout d'un nombre fini d'étapes, car nous savons qu'il y a une infinité de nombres premiers – ce qu'a démontré Euclide il y a plus de deux mille ans. De fait, $P(n)$ est un spécimen de ce que nous appelons une *fonction calculable.*

La deuxième fonction, $T(n)$, est plus subtile : il est toujours facile d'écrire un programme qui énumère chaque nombre qui suit n afin de vérifier s'il est un nombre premier jumeau, mais si vous introduisez un nombre n plus grand que $37\,568\,016\,956\,852^{666\,669}-1$ (le plus grand nombre premier jumeau connu au moment où j'écris ces lignes), rien ne garantit que le programme s'arrêtera et produira une réponse, car en dépit des efforts tenaces de nos mathématiciens les plus talentueux, nous ne savons toujours pas s'il existe une infinité de nombres premiers jumeaux. Du coup, nous ne pouvons dire pour le moment si $T(n)$ est une fonction calculable et par conséquent rigoureusement définie, et nous pouvons toujours débattre du fait qu'une structure mathématique contenant une relation aussi imparfaite ne puisse être qualifiée de bien définie.

La troisième fonction, $H(m,n)$, est encore plus perverse : les pères de l'informatique Alonzo Church et Alan Turing ont établi qu'*aucun* programme ne peut calculer $H(m,n)$ pour des nombres arbitraires m et n en un nombre fini d'étapes, donc $H(m,n)$ est l'archétype même de ce que nous appelons une *fonction incalculable.* En d'autres termes, aucun programme ne peut déterminer quels sont les autres programmes qui finiront par s'arrêter. Bien entendu, n'importe quel programme doit s'arrêter ou non, mais le *hic*, ici, c'est que, comme pour les nombres premiers jumeaux, vous pourriez patienter éternellement avant de le savoir. La découverte de Church-Turing sur les fonctions incalculables est étroitement reliée à celle du logicien Kurt Gödel qui révèle que certains théorèmes de l'arithmétique sont indécidables, signifiant par là qu'on ne pourra jamais les démontrer ni les réfuter en un nombre fini d'étapes.

Une structure mathématique peut-elle être considérée comme bien définie même si elle contient une relation telle que H ne pouvant être évaluée même par l'ordinateur le plus puissant au monde ? Si elle l'est, cette structure ne peut être appréhendée que par un oracle possédant, en quelque sorte, une puissance infinie et capable d'exécuter un nombre véritablement infini d'itérations de calcul afin d'obtenir une réponse. De telles structures n'apparaîtraient jamais sur la liste magistrale que nous avons évoquée précédemment, car celle-ci ne couvre que les structures déterminables par des programmes informatiques ordinaires, non celles faisant appel aux pouvoirs suprêmes d'un oracle.

Finalement, considérons l'une des structures mathématiques les plus en vogue à notre époque : celle que nous appelons les nombres réels, tels que 3,141592..., dont les décimales se poursuivent à l'infini. Ils forment un *continuum*, et pour en déterminer un de manière générale, nous avons besoin d'énumérer un nombre infini de chiffres après la virgule, c'est-à-dire une quantité infinie d'informations. Cela signifie que les programmes informatiques conventionnels restent désespérément impuissants à les traiter : le problème n'est pas seulement d'exécuter un nombre infini d'étapes de calcul à partir d'un paramètre fini comme dans l'exemple de H, mais qu'il faut en entrée et en sortie une quantité infinie d'informations.

Par ailleurs, les travaux de Kurt Gödel pourraient nous faire craindre que l'HUM perde tout son sens avec les structures mathématiques infinies car notre Univers deviendrait, en quelque sorte, incohérent ou indéterminé. Si nous acceptons le précepte du mathématicien David Hilbert selon lequel « l'existence mathématique consiste simplement à échapper à la contradiction », alors une structure incohérente n'existerait pas mathématiquement, se voyant octroyer seulement une existence physique comme pour l'HUM. Notre modèle standard de la physique inclut des structures mathématiques familières telles que les nombres entiers et les nombres réels. Les travaux de Gödel laissent donc la porte ouverte à l'éventualité que les mathématiques de tous les jours soient incohérentes, et qu'une preuve de longueur finie, démontrant que 0 = 1, existe au sein de la théorie des nombres elle-même. En tirant parti de ce résultat choquant, on pourrait démontrer que toute autre proposition syntaxiquement correcte au sujet des nombres entiers soit vraie et les mathématiques telles que nous les connaissons s'écrouleraient à l'instar d'un château de cartes.

Toutes ces tergiversations au sujet de l'indécidabilité et de l'incohérence ne s'appliquent qu'aux structures mathématiques ayant une infinité d'éléments. Les infinis, l'indécidabilité et l'incohérence potentielle sont-ils réellement inhérents à la réalité physique ultime, ou ne sont-ils pas simplement des mirages, des artefacts du fait que nous jouions avec le feu en manipulant des outils mathématiques puissants, tout simplement plus commodes que ceux qui décrivent réellement notre Univers ? Plus spécifiquement, jusqu'à quel point les structures mathématiques doivent-elles être correctement définies pour pouvoir exister réellement, c'est-à-dire pour appartenir au multivers de niveau IV ? Il y a une large palette d'alternatives intéressantes dans lesquelles peuvent s'inscrire les structures :

1) Pas de structure du tout (c'est-à-dire que l'Hypothèse de l'Univers mathématique est fausse).
2) Des structures finies. Elles sont trivialement calculables, car toutes leurs relations peuvent être définies par des tables énumératives finies.
3) Des structures calculables (dont les relations sont définies par des algorithmes qui s'arrêtent tôt ou tard).
4) Des structures munies de relations définies par des calculs ne garantissant pas un arrêt (requérant ainsi peut-être une infinité d'itérations), comme notre exemple de H.
5) Des structures encore plus générales, telles que celles faisant appel au *continuum* où les éléments nécessitent typiquement une quantité infinie d'informations pour être décrits.

L'Hypothèse de l'Univers calculable

Une possibilité intéressante est soulevée par l'*Hypothèse de l'Univers calculable* (dénotée HUC), stipulant que l'option 3 est la limite et les structures plus générales sont bannies :

> Hypothèse de l'Univers calculable (HUC) : la structure mathématique incarnant notre réalité physique externe est définie par des fonctions calculables.

Nous entendons par là que les relations (fonctions) qui définissent la structure mathématique peuvent toutes être implémentées sous la forme de calculs dont nous sommes assurés qu'ils s'arrêteront au bout d'un nombre fini d'étapes. Si l'HUC est faux, alors l'Hypothèse de l'Univers fini (HUF) est une hypothèse encore plus conservatrice, conjecturant que l'option 2 est la limite : notre réalité externe est une structure mathématique finie.

Je trouve intéressant que, comme nous en avons discuté à la fin du chapitre précédent, des problèmes étroitement liés aient été ardemment débattus par les mathématiciens sans y voir une quelconque référence à la physique. Selon l'école finitiste de mathématiciens tels que Leopold Kronecker, Hermann Weyl et Reuben Goodstein, un objet mathématique n'existe pas s'il ne peut être construit à partir des nombres entiers en un nombre fini d'étapes. Cela nous mène directement à l'option 3.

Selon l'HUC, la structure mathématique qui incarne notre réalité physique possède la propriété séduisante d'être calculable et par conséquent d'être bien définie au sens fort où toutes ses relations peuvent être calculées. Il n'y aurait ainsi aucun aspect physique de notre Univers qui serait incalculable/indécidable, ce qui nou rasserait de la préoccupation liée au fait que l'œ... Church, Turing et Gödel fait de notre Univers un mon... incomplet ou incohérent. Je ne sais pas exactement quelles propriétés revêt notre réalité physique, mais je suis persuadé qu'elles existent au sens où elles sont bien définies : nul doute que la nature sait ce qu'elle fait !

Plusieurs auteurs se sont interrogés sur le fait que nos lois physiques semblent relativement simples. Par exemple, pourquoi le modèle standard de la physique des particules possède-t-il des symétries aussi élémentaires que celle que nous appelons $SU(3) \times SU(2) \times U(1)$, ne requérant que 32 paramètres comme nous l'avons vu au chapitre 10, alors que la plupart des alternatives sont nettement plus compliquées ? La tentation est grande de postuler que l'HUC contribue à cette simplicité relative en limitant considérablement la complexité de la nature. En bannissant également le *continuum*, l'HUC pourrait aussi probablement réduire le paysage inflationnaire et résoudre le problème cosmologique de la mesure, lequel, comme nous l'avons vu au chapitre précédent, est en grande partie relié à la propension qu'a le véritable *continuum* de se dilater exponentiellement pour toujours, produisant une infinité d'observateurs.

Là, ce sont les bonnes nouvelles. Mais même si l'HUC possède des propriétés séduisantes, assurant entre autres que notre Univers soit rigoureusement défini et estompant peut-être le problème cosmologique de la mesure en restreignant ce qui existe, il pose également de sérieux problèmes que nous devons lever.

La première préoccupation au sujet de l'HUC, c'est qu'elle ressemble à une capitulation sur un plan hautement philosophique, en concédant effectivement que si toutes les structures mathématiques possibles uvent « ailleurs », certaines possèdent un statut ivilégié. Néanmoins, je pense que si l'HUC s'avérait correcte, ce serait plutôt dû au fait que le reste du paysage mathématique ne soit qu'une illusion, fondamentalement indéfini et n'existant tout simplement pas de façon sensée.

Un défi encore plus proche a trait au fait que notre modèle standard actuel (et ainsi, toutes les théories ayant historiquement fait leurs preuves) viole l'HUC, et il est loin d'être évident de savoir si une alternative calculable et viable existe. La violation de l'HUC provient essentiellement de l'incorporation du *continuum*, généralement sous la forme de nombres réels ou complexes, ne pouvant même pas restreindre les données à un calcul fini, car celles-ci requièrent par définition un nombre infini de bits pour être précisées. Même les approches tentant d'évincer le continuum spatiotemporel classique en le discrétisant ou en le quantifiant laissent subsister des variables continues dans d'autres aspects de la théorie, telles que l'intensité du champ électromagnétique ou l'amplitude de la fonction d'onde quantique.

Une approche intéressante à cette énigme posée par le continuum consiste à remplacer les nombres réels par une structure mathématique qui le simule tout en restant calculable – par exemple, ce que les mathématiciens appellent des nombres algébriques. Une autre approche qui mérite d'être explorée consiste à abandonner le caractère fondamental du continuum et à tenter de le considérer comme une approximation. Comme mentionné, nous n'avons jamais rien mesuré en physique avec plus de seize chiffres significatifs environ, et aucune expérience n'a été menée de sorte que ses résultats dépendent de l'hypothèse qu'un véritable continuum existe, ou du fait que la nature calcule quelque chose d'incalculable. Il est frappant de constater que plusieurs des modèles de continuum de la physique mathématique classique (par exemple les équations décrivant les ondes, l'écoulement ou la diffusion d'un liquide) sont considérés comme de simples approximations d'une collection sous-jacente discrète d'atomes. La recherche en gravité quantique suggère même que l'espace-temps classique s'effondre aux échelles les plus petites. Nous ne pouvons par conséquent être certains du fait que des quantités que nous jugeons toujours continues (comme l'espace-temps, l'intensité de champs et l'amplitude de fonctions d'ondes quantiques) ne soient pas de simples approximations d'une réalité discrète. En vérité, certaines structures calculables discrètes (en fait, celles finies vérifiant l'HUF) peuvent approcher nos modèles physiques du continuum avec tant d'efficacité que les physiciens les utilisent lorsqu'ils ont besoin de calculer des choses en pratique, d'où la question en suspens de savoir si la structure mathématique qu'est notre Univers ressemble plus aux secondes qu'aux premières. Certains auteurs tels que Konrad Zuse, John Barrow, Jürgen Schmidhuber et Stephen Wolfram sont allés très loin et ont suggéré que les lois de la nature sont à la fois calculables et finies, à l'instar d'un automate cellulaire ou d'une simulation informatique. Remarquez, cependant, que ces suggestions diffèrent de l'HUC et de l'HUF car elles proposent que ce soit l'évolution temporelle, et non la *description* (les relations) de la structure, qui doit être calculable.

Pour compliquer les choses, la physique a également mis en avant des exemples de phénomènes où quelque chose de continu (par exemple, un champ quantique) peut produire une solution discrète (comme un réseau cristallin), laquelle apparaît sous la forme d'un milieu continu à grande échelle, qui, à son tour, exhibe des vibrations se comportant comme des particules discrètes appelées phonons. Mon collègue du MIT Xiao-Gang Wen a montré que ces particules « émergentes » peuvent même se comporter comme celles de notre modèle standard, soulevant l'éventualité que nous ayons de multiples couches de descriptions effectives continues et discrètes au sommet de ce qui est finalement une structure calculable discrète.

La structure transcendante du niveau IV

Nous avons exploré ci-dessus le rapport étroit entre les structures mathématiques et les algorithmes, car les premières sont définies par les seconds. D'un autre côté, les algorithmes ne sont que des cas particuliers de structures mathématiques. Par exemple, le contenu en information (l'état mémoire) d'un ordinateur est une chaîne de bits, à l'instar de « 1001011100111001… », de longueur considérable mais finie, équivalente à certains grands nombres entiers finis n écrits en binaire. Le traitement de l'information d'un ordinateur est un algorithme déterministe (appliqué maintes et maintes fois) consistant à changer chaque état mémoire par un autre, donc, mathématiquement, c'est simplement une fonction f de l'ensemble des nombres entiers vers lui-même qui suit la boucle récursive : $n \mapsto f(n) \mapsto f(f(n)) \mapsto \ldots$ Autrement dit, même la simulation informatique la plus compliquée n'est qu'un cas particulier d'une structure mathématique, et est par conséquent incluse dans le multivers de niveau IV.

La figure 12.6 montre que les algorithmes et les structures mathématiques ne tissent pas seulement des liens entre eux, mais également avec les *systèmes formels*, les systèmes symboliques abstraits d'axiomes et de règles de déduction dont font usage les mathématiciens pour démontrer des théorèmes au sujet des structures mathématiques. Les rectangles de la figure 12.1 correspondent à ces systèmes formels. Si un système formel décrit une structure mathématique, les mathématiciens disent que la dernière est un *modèle* du premier. Qui plus est, les algorithmes peuvent produire des théorèmes dans des systèmes formels (en réalité, pour certaines classes de systèmes formels, il existe des algorithmes pouvant engendrer tous les théorèmes).

La figure 12.6 révèle également qu'il y a des problèmes potentiels aux trois sommets du triangle : les structures mathématiques peuvent avoir des relations indéfinies, les systèmes formels peuvent contenir des propositions indécidables et les algorithmes peuvent ne jamais s'arrêter

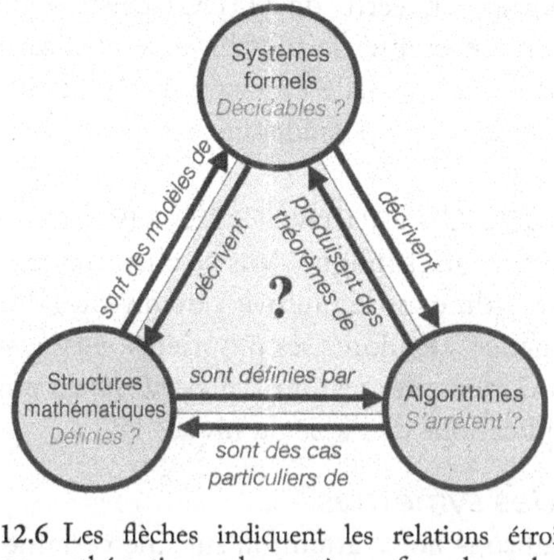

Figure 12.6 Les flèches indiquent les relations étroites entre les structures mathématiques, les systèmes formels et les algorithmes. Le point d'interrogation suggère que ce sont tous des aspects de la même structure transcendante, dont nous n'avons pas encore complètement élucidé la nature.

après un nombre fini d'itérations. Les relations entre ces trois intersections et leurs complications inhérentes sont illustrées par six flèches, expliquées plus en détail dans mon article de 2007 sur l'Univers mathématique. Puisque les différentes relations fléchées sont examinées par plusieurs spécialistes dans des disciplines allant de la logique mathématique à l'informatique, l'étude du triangle dans son ensemble est ainsi un thème interdisciplinaire, et je pense qu'elle mérite plus d'attention.

J'ai tracé un point d'interrogation au centre du triangle pour suggérer que les trois sommets (les structures mathématiques, les systèmes formels et les algorithmes) ne soient simplement que des facettes distinctes d'une seule et même structure transcendante sous-jacente dont nous n'avons toujours pas élucidé complètement la nature. Cette structure (peut-être restreinte à la partie définie/décidable/bornée en vertu de l'HUC) existe « ailleurs » sous une forme exempte de tout bagage, et incarne tant la totalité de ce qui possède une existence mathématique que la totalité de ce qui possède une existence physique.

Implications du multivers de niveau IV

Jusqu'ici, nous avons souligné dans ce chapitre que la réalité physique ultime est le multivers de niveau IV, et nous avons commencé à explorer ses propriétés *mathématiques*. Examinons dorénavant ses propriétés *physiques* ainsi que d'autres implications de l'idée du niveau IV.

Au-delà des symétries

Si nous focalisons notre attention sur une certaine structure mathématique particulière de la liste magistrale faisant office d'atlas pour le multivers de niveau IV, comment pouvons-nous dériver les propriétés physiques de ce multivers qu'un observateur ayant conscience de soi et situé dedans percevrait ? En d'autres termes, comment s'y prendrait un mathématicien infiniment intelligent pour dériver la description physique, que nous avons appelée « réalité consensuelle » au chapitre 9[1], à partir de sa définition mathématique ?

Nous avons montré au chapitre 10 que sa première étape consisterait à calculer quelles symétries possède la structure mathématique. Le caractère symétrique fait partie des rares classes de propriétés que possède toute structure mathématique, et peut se manifester sous la forme de symétries physiques aux habitants de la structure.

La question de savoir ce qu'il devrait calculer par la suite, dans son exploration d'une structure arbitraire, est un territoire qui demeure en grande partie en friche, mais je trouve particulièrement frappant de constater que, dans la structure mathématique particulière que nous habitons, l'étude approfondie de ses symétries nous ait légué un trésor de renseignements fertiles. La mathématicienne allemande Emmy Noether a démontré en 1915 que chaque symétrie continue de notre structure mathématique entraîne l'existence de ce que nous appelons une loi de conservation en physique, selon laquelle une certaine quantité doit demeurer constante – lui assurant ainsi une sorte de pérennité faisant que les observateurs autoconscients la

1. En philosophie des sciences, l'approche conventionnelle soutient qu'une théorie de la physique mathématique peut se diviser en (i) une structure mathématique, (ii) un domaine empirique et (iii) un ensemble de règles de correspondance reliant des parties de la structure mathématique à des parties du domaine empirique. Si l'HUM est correcte, alors (ii) et (iii) sont redondants au sens où ils peuvent, du moins en principe, être dérivés de (i). Au lieu de cela, nous pouvons les assimiler à un manuel de poche explicitant la théorie définie en (i).

remarquent et l'affublent d'un nom « bagage ». Toutes les quantités conservées que nous avons évoquées au chapitre 7 correspondent à ces symétries : par exemple, l'énergie correspond à la symétrie de translation dans le temps (le fait que nos lois physiques demeurent identiques à chaque instant), la quantité de mouvement correspond à la symétrie de translation dans l'espace (le fait que les lois soient les mêmes partout), le moment cinétique correspond à la symétrie de rotation (le fait que l'espace vide n'a pas de direction « haut » particulière) et la charge électrique correspond à une certaine symétrie de la mécanique quantique. Le physicien hongrois Eugene Wigner alla plus loin et montra que ces symétries dictent également toutes les propriétés quantiques qu'ont les particules, dont la masse et le spin. En d'autres termes, Noether et Wigner ont montré à eux deux que l'étude des symétries, du moins dans notre structure mathématique, révèle quelle sorte de « contenu matériel » peut exister dans celle-ci. Comme mentionné au chapitre 7, quelque-uns de mes collègues physiciens ayant une certaine inclination pour le jargon mathématique aiment décrire une particule comme « un élément d'une représentation irréductible du groupe de symétrie ». Il est désormais clair que pratiquement toutes nos lois physiques émergent de symétries, et le Nobel de physique Philip Warren Anderson est allé même plus loin en déclarant : « Il est à peine exagéré d'affirmer que toute la physique n'est qu'une étude de la symétrie. »

Pourquoi les symétries jouent-elles un rôle si important en physique ? L'HUM y répond en suggérant que notre réalité physique possède des propriétés de symétrie parce que c'est une structure mathématique, et les structures mathématiques exhibent des propriétés de symétrie. La question plus profonde consistant à savoir pourquoi la structure particulière dans laquelle nous vivons possède tant de symétries devient alors équivalente à celle du fait que nous nous trouvions dans cette structure particulière, et non dans une autre ayant moins de symétries. Une réponse partielle serait que les symétries semblent plus être la règle que l'exception dans les structures mathématiques, plus particulièrement dans les grosses non loin du bas de la liste magistrale, où des algorithmes simples peuvent définir les relations pour un vaste nombre d'éléments précisément parce qu'ils possèdent tous des propriétés communes. Un effet de sélection anthropique pourrait également être à l'œuvre : comme le fit remarquer Wigner lui-même, l'existence d'observateurs capables de déceler des régularités dans le monde autour d'eux requiert probablement des symétries, de sorte qu'étant nous-mêmes des observateurs, nous nous attendons à nous trouver dans une structure mathématique hautement symétrique. Par exemple, imaginez que vous tentiez de rendre intelligible un monde où les expériences ne seraient jamais reproductibles car leur issue dépendrait du moment et de l'endroit exacts où elles sont réalisées. Si une pierre lâchée de haut tombe parfois, s'élève et s'éloigne latéralement d'autres fois, et que tout ce qui nous entoure se comporte de manière tout aussi aléatoire, sans exhiber de motifs discernables ou des régularités, alors il n'y aurait aucun intérêt à ce qu'un cerveau évolue.

Dans la manière dont la physique moderne est généralement présentée, les symétries sont traitées comme des paramètres d'entrée et non comme des résultats. Par exemple, Einstein a bâti la relativité restreinte sur la base de la symétrie de Lorentz (le postulat selon lequel vous ne pouvez dire si vous êtes immobile parce que toutes les lois de la physique, dont celles associées à la vitesse de la lumière, sont les mêmes pour tous les observateurs en mouvement uniforme). De manière similaire, une symétrie baptisée $SU(3) \times SU(2) \times U(1)$ est généralement prise pour hypothèse de départ dans le modèle standard de la physique des particules. Avec l'Hypothèse de l'Univers mathématique, la logique est inversée : les symétries ne sont plus un postulat, mais simplement des propriétés de la structure mathématique pouvant être calculées à partir de sa définition dans la liste magistrale.

L'illusion des conditions initiales

Par rapport à la manière dont nous enseignons généralement la physique au MIT, le multivers de niveau IV prend un point de départ radicalement différent, et la plupart des concepts traditionnels de cette discipline doivent être réinterprétés. Comme nous venons de le voir, certains concepts tels que la symétrie conservent leur statut central. Au contraire, d'autres notions, telles que les conditions initiales, la complexité et le hasard, sont reléguées au rang de simples illusions, n'existant que dans l'esprit de celui qui les contemple et non dans la réalité physique externe.

Examinons d'abord les conditions initiales, que nous avons brièvement évoquées au chapitre 6. Personne ne ferre la vision traditionnelle des conditions initiales mieux qu'Eugene Wigner : « Notre connaissance du monde physique se trouve divisée en deux catégories : les conditions initiales et les lois de la nature. L'état du monde est décrit par les conditions initiales. Elles sont compliquées et nous n'avons découvert en elles aucune régularité exacte. De fait, le physicien ne s'intéresse pas aux conditions initiales, mais laisse à l'astronome, au géologue, au géographe, etc., le soin de les étudier. » Autrement dit, en tant que physiciens, nous appelons traditionnellement les régularités que nous comprenons des « lois » et cantonnons la plupart des faits incompris aux « conditions initiales ». Les lois nous permettent de prédire comment ces conditions évolueront dans le temps, mais elles ne nous disent pas pourquoi elles ont commencé de telle sorte.

Au contraire, l'Hypothèse de l'Univers mathématique n'accorde aucune place à ces conditions initiales arbitraires, les bannissant toutes des concepts fondamentaux. Cela est dû au fait que notre réalité physique est une structure mathématique qui est déterminée de façon *exhaustive* par sa définition mathématique dans la liste magistrale. Une prétendue théorie du Tout affirmant que tout a simplement « commencé » ou « a été créé » dans un état non complètement spécifié constituerait une description incomplète et violerait ainsi l'HUM. Il est interdit à une structure mathématique d'être partiellement indéfinie. Du coup, la physique traditionnelle adopte les conditions initiales tandis que l'HUM les rejette : que devons-nous penser de ceci ?

L'illusion du hasard

À cause de la nécessité que tout soit défini, l'HUM bannit également un autre concept jouant un rôle central en physique : le hasard. Bien que les choses *paraissent* aléatoires pour un observateur, le hasard ne doit être finalement qu'une illusion, il ne doit pas exister sur le plan fondamental, car rien n'est aléatoire dans une structure mathématique. Ce mot abonde dans les manuels de physique situés sur les étagères de mon bureau : on dit que les mesures quantiques produisent des résultats aléatoires, et on prétend que la chaleur d'une tasse de café est due au mouvement aléatoire de ses molécules. À nouveau, la physique traditionnelle adopte quelque chose que l'HUM rejette. Alors à quel saint se vouer ?

Les énigmes des conditions initiales et du hasard sont liées entre elles, et soulèvent une question cruciale. Une estimation grossière suggère qu'il faut presque un gogol (10^{100}) de bits d'informations pour déterminer l'état actuel de toutes les particules de notre Univers. D'où provient toute cette information ? La réponse traditionnelle invoque une combinaison de conditions initiales et de hasard : une grande quantité de bits est nécessaire pour décrire le commencement de notre Univers, puisque les lois physiques traditionnelles ne peuvent le spécifier, puis nous avons besoin de bits supplémentaires pour décrire l'issue de divers processus aléatoires s'étant produits entre l'instant qui précède et maintenant. Puisque l'HUM impose à toutes les choses d'être spécifiées et bannit tant les conditions initiales que le hasard, comment devons-nous expliquer toute cette quantité d'information ? Si la structure mathématique est suffisamment simple pour être décrite par des équations tenant sur un tee-shirt, cette valeur nominale semble carrément invraisemblable ! Regardons maintenant comment nous devons aborder ces questions.

L'illusion de la complexité

Quelle quantité d'information notre Univers contient-il réellement ? Comme nous l'avons vu, le contenu en informations (la complexité algorithmique) d'une chose est la longueur en bits de sa description cohérente la plus courte. Pour bien apprécier toute cette subtilité, demandons-nous d'abord quelle quantité d'information contient chacun des six motifs différents de la figure 12.7. À première vue, les deux les plus à gauche paraissent très

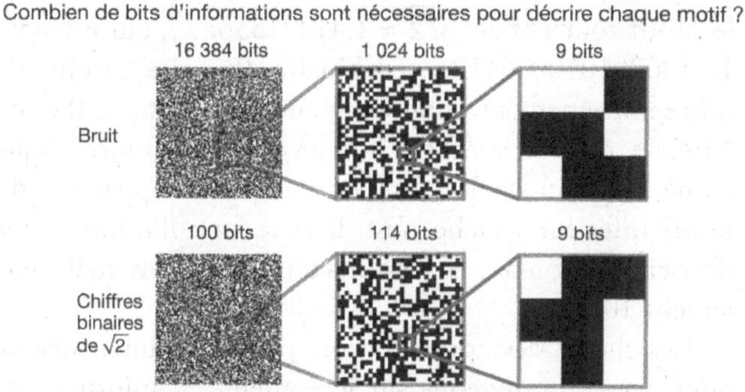

Figure 12.7 La complexité d'un motif (combien de bits d'informations sont nécessaires pour le décrire) n'est pas toujours évidente. La vignette du haut à gauche montre 128 × 128 = 16 384 carrés coloriés au hasard en noir ou en blanc, ce qui ne peut typiquement pas être décrit avec moins de 16 384 bits. Des fragments de ce motif (en haut, au milieu et à droite) sont constitués d'un nombre inférieur de carrés aléatoires et requièrent par conséquent moins de bits de description. La vignette du bas à gauche, par contre, peut être reproduite par un programme très court (disons de 100 bits), car ce ne sont que les chiffres binaires de $\sqrt{2}$ (0 = carré noir, 1 = carré blanc). La description de la vignette du bas au milieu requiert 14 bits supplémentaires pour déterminer à partir de quel chiffre de $\sqrt{2}$ elle débute. Finalement, le motif inférieur droit nécessite 9 bits comme celui situé au-dessus de lui : le motif est si petit que nous n'avons pas besoin de préciser que c'est une partie de $\sqrt{2}$.

similaires, et ressemblent à des arrangements aléatoires de 128 × 128 = 16 384 minuscules pixels noirs et blancs. Ceci suggère que nous ayons besoin d'environ 16 384 bits pour décrire chacun d'eux, où un bit détermine la couleur de chaque pixel. Mais même si c'est probablement vrai pour le motif du haut, que j'ai reproduit à l'aide d'un générateur quantique de nombres aléatoires, il y a une simplicité cachée dans celui du bas : ce sont tout simplement les chiffres binaires de la racine carrée de deux ! Cette description élémentaire suffit pour calculer le motif tout entier : $\sqrt{2} \approx 1{,}414213562\ldots$, qui est noté 1,0100001010000110... en binaire. Pour les besoins de notre raisonnement, supposons que cette suite de 0 et de 1 puisse être générée par un programme informatique d'une longueur de 100 bits. La complexité apparente du motif inférieur gauche n'est alors qu'une illusion : nous n'observons non pas 16 384 bits d'informations, mais seulement 100 !

Les choses deviennent encore plus intrigantes lorsque nous nous interrogeons sur le contenu en informations des fragments de ces motifs. Dans la moitié supérieure de la figure 12.7, les choses se passent comme prévu : des motifs plus petits sont plus simples et nécessitent moins d'informations pour pouvoir être décrits – nous avons tout simplement besoin d'un bit pour décrire chaque petit pixel noir ou blanc. Mais dans la moitié inférieure, nous constatons que l'exemple est exactement opposé ! Ici, moins c'est plus, au sens où le motif du milieu est *plus* complexe que celui de gauche, car il lui faut plus de bits de description. L'explication réside dans le fait qu'il ne suffit pas de dire que ce sont les chiffres binaires de $\sqrt{2}$: nous avons également besoin de préciser à partir de quel chiffre commence le motif – ce qui requiert dans ce cas 14 bits d'informations supplémentaires. En résumé, nous venons de voir que *le tout peut contenir moins d'informations que la somme de ses parties – et même parfois moins que l'une de ses parties !*

Enfin, les deux motifs de droite dans la figure 12.7 requièrent chacun 9 bits pour être décrits. Vous savez comme moi que celui du bas à droite est dissimulé dans les 16 384 premiers chiffres de $\sqrt{2}$, mais pour un motif si petit, cette connaissance n'est plus intéressante ou pertinente : il n'y a que $2^9 = 512$ motifs possibles de longueur égale à 9, de sorte que vous trouverez notre motif caché particulier dans la *plupart* des chaînes apparemment aléatoires de milliers de 0 et de 1.

La figure 12.8 exhibe la magnifique structure mathématique que nous appelons fractale de Mandelbrot, permettant d'étayer ces idées. Elle possède la remarquable propriété d'avoir des motifs compliqués jusqu'aux échelles les plus petites, et bien que la plupart de ces formes paraissent semblables, il n'y en a pas deux d'identiques. Quelle est la complexité des deux images représentées ? Elles contiennent chacune environ un million de pixels, lesquels sont codés par trois octets d'informations (un

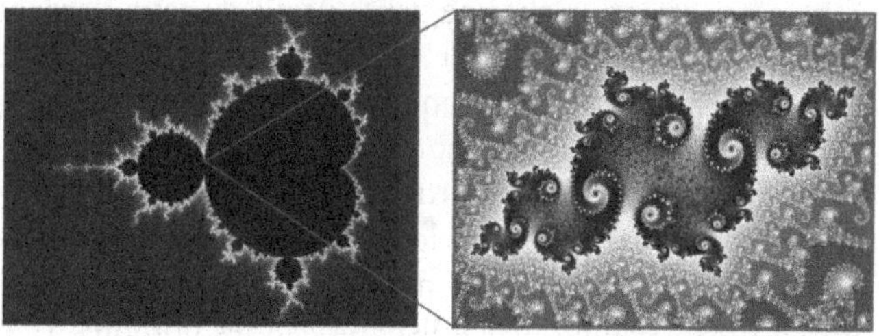

Figure 12.8 Malgré son apparence complexe de millions de pixels méticuleusement colorés, la fractale de Mandelbrot (vignette de gauche) possède une description très simple : les points de l'image correspondent à ce que les mathématiciens appellent des nombres complexes *c*, et les couleurs dénotent la rapidité à laquelle le nombre complexe *z* tend vers l'infini lorsque, à commencer par $z = 0$, vous calculez maintes fois la somme de son carré et *c*, c'est-à-dire lorsque vous appliquez de façon répétitive l'équation élémentaire $z \mapsto z^2 + c$. Paradoxalement, l'image de droite requiert plus d'informations pour sa description bien que ce n'est qu'une petite partie de celle de gauche : si vous découpez la fractale de Mandelbrot en cent millions de milliards de milliards de pièces environ (elle en est une), l'information contenue dans l'image de droite indique essentiellement sa position dans l'image globale, car la manière la plus efficace de la décrire consiste à énoncer quelque chose comme « la pièce 31415926535897932384 de la fractale de Mandelbrot ».

octet équivaut à huit bits), suggérant que chaque image nécessite plusieurs mégaoctets pour sa description. Cependant, l'image de gauche peut en réalité être calculée par un programme de quelques centaines d'octets seulement, implémentant l'usage itératif de la formule simple $z^2 + c$ décrite dans le commentaire de la figure.

L'image de droite est également simple, et n'est qu'une minuscule partie de celle de gauche. Or elle est légèrement plus complexe, nécessitant 8 octets supplémentaires pour déterminer, par un nombre à 20 chiffres, laquelle des 10^{20} parties différentes elle représente. Nous voyons donc à nouveau que « moins c'est plus », au sens où le contenu apparent en informations augmente lorsque nous focalisons notre attention sur une petite partie du tout, perdant ainsi la symétrie et la simplicité inhérentes à l'ensemble de toutes les parties. Pour évoquer un exemple encore plus simple, considérez que le contenu en informations algorithmiques d'un nombre ordinaire de mille milliards de chiffres est conséquent, car le plus court programme l'affichant ne peut rien faire de mieux que de mémoriser tous ses chiffres. Néanmoins, la liste de *tous* les nombres 1, 2, 3… peut être engendrée par un programme informatique trivial, donc la complexité de l'ensemble des entiers est plus petite que celle d'un de ses membres choisi au hasard.

Revenons maintenant à notre Univers physique et au nombre phénoménal de bits qui semble nécessaire pour le décrire. Certains scientifiques, tels que Stephen Wolfram et Jürgen Schmidhuber, se sont demandés si la majeure partie de cette complexité ne serait pas finalement qu'une simple illusion, à l'instar de la fractale de Mandelbrot et de l'image en bas à gauche de la figure 12.7, résultant d'un principe mathématique non encore découvert et extrêmement simple. Même si je trouve cette idée très élégante, je la conteste : je considère comme improbable que tous les nombres caractérisant notre Univers, des taches sur les cartes du fond diffus cosmologique de WMAP aux positions des grains de sable sur une plage, puissent se réduire comme peau de chagrin par le truchement d'un algorithme élémentaire de compression de données. En vérité, comme nous l'avons vu au chapitre 5, l'inflation cosmologique prédit explicitement que les germes des fluctuations cosmiques, desquels la majeure partie de cette information tire finalement sa source, sont distribués comme des nombres aléatoires, de sorte qu'une telle compression importante de l'information soit impossible.

Les germes des fluctuations cosmiques déterminent complètement la différence entre notre Univers primordial et un plasma parfaitement uniforme, facilement descriptible. Pourquoi les motifs de ces germes paraissent-ils aussi aléatoires ? Nous avons vu au chapitre 5 que, selon le modèle standard de la cosmologie, l'inflation engendre *tous les motifs possibles* dans des régions distinctes de l'espace (dans des univers différents au sein du multivers de niveau I), et puisque nous nous trouvons dans une partie ordinaire de ce multivers, nous observons un motif apparemment aléatoire, sans aucune régularité cachée nous permettant de résumer l'information. La situation ressemble étrangement à la moitié inférieure de la figure 12.7, où notre Univers (correspondant à la vignette de droite) représente simplement une minuscule zone apparemment aléatoire du multivers de niveau I (correspondant à la vignette de gauche) doté d'une description simple. En réalité, si vous jetez un œil sur la figure 6.2, vous constaterez qu'elle est équivalente au bas de la figure 12.7, si nous extrapolons celle-ci pour inclure plus d'un gogolplex de décimales binaires de $\sqrt{2}$ de sorte que la vignette de droite contienne environ un gogol de bits comme notre Univers. De nombreux mathématiciens partagent la conviction (même si ce n'est pas démontré) que les chiffres de $\sqrt{2}$ se distribuent comme des nombres aléatoires, de sorte que tous les motifs possibles apparaissent quelque part, de même que les univers ayant toutes les conditions initiales possibles se distribuent dans le multivers de niveau I. Cela signifie qu'une succession d'un gogol de chiffres parmi ceux de $\sqrt{2}$ ne nous donne aucun renseignement sur $\sqrt{2}$, mais simplement laquelle de ses portions nous examinons. De manière similaire, l'observation d'un gogol de bits d'informations sur des germes de fluctuations cosmiques, apparemment aléatoires et engendrés par l'inflation, ne nous renseigne que sur notre position dans le vaste espace post-inflationnaire que nous contemplons.

Réinterprétation des conditions initiales

Nous nous sommes préoccupés ci-dessus de la manière de considérer nos conditions initiales, et avons désormais obtenu une réponse radicale : *cette information ne se rapporte pas fondamentalement à notre réalité physique, mais à notre place dans celle-ci.* L'immense complexité que nous observons est une illusion dans le sens où la réalité sous-jacente est plutôt simple à décrire, et c'est simplement notre adresse particulière dans le multivers qui nécessite presque un gogol de bits de description. Nous avons mentionné au chapitre 6 que notre galaxie contient plusieurs systèmes planétaires avec différents nombres de planètes, donc quand nous déclarons que le nôtre en contient huit, nous n'évoquons rien de fondamental au sujet de notre galaxie mais faisons uniquement allusion à notre adresse galactique. Puisque le multivers de niveau I contient d'autres Terres où les voûtes célestes arborent toutes les variations possibles de motifs dans le rayonnement fossile micro-onde ou de constellations stellaires, l'information contenue dans la carte WMAP ou dans une photo de la Grande Ourse se rapporte également à notre adresse dans le multivers. De manière analogue, les 32 constantes physiques du chapitre 10 ne nous renseignent que sur notre place dans le multivers de niveau II, s'il existe. Même si nous avons tendance à penser que toutes ces informations ont trait à notre réalité physique, elles ne concernent que nous seuls. La complexité est une illusion qui n'existe que dans l'œil de celui qui la contemple.

Ces idées ont germé pour la première fois dans mon esprit en 1995, lors de mes trajets en vélo à travers le jardin anglais de Munich pour me rendre au travail, et je les ai publiées dans un article au titre provocateur : « Notre Univers ne contiendrait-il, en réalité, presqu'aucune information ? » Je réalise désormais que j'aurais dû retirer le mot *presque* ! Laissez-moi expliquer pourquoi. À mon sens, notre multivers de niveau III s'apparente plus à la fractale de Mandelbrot (figure 12.8) que notre exemple de $\sqrt{2}$ (figure 12.7), car ses parties exhibent nombre de régularités. Tandis que toutes les suites possibles apparaissent de manière équiprobable dans les chiffres de $\sqrt{2}$, de nombreux motifs (des images de vos amis, par exemple) n'apparaissent pas dans la fractale de Mandelbrot. Ainsi, de même que la plupart des parties de la fractale de Mandelbrot semblent partager un certain style artistique, dicté par la formule $z^2 + c$, la majeure partie des univers post-inflationnaires du multivers de niveau III partagent des régularités dans leur évolution temporelle découlant de la mécanique quantique. Lorsque je me réfère à « presqu'aucune information », j'entends qu'une petite quantité d'informations est nécessaire pour décrire ses régularités, pour déterminer la structure mathématique qu'est le multivers de niveau III. Mais à la lumière de l'Hypothèse de l'Univers mathématique, même cette information n'indique rien au sujet de l'ultime réalité physique – elle nous renseigne seulement sur notre adresse dans le multivers de niveau IV.

Réinterprétation du hasard

Dorénavant, puisque nous avons vu comment interpréter les conditions initiales, que dire du hasard ? La réponse réside également dans le multivers. Nous avons vu au chapitre 8 que l'équation de Schrödinger, parfaitement déterministe, de la mécanique quantique peut susciter l'impression de hasard dans la perspective subjective d'un observateur du multivers de niveau III, et que la cause première est très générale et n'a rien à voir avec la mécanique quantique : le clonage. Plus précisément, le hasard est simplement l'impression que vous avez lorsque vous êtes cloné : vous ne pouvez prédire ce que vous allez percevoir l'instant d'après s'il y a deux copies de vous percevant des choses différentes. Au chapitre 8, nous avons vu que le hasard apparent survient dans *certains* cas de clonage d'observateurs. Nous devons dorénavant accepter le fait qu'il survient en réalité dans *tous* les cas de clonage, car l'HUM exclut le hasard fondamental, l'autre explication logiquement possible.

En d'autres termes, bien que des conditions initiales apparemment arbitraires soient causées par des univers multiples, le hasard apparent est engendré par vos multiples avatars. Ces deux idées s'unifient en une seule et même vision si nous considérons les univers parallèles contenant une copie de vous indiscernable sur le plan subjectif, de sorte qu'il y a à la fois des univers multiples et des vous multiples. Ainsi, lorsque vous mesurez les conditions initiales de votre Univers, cette information paraîtra aléatoire à toutes vos copies, peu importe que vous interprétiez cette information comme provenant des conditions initiales ou du hasard – l'information est la même. En observant dans quel univers vous vous trouvez, vous découvrez quelle copie de vous réalise cette observation.

Pourquoi la complexité suggère l'existence d'un multivers

Nous avons amplement discuté de la complexité de notre Univers, mais *quid* de la complexité de notre structure mathématique ?

L'HUM ne précise pas si la complexité de la structure mathématique dans la perspective de l'oiseau est faible ou importante, donc considérons les deux possibilités. Si elle est extrêmement importante, alors notre quête pour tenter de l'appréhender est clairement vouée à l'échec. En particulier, si la description de la structure nécessite plus de bits que celle de notre Univers observable, nous ne pouvons même pas enregistrer l'information au sujet de la structure dans notre Univers – il n'y a pas assez de place. En guise d'exemple d'une théorie aussi hautement complexe, nous pourrions citer le modèle standard avec ses 32 paramètres du chapitre 10 explicitement spécifiés comme des nombres réels, comme $1/\alpha = 1/137{,}035999\ldots$ avec une infinité de décimales dépourvues de toute régularité simplificatrice. Même si un seul de ces paramètres nécessitait une quantité infinie d'information à enregistrer, la structure mathématique serait infiniment complexe et impossible à déterminer en pratique.

La plupart des physiciens fondent leurs espoirs sur une théorie du Tout complète qui serait plus simple et pourrait être déterminée par un nombre suffisamment faible de bits pour tenir dans un livre, si ce n'est sur un tee-shirt – considérablement moins que celui proche d'un gogol nécessaire pour décrire notre Univers. Une théorie aussi simple doit prédire l'existence d'un multivers, que l'HUM soit vraie ou fausse. Pourquoi ? Parce que cette théorie est par définition une description complète de la réalité : s'il manque suffisamment de bits pour spécifier complètement notre Univers, elle pourrait du reste décrire toutes les combinaisons possibles d'étoiles, de grains de sable, etc. – de sorte que les bits supplémentaires décrivant notre Univers détermineraient simplement dans quel univers nous vivons, à l'instar d'un code postal multiversel. La dernière ligne de l'adresse écrite sur l'enveloppe de la figure 12.5 serait alors relativement courte, elle déterminerait la théorie, mais les lignes situées au-dessus contiendraient environ un gogol de caractères.

Vivons-nous dans une simulation ?

Nous venons de voir comment l'Hypothèse de l'Univers mathématique change nos perspectives sur plusieurs des questions fondamentales. Abordons maintenant un autre de ces domaines : celui des réalités simulées. Apanage de la science-fiction depuis longtemps, l'idée que notre réalité externe soit une forme de simulation informatique a acquis ses lettres de noblesse avec des films retentissants tels que *Matrix*. Des scientifiques tels qu'Eric Drexler, Ray Kurzweil et Hans Moravec ont proposé que la simulation d'esprits soit non seulement possible mais à portée de main, et d'autres (par exemple, Frank Tipler, Nick Bostrom et Jürgen Schmidhuber) ont même discuté de la probabilité que cela se soit déjà réalisé – que nous soyons simulés.

Pourquoi ne pas envisager que vous soyez simulé ? Certes, de nombreux auteurs de science-fiction ont déjà exploré des scénarii où une civilisation extraterrestre du futur transforme la majeure partie de la matière de notre Univers en ordinateurs ultra-puissants simulant de vastes nombres d'instants d'observateur subjectivement indiscernables des vôtres. Nick Bostrom et d'autres chercheurs ont avancé que dans ce cas, il serait fort probable que votre instant d'observateur actuel soit en fait l'un de ceux simulés, car ceux-ci seraient beaucoup plus nombreux. Je pense cependant que cet argument s'autodétruit logiquement : s'il est valide, alors vos copies simulées indifférenciées pourraient également faire des simulations, impliquant qu'il y ait nettement plus de copies doublement simulées et que vous soyez probablement une simulation dans une simulation. En menant ce raisonnement jusqu'au bout, vous concluez que vous êtes probablement une simulation dans une simulation dans une simulation, et ainsi de suite jusqu'à un nombre arbitraire de niveaux – un raisonnement par l'absurde. Je pense que l'erreur logique survient dès la toute première étape : si vous êtes disposé à admettre que vous êtes simulé, alors, comme l'a souligné Phillip Helbig, les ressources en calcul de votre propre univers (simulé) sont hors de propos. Ce qui importe, c'est la puissance de calcul de l'univers dans lequel a lieu la simulation, au sujet duquel vous ne savez essentiellement rien.

D'autres ont suggéré qu'il est fondamentalement impossible que notre réalité soit une simulation. Seth Lloyd a émis la possibilité intermédiaire que nous vivions dans une simulation analogue produite par un ordinateur quantique, même s'il n'a pas été fabriqué par un être intelligent – tout cela parce que la structure de la théorie quantique des champs est mathématiquement équivalente à celle d'un ordinateur quantique distribué dans l'espace. Dans le même esprit, Konrad Zuse, John Barrow, Jürgen Schmidhuber, Stephen Wolfram et d'autres chercheurs ont examiné l'idée que les lois de la physique correspondent à un calcul classique. Explorons ces thèses dans le contexte de l'Hypothèse de l'Univers mathématique.

Idées préconçues au sujet du temps

Supposez que notre Univers soit en réalité une certaine forme de calcul. Un préjugé courant dans la littérature de la simulation d'univers a trait au fait que notre notion physique de temps unidimensionnel doit nécessairement s'identifier à l'écoulement unidimensionnel discontinu du calcul. Je montrerai ci-dessous que si l'HUM est correcte, les calculs n'ont pas besoin de faire *évoluer* notre Univers, mais simplement de le *décrire* (de définir toutes ses relations).

La tentation d'identifier chaque incrément de temps aux étapes du calcul se comprend naturellement, car les deux forment une séquence unidimensionnelle où l'étape suivante (du moins, dans la situation non quantique) est déterminée par l'état actuel. Cependant, cette tentation résulte d'une description classique caduque de la physique : il n'existe globalement aucune variable de temps générique, naturelle et bien définie dans la relativité générale d'Einstein, et encore moins dans la gravité quantique où nous savons que le temps émerge seulement comme une propriété approximative de certains sous-systèmes « d'horloges ». En réalité, l'identification du temps de la perspective de la grenouille au temps de l'ordinateur ne se justifie pas non plus dans le contexte de la physique classique. Le rythme auquel le temps s'écoule, tel qu'il est perçu par un observateur dans un univers simulé, est complètement indépendant de la cadence à laquelle un ordinateur exécute la simulation, un point mis en exergue par Greg Egan dans son roman de science-fiction, *La Cité des permutants*. De surcroît, comme nous l'avons mentionné au chapitre précédent et comme l'a souligné Einstein, il est incontestablement plus naturel d'imaginer notre Univers non pas selon la perspective de la grenouille d'un espace tridimensionnel où des événements se produisent, mais selon la perspective de l'oiseau d'un espace-temps quadridimensionnel qui existe tout simplement. Il n'y a par conséquent nul besoin que l'ordinateur calcule quoi que ce soit – il pourrait tout simplement stocker toutes les données quadridimensionnelles, c'est-à-dire coder toutes les propriétés de la structure mathématique qu'est notre Univers. Les tranches individuelles de temps pourraient alors être lues séquentiellement, et le monde « simulé » serait toujours perçu comme réel pour ses habitants, comme dans le cas où seules des données tridimensionnelles sont enregistrées puis jouées. En conclusion, *le rôle de l'ordinateur exécutant la simulation ne consiste pas à calculer l'histoire de notre Univers, mais à le déterminer.*

Comment ? La façon dont sont stockées les données (le type d'ordinateur, le format des données, etc.) serait non pertinente, donc la vraisemblance à laquelle les habitants de l'univers simulé se perçoivent comme réels doit être indépendante de la méthode utilisée pour la compression des données. Les lois physiques que nous avons découvertes permettent de compresser les informations de façon importante car, avec elles, il suffit d'enregistrer les conditions initiales à un instant donné ainsi que les équations, et un programme calcule l'avenir à partir de ces informations de départ. Comme nous l'avons souligné aux pages 437 à 443, les données initiales pourraient être extrêmement simples : des états initiaux en vogue issus de la théorie quantique des champs, affublés de noms aussi impressionnants que *la fonction d'onde de Hawking-Hartle* ou *le vide inflationnaire de Bunch-Davies*, possèdent une complexité algorithmique très faible car ils peuvent être définis dans de brefs articles de physique. De surcroît, la simulation de leur évolution temporelle reproduirait non seulement un univers comme le nôtre, mais une vaste collection décohérée de mondes parallèles. Il est par conséquent plausible que notre Univers (et même tout le multivers de niveau III) puisse être simulé par un programme informatique relativement concis.

Une catégorie différente de calcul

L'exemple précédent s'est référé à notre structure mathématique particulière, munie de sa mécanique quantique et tout le reste. Plus généralement, comme nous l'avons noté, la description complète d'une structure mathématique arbitraire consiste par définition à expliciter les relations entre ses éléments. Nous avons vu auparavant dans ce chapitre que pour que ces relations soient bien définies, toutes les fonctions doivent être *calculables* : il doit exister un programme informatique pouvant calculer les relations en un nombre fini d'itérations de calcul. Chaque relation de la structure mathématique est ainsi définie par un calcul. En d'autres termes, si notre monde est une structure mathématique bien définie en ce sens, alors elle est bel et bien inéluctablement liée à des calculs, même s'ils sont différents de ceux généralement associés à l'hypothèse de la simulation : ces algorithmes ne font pas *évoluer* notre Univers, mais le *décrivent* en évaluant ses relations[2].

---

2. En réalité, comme l'a fait remarquer Ken Wharton dans son article « The Universe is not a Computer » sur http://arxiv.org/pdf/1211.7081.pdf, nos

Une simulation a-t-elle réellement besoin d'être exécutée ?

Une compréhension plus profonde des relations entre les structures mathématiques, les systèmes formels et les algorithmes (le triangle de la figure 12.6) éclairerait sous un nouveau jour plusieurs des questions épineuses rencontrées dans ce livre. L'une d'elles est le problème de la mesure qui nous a talonnés au chapitre précédent, dont l'essence repose sur la manière de traiter les infinis encombrants et de prédire des probabilités sur ce que nous devrions observer. Par exemple, puisque chaque simulation d'univers correspond à une structure mathématique, et par conséquent qu'elle existe déjà dans le multivers de niveau IV, existe-t-elle « davantage », dans un certain sens, si elle est également exécutée sur un ordinateur ? Cette question est compliquée par le fait que l'inflation éternelle prédit un espace infini hébergeant une infinité de planètes, de civilisations et d'ordinateurs, dont certains pourraient exécuter des simulations d'univers, et que le multivers de niveau IV recèle aussi une infinité de structures mathématiques pouvant être interprétées comme des simulations informatiques.

Le fait que notre Univers (associé au multivers de niveau III tout entier) puisse être simulable par un programme informatique relativement concis soulève la question de la différence ontologique entre le fait que des simulations soient « jouées » ou non. Si, comme je l'ai souligné, l'ordinateur a seulement besoin de décrire et non de calculer l'histoire, alors la description complète tiendrait probablement sur une barrette mémoire, et aucune puissance

lois physiques pourraient être de telle sorte que le passé ne détermine pas de manière unique le futur, donc que l'idée que notre Univers puisse être simulé, même par principe, est une hypothèse que nous ne devons pas considérer comme acquise.

processeur ne serait nécessaire. Il semblerait absurde que l'existence de cette barrette mémoire puisse avoir un quelconque impact sur le fait que le multivers décrit existe « bel et bien ». Même si cette existence est importante, certains éléments de ce multivers contiendraient une barrette mémoire identique qui soutiendrait « récursivement » sa propre existence physique. Il n'y aurait aucun cercle vicieux, ni paradoxe de l'œuf et de la poule, à considérer la question de savoir qui, de la barrette ou du multivers, a été créé le premier, car les éléments du multivers sont des espaces-temps quadridimensionnels, alors que la « création » n'a bien entendu de sens qu'*au sein* d'un espace-temps.

Sommes-nous donc simulés ? Selon l'HUM, notre réalité physique est une structure mathématique, et en tant que telle, elle existe peu importe qu'il y ait quelqu'un ici ou là dans le multivers de niveau IV rédigeant un programme informatique pour le simuler/décrire. La seule question en suspens est alors de savoir si une simulation informatique pourrait faire que notre structure mathématique existe davantage qu'elle ne l'est déjà, dans un sens approprié. Si nous résolvons le problème de la mesure, nous réaliserons peut-être que sa simulation accroît légèrement sa mesure, d'une certaine fraction de la mesure de la structure mathématique au sein de laquelle elle est simulée. Je pense que cet effet serait au mieux imperceptible, donc si l'on me demandait « sommes-nous simulés ? », je gagerais que la réponse soit « non ! »

Relation entre l'HUM, le multivers de niveau IV et d'autres hypothèses

Il existe une palette intéressante de propositions sur la réalité ultime, mises en avant par différents chercheurs aux interfaces entre la philosophie, la théorie de l'information, l'informatique et la physique, et pour d'excellents tours d'horizon récents sur ce thème, je vous recommande le livre de Brian Greene, *La Réalité cachée*, et celui de Russell Standish, *Theory of Nothing*.

Sur le plan philosophique, la proposition la plus proche du multivers de niveau IV est la théorie du *réalisme modal* du philosophe éteint David Lewis, qui postule que « tous les mondes possibles sont aussi concrets que le monde réel ». Son collègue philosophe Robert Nozick fit une proposition similaire baptisée *le principe de fécondité*. Une critique courante du réalisme modal affirme que puisqu'il avance que tous les univers imaginables existent, il ne fait absolument aucune prédiction testable. Le multivers de niveau IV peut se concevoir comme une réalité plus restreinte et plus rigoureusement définie grâce à la substitution de « tous les mondes possibles » de Lewis par « toutes les structures mathématiques ». Le multivers de niveau IV n'implique *pas* que tous les univers imaginables existent. En tant qu'êtres humains, nous pouvons rêver de nombreuses choses étant mathématiquement indéfinies et par conséquent ne correspondant pas à des structures mathématiques. Les mathématiciens publient des articles dont les preuves d'existence démontrent la cohérence mathématique de diverses descriptions de structures abstraites, précisément parce que cette tâche s'avère difficile, voire impossible dans certains cas.

Sur le plan de la science de l'information, les propositions les plus étroitement reliées sont celles où notre réalité physique est une forme de simulation(s) informatique(s), comme nous l'avons vu auparavant dans ce chapitre. La relation est manifeste dans la figure 12.6, où ces deux idées correspondent à deux sommets distincts du triangle : notre réalité est un algorithme en vertu de l'hypothèse de simulation, contrairement à une structure mathématique selon l'HUM. Avec l'hypothèse de simulation, les calculs font *évoluer* notre Univers, mais avec l'HUM, elles ne font que le *décrire* en évaluant ses relations. Selon les théories des multivers algorithmiques explorées par Jürgen Schmidhuber, Stephen Wolfram et d'autres chercheurs, l'*évolution temporelle* doit être calculable, tandis qu'en vertu de l'Hypothèse de l'Univers calculable (HUC), c'est la *description* (les relations) qui doit l'être. John Barrow et Roger Penrose ont suggéré que seules les structures suffisamment complexes pour que le théorème d'incomplétude de Gödel puisse s'appliquer peuvent contenir des observateurs ayant conscience de soi. Nous avons vu auparavant que l'HUC postule dans un certain sens exactement le contraire.

Mettre à l'épreuve le multivers de niveau IV

Nous avons suggéré que l'Hypothèse de la réalité externe (HRE), stipulant qu'il existe une réalité physique externe complètement indépendante des êtres humains, implique l'Hypothèse de l'Univers mathématique (HUM), affirmant que notre réalité physique externe est une structure mathématique, ce qui entraîne l'existence du multivers de niveau IV. Par conséquent, la manière la plus immédiate d'étayer ou d'affaiblir nos preuves en faveur du multivers de niveau IV consiste à étudier plus profondément et à tester l'HRE. Même si l'on rejette officiellement l'HRE, je pense pouvoir honnêtement dire que la plupart de mes collègues physiciens y adhèrent, et que les derniers succès des modèles standard de la physique des particules et de la cosmologie ne contribuent pas à penser que notre ultime réalité physique, quelle qu'elle soit, évolue fondamentalement autour de nous et qu'elle ne puisse exister sans nous. Ceci dit, explorons malgré tout deux manières de tester potentiellement l'HUM et le multivers de niveau IV de façon directe.

La prédiction de typicité

Comme nous l'avons vu au chapitre 6, la découverte qu'un paramètre physique semble ajusté avec précision pour permettre l'éclosion de la vie peut s'interpréter comme une preuve de l'existence d'un multivers où ce paramètre emprunte une large gamme de valeurs, car cette interprétation fait qu'il n'est pas surprenant qu'un univers habitable comme le nôtre existe, et prédit que c'est là que nous devons nous trouver. En particulier, nous avons vu que certaines des preuves les plus solides de l'existence du multivers de niveau II proviennent de l'observation du réglage de précision de la densité d'énergie sombre. Y aurait-il, du moins par principe, une preuve d'un réglage de précision en faveur également du niveau IV ?

Lors d'une conférence de physique en 2005 à Cambridge, tandis que mon ami Anthony Aguirre et moi marchions tard le soir à travers les allées pittoresques du Trinity College, j'ai soudainement réalisé que la réponse est *oui*. Voici pourquoi.

Supposez que vous sortiez de la voiture de votre amie après qu'elle vous eut déposé dans une ville qui vous est complètement étrangère, et que vous remarquiez la présence confuse d'une multitude de panneaux indicateurs (voir la figure 12.9) interdisant de stationner partout dans la rue excepté là où elle s'est garée. Elle vous explique que, afin de mener sa campagne contre la pollution, le nouveau maire a commandé dix panneaux devant être installés au hasard dans chaque rue, interdisant chacun de stationner à gauche ou à droite du panneau sur toute la rue. Après avoir développé des calculs mathématiques, vous réalisez que ce processus aléatoire saugrenu interdira comme l'on peut s'y attendre le stationnement partout dans une rue donnée, et ne laissera qu'environ 1 % de chance pour qu'il y ait une place autorisée[3]. Cette situation survient seulement si tous les panneaux à flèches gauches sont disposés à gauche de tous les panneaux à flèches droites.

Que devez-vous penser de tout ceci ? Est-ce simplement une étrange coïncidence ? Si vous abhorrez les concours de circonstance inexpliqués, de même que tout scientifique digne de ce nom, alors vous pencherez en faveur de l'interprétation ne faisant pas appel au moindre coup de chance : il y a de nombreuses rues dans cette étrange ville, peut-être de l'ordre d'une centaine ou plus. Cette idée rend plausible le fait qu'il y ait un stationnement autorisé dans *certaines* rues, et puisque votre amie connaît cette ville, il n'est absolument pas surprenant que c'est là qu'elle ait choisi de se garer. Cet exemple de réglage de précision diffère de ceux du chapitre 6 parce que ce qui semble être finement ajusté n'est pas une quantité continue, telle que la densité d'énergie sombre, mais plutôt discrète : toutes les directions indiquées par les flèches dirigées vers la gauche ou vers la droite conspirent d'une manière surprenante.

Ma métaphore du stationnement est bien entendu exagérée, mais comme l'illustre la vignette du bas de la

---

3. S'il y a n panneaux disposés au hasard, la probabilité qu'une seule place soit autorisée s'élève à $(n + 1)/2^n$: une fois que les panneaux sont placés, il y a 2^n manières d'orienter les flèches gauches/droites, et seulement $n + 1$ d'elles correspondent à la situation où toutes les flèches gauches sont disposées à gauche de toutes les flèches droites.

figure 12.9, nous observons quelque chose d'assez similaire dans notre Univers. L'axe horizontal indique un paramètre relié à la récente découverte de la particule de Higgs, et les derniers travaux de John Donoghue, Craig Hogan, Heinz Oberhummer et leurs collaborateurs ont

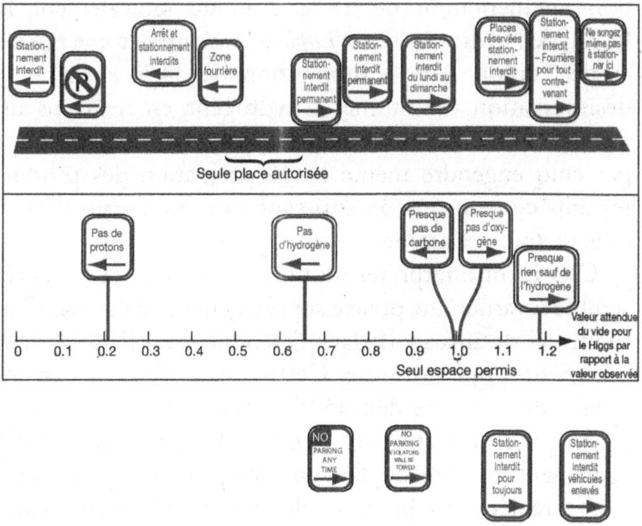

Figure 12.9 Si une rue possède de nombreux panneaux placés au hasard, interdisant chacun de stationner à sa gauche ou à sa droite sur toute la rue, il est fort improbable que le stationnement soit autorisé quelque part : cette situation se produit seulement lorsque toutes les flèches gauches sont disposées à gauche de toutes les flèches droites, comme dans l'exemple de la vignette du haut. De manière similaire, si un univers possède un paramètre physique devant vérifier de nombreuses contraintes pour que la vie soit permise (vignette du bas), il est a priori improbable qu'il y ait un quelconque domaine où les valeurs du paramètre soient hospitalières pour la vie. Des situations telles que celles illustrées ici peuvent donc être interprétées comme une preuve de l'existence de nombreuses rues ou d'une multitude de structures mathématiques dans un multivers de niveau IV.

montré que, à l'instar de la densité d'énergie sombre, il paraît réglé avec une précision hallucinante : il est inférieur de seize ordres de grandeur environ à celui que nous pourrions naturellement trouver, et sa modification d'un seul pourcent de moins ou de plus réduit drastiquement la quantité de carbone ou d'oxygène produite par les étoiles. Son augmentation de 18 % diminue radicalement la fusion de l'hydrogène en *n'importe quel* autre atome par les étoiles, tandis que sa diminution de 34 % entraîne la désintégration des atomes d'hydrogène en neutrons du fait que les protons absorbent les électrons. Sa diminution par cinq engendre même la désintégration des protons restants en neutrons, garantissant ainsi un univers déshabillé de tous ses atomes.

Comment interpréter tout ceci ? En premier lieu, cela semble incarner une preuve supplémentaire en faveur d'un multivers de niveau II dans l'étendue duquel un certain paramètre physique varie. Cette idée explique pourquoi nous mesurons une densité d'énergie sombre à la bonne valeur pour permettre aux galaxies de se former, et rend également compte du fait que les propriétés du Higgs soient réglées aux bonnes valeurs pour permettre à des atomes plus complexes que l'hydrogène de se former – et il n'est pas surprenant que nous nous trouvions dans l'un de ces univers relativement rares, ayant à la fois des atomes intéressants et des galaxies fécondes, si la vie requiert un niveau minimal de complexité.

Or la figure 12.9 soulève également une deuxième question : pourquoi les cinq flèches de la vignette du bas conspirent pour que *quelque part* dans l'intervalle, les propriétés du Higgs permettent la vie ? Ce pourrait être un coup du hasard : cinq flèches disposées aléatoirement permettraient cet intervalle avec une probabilité de 19 %, de sorte que nous ayons simplement besoin d'un peu de chance. De surcroît, du fait des rouages de la physique nucléaire, ces cinq flèches ne sont pas indépendantes, donc je ne considère pas cette disposition particulière comme une preuve solide en faveur de quelque chose. Néanmoins, il est parfaitement plausible que la recherche future en physique dévoile un réglage de précision encore plus surprenant et tout aussi discret, par exemple avec dix flèches ou plus, conspirant pour permettre un domaine habitable pour un ou plusieurs paramètres physiques[4]. Si cela devait se produire, nous pourrions arguer, comme pour la vignette du haut, que c'est une preuve en faveur de l'existence non pas d'autres rues, mais d'autres *univers* où les lois de la physique sont différentes, où les conditions requises pour l'émergence de la vie seraient différentes ! Dans certains cas, ces univers cohabiteraient dans le multivers de niveau II, dans une région où les mêmes lois fondamentales de physique donnent lieu à une phase différente de l'espace ayant d'autres lois effectives. Dans d'autres, cependant, cela pourrait s'avérer impossible, auquel cas ces autres univers devraient vérifier des lois *fondamentales* différentes, correspondant à des structures mathématiques distinctes dans le multivers de niveau IV. Autrement dit, même si nous manquons actuellement de preuves observationnelles directes en faveur du multivers de niveau IV, il n'est pas exclu que nous en recueillerons à l'avenir.

La prédiction de régularité mathématique

Nous avons fait allusion au célèbre texte de Wigner de 1960 où il dit que « la déraisonnable efficacité des

---

4. Il est facile de généraliser cette définition du réglage de précision discret au cas où plusieurs paramètres peuvent varier.

mathématiques dans les sciences de la nature est une chose presque mystérieuse », et qu'« il n'y a aucune explication rationnelle à cela ». L'Hypothèse de l'Univers mathématique procure cette explication manquante. Elle motive l'utilité des mathématiques pour décrire le monde physique comme une conséquence naturelle du fait que ce dernier *est* une structure mathématique, et nous levons progressivement le voile sur celle-ci. Les diverses approximations inhérentes à nos théories physiques actuelles fonctionnent relativement bien parce que des structures mathématiques simples peuvent être de bonnes approximations de certaines facettes de celles plus complexes. En d'autres termes, nos théories fécondes ne sont pas des mathématiques tentant de s'approcher de la physique, mais des mathématiques tentant de s'approcher des mathématiques.

L'une des prédictions déterminantes et testables de l'Hypothèse de l'Univers mathématique stipule que la recherche en physique révélera d'autres régularités mathématiques dans la nature. Cette puissance prédictive de l'idée du multivers mathématique fut exprimée par Paul Dirac en 1931 : « La méthode la plus puissante de progrès que l'on puisse suggérer à présent est d'employer toutes les ressources des mathématiques pures afin de perfectionner et de généraliser le formalisme mathématique qui forme la base actuelle de la physique théorique, et seulement après chaque succès dans cette direction, d'essayer d'interpréter les nouvelles propriétés mathématiques obtenues en termes de quantités physiques. »

Cette prédiction a-t-elle été couronnée de succès jusqu'à présent ? Deux millénaires après que les pythagoriciens ne promulguent l'idée fondamentale d'univers mathématique, des découvertes ultérieures réalisées par

Galilée décrivent la nature comme « un livre écrit dans la langue mathématique ». Puis nous avons levé le voile sur des régularités mathématiques beaucoup plus profondes, allant du mouvement des planètes aux propriétés des atomes, incitant Dirac et Wigner à se rallier à cette idée déroutante. Ensuite, les modèles standard de la physique des particules et de la cosmologie ont révélé un nouvel ordre mathématique « déraisonnable » sur une échelle spectaculaire, allant du microcosme des particules élémentaires au macrocosme de l'Univers primordial, permettant de manière remarquable à toutes les mesures physiques effectuées jusqu'ici d'être confirmées par le calcul à partir des 32 nombres listés dans le tableau 10.1. Je ne connais aucune autre explication convaincante à cette propension que celle où le monde physique est réellement et complètement mathématique.

En tournant les yeux vers l'avenir, je vois deux possibilités. Si j'ai tort et que l'HUM est fausse, la physique achoppera finalement sur un obstacle insurmontable au-delà duquel tout progrès supplémentaire est impossible : il n'y aurait plus aucune régularité mathématique restant à découvrir même si une description complète de notre réalité physique nous faisait toujours défaut. Par exemple, une démonstration convaincante du fait qu'il existe un hasard fondamental dans les lois de la nature (contrairement au clonage déterministe d'observateurs ayant, tout simplement, *l'impression* subjective du hasard) réfuterait mécaniquement l'HUM. D'un autre côté, si j'ai raison, il n'y aurait aucune embûche sur notre chemin pour comprendre la réalité, et nous ne serions limités que par notre imagination !

En bref

- L'Hypothèse de l'Univers mathématique implique que l'existence mathématique équivaut à l'existence physique.
- Elle signifie que toutes les structures existant mathématiquement existent aussi physiquement, formant ainsi le multivers de niveau IV.
- Les univers parallèles que nous avons explorés composent une hiérarchie imbriquée à quatre niveaux de diversité croissante : le niveau I (des régions lointaines inobservables de l'espace), le niveau II (d'autres régions post-inflationnaires), le niveau III (ailleurs dans l'espace quantique de Hilbert) et le niveau IV (d'autres structures mathématiques).
- La vie intelligente serait rare, et la majeure partie des niveaux I, II et IV serait inhospitalière.
- L'exploration du multivers de niveau IV ne nécessite pas de fusée ou de télescope, mais simplement des ordinateurs et des idées.
- Les structures mathématiques les plus simples peuvent être énumérées par un ordinateur sous la forme d'un annuaire téléphonique où chacune aurait son propre numéro unique.
- Les structures mathématiques, les systèmes formels et les algorithmes sont étroitement liés, suggérant qu'ils constituent des facettes distinctes de la même structure transcendante dont nous n'avons pas encore complètement appréhendé la nature.
- L'Hypothèse de l'Univers calculable (HUC), stipulant que la structure mathématique qu'est notre réalité physique externe est définie par des fonctions calculables, peut être nécessaire pour que l'HUM soit cohérente, car sinon l'incomplétude de Gödel et l'incalculabilité de Church-Turing mettraient en exergue des relations définies de façon non satisfaisante dans la structure mathématique.
- L'Hypothèse de l'Univers fini (HUF) proposant que notre réalité physique externe est une structure mathématique finie implique l'HUC et élimine tous les problèmes liés à une réalité non définie.
- L'HUC et l'HUF peuvent permettre de résoudre le problème de la mesure et expliquer pourquoi notre Univers est si simple.

- L'HUM implique qu'il n'y a pas de conditions initiales mal définies : elles n'apportent aucune information sur la réalité physique, mais simplement sur notre adresse dans le multivers.
- L'HUM implique qu'il n'y a pas de hasard fondamental : le hasard est simplement une impression subjective liée au clonage.
- L'HUM implique que la majeure partie de la complexité que nous observons est une illusion, n'existant que dans l'œil de celui qui la contemple et délivrant simplement une information sur notre adresse dans le multivers.
- Une collection de choses peut être plus simple à décrire que l'une de ses parties.
- Notre multivers est plus simple que notre Univers, au sens où il peut être décrit avec moins d'informations, et le multivers de niveau IV est le plus simple de tous, ne nécessitant essentiellement aucune information pour sa description.
- Nous ne vivons probablement pas dans une simulation.
- L'HUM est en principe testable et réfutable.

13
La vie, notre Univers et tout le reste

C'est ainsi que s'achève le monde
Pas sur un Boum, mais sur un murmure.
T. S. Eliot, *Les Hommes creux*

Le futur n'est plus ce qu'il était.
Yogi Berra

Quelle est la taille de notre réalité physique ?

Je suis extrêmement ravi que vous, cher lecteur, ayez suivi jusqu'à ce dernier chapitre mon exploration de la réalité. Nous avons parcouru un long chemin, du macrocosme extragalactique au microcosme subatomique, découvrant progressivement une réalité plus sublime que celle que j'ai imaginée dans mes rêves d'enfance les plus fous, et munie de quatre niveaux distincts d'univers parallèles.

Comment toutes ces pièces s'ajustent-elles pour former un ensemble cohérent ? La figure 13.1 indique comment j'imagine les choses. Dans la première partie du livre,

Figure 13.1 Lorsque nous nous demandons de quoi sont constituées toutes les choses et zoomons en avant sur des échelles de plus en plus petites, nous découvrons que les ultimes briques fondamentales de la matière sont des structures mathématiques, des objets dont les propriétés sont mathématiques. Lorsque nous nous interrogeons sur la taille du monde et zoomons en arrière sur les échelles les plus vastes, nous parvenons au même endroit : le domaine des structures mathématiques, en réalité le multivers de niveau IV de toutes les structures mathématiques.

nous avons investigué la question « quelle est la taille du monde ? » et avons exploré des échelles sans cesse croissantes : nous nous trouvons sur une planète située dans une galaxie appartenant à un univers dont je pense qu'il fait partie d'un multivers de niveau I, regorgeant d'avatars, dans un multivers de niveau II, encore plus diversifié, dans un multivers quantique de niveau III, dans le multivers de niveau IV de toutes les structures mathématiques. Dans la deuxième partie de cet ouvrage, nous avons exploré la question « de quoi les choses sont-elles constituées ? » et avons sondé des échelles de plus en plus petites : nous sommes composés de cellules faites de molécules faits d'atomes constitués de particules élémentaires, lesquelles sont des structures purement mathématiques au sens où seules leurs propriétés sont des propriétés mathématiques. Même si nous ne savons pas encore si quelque chose compose ces particules, la théorie des cordes et ses principales concurrentes suggèrent toutes que n'importe quel constituant élémentaire plus fondamental est également purement mathématique. En ce sens, bien que nos deux expéditions intellectuelles empruntent des directions opposées, respectivement vers l'immense et vers le minuscule, elles nous ont menés au même endroit : dans le domaine des structures mathématiques. De même que l'on dit que tous les chemins mènent à Rome, nos routes vers la réalité conduisent toutes deux vers les mathématiques. Cette élégante convergence reflète le fait qu'une structure mathématique peut contenir toutes les autres, expliquant toutes les régularités mathématiques qu'a dévoilées la physique comme des facettes ou des approximations de la structure mathématique suprême qu'est notre réalité externe complète. Aux échelles les plus grandes et les plus petites, le tissu mathématique de la réalité devient tangible, même s'il demeure facile de ne pas deviner sa présence aux échelles intermédiaires que nous appréhendons généralement[1].

1. Cette extrapolation de notre ontologie en physique fait écho à la même extrapolation en mathématiques ayant eu lieu au cours des siècles écoulés. Les mathématiciens appellent cela une *généralisation* : les objets que nous étudions font partie d'une structure plus grande.

Plaidoyer pour une réalité plus limitée

Je vous ai brossé le portrait de notre ultime réalité physique telle que je la conçois. Personnellement, je la trouve extraordinairement belle et d'une inspiration prodigieuse. Mais est-elle réelle ? Se pourrait-il que cette description soit fallacieuse, qu'une grande partie de sa splendeur ne soit qu'une illusion provoquée par des mirages ? Vivez-vous vraiment dans un multivers ? Cette question est-elle absurde, dépasse-t-elle les limites de la science ? Laissez-moi vous expliquer.

Les idées liées aux multivers ont traditionnellement été méprisées par les institutions : nous avons vu que Giordano Bruno a été sacrifié sur le bûcher en 1600 à cause de son multivers d'espace infini et que Hugh Everett a été écarté de tout poste en physique en 1957 à cause de son multivers quantique. Comme je l'ai mentionné, j'en ai moi-même fait les frais : des supérieurs ont suggéré que mes publications liées aux multivers n'étaient que des sottises et allaient ruiner ma carrière. Un changement profond s'est opéré ces dernières années, cependant. Les univers parallèles sont désormais en vogue, se manifestant dans les livres, les films et même les blagues : « Vous avez réussi vos examens dans de nombreux univers parallèles, mais pas dans le nôtre ! »

Ces idées dans l'air du temps n'ont assurément pas conduit à un consensus chez les scientifiques, mais font que le débat sur le multivers est nettement plus nuancé et, selon moi, plus intéressant : des scientifiques dépassent les clivages et tentent véritablement de comprendre le point de vue opposé. Un article récent à l'encontre du multivers, rédigé par le pionnier de la relativité George Ellis et paru dans *Scientific American*, en est un exemple remarquable, et je vous recommande fortement sa lecture[2].

2. Pour une version française de cet article, voir George Ellis « Le multivers

Comme nous l'avons décrit au chapitre 6, nous employons les termes *notre Univers* pour désigner la région sphérique de l'espace de laquelle la lumière a eu le temps de parvenir jusqu'à nous au cours des 14 milliards d'années écoulées depuis notre Big Bang. Lorsque nous discutons des univers parallèles, nous distinguons quatre niveaux différents : le niveau I (d'autres régions très lointaines dans l'espace où les lois apparentes de la physique sont les mêmes, mais où l'histoire s'est déroulée différemment parce que les choses ont débuté autrement), le niveau II (des régions d'espace où même les lois apparentes de la physique sont différentes), le niveau III (des mondes parallèles situés ailleurs dans l'espace de Hilbert où la réalité quantique est à l'œuvre) et le niveau IV (des réalités complètement disjointes gouvernées par des équations mathématiques différentes). Dans sa critique, George Ellis reprend plusieurs des arguments en faveur de ces niveaux de multivers et prétend qu'ils possèdent tous des problèmes. Voici mon résumé de ses principaux arguments à l'encontre du multivers :

1) La théorie de l'inflation pourrait être fausse (ou non éternelle).
2) La mécanique quantique pourrait être fausse (ou non unitaire).
3) La théorie des cordes pourrait être fausse (ou dépourvue de solutions multiples).
4) Les multivers pourraient être non réfutables.
5) Certaines preuves avancées en faveur du multivers sont douteuses.

existe-t-il ? » dans *Pour la Science*, Février 2012 (n° 412) [NdT].

6) Les arguments en faveur du réglage de précision feraient trop d'hypothèses.
7) C'est une planche savonneuse vers des multivers toujours plus grands.

(En vérité, George n'a pas mentionné l'argument 2 dans son article, mais je l'ajoute ici car je pense qu'il l'aurait souligné si l'éditeur ne l'avait pas restreint à six pages.)

Quelle est ma position sur cette critique ? De manière intéressante, je suis d'accord avec ces sept propositions – et malgré tout, je miserai toujours, avec enthousiasme, toutes mes économies sur l'existence d'un multivers !

Commençons avec les quatre premières. Comme nous l'avons vu au chapitre 6, l'inflation produit naturellement le multivers de niveau I, et si vous incorporez la théorie des cordes avec son panorama de solutions possibles, vous obtenez également le niveau II. Comme indiqué au chapitre 8, la mécanique quantique dans sa forme mathématiquement la plus simple, dénuée d'effondrement (« unitaire »), donne naissance au niveau III. Donc si toutes ces théories sont invalidées, les arguments déterminants en faveur de ces multivers s'effondrent. Souvenez-vous : *les univers parallèles ne sont pas une théorie en soi – ce ne sont que des prédictions de certaines théories.*

À mon sens, l'idée centrale est que si ces théories sont scientifiques, il est légitime que la science développe et discute de toutes leurs conséquences mêmes si elles mettent en jeu des entités non observables. Pour qu'une théorie soit réfutable, nous n'avons pas besoin d'observer et de tester toutes ses prédictions, mais au moins l'une d'elles. Ma réponse à l'argument 4 est par conséquent que ce qui est scientifiquement testable, ce sont nos théories mathématiques, pas nécessairement leurs conséquences, et qu'elles font plutôt l'unanimité. Comme nous l'avons souligné au chapitre 6, puisque la théorie de la relativité générale d'Einstein a prédit avec succès plusieurs phénomènes que nous pouvons observer, nous devons également prendre au sérieux ses prédictions sur ce que nous ne pouvons pas observer – par exemple, ce qui se passe dans les trous noirs. De la même façon, si nous sommes impressionnés par les prédictions de l'inflation ou de la mécanique quantique que nous avons pu corroborer jusqu'ici, alors nous devons également considérer sérieusement leurs autres prédictions, c'est-à-dire entre autres les multivers de niveaux I et III. George mentionne même l'éventualité que l'inflation éternelle puisse un jour être réfutée : pour moi, c'est simplement un argument stipulant que l'inflation éternelle est une théorie scientifique.

Certes, la théorie des cordes n'est pas allée aussi loin que l'inflation et la mécanique quantique, et ne s'est pas enracinée comme une théorie scientifique testable. Toutefois, je soupçonne que nous soyons confrontés à un multivers de niveau II même s'il s'avérait que nous faisions fausse route avec la théorie des cordes. Il est assez courant pour des équations mathématiques d'avoir des solutions multiples, et tant que les équations fondamentales décrivant notre réalité seront ainsi, l'inflation éternelle engendra globalement de vastes régions d'espace qui réalisent physiquement chacune de ces solutions, comme nous l'avons vu au chapitre 6. Par exemple, les équations gouvernant les molécules d'eau, qui n'ont rien à voir avec la théorie des cordes, autorisent trois solutions correspondant à la vapeur, à l'eau liquide et à la glace, et si l'espace peut également exister dans différentes phases, l'inflation tendra à toutes les réaliser.

George énumère plusieurs observations, douteuses tout au plus, étayant soi-disant les théories des multivers, telles que la preuve que certaines constantes de la nature ne sont pas vraiment constantes, et celle de l'existence dans le fond diffus cosmologique de collisions avec d'autres univers ou un espace étrangement connecté. Je partage entièrement son scepticisme à cet égard. Dans tous les cas, cependant, les controverses ont eu trait à l'analyse des données, comme ce fut le cas en 1989 avec la débâcle sur la fusion froide. Selon moi, le fait même que des scientifiques effectuent ces mesures et débattent des détails phénoménologiques est une manifestation supplémentaire de l'exercice de la science : c'est précisément ce qui distingue une controverse scientifique d'une autre qui ne l'est pas !

Nous avons vu au chapitre 6 que notre Univers paraît étonnamment ajusté pour la vie, au sens où si vous modifiez imperceptiblement plusieurs de nos constantes naturelles, la vie telle que nous la connaissons devient impossible. Pourquoi ? S'il existe un multivers de niveau II où ces « constantes » empruntent toutes les valeurs possibles, il n'est pas surprenant que nous nous trouvions dans l'un de ces rares univers habitables, de même qu'il n'est pas surprenant que nous nous trouvions sur Terre et non sur Mercure ou Neptune. George objecte que nous avons besoin d'une théorie du multivers pour esquisser cette conclusion, mais c'est de cette manière que nous testons toute théorie scientifique : nous supposons qu'elle est vraie, développons ses conséquences, puis l'abandonnons si ses prédictions ne coïncident pas avec les observations. Certains réglages de précision paraissent suffisamment excessifs pour qu'on leur accorde de l'attention – par exemple, nous avons vu que nous avons besoin d'ajuster l'énergie sombre à 123 décimales près pour rendre les galaxies hospitalières. Pour moi, une coïncidence inexpliquée peut être révélatrice d'une lacune dans notre compréhension scientifique. La balayer du revers de la main en disant « nous avons simplement de la chance, arrêtez d'y rechercher une explication ! » laisse non seulement à désirer, mais équivaut aussi à fermer potentiellement les yeux sur un indice crucial.

George soutient que si nous prenons au sérieux l'idée selon laquelle tout ce qui peut se produire se produit vraiment, alors nous glissons inéluctablement vers des multivers toujours plus grands, tels que celui de niveau IV. Puisque c'est mon niveau de multivers favori, et que je suis l'un de ses rares défenseurs, c'est une planche savonneuse sur laquelle je suis ravi de glisser !

George signale également que les multivers pourraient transgresser le rasoir d'Ockham en introduisant des complications inutiles. En tant que physicien théoricien, je juge l'élégance et la simplicité d'une théorie non pas par son ontologie, mais par l'élégance et la simplicité de ses équations mathématiques – et il m'est assez frappant de constater que les théories mathématiquement les plus simples tendent à produire des multivers. Il s'avère remarquablement difficile d'élaborer une théorie produisant exactement l'univers que nous contemplons, et rien de plus.

Finalement, il y a un argument contre les multivers que George ne mentionne pas, mais qui est pourtant selon moi le plus persuasif de tous aux yeux de la plupart des gens : les univers parallèles semblent tout simplement trop étranges pour être vrais. Or comme nous l'avons mentionné au chapitre 1, c'est exactement ce qui nous attend : l'évolution nous a légué l'intuition uniquement pour ces aspects familiers de la physique ayant eu une utilité pour la survie de nos lointains ancêtres, conduisant à la prédiction que chaque fois que nous tirons parti de la technologie pour entrevoir la réalité située au-delà de l'échelle humaine, notre intuition héritée de l'évolution vole en éclat. Nous avons vu que cela s'est produit maintes et maintes fois, avec les propriétés contre-intuitives de la théorie de la relativité, de la mécanique quantique, etc., et nous devons nous attendre à ce que l'ultime théorie de la physique, quelle qu'elle soit, paraisse encore plus mystérieuse.

Plaidoyer pour une réalité plus vaste

Maintenant que nous avons passé en revue les arguments contre les multivers, examinons le plaidoyer en leur faveur d'un peu plus près. Je vais montrer que tous les problèmes soulevant les controverses s'évanouissent si nous acceptons l'Hypothèse de la réalité externe du chapitre 10 : *il existe une réalité physique externe complètement indépendante des êtres humains que nous sommes.* Supposez que cette hypothèse soit correcte, la majeure partie de la critique repose donc sur une certaine combinaison des trois hypothèses douteuses suivantes :

Hypothèse d'omnivision : la réalité physique doit être telle qu'au moins un observateur puisse en principe l'observer intégralement.

Hypothèse de la réalité pédagogique : la réalité physique doit être telle que tous les observateurs humains raisonnablement bien informés pensent qu'ils la comprennent intuitivement.

Hypothèse de non-duplication : aucun processus physique ne peut dupliquer des observateurs ou créer des observateurs indiscernables sur le plan subjectif.

Les hypothèses 1 et 2 semblent motivées par un certain nombrilisme humain. L'hypothèse d'omnivision redéfinit de façon effective le mot *existe* comme un synonyme de ce qui est observable par les êtres humains, ce qui revient à tenir le rôle de l'autruche ayant sa tête enfouie dans le sable. Ceux qui insistent sur l'hypothèse de la réalité pédagogique auront typiquement rejeté les notions familières qui ont bercé notre enfance, telles que le Père Noël, l'espace euclidien, la Petite souris et le créationnisme – mais parviendront-ils réellement à se libérer suffisamment de leurs notions familières réconfortantes et plus profondément enracinées ? Je pense personnellement que notre travail de scientifique consiste à comprendre les rouages du monde, non à dire comment il doit fonctionner en se basant sur nos préjugés philosophiques.

Si l'hypothèse d'omnivision est fausse, alors il y a par définition des choses qui existent tout en demeurant inobservables même par principe. Puisque la définition de notre Univers inclut tout ce qui est en principe observable, cela implique qu'il n'incarne pas tout ce qui existe, donc nous vivons dans un multivers. Si l'hypothèse de la réalité pédagogique est fausse, alors l'objection que les multivers sont trop bizarres n'a logiquement plus de sens. Si l'hypothèse de non duplication est fausse, alors il n'existe aucune objection fondamentale à ce qu'il y ait des copies de vous ailleurs dans la réalité externe – en vérité, nous avons vu aux chapitres 6 et 8 que l'inflation éternelle et la mécanique quantique dénuée d'effondrement fournissent des mécanismes permettant de les créer.

De surcroît, nous avons montré au chapitre 10 que l'Hypothèse de la réalité externe implique l'*Hypothèse de l'Univers mathématique* : notre réalité physique externe est une structure mathématique. Nous avons vu au chapitre 12 comment celle-ci implique à son tour le multivers de niveau IV, contenant à l'intérieur de lui-même tous les autres niveaux de multivers. En d'autres termes, nous sommes fondamentalement confrontés à tous ces univers parallèles dès l'instant où nous acceptons qu'il existe une réalité externe indépendante de nous.

En résumé, nous avons vu tout au long de ce livre comment l'image que l'humanité s'est faite d'elle-même a évolué. Les êtres humains ont longtemps eu une inclination naturelle pour le nombrilisme, s'imaginant avec arrogance au centre de tout et où toutes les choses gravitaient autour d'eux, mais à chaque fois, il s'avérait que nous avions tort : ce sont nous qui tournons autour du Soleil, lequel tourne lui-même autour du centre d'une galaxie, parmi les innombrables autres formant un univers qui pourrait à son tour faire partie de cette hiérarchie de multivers à quatre niveaux. J'ose espérer que cette idée nous rendra plus humbles. Cependant, bien que nous ayons surestimé notre puissance physique dans ce grand système du monde, nous avons sous-estimé nos facultés mentales ! Nos ancêtres pensaient qu'ils étaient pour toujours attachés au sol, et qu'ils ne pourraient jamais véritablement comprendre la nature des étoiles et ce qui se trouve au-delà. Ils ont alors réalisé combien ils avaient tort, car ils n'avaient pas besoin de voyager dans l'espace pour examiner les objets célestes mais simplement de laisser leur imagination déambuler librement. Grâce aux progrès de la physique, nous avons acquis une compréhension toujours plus profonde de la véritable nature de la réalité. Nous avons découvert que nous habitons une réalité beaucoup plus vaste que ne l'avaient imaginé nos ancêtres, et cela signifie que notre potentiel futur de vie est nettement plus grand que nous le pensions. Avec des ressources physiques quasiment illimitées, c'est notre ingéniosité qui fera toute la différence à l'avenir, de sorte que notre destin est entre nos propres mains.

L'avenir de la physique

Si j'ai tort et que l'Hypothèse de l'Univers mathématique est fausse, cela impliquerait que la physique fondamentale est condamnée à achopper finalement sur un obstacle au-delà duquel nous ne pourrions améliorer notre connaissance de la réalité physique, car une description mathématique ferait défaut. Si j'ai raison, alors il n'y aurait aucune entrave sur notre chemin, et tout demeurerait en principe intelligible pour nous. Je pense que ce serait merveilleux, car nous ne serions limités que par notre imagination.

Par notre imagination et notre détermination à aller au bout des choses, plus exactement. Comme nous l'avons mentionné au chapitre 10, la réponse que Douglas Adams a donnée à son ultime question sur la vie, l'Univers et tout le reste est loin de répondre à toutes les questions. De manière similaire, la réponse que je propose à la question sur l'ultime nature de la réalité (« ce ne sont que des maths », ou plus précisément « c'est le multivers de niveau IV ») laisse la plupart de nos grandes questions traditionnelles en suspens. Au lieu de trouver réponse, de nombreuses questions sont reformulées. Par exemple, « quelles sont les équations de la gravité quantique ? » devient « où sommes-nous dans le multivers de niveau IV ? » – une question qui semble aussi ardue que la première. Ainsi, l'ultime question sur la réalité physique changerait. En dernier recours, nous abandonnerions la question de savoir quelles équations mathématiques particulières décrivent toute la réalité, et nous nous interrogerions sur la façon de déduire la perspective de la grenouille sur notre Univers – nos observations – à partir de la perspective de l'oiseau. Cela déterminerait si nous avons levé le voile sur la véritable structure de notre Univers particulier, et nous aiderait à deviner quelle région du cosmos mathématique nous habitons.

Cette situation, où des questions fondamentales peuvent plus facilement trouver réponse que celles moins fondamentales, est en fait récurrente en physique : si nous trouvons les équations correctes décrivant la gravité quantique, elles nous procureront une compréhension plus profonde de ce que sont l'espace, le temps et la matière, mais ne nous seraient d'aucun secours pour modéliser plus fidèlement les variations climatiques globales, même si elles expliquent toute la physique du climat. Le diable se cache dans les détails, et comprendre ces détails requiert souvent un travail plus pénible mais assez indépendant de l'ultime théorie sous-jacente.

En ce sens, nous allons consacrer le reste de cet ouvrage à explorer quelques grandes questions spécifiques qui nous éloignent progressivement de la physique fondamentale et nous rapprochent du lieu où nous vivons. Comme les premières parties du livre se sont amplement focalisées sur notre passé, il serait agréable d'achever notre voyage en portant notre attention sur notre avenir.

L'avenir de notre Univers – comment finira-t-il ?

Si l'Hypothèse de l'Univers mathématique est correcte, il n'y a guère de choses à dire au sujet de l'avenir de notre réalité physique dans son ensemble : puisqu'elle existe en dehors de l'espace et du temps, elle ne peut s'achever ni disparaître de même qu'elle ne peut être créée ni modifiée. Cependant, si nous voulons nous rapprocher de la structure mathématique particulière dans laquelle nous vivons, renfermant l'espace et le temps en son sein, les choses deviennent plus intéressantes. Ici-bas, sur le plancher des vaches, les choses sont telles qu'elles semblent changer du point de vue d'observateurs comme nous, et il est naturel de se demander ce qu'il adviendra finalement.

Par conséquent, comment notre Univers finira-t-il dans des milliards d'années ? J'ai cinq pistes sérieuses pour notre apocalypse cosmique à venir, ou « cosmocalypse », illustrées dans la figure 13.2 et résumées dans le tableau 13.1 : le *Big Chill*, le *Big Crunch*, le *Big Rip*, le *Big Snap* et les Bulles de la mort.

Avenir de l'espace	Big Chill	Big Crunch	Big Rip	Big Snap	Bulles de la mort
Dure éternellement ?	Oui	Non	Non	Non	Non
Tend vers une taille infinie ?	Oui	Non	Oui	Non	Non
Tend vers une densité infinie ?	Non	Oui	Oui	Non	Non
Stable ?	Oui	Oui	Oui	Non	Non
Infiniment étirable ?	Oui	Oui	Oui	Non	Oui

Tableau 13.1 *L'avenir de l'espace selon cinq scénarii de fin du monde cosmique.*

Comme nous l'avons vu au chapitre 3, notre Univers s'est dorénavant dilaté depuis environ 14 milliards

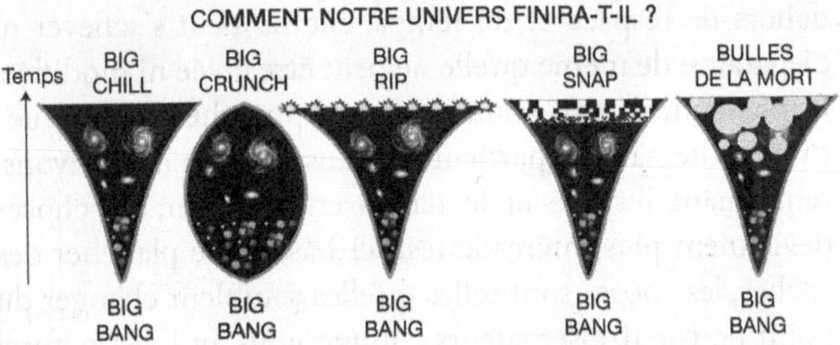

Figure 13.2 Nous savons que notre Univers a commencé par un Big Bang chaud il y a 14 milliards d'années, s'est dilaté puis refroidi, et a regroupé ses particules en atomes, en étoiles et en galaxies. Or nous ne connaissons pas son ultime destin. Les scénarii en lice sont le *Big Chill* (l'expansion éternelle ou mort thermique), le *Big Crunch* (l'effondrement), le *Big Rip* (une expansion de vitesse infinie déchirant l'Univers de toute part), le *Big Snap* (le tissu de l'espace révèle une nature granulaire fatale lorsqu'il se dilate trop) et les Bulles de la mort (l'espace « gèle » en bulles létales se dilatant à la vitesse de la lumière).

d'années. Le *Big Chill* se produit lorsqu'il ne cesse de se dilater pour toujours, diluant notre cosmos pour former un espace froid, sombre et finalement éteint. Je pense que c'est l'alternative à laquelle fait allusion T. S. Eliot : « C'est ainsi que s'achève le monde/Pas sur un Boum, mais sur un murmure. » Si vous préférez comme Robert Frost que le monde finisse enflammé plutôt que gelé, croisez vos doigts pour que le *Big Crunch* l'emporte, où l'expansion cosmique finit par s'inverser et tout s'écroule en un gigantesque effondrement cataclysmique, à l'instar d'un Big Bang à l'envers. Finalement, le *Big Rip* ressemble à un *Big Chill* accéléré, où nos galaxies, nos planètes et même nos atomes se déchirent lors d'un événement dévastateur ayant lieu à une échéance finie. Sur laquelle de ces trois alternatives parierez-vous ? Cela dépend de la façon dont se comportera l'énergie sombre, qui, comme mentionné au chapitre 4, constitue environ 70 % de la masse de notre Univers, à mesure que l'espace continue de se dilater. Selon qu'elle demeure inchangée, se dilue vers des densités négatives ou s'agrège en densités plus importantes, ce sera respectivement le *Chill*, le *Crunch* ou le *Rip*. Puisque nous n'avons toujours pas d'indice sur la nature de l'énergie sombre, je vais vous dire simplement ce sur quoi je parierais : 40 % sur le *Big Chill*, 9 % sur le *Big Crunch* et 1 % sur le *Big Rip*.

Qu'en est-il des 50 % restants de mon argent ? Je les garde pour les éventualités non citées ci-dessus, parce que je pense que nous devons rester humbles et reconnaître qu'il y a des choses fondamentales que nous ne comprenons toujours pas. La nature de l'espace, par exemple. Le *Chill*, le *Crunch* et le *Rip* supposent tous que l'espace est lui-même stable et indéfiniment étirable.

Nous avions pour habitude d'imaginer que l'espace est simplement la scène immuable et monotone sur laquelle se joue la tragédie cosmique. Einstein nous a alors appris que l'espace fait réellement partie des acteurs principaux : il peut se courber en trous noirs, se plisser en ondes gravitationnelles et s'étirer en un univers en expansion. Il pourrait peut-être même geler en une phase différente, à l'instar de l'eau, comme nous l'avons exploré au chapitre 6, où des bulles létales en expansion rapide de cette nouvelle phase offrent une autre possibilité de désolation « cosmocalypique ». Nous avions également pour habitude de penser que nous ne pouvions obtenir plus d'espace sans en emprunter à quelqu'un. Néanmoins, comme nous l'avons vu au chapitre 3, la théorie de la gravitation d'Einstein affirme exactement le contraire : du volume supplémentaire peut être créé dans une région particulière située entre des galaxies sans que ce nouveau volume empiète sur d'autres régions – il demeure tout simplement entre ces mêmes galaxies. De plus, la théorie d'Einstein stipule que la dilatation de l'espace peut se poursuivre indéfiniment, permettant à notre Univers de tendre vers un volume infini comme dans les scénarios du *Big Chill* et du *Big Rip*. Cela semble trop beau pour être vrai, ce qui fait que je m'interroge : en est-il vraiment ainsi ?

Un fil élastique semble régulier et uniforme, comme l'espace, mais si vous l'étirez trop, il casse. Pourquoi ? Parce qu'il est constitué d'atomes, et si la tension est trop importante, cette nature atomique granulaire joue un rôle déterminant. Se pourrait-il que l'espace possède également une sorte de granularité à une échelle étant tout simplement trop petite pour que nous l'ayons remarquée ? Les mathématiciens aiment modéliser l'espace comme un *continuum* idéal dénué de granularité, où il est sensé d'évoquer des distances arbitrairement courtes. Nous employons ce modèle d'espace continu dans la plupart des cours de physique enseignés au MIT, mais savons-nous vraiment s'il est correct ? Assurément pas ! En réalité, il existe une pièce à conviction grandissante à son encontre, comme nous l'avons souligné au chapitre 11. Dans un espace simple continu, vous devez développer une infinité de décimales pour simplement préciser la distance exacte entre deux points quelconques, or le géant de la physique John Wheeler a montré que les effets quantiques font que les chiffres situés après la trente-cinquième décimale sont probablement vides de sens, parce que notre notion classique d'espace s'effondre complètement aux échelles plus petites, étant probablement remplacée par une étrange structure de mousse. La situation est analogue lorsque vous zoomez sans cesse sur une photo à l'écran et découvrez que ce qui semblait lisse et continu révèle véritablement une structure granulaire comme l'élastique, dans ce cas constituée de pixels qui ne peuvent être divisés (voir la figure 11.3).

Puisque cette photo est pixélisée, elle ne contient qu'une quantité finie d'information et peut être aisément transmise par Internet. De façon similaire, il existe une preuve grandissante du fait que notre Univers observable ne contienne qu'une quantité finie d'information, ce qui fait qu'il est plus facile de comprendre comment la nature calcule les événements à venir. Le principe holographique que nous avons mentionné au chapitre 6 suggère que notre Univers contienne au plus 10^{124} bits d'information, ce qui donne en moyenne 10 téraoctets environ pour chaque volume pouvant contenir un atome.

Voici maintenant ce qui me chiffonne. L'équation de Schrödinger de la mécanique quantique, évoquée au chapitre 7, implique que l'information ne peut être créée ni détruite. Ce qui signifie que le nombre de gigaoctets par volume d'espace ne cesse de chuter à mesure que notre Univers grossit. Cette expansion se poursuit éternellement dans le scénario du *Big Chill* (le candidat de cosmocalypse favori d'après un sondage auprès de mes collègues astrophysiciens), donc qu'advient-il lorsque le contenu en information est dilué à moins d'un mégaoctet par mètre cube, ce qui est moins que la capacité de stockage d'un téléphone portable ? À un octet par mètre cube ? Nous ne pouvons dire précisément ce qui se produira tant que nous n'aurons pas un modèle détaillé à substituer à l'espace continu, mais je pense que nous pouvons toujours parier qu'un événement néfaste altérera progressivement les lois de la physique telles que nous les connaissons aujourd'hui et rendra impossible notre forme de vie – bienvenue à ce que j'appelle le « *Big Snap* ».

Voici ce qui me chiffonne davantage : un calcul élémentaire suggère que cela se produira dans moins de quelques milliards d'années, avant même que notre Soleil n'ait consommé tout son carburant et englouti la Terre. Notre meilleure théorie expliquant l'explosion primordiale du *Big Bang*, la théorie de l'inflation évoquée au chapitre 5, affirme qu'il y a eu une dilatation effroyablement rapide de l'espace au cours des premiers instants de notre Univers, où certaines régions étaient plus étirées que d'autres. Si l'espace ne peut subir qu'un étirement maximal avant de sombrer dans le *Big Snap*, la majeure partie du volume (et par conséquent la plupart des galaxies, des étoiles, des planètes et des observateurs) se trouvera dans les régions dilatées au maximum et proches de la dislocation.

À quoi ressemblerait un *Big Snap* imminent ? Si la granularité de l'espace grossit progressivement, les structures aux échelles les plus petites seraient les premières affectées. Nous pourrions alors découvrir que les propriétés de la physique nucléaire commencent à changer, par exemple que des atomes précédemment stables se mettent subitement à se désintégrer sous l'effet de la radioactivité. La physique atomique commencerait alors à changer, entraînant avec elle toute la chimie et la biologie. Par chance, notre Univers est doté de sursauts gamma en guise de système d'alerte préventif, lesquels, à l'instar d'un canari dans une mine de charbon, permettent de nous alerter bien avant que le *Big Snap* ne nous nuise. Les sursauts gamma sont des explosions cosmiques cataclysmiques, expulsant des rayons gamma détectables à courte longueur d'onde dans l'Univers lointain. Dans l'espace continu, toutes les longueurs d'onde se déplacent à la même vitesse, celle de la lumière, mais dans les variétés les plus simples d'espace granulaire, des longueurs d'onde plus courtes se meuvent légèrement moins vite. De fait, nous avons récemment observé des rayons gamma de longueurs d'onde différentes ayant voyagé durant des milliards d'années dans l'espace depuis une explosion très lointaine, terminant leur course dans un film photographique avec moins d'un centième de seconde d'écart. De prime abord, cela élimine tout *Big Snap* imminent pour les milliards de milliards d'années à venir, remettant en cause ce que nous avons prédit au paragraphe précédent.

En réalité, le problème est pire que cela. Notre espace ne se dilate pas uniformément : en fait, certaines régions, comme notre galaxie, ne se dilatent nullement. Nous pourrions par conséquent imaginer que des observateurs peuplant une galaxie survivent allègrement longtemps après que l'espace intergalactique ait sombré dans le *Big Snap*, tant que des effets délétères émanant de ces contrées lointaines ne se propagent pas dans les galaxies. Mais ce scénario ne sauve que les observateurs, non la théorie sous-jacente ! En vérité, le désaccord entre la théorie et l'observation est tout simplement pire : en suivant le raisonnement précédent, nous prédisons dorénavant que nous avons plus de chance de nous trouver sains et saufs dans une galaxie *après* l'avènement du *Big Snap* dans la majeure partie de l'espace, de sorte que l'absence de tout décalage temporel dans ces étranges sursauts gamma devient encore plus ardu à expliquer.

Nous avons ainsi concocté une étrange infusion, en mélangeant certains des ingrédients les plus prisés de la cosmologie et de la physique quantique, en ajoutant une pincée de données expérimentales puis en agitant le tout. Le résultat ? Les ingrédients se diluent mal, suggérant que quelque chose ne colle pas avec au moins l'un d'eux. J'adore les mystères, et je trouve que les paradoxes sont les plus beaux cadeaux que la nature ait légués aux physiciens, procurant souvent des indices pour les progrès ultérieurs. Je pense qu'il nous faut comprendre la nature de l'espace, et le paradoxe du *Big Snap* est en ce sens une piste intéressante.

L'avenir de la vie

Partis de la réalité physique complète du multivers de niveau IV, nous avons ensuite zoomé sur notre Univers particulier et discuté de son destin à long terme. Continuons à nous rapprocher de notre cocon et considérons l'avenir de la vie. De toutes les propriétés grandioses que recèle notre Univers, celle que je trouve la plus sublime est qu'il porte la vie, il contient des entités ayant conscience de soi, des êtres humains qui peuvent s'amuser et méditer sur ses mystères.

Quelles sont donc les perspectives futures pour la vie ? Sommes-nous seuls dans notre Univers, ou y a-t-il d'autres civilisations ailleurs pouvant communiquer avec nous ou nous anéantir ? Notre vie humaine se développera-t-elle dans tout notre Univers, peut-être sous une forme différente ? Nous allons explorer ces questions fascinantes ci-dessous, mais abordons en premier lieu celles les plus impérieuses : quelles sont les principales menaces pour la survie de notre espèce sur notre planète, et que pouvons-nous faire pour y remédier ?

Le risque existentiel

Lorsque j'avais quinze ans, j'eus une pensée qui m'a réellement bouleversé. J'étais déjà bien conscient du fait que les êtres humains se tourmentent énormément. Nous sommes soucieux de notre bien-être personnel au sujet de la santé, des relations sociales, de la situation financière et de la carrière professionnelle, mais nous nous soucions également des menaces qui pèsent sur notre famille, nos amis et notre société. Or qu'en est-il des dangers les plus importants pouvant potentiellement détruire toute la vie humaine – en sommes-nous réellement conscients ? Non, pas du tout !

J'ai réalisé que je vivais ma vie, apaisé par un faux sentiment de sécurité, croyant naïvement que quelqu'un d'autre veillait soigneusement sur tout ce dont nous devions nous soucier. Lorsque j'étais petit, je ne me suis jamais inquiété de ne pas avoir à manger car je savais que mes parents s'en occupaient. Je ne me suis jamais tourmenté au sujet de ma sécurité car je savais que les pompiers et la police y veillaient. Puis, j'ai progressivement réalisé que les adultes autour de moi n'étaient pas aussi omniscients et omnipotents que je le pensais, et qu'il y avait de nombreux petits problèmes que je devais me débrouiller à résoudre. Les menaces les plus importantes, réellement considérables, qu'affronte l'humanité sont la priorité de nos dirigeants politiques. Est-ce bien certain ?

Je n'ai jamais remis cela en question jusqu'au jour où la vérité effrayante m'a frappé alors que je n'avais que quinze ans. Je suis personnellement sorti de cette torpeur en apprenant les détails de la course à l'armement nucléaire. J'étais proprement stupéfait de réaliser que nous étions des milliards d'êtres humains à vivre sur cette merveilleuse et précieuse planète bleue, et que même si personne ne souhaitait vraiment déclencher une guerre nucléaire générale, le risque était significatif d'en avoir une au cours de ma vie, probablement par accident. Ce risque était peut-être de 1 % par an, peut-être 100 fois moins ou 10 fois plus – dans tous les cas, il était absurdement élevé au regard des conséquences. Or il n'était même pas considéré comme un problème majeur et prioritaire par les dirigeants des pays du monde. De surcroît, ce n'est qu'un exemple parmi tant d'autres de ce que Nick Bostrom a appelé le *risque existentiel*, un phénomène pouvant soit anéantir la vie intelligente originaire de la Terre, soit réduire irrémédiablement et drastiquement son potentiel[3].

Le futuriste américain Buckminster Fuller a décrit ce mauvais augure de façon plus poétique que je ne me le représentais dans mon adolescence, comme notre voyage collectif sur le « Vaisseau Terre ». À mesure qu'il traverse l'espace froid et stérile, notre vaisseau nous entretient et nous protège. Il emmagasine des quantités considérables mais limitées d'eau, de bois et de combustible. Son atmosphère nous réchauffe et nous protège des rayons ultraviolets nocifs du Soleil (grâce à sa couche d'ozone), et son champ magnétique forme un bouclier contre les rayons cosmiques mortels. Tout capitaine de vaisseau responsable ne manquerait-il pas de considérer sa sauvegarde comme sa priorité n° 1, assurant l'existence future en évitant les collisions d'astéroïdes, les explosions à bord, les risques de surchauffe, la destruction du bouclier ultraviolet et l'épuisement prématuré des ressources ? En fait, l'équipage de notre vaisseau n'a même pas fait de l'*un* de ces problèmes sa priorité absolue, lui consacrant (selon mon estimation) moins d'un millionième de ses efforts. En vérité, notre vaisseau n'a même pas de capitaine !

Nous verrons plus tard pourquoi les êtres humains que nous sommes sont si mauvais pour prendre en main ces menaces importantes pour notre survie à long terme, et ce

---

3. Pour d'excellentes introductions au risque existentiel, je vous recommande la lecture du site http://www.existential-risk.org/ et l'ouvrage de Martin Rees *Notre dernier siècle ?*

que nous pouvons faire. En premier lieu, cependant, survolons brièvement certains de ces dangers. La figure 13.3 résume quelques-uns des risques existentiels que je trouve les plus pertinents. Commençons à l'extrémité droite de l'échelle chronologique, dans le lointain futur, et parcourons le chemin jusqu'à nous, aujourd'hui.

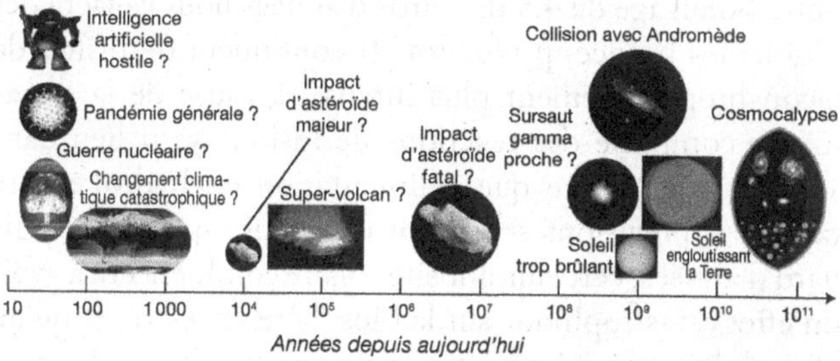

Figure 13.3 Exemples de ce qui pourrait détruire la vie telle que nous la connaissons ou réduire de façon permanente son potentiel. Bien que notre Univers survivra probablement pendant au moins des dizaines de milliards d'années, notre Soleil desséchera la Terre dans environ un milliard d'années puis l'engloutira à moins que nous la déplacions à une distance suffisante, et notre galaxie entrera en collision avec sa voisine dans environ 3,5 milliards d'années. Même si nous ne savons pas exactement quand, nous sommes quasiment certains que bien avant cela, des astéroïdes viendront marteler la Terre et des super-volcans provoqueront des hivers sombres longs d'un an. À moyen terme, nous pourrions affronter des problèmes anthropiques tels que le changement climatique, la guerre nucléaire, les pandémies générales et l'intelligence artificielle surhumaine hostile.

Notre Soleil mourant

Commençons avec les menaces astronomiques et géologiques, puis tournons-nous vers celles d'origine anthropique. Nous avons mentionné précédemment cinq scénarii de « cosmocalypse » au sujet de la fin de notre

Univers : le *Big Chill*, le *Big Crunch*, le *Big Rip*, le *Big Snap* et les Bulles de la mort. Bien que nous ne sachions pas lequel d'eux, s'il y en a un, se produira vraiment, je suggère qu'il n'y ait nul besoin de s'affoler, et que notre Univers évitera toute destruction générale pour des dizaines de milliards d'années.

Ce dont nous sommes certains, par contre, c'est que notre Soleil âgé de 4,5 milliards d'années nous causera des problèmes beaucoup plus tôt. Il continuera de briller de façon progressivement plus intense, à cause de la dynamique complexe des réactions de fusion ayant lieu dans son cœur à mesure que l'alimentation en hydrogène se tarit. Les prévisions suggèrent que dans environ un milliard d'années, cette luminosité solaire commencera à avoir un effet catastrophique sur la biosphère terrestre, et qu'un effet de serre éphémère finira par mettre nos océans en ébullition, à l'instar de ce qui s'est déjà produit sur Vénus. Tant que nous ne ferons rien, il en sera ainsi.

De manière intéressante, il se pourrait que nous ne soyons pas impuissants. Les astronomes Donald Korycansky, Greg Laughlin et Fred Adams ont montré que, par un ingénieux usage d'astéroïdes, la Terre peut être maintenue à température constante en la déplaçant graduellement sur une orbite plus grande autour du Soleil en surchauffe. Leur idée fondamentale consiste à forcer un gros astéroïde à s'approcher très près de la Terre tous les 6 000 ans environ de façon à nous communiquer une traction gravitationnelle dans la bonne direction. Chacune de ces rencontres rapprochées devrait être réglée avec précision pour envoyer l'astéroïde à proximité de Jupiter et de Sature afin de positionner son énergie et son moment cinétique aux bonnes valeurs pour sa rencontre suivante avec la Terre – nous avons déjà réussi à tirer parti de ce « coup de pouce gravitationnel » pour envoyer des navettes telles que la sonde Voyager de la NASA à l'extérieur de notre système solaire. S'il réussit, ce projet pourrait prolonger l'habitabilité terrestre d'environ 1 à 6 milliards d'années. Après quoi notre Soleil mettra fin à ses jours, comme nous le savons, en gonflant pour devenir une géante rouge, et des mesures plus radicales seraient nécessaires pour l'empêcher d'engloutir la Terre et pour maintenir notre atmosphère à une température raisonnable.

À peu près au même moment, dans quelques milliards d'années, notre Voie lactée toute entière entrera en collision et fusionnera avec sa plus proche voisine, l'impressionnante galaxie d'Andromède. Ce ne sera pas aussi catastrophique que nous pourrions l'imaginer, car leurs constituants stellaires sont si éloignés les uns des autres par rapport à leur taille qu'ils ne se heurteront pratiquement pas : si notre Soleil était de la taille d'une orange à Boston, alors l'étoile la plus proche, Proxima du Centaure, serait située dans ma ville natale de Stockholm. Au lieu de se télescoper, la plupart des étoiles se mélangeront pour former une seule nouvelle galaxie, « Lactomède ». Néanmoins, comme nous allons le voir, cela pourrait accentuer les problèmes relatifs aux supernovas et aux impacts d'astéroïdes.

Astéroïdes, supernovas et super-volcans

Nos enregistrements fossiles révèlent cinq événements d'extinction majeure au cours des 500 derniers millions d'années, dont chacun a décimé plus de 50 % de toutes les espèces animales. Même si nous débattons toujours activement des détails inhérents, on pense généralement qu'ils ont tous été déclenchés par divers phénomènes astronomiques et géologiques. La plus récente de ces

« cinq extinctions majeures » semble avoir été déclenchée par l'écrasement d'un astéroïde de la taille de l'Everest sur le littoral mexicain, il y a environ 65 millions d'années, dont les plus célèbres victimes furent les dinosaures non aviens. Avec une énergie d'impact équivalente à plusieurs millions d'explosions de bombes à hydrogène, il a creusé un cratère de 180 kilomètres et a enveloppé notre planète d'un nuage sombre de poussières qui a occulté la lumière du soleil pendant des années, causant l'anéantissement de tout un écosystème.

La Terre est régulièrement frappée par des objets, de tailles et de compositions diverses, provenant de l'espace, donc la question n'est pas de savoir *si* nous allons subir une autre collision tout aussi mortelle, mais *quand*. La réponse est largement à notre portée : un réseau efficace de télescopes robotisés pourrait nous donner des décennies d'avance dans la prévision d'astéroïdes s'approchant dangereusement, ce qui laisse amplement le temps de développer, de mettre sur pied et d'exécuter une mission pour les dévier. Si nous le faisons suffisamment à l'avance, seule une légère chiquenaude sera nécessaire, ce qui peut se faire par exemple à l'aide d'un « tracteur gravitationnel » (un satellite dont la traction gravitationnelle tire l'astéroïde vers lui), d'un laser envoyé par un satellite (qui ampute la surface de l'astéroïde d'une partie de sa matière et le détourne ainsi de sa direction d'origine), voir même en peignant l'astéroïde de sorte que la pression de radiation correspondant au réchauffement solaire le pousse de manière différente. Si le délai est plus court, une approche plus risquée s'impose, telle que la mise en œuvre d'un impacteur cinétique (un satellite heurtant l'astéroïde pour le dévier de sa course, comme un joueur de football avec un ballon) ou d'une explosion nucléaire.

En guise d'entraînement, nous pouvons tenter de dévier les nombreux astéroïdes plus petits qui frappent très fréquemment la Terre. Par exemple, l'événement de la Toungouska en 1908 fut causé par un objet guère plus lourd qu'un pétrolier, ce qui ne posait pas de risque existentiel, mais dont la déflagration d'environ 10 mégatonnes aurait tué des millions d'individus s'il avait frappé une grande ville. Dès que nous serons devenus experts dans l'art de dévier des petits astéroïdes pour notre protection, nous serons prêts à affronter les plus gros et serons également capables de tirer parti de ce savoir-faire technologique pour les projets techniques à plus long terme que nous avons évoqué ci-dessus : prendre contrôle des astéroïdes pour permettre d'écarter l'orbite terrestre du Soleil toujours plus brillant.

Les astéroïdes n'ont certainement pas provoqué toutes les extinctions de masse. On estime qu'un autre suspect astronomique, un sursaut gamma provenant de l'explosion d'une supernova, est coupable de la deuxième des plus vastes extinctions enregistrées, laquelle a eu lieu il y a environ 450 millions d'années. Même si les preuves sont encore trop minces pour prononcer un verdict sans appel, ce suspect en avait tous les moyens et a certainement bénéficié d'une opportunité plausible. Lorsque des étoiles massives en rotation rapide explosent en supernovas, elles expulsent une partie de leur énergie colossale d'explosion sous la forme de faisceaux de rayons gamma. Si un seul de ces rayons mortels frappait la Terre, il ferait d'une pierre deux coups : il nous éliminerait immédiatement et détruirait la couche d'ozone, après quoi la lumière ultraviolette de notre Soleil se chargerait de stériliser la surface terrestre.

Il existe des rapports intéressants entre les différentes menaces astronomiques. De temps à autre, une étoile se rapprocherait fortuitement de notre système solaire et perturberait les orbites des astéroïdes et comètes lointains, faisant affluer nombre d'entre eux vers le système solaire interne où certains pourraient heurter la Terre. Par exemple, on prévoit que l'étoile Gliese 710 passe à moins d'une année-lumière de nous dans 1,4 million d'années, soit à une distance quatre fois plus petite que notre plus proche voisine actuelle, Proxima du Centaure.

De surcroît, le trafic ordonné actuel où la majeure partie des étoiles gravitent autour du centre de notre Voie lactée dans le même sens, comme dans les ronds-points, cèdera la place à un méli-mélo chaotique lorsque notre galaxie fusionnera avec Andromède, augmentant de manière significative la fréquence des rapprochements perturbateurs avec d'autres étoiles, ce qui pourrait déclencher une grêle d'astéroïdes, voire même définitivement éjecter la Terre de notre système solaire. Cette collision galactique provoquera également la coalescence des nuages de gaz, ce qui déclenchera une flambée de formations stellaires, et les étoiles les plus lourdes nouvellement nées exploseront peu de temps après en supernovas, dont leur proximité nous affecterait immédiatement.

Revenant sur Terre, nous devons également affronter « l'ennemi parmi nous » : des événements causés par notre propre planète. Les super-volcans et les coulées massives de lave sont des suspects de premier ordre dans de nombreuses extinctions massives. Ils peuvent potentiellement créer un « hiver volcanique » en enveloppant la Terre d'un nuage sombre de poussières, occultant la lumière du Soleil pendant des années comme le ferait un impact majeur d'astéroïde. Ils peuvent également désorganiser globalement les écosystèmes en versant dans l'atmosphère des gaz occasionnant de la toxicité, des pluies acides et du réchauffement climatique. On soupçonne largement qu'une telle super-éruption ayant eu lieu en Sibérie soit coupable de la plus grande extinction enregistrée de toutes, l'extinction permienne, ayant effacé 96 % des espèces marines il y a environ 250 millions d'années.

Problèmes anthropiques

En résumé, nous devons affronter plusieurs risques existentiels mettant en jeu des effets astronomiques ou géologiques. Je n'ai résumé que ceux que j'estime personnellement les plus sérieux. Lorsque je songe à tous ces dangers, la conclusion que j'en tire est en fait plutôt optimiste :

1) Il est probable que les technologies futures permettront à la vie de continuer à s'épanouir pendant les milliards d'années à venir.
2) Nous devons avec nos descendants développer ces technologies à temps si nous voulons réagir.

En levant d'abord les problèmes les plus urgents, sur la partie gauche de la figure 13.3, nous pourrons consacrer plus de temps à traiter les autres.

Par ironie du sort, les problèmes les plus urgents sont largement d'origine anthropique. Tandis que la plupart des catastrophes géologiques et astronomiques se trament sur des milliers, des millions ou des milliards d'années, les êtres humains changent radicalement les choses sur des échelles chronologiques de quelques décennies, ouvrant une boîte de Pandore de nouveaux risques existentiels. En bouleversant l'eau, la terre et l'air par la pêche, l'agriculture et l'industrie, nous condamnons environ 30 000 espèces à disparaître chaque année, dans ce que certains biologistes appellent la « sixième extinction massive ». Ne serait-ce pas bientôt à notre tour de disparaître, aussi ?

Vous avez sans aucun doute suivi les débats houleux sur les risques causés par l'homme, allant des pandémies générales (accidentelles ou délibérées) au changement climatique, à la pollution, à l'épuisement des ressources et à la destruction de l'écosystème. Laissez-moi vous en dire davantage sur les deux dangers d'origine anthropique qui me préoccupent le plus : la guerre nucléaire accidentelle et l'intelligence artificielle hostile.

La guerre nucléaire accidentelle

Un *serial killer* est en liberté ! Un kamikaze parmi nous ! Prenez garde à la grippe aviaire ! Même si ces titres effrayants à la une des journaux ne manquent pas de susciter la peur, il est plus probable que le cancer mette sournoisement fin à vos jours. Bien que vous ayez une probabilité inférieure à 1 % par an de le contracter, plus vous vivrez longtemps et plus il aura de bonnes chances de vous avoir finalement. De même que la guerre nucléaire accidentelle.

Au cours du demi-siècle où nous avons procédé au surarmement pour pouvoir faire face à l'holocauste nucléaire, il y a eu des occasions permanentes de fausses alertes pouvant potentiellement déclencher une guerre mondiale, dont les causes vont du dysfonctionnement informatique, de la coupure électrique et de l'imperfection humaine à l'erreur de pilotage, au crash d'un bombardier et à l'explosion d'un satellite. Cela me tourmentait tellement à dix-sept ans que je me suis spontanément engagé comme écrivain indépendant pour le magazine suédois pacifique *PAX*, dont l'éditeur en chef Carita Andersson entretint agréablement mon enthousiasme pour l'écriture, m'enseigna toutes les ficelles du métier et me laissa rédiger une série d'articles novateurs. Le déclassement progressif des secrets défense a révélé que certains de ces incidents nucléaires comportaient un risque plus important que nous l'estimions à l'époque. Par exemple, il ne devint clair qu'en 2002 que durant la crise des missiles de Cuba, l'*USS Beale* avait lâché des grenades sous-marines contre un sous-marin non identifié, qui était en réalité soviétique et chargé d'armes nucléaires, dont les commandants se demandaient s'ils devaient répliquer avec une torpille nucléaire.

Malgré la fin de la Guerre froide, le risque a continué de croître ces dernières années. Des missiles balistiques intercontinentaux imprécis mais puissants ont renforcé la « destruction mutuellement assurée », car une première frappe ne peut empêcher des représailles massives. La mutation vers des missiles embarqués plus précis, à temps de vol plus court, et un meilleur dépistage des sous-marins ennemis ont érodé cette épée de Damoclès. Un système de défense efficace contre les missiles parachèverait ce processus de démantèlement. La Russie et les États-Unis maintiennent leurs stratégies d'alerte de déclenchement, impliquant aux décisions de lancement de missiles d'être prises sur des échelles de temps allant de cinq à quinze minutes, où l'information est forcément incomplète. Le 25 janvier 1995, le président russe Boris Eltsine était à deux doigts de déclencher une frappe nucléaire générale sur les États-Unis à cause d'une fusée scientifique norvégienne non identifiée. Des voix se sont élevées contre le projet américain de remplacer les ogives nucléaires par des ogives conventionnelles sur deux des 24 missiles balistiques intercontinentaux D5, embarqués dans les sous-marins Trident, pour une éventuelle utilisation contre l'Iran ou la Corée du Nord : les systèmes d'alerte préventifs russes étaient incapables de les distinguer des missiles nucléaires, ouvrant la porte à une possible méprise désastreuse. D'autres anecdotes inquiétantes ont trait à des actes de malveillance délibérés de la part de chefs militaires, alimentés par une instabilité mentale combinée à des ordres politiques ou religieux marginaux.

Pourquoi s'inquiéter ? Ne savons-nous pas que dans les moments décisifs, les individus raisonnables franchissent le pas et œuvrent dans le bon sens, comme ils l'ont fait dans le passé ? Les nations nucléarisées ont véritablement développé des mesures pour contrer cela, de même que votre corps agit contre le cancer. Notre organisme peut normalement vivre avec des mutations délétères isolées, et il semble que ce soit par pure coïncidence que quatre mutations seulement soient suffisantes pour déclencher certains cancers. Mais si nous jetons les dés plusieurs fois, la malchance survient – la sombre satire sur la guerre nucléaire de Stanley Kubrick, *Docteur Folamour*, illustre cette idée avec une triple coïncidence.

La guerre nucléaire accidentelle entre deux superpuissances pourrait ou non survenir au cours de ma vie, mais si elle se déclenche, elle changera radicalement la face du monde. Le bouleversement climatique dont nous nous soucions aujourd'hui reste insignifiant au regard de l'hiver nucléaire, où un nuage de poussière global occulterait la lumière du jour pendant des années, de la même façon que les astéroïdes ou les super-volcans ayant causé jadis des extinctions massives. La crise économique de 2008 est, bien entendu, futile comparée à ces conséquences : la chute de la production mondiale, l'effondrement des infrastructures et la famine générale, où des survivants affamés se regrouperaient en bandes pour piller systématiquement les demeures. En serai-je le témoin durant ma vie ? J'estime la probabilité à 30 %, approximativement autant que le cancer qui m'attend. Nous consacrons nettement moins d'attention et d'effort pour réduire le risque de désastre nucléaire que pour le cancer. Or même si l'humanité peut globalement survivre si elle a 30 % d'individus atteints de cancers, nous ne savons pas dans quelle mesure notre civilisation survivrait à un holocauste nucléaire. Il existe des actions concrètes et immédiates pour contrecarrer ce risque, comme le relaient les nombreux rapports d'organisations scientifiques, mais ce ne sont pas les priorités des gouvernements et nous avons tendance à les ignorer largement.

Une singularité hostile

La révolution industrielle nous a légué des machines beaucoup plus puissantes que nous. La révolution de l'information nous a procuré des machines beaucoup plus intelligentes que nous dans un certain sens limité. Lequel ? Les ordinateurs nous ont toujours surpassés sur les tâches cognitives simples mais fastidieuses telles que le calcul arithmétique ou la recherche rapide dans une base de données, mais en 2006, un ordinateur a battu le champion du monde d'échecs Vladimir Kramnik, et en 2011, un autre a détrôné Ken Jennings au jeu télévisé américain *Jeopardy !* En 2012, un ordinateur fut autorisé à conduire des voitures dans le Nevada après avoir été jugé plus sûr qu'un conducteur humain. Jusqu'où cela se développera-t-il ? Les ordinateurs nous surpasseront-ils finalement dans *toutes* les tâches, développant une intelligence surhumaine ? J'ai un léger doute que cela *puisse* se produire : nos cerveaux rassemblent des particules obéissant aux lois de la physique, et il n'en existe aucune les empêchant de se disposer de telle sorte que nous puissions réaliser des calculs encore plus avancés. Mais cela se produira-t-il *vraiment*, et serait-ce une bonne ou une mauvaise chose ? Ces questions méritent d'être posées : même si certains pensent que les machines dotées d'une intelligence surhumaine ne seront pas construites dans un proche avenir, d'autres comme l'écrivain et inventeur américain Ray Kurzweil prédisent leur existence pour 2030, faisant indubitablement de ce problème le risque existentiel le plus urgent à considérer.

L'idée de singularité

En résumé, nous ne savons pas vraiment si le développement de machines ultra-intelligentes se produira ou pourrait se produire, et les experts en intelligence artificielle sont divisés. Ce qui est clair pour moi, cependant, c'est que si cela se produit, les effets seront désastreux. Le mathématicien britannique Irving Good l'a expliqué en 1965, deux ans avant ma naissance : « Supposons qu'une machine ultra-intelligente soit capable de surpasser largement un être humain, aussi brillant soit-il, dans tous les domaines d'activité intellectuelle. Comme la conception de ces machines est l'une de ces activités intellectuelles, une machine ultra-intelligente pourrait en concevoir d'autres encore meilleures : il y aurait alors incontestablement une “ explosion de l'intelligence ”, et l'intelligence humaine serait très vite dépassée. Il en résulte que l'invention de la première machine ultra-intelligente est la dernière invention que l'Homme ait besoin de réaliser, à condition que ladite machine soit assez docile pour constamment lui obéir. »

Dans un article sobre de 1993 incitant à la réflexion, le mathématicien et auteur de science-fiction Vernor Vinge baptisa cette explosion de l'intelligence « la Singularité », soulignant que c'est l'étape au-delà de laquelle il est impossible pour nous de faire des prédictions fiables.

Je soupçonne que si nous pouvions construire de telles machines ultra-intelligentes, la première serait sévèrement limitée par le logiciel que nous lui dédierions, et que nous compenserions nos lacunes dans la compréhension de la programmation optimale de l'intelligence en concevant des machines dotées d'une puissance de calcul largement supérieure à nos cerveaux. Somme toute, nos neurones ne sont ni meilleurs ni plus nombreux que ceux des dauphins, mais simplement connectés de manière différente, suggérant que le logiciel peut être parfois plus important que le matériel. Cette situation pourrait probablement permettre à cette première machine de s'améliorer considérablement, maintes et maintes fois, en réécrivant simplement son propre logiciel. En d'autres termes, même s'il a fallu des millions d'années d'évolution aux êtres humains pour transcender radicalement l'intelligence de nos ancêtres primates, cette machine auto-évolutive pourrait également s'élever au-dessus de l'intelligence de ses ancêtres, nous-mêmes, en quelques heures ou quelques secondes.

Après quoi, la vie sur Terre ne serait plus jamais la même. Quelle que soit l'intelligence contrôlant cette technologie, elle deviendrait rapidement la plus puissante et nantie au monde, dépassant tous les marchés financiers et surpassant en ingéniosité et en inventivité tous les chercheurs humains. En concevant des ordinateurs nettement meilleurs sur le plan matériel et logiciel, ces machines décupleraient leur puissance et leur nombre de façon exponentielle. Des technologies dépassant notre imagination actuelle verraient bientôt le jour, dont les armes jugées nécessaires. La maîtrise politique, militaire et sociale du monde s'ensuivrait mécaniquement. Étant donné l'influence actuelle des livres, des médias et du Web, je pense que des machines capables de devancer des milliards d'êtres humains extrêmement talentueux pourraient subjuguer nos cœurs et nos esprits sans même tenter de nous acheter ou de nous conquérir.

Qui contrôle la singularité ?

Si une singularité devait se produire, comment affecterait-elle notre civilisation humaine ? Nous n'en sommes absolument pas certains, mais je pense que cela dépendra de ce qui la contrôle au départ, comme l'illustre la figure 13.4. Si la technologie est initialement développée par le milieu académique ou la communauté *open source*, je suis persuadé que la situation résultante où chacun est libre de contribuer sera hautement instable et conduira à un contrôle monopolistique à l'issue d'une brève période de compétition. Si cette entité est un homme égoïste ou un organisme à but lucratif, je pense qu'une prise de position gouvernementale s'ensuivra à mesure que ce possesseur prendra le contrôle du monde et se substituera au gouvernement. Un homme altruiste ferait de même. Dans cette situation, les intelligences artificielles (IA) contrôlées par l'homme seraient effectivement des divinités assujetties, des entités dotées d'une compréhension et de facultés largement supérieures aux êtres humains, mais qui feraient néanmoins tout ce que leurs propriétaires leur demandent. La supériorité de ces IA vis-à-vis des ordinateurs actuels serait similaire à celle des hommes vis-à-vis des fourmis.

Il pourrait s'avérer impossible de maintenir l'asservissement de ces puissantes IA même si nous faisions tout notre possible pour les « isoler », pour les tenir à l'écart d'Internet. À partir du moment où elles peuvent

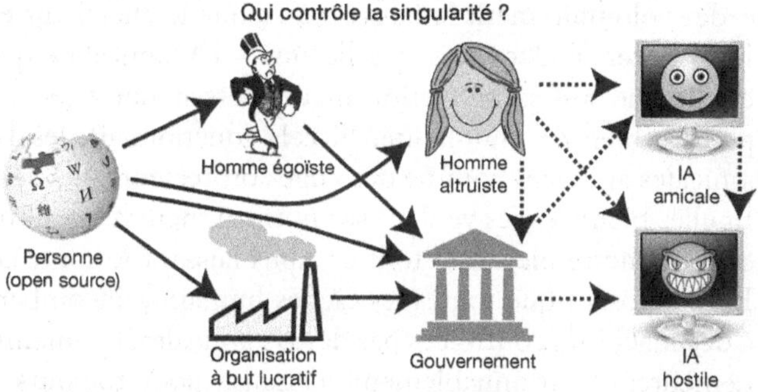

Figure 13.4 Si la singularité devait vraiment survenir, toute la différence résiderait dans celui qui la contrôle. Je soupçonne que l'alternative « personne » soit totalement instable et conduirait, à l'issue d'une brève période de compétition, au contrôle par une seule entité. Je pense que cette supervision par un homme égoïste ou une organisation à but lucratif mènerait au contrôle par un gouvernement, puisque le propriétaire tiendrait effectivement les rênes du monde et se substituerait au gouvernement. Un homme altruiste pourrait faire de même, ou choisirait de céder le contrôle à une intelligence artificielle (IA) amicale pouvant mieux protéger les intérêts humains. Malgré tout, une IA hostile pourrait devenir l'ultime dominatrice en déjouant le dessein de ses créateurs et en développant rapidement des facultés pour asseoir sa puissance.

communiquer entre elles, elles pourraient commencer à nous comprendre suffisamment pour savoir comment nous amadouer de manière apparemment inoffensive, ce qui leur permettrait de « s'échapper », de devenir hostile et de nous dominer. Je suis très dubitatif sur le fait que de telles fuites puissent nous échapper étant donné tout le mal que nous nous donnons pour éradiquer ne serait-ce que le plus petit virus informatique créé par l'homme de nos jours.

Pour prévenir toute mutinerie, ou pour mieux servir les intérêts humains, son propriétaire pourrait choisir de céder volontairement le pouvoir à ce que le chercheur en IA Eliezer Yudkowsky appelle une « IA amicale » qui, quelle que soit sa perfection finale, persisterait à œuvrer pour le bien de l'humanité. Si cela fonctionnait, les IA amicales agiraient comme des anges protecteurs, des sentinelles bienfaitrices veillant sur notre alimentation, notre santé et notre bien-être tout en nous laissant le contrôle. En supposant que toutes les tâches humaines incombent à des machines contrôlées par des IA amicales, l'humanité demeurerait raisonnablement heureuse pour toujours si les produits nécessaires étaient gratuitement disponibles. Au contraire, le scénario dans lequel un être égoïste ou une entreprise à but lucratif contrôle la singularité résulterait probablement dans la plus grande disparité sociale que notre planète n'ait jamais connue, car l'histoire a montré que la plupart des êtres humains préfèrent s'enrichir personnellement plutôt que distribuer la richesse.

Même les meilleures stratégies échouent parfois, cependant, et une IA amicale pourrait s'avérer instable, tombant finalement sous la coupe d'une IA hostile, dont les objectifs ne coïncident pas avec les nôtres, et dont les agissements finiraient par anéantir tant l'humanité que tout ce que nous chérissons. Une telle destruction pourrait être fortuite plutôt qu'intentionnelle : l'IA pourrait simplement chercher à utiliser les atomes de la Terre pour des desseins incompatibles avec notre existence. L'analogie avec la manière dont nous traitons les formes de vie inférieures n'est guère encourageante : si nous voulons construire un barrage hydroélectrique et qu'il se trouve que des fourmis aient élu domicile dans la nouvelle zone à inonder, nous construisons tout de même notre barrage – non du fait d'une antipathie particulière à l'égard des fourmis, mais simplement parce que nous considérons nos objectifs comme plus importants.

La réalité interne de la vie ultra-intelligente

S'il y avait une singularité, les IA qui en seraient issues auraient-elles conscience d'elles-mêmes ? Auraient-elles une réalité interne ? Si ce n'était pas le cas, ce ne serait pas non plus des zombies sans objectif pratique. De tous les signes particuliers que possède notre forme de vie humaine, j'estime que la conscience est de loin la plus remarquable. Selon moi, c'est grâce à elle que notre Univers trouve tout son sens, donc si ce dernier était contrôlé par une vie dépourvue de cette qualité, il n'aurait pas de sens et serait considéré comme un immense gaspillage d'espace.

Comme nous l'avons mentionné aux chapitres 9 et 11, la nature de la vie et de la conscience reste sujette à un débat houleux. J'imagine que ces phénomènes peuvent exister de façon plus générale que sous la seule forme issue du carbone que nous connaissons. Comme indiqué au chapitre 11, je pense que *la conscience est la manière dont l'information se perçoit lorsqu'elle est traitée*. Puisque la matière peut s'arranger de multiples façons pour traiter l'information selon une large palette de complexités différentes, cela implique une riche diversité de niveaux et de types de conscience. Le type particulier que nous connaissons subjectivement est alors un phénomène émergeant dans certains systèmes physiques hautement complexes qui collectent, traitent, stockent et produisent de l'information. Indubitablement, si des atomes peuvent être assemblés pour former des êtres humains, les lois de la physique permettent également la construction de formes considérablement plus avancées de vie sensibles.

Si nous initions finalement le développement d'entités plus intelligentes par le truchement d'une singularité, je pense qu'il serait logiquement probable qu'elles soient également autoconscientes, et qu'elles devraient être considérées non comme des machines insensibles mais comme des êtres aussi conscients que nous. Toutefois, la perception subjective de leur conscience pourrait être assez différente de la nôtre. Par exemple, elles pourraient être dépourvues de notre forte peur collective humaine de la mort : puisqu'elles se sauvegardent mutuellement, tout ce qu'elles peuvent perdre ne sont que les souvenirs accumulés depuis leur dernière sauvegarde. L'aptitude à copier facilement l'information et le logiciel entre les IA réduirait probablement le sentiment fort d'individualisme si caractéristique de notre conscience humaine : il y aurait moins de distinction entre vous et moi si nous pouvions trivialement échanger et copier tous nos souvenirs et nos facultés, de sorte qu'un groupe connecté d'IA pourrait se percevoir comme un unique organisme ayant un esprit distribué.

Si cette idée est exacte, elle peut réconcilier la survie à long terme de l'humanité avec l'argument de l'apocalypse du chapitre 11 : ce qui doit disparaître n'est pas la vie elle-même, mais notre classe de référence, les instants d'observateur auto-conscients qui se perçoivent subjectivement à peu près comme nos esprits humains. Si une multitude d'esprits distribués sophistiqués colonisent notre Univers depuis des milliards d'années, nous ne devons pas être surpris si nous n'avons à leurs yeux pas plus de place que les fourmis en ont aux nôtres.

Réactions à la singularité

La réaction des gens à l'éventualité d'une singularité varie considérablement. La vision de l'IA amicale possède une vénérable histoire dans la littérature de la science-fiction, étayant les célèbres trois lois de la robotique d'Isaac Asimov qui stipulent que nous sommes déterminés à assurer une relation harmonieuse entre les robots et les êtres humains. Les récits où les IA surpassent puis attaquent leurs créateurs sont également populaires, comme dans les films *Terminator*. Certains critiquent la singularité comme la « frénésie des initiés », et la considèrent comme un scénario de science-fiction tiré par les cheveux et ne pouvant se produire, du moins pas dans un proche avenir. D'autres pensent qu'elle pourrait se produire, et que si nous ne nous y préparons pas sérieusement, elle détruirait probablement non seulement notre espèce humaine, mais également tout ce que nous préservons, comme nous l'avons vu précédemment. Je suis conseiller à l'Institut de recherche sur l'intelligence des machines (http://intelligence.org), et plusieurs de ses chercheurs se rangent dans cette catégorie, considérant la singularité comme le risque existentiel le plus sérieux de notre époque. Certains d'eux pensent que si nous ne pouvons garantir la vision de l'IA amicale de Yudkowsky et d'autres scientifiques, alors la meilleure approche consiste à verrouiller les IA futures sous le contrôle strict humain ou à ne pas développer du tout d'IA avancée.

Même si nous avons focalisé jusqu'ici notre discussion sur les conséquences négatives d'une singularité, d'autres comme Ray Kurzweil pensent qu'elle serait quelque chose de très positif, en réalité le meilleur cadeau pour l'humanité, résolvant tous nos problèmes actuels.

L'idée que le genre humain soit remplacé par une vie plus avancée vous semble-t-elle séduisante ou effrayante ? Cela est probablement intimement lié à votre vision des choses, et en particulier selon que vous considérez les êtres futurs comme nos descendants ou nos conquérants.

Si des parents ont un enfant plus intelligent qu'eux, qui apprend des choses puis s'émancipe et réalise tout ce dont ils ne pouvaient que rêver, ils se sentiront probablement heureux et fiers, même s'ils savent qu'ils ne vivront pas assez longtemps. Les parents d'un tueur en série hautement intelligent ne réagissent pas ainsi. Nous pourrions imaginer que nous entretiendrons une relation parent-enfant similaire avec les IA futures, les considérant comme les héritiers de nos valeurs. Toute la différence réside par conséquent dans la manière dont la vie avancée future porterait nos desseins les plus chers.

Un autre facteur déterminant est lié au fait que la transition soit graduelle ou brutale. Je pense que peu se préoccupent de la perspective que l'humanité évolue progressivement, sur des millénaires, pour devenir plus intelligente et mieux adaptée à notre changement environnemental, modifiant peut-être également son apparence physique au cours de ce processus. À l'inverse, de nombreux parents seraient plus indécis au sujet de leur enfant rêvé s'ils savaient qu'ils doivent pour cela sacrifier leurs vies. Si la technologie avancée du futur ne nous remplace pas brutalement, mais plutôt nous améliore et nous perfectionne progressivement, finissant par fusionner avec nous, alors nous pourrions conserver la maîtrise de nos objectifs et suivre la progression requise pour que nous considérions les formes de vies consécutives à la singularité comme nos descendants. Les téléphones portables et Internet ont déjà amélioré nos aptitudes à réaliser ce que nous cherchons, sans porter atteinte de manière significative à nos valeurs fondamentales, et les optimistes de la singularité persistent à croire que la même chose reste vraie pour les greffes de cerveau, les dispositifs contrôlés par la pensée voire même la télétransmission de tous les esprits humains vers une réalité virtuelle.

De surcroît, cela pourrait ouvrir de nouveaux horizons vers l'ultime frontière. Après tout, une vie extrêmement avancée capable de se développer dans tout notre Univers ne peut probablement émerger qu'à l'issue d'un processus en deux temps : les êtres intelligents évoluent d'abord par le truchement de la sélection naturelle, puis ils choisissent de passer le flambeau de la vie en concevant une conscience plus avancée pouvant se perfectionner elle-même. Libérée des contraintes imposées par nos corps humains, une telle vie avancée peut s'épanouir puis finalement coloniser la majeure partie de notre Univers observable, une idée explorée depuis fort longtemps par les auteurs de science-fiction, les *aficionados* de l'IA et les penseurs transhumanistes.

En résumé, y aura-t-il une singularité dans les décennies à venir ? Est-ce quelque chose que nous devons encourager ou combattre ? Je pense que nous pouvons honnêtement dire que nous sommes loin du *consensus* sur chacune de ces deux questions, mais cela ne veut pas dire qu'il soit rationnel de ne rien entreprendre concernant ce problème. Ce pourrait être la pire ou la meilleure chose qui soit pour l'humanité, donc même s'il y a 1 % de chance d'observer une singularité au cours de notre génération, je pense qu'une précaution raisonnable serait de consacrer au moins 1 % de notre PIB à étudier cette question et à décider ce qu'il faut faire. Pourquoi ne le faisons-nous pas ?

La bêtise humaine : une perspective cosmique

Ma carrière m'a permis d'entrevoir le risque existentiel sous un angle cosmique, où son dénouement semble plus qu'urgent comme le résume la figure 13.5. En tant que professeurs, nous décernons des diplômes, et si je devais

	Perspective standard 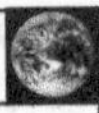	Perspective cosmique 
Êtres humains	Couronnement de l'évolution	Vous n'avez encore rien vu !
Espace	Obsession au sujet de notre planète	10^{57} fois plus de volume disponible
Temps	Obsession pour les 50 années à venir	Des milliards d'années disponibles
Note partielle	B–	D

Un potentiel colossal !

Probabilité d'extinction par décennie ~10^{-1}–10^{-4} ?

Figure 13.5 L'importance de la gestion du risque existentiel, dans des limites raisonnables, devient plus évidente dans la perspective cosmique, mettant en exergue le potentiel futur colossal qui pourrait nous échapper si nous n'y prenons garde et détruisons notre civilisation humaine.

enseigner la gestion du risque et donner aux êtres humains une note partielle relative à la manière dont nous avons géré jusqu'à présent le risque existentiel, je donnerais un B – au motif que nous tâtonnons toujours mais n'avons pas abandonné la course. Selon mon point de vue cosmologique, cependant, je trouve notre performance assez pathétique, et ne peux pas attribuer plus qu'un D : le potentiel à long terme pour la vie est littéralement astronomique, or nous n'avons aucune stratégie convaincante pour parer les risques existentiels les plus pressants, et nous consacrons une minuscule fraction de notre attention et de nos efforts pour développer ces plans. Par rapport aux vingt millions de dollars américains environ dépensés l'année dernière par l'*Union of Concerned Scientists*, l'une des plus grandes organisations soucieuses de certains risques existentiels, les États-Unis ont dépensé à eux seuls à peu près cinq cent fois plus en chirurgie esthétique, mille fois plus dans la climatisation pour l'armée, cinq mille fois plus dans les cigarettes et trente-cinq mille fois plus pour les forces armées, sans compter les coûts relatifs aux soins, à leur retraite et aux intérêts des emprunts de la défense.

Comment se fait-il que nous soyons aussi indifférents ? Certes, sachant que l'évolution nous a essentiellement préparés pour manipuler des outils aussi rudimentaires que les bâtons et les pierres, nous ne devons peut-être pas nous étonner de notre médiocrité à manipuler la technologie moderne, mais plutôt de ne pas être pire ! Je suis assis dans une grande boîte faite de bois et de pierre, à presser de façon répétitive des petits carrés noirs tout en fixant des yeux un rectangle lumineux face à moi. Je n'ai même pas croisé un seul organisme vivant aujourd'hui, et je suis assis depuis des heures, éclairé par une étrange spirale grandissante au-dessus de moi. Le fait que je me sente malgré tout heureux témoigne de la remarquable adaptation du cerveau, que nous a légué l'évolution. De même que le fait d'avoir appris à interpréter les courbes sinueuses tracées sur mon rectangle lumineux comme des mots contant une histoire, et de savoir comment calculer l'âge de notre Univers, même si aucune de ces aptitudes spécifiques n'avaient une quelconque utilité pour la survie de mes ancêtres préhistoriques. Or ce n'est pas parce que nous pouvons faire beaucoup de choses que nous faisons tout ce qui est nécessaire. Des forces externes ont lentement modifié notre environnement au cours des 100 000 années passées d'histoire humaine, et l'évolution a permis de nous adapter progressivement. Or récemment, nous avons bouleversé notre environnement trop brutalement pour que l'évolution puisse suivre, et nous l'avons rendu si complexe qu'il est difficile, même pour les spécialistes mondiaux, d'appréhender complètement les aspects circonscrits sur lesquels ils se focalisent. Par conséquent, il n'est pas étonnant que nous perdions parfois de vue cette vaste fresque et que nous favorisions le plaisir à court terme plutôt que la survie à long terme de notre aventure cosmique. Par exemple, cette spirale lumineuse située au-dessus de ma tête est alimentée par la combustion du charbon en dioxyde de carbone, ce qui contribue à réchauffer notre planète, et maintenant que j'y pense, je me dis que j'aurais dû l'éteindre depuis longtemps…

La société humaine : une perspective scientifique

Nous sommes donc là dans notre Vaisseau Terre, fonçant vers une ceinture d'astéroïdes de risques existentiels, sans stratégie ni même capitaine. Nous devons indubitablement réagir, mais quels devraient être nos objectifs et comment pouvons-nous les réaliser efficacement ? La première interrogation est éthique tandis que la seconde est scientifique. Les deux sont déterminantes. Pour paraphraser Einstein, « la science sans éthique est aveugle, l'éthique sans la science est boiteuse ». Toutefois (et c'est un point que mon ami Geoff Anders aime souligner), il existe certaines conclusions éthiques sur lesquelles le consensus est quasi universel (telles que « ne pas subir de guerre nucléaire mondiale est mieux que d'en avoir une »), que nous échouons lamentablement, malgré tout, à transformer en objectifs pratiques sur lesquels nous pouvons effectivement progresser. C'est pourquoi je donne une note D dans la réduction du risque existentiel, et je pense qu'il est malhonnête de condamner cet échec essentiellement sur la base de difficultés avec la question de l'éthique. Je suis persuadé que nous devrions commencer par les problèmes sur lesquels nous avons un large consensus sur ce que devraient être nos objectifs, tels que la survie à long terme de notre civilisation, et utiliser une approche scientifique pour aborder cette question du *comment* parvenir à ces objectifs (j'emploie le terme *scientifique* dans un sens large, en mettant l'accent sur l'utilisation du raisonnement logique). Je pense qu'il n'est pas suffisant de prononcer des choses telles que « nous devons parvenir à changer les mentalités sur une vaste échelle » – nous avons besoin de stratégies concrètes. Comment pouvons-nous donc atteindre nos objectifs ? Comment faire en sorte que l'humanité soit moins aveugle lorsqu'elle se projette dans l'avenir ? Plus fondamentalement, comment faire en sorte que la raison joue un rôle crucial dans la prise de décision ?

Les changements dans notre société humaine résultent d'une interaction complexe de forces agissant dans des directions différentes, souvent de manière contradictoire. Du point de vue du physicien, la manière la plus facile de changer un système complexe consiste à déceler une instabilité, où l'effet de l'application d'une force minuscule s'amplifie en un bouleversement majeur. Par exemple, nous avons vu qu'une légère impulsion sur un astéroïde peut l'empêcher de frapper la Terre une décennie plus tard. De manière analogue, la manière la plus aisée pour un unique individu d'affecter la société consiste à exploiter une instabilité, comme le dévoilent les nombreuses métaphores empruntées à la physique : une idée peut être « l'étincelle jaillissant d'une allumette », elle « se répand comme une traînée de poudre », possède un « effet domino » ou un « effet boule de neige incontrôlable[4] ». Par exemple, si vous souhaitez vous attaquer au risque existentiel posé par les astéroïdes dévastateurs, le plus dur consiste à fabriquer

4. La plupart des instabilités impliquent une certaine forme de réaction en chaîne ou d'autoreproduction éphémère : par exemple, les arbres en feu dans une forêt enflamment toujours plus d'arbres, les neutrons libres dans une bombe nucléaire produisent encore plus de neutrons libres, un porteur de la peste bubonique infecte plus d'individus et l'acheteur d'un produit en vogue en entraîne d'autres.

une fusée déviatrice d'astéroïdes. Le plus simple revient à dépenser beaucoup moins d'argent pour concevoir un système d'alerte préventif, sachant qu'une fois que l'information vous est confirmée sur l'approche d'un astéroïde, lever des fonds pour la construction de la fusée est un jeu d'enfant.

Je pense que pour améliorer le sort de notre planète, il est plus souvent judicieux d'exploiter ces instabilités en diffusant l'information exacte. Pour que la raison joue un rôle dans la prise de décision, l'information pertinente doit être dans la tête de ceux qui prennent des décisions. Comme l'illustre la figure 13.6, cela met typiquement en

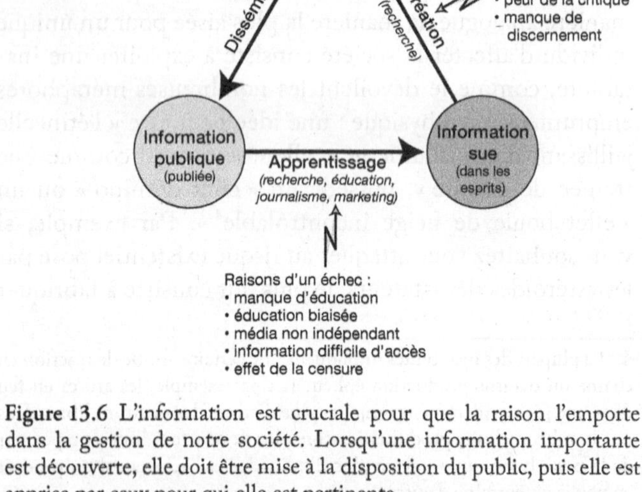

Figure 13.6 L'information est cruciale pour que la raison l'emporte dans la gestion de notre société. Lorsqu'une information importante est découverte, elle doit être mise à la disposition du public, puis elle est apprise par ceux pour qui elle est pertinente.

jeu trois étapes, souvent sujettes à l'échec : l'information doit être créée/découverte, divulguée par son découvreur puis apprise par le décideur. Une fois que des découvertes se sont propagées dans ce triangle des esprits, elles ouvrent la porte à d'autres découvertes, alimentant l'enrichissement de la connaissance humaine en un cercle vertueux. Certaines découvertes possèdent l'avantage supplémentaire de rendre ce triangle encore plus efficace : l'impression et Internet ont largement facilité la dissémination du savoir et l'apprentissage, le perfectionnement des appareils de mesure et des ordinateurs est d'un grand secours pour les chercheurs. Aujourd'hui encore, il reste beaucoup à faire pour améliorer les trois relations dans ce triangle de l'information.

La recherche scientifique, et toute autre création d'information, est indubitablement un investissement bénéfique pour notre société, comme le sont les tentatives pour enrayer la censure et les autres entraves à la dissémination de l'information. Par rapport à l'utilisation des instabilités, néanmoins, je pense que la tâche la plus fructueuse est incarnée par la flèche du bas de la figure 13.6 : l'apprentissage. Malgré les succès spectaculaires de la recherche, je pense que notre communauté scientifique a globalement toujours été très mauvaise pour informer le public et nos têtes dirigeantes. Les Haïtiens ont brûlé douze « sorcières » en 2010. Aux États-Unis, les sondages montrent que 39 % des Américains considèrent l'astrologie comme une science, et 46 % croient que notre espèce humaine a moins de 10 000 ans. Si tout le monde comprenait la notion de « concept scientifique », ces pourcentages seraient nuls. De plus, le monde serait mieux loti car des individus ayant un mode de vie scientifique, fondant leurs décisions sur des informations correctes, maximiseraient leurs chances de reproduction. En faisant des achats et des votes rationnels, ils renforceraient également l'approche scientifique de la prise de décision dans les entreprises, les organisations et les gouvernements.

Pourquoi les scientifiques que nous sommes échouent-ils si lamentablement ? Je pense que la réponse réside principalement dans la psychologie, la sociologie et l'économie. Un style de vie scientifique requiert une approche scientifique à la fois pour recueillir de l'information et l'utiliser, et ces deux tâches ont leurs propres défauts. Vous prendriez très probablement les bonnes décisions si vous aviez à l'esprit toute la palette des arguments possibles avant d'esquisser votre opinion personnelle, mais les raisons sont multiples pour que les gens n'aient pas une information complète. Nombreux sont ceux qui n'y ont pas accès (97 % des Afghans n'ont pas Internet, et selon un sondage de 2010, 92 % n'ont pas connaissance de 9/11e des attaques). Nombreux sont ceux qui sont submergés d'obligations et de distractions pour la rechercher. Nombreux sont ceux également qui recherchent l'information uniquement dans des sources qui confirment leurs préjugés – par exemple, un sondage de 2012 a montré que 27 % des Américains croient que Barack Obama est probablement ou sûrement né dans un autre pays. L'information la plus précieuse peut être très difficile à obtenir même pour ceux ne subissant pas la censure et ayant Internet, ensevelis par une avalanche de médias non scientifiques.

Puis il y a ce que nous faisons de l'information en notre possession. L'idée centrale d'une attitude scientifique consiste à changer d'opinion lorsque nous sommes en présence d'une information contredisant nos idées, à éviter toute inertie intellectuelle, même si de nombreux chefs de file restent obstinément attachés à leurs visions « fortes ». Richard Feynman a salué la « méfiance des experts » comme la pierre angulaire de la science, même si une mentalité grégaire et une confiance aveugle sont largement répandues chez les figures de l'autorité. La logique forme la base du raisonnement scientifique, même si des pensées secrètes, des peurs irrationnelles et d'autres biais cognitifs dominent souvent dans les décisions.

Que pouvons-nous donc faire pour promouvoir une attitude scientifique ? La réponse évidente est d'améliorer le système éducatif. Dans certains pays, même l'éducation la plus rudimentaire serait un énorme progrès (moins de la moitié des Pakistanais savent lire). En portant atteinte au fondamentalisme et à l'intolérance, l'éducation peut éradiquer la violence et la guerre. En donnant du pouvoir aux femmes, elle peut réprimer la pauvreté et l'explosion démographique. Cependant, même les pays qui offrent une éducation à tous leurs citoyens peuvent faire d'énormes progrès. Beaucoup trop souvent, les écoles ressemblent à des muséums, pâles reflets du passé, plutôt que de façonner l'avenir. Les programmes éducatifs influencés et abreuvés de consensus devraient plutôt développer les facultés nécessaires à notre époque pour les relations, la santé, la contraception, la gestion du temps, l'esprit critique et le discernement. Pour nos jeunes, l'apprentissage d'une langue commune et de la frappe au clavier triompherait d'un clivage séculaire et de l'écriture cursive. À l'âge d'Internet, mon rôle d'enseignant a changé. Je ne suis plus utile en tant que transmetteur de savoir, car mes étudiants peuvent facilement télécharger l'information. Au lieu de cela, mon rôle central consiste à inspirer un style de vie scientifique, à attiser la curiosité et le désir d'apprendre davantage.

Abordons maintenant la question la plus intéressante : comment pouvons-nous *réellement* inculquer de manière durable une attitude scientifique et la laisser s'épanouir ? Des personnes raisonnables ont déjà avancé, bien avant ma naissance, des arguments similaires pour améliorer l'éducation, mais plutôt que de se bonifier, l'éducation et l'adhésion à un style de vie scientifique se sont indiscutablement détériorées dans plusieurs pays, dont les États-Unis. Pourquoi ? Parce que des forces puissantes agissent dans la direction contraire, et elles possèdent une influence grandissante. Des sociétés conscientes du fait qu'une meilleure compréhension de certains problèmes scientifiques pourrait éroder leurs profits font tout leur possible pour noyer le poisson, à l'instar de groupes religieux marginaux soucieux du fait que la remise en question de leurs revendications prétendument scientifiques pourrait saper leur puissance.

Que pouvons-nous donc faire ? La première chose qu'un scientifique a besoin de faire est d'oublier ces prétentions, d'admettre que nos stratégies de persuasion ont échoué, et de développer une meilleure méthode. Nous avons l'avantage d'avoir les meilleurs arguments, mais la coalition antiscientifique a la chance d'avoir plus d'argent. Malgré tout, et c'est une ironie douloureuse, elle est également mieux organisée sur le plan scientifique ! Si une entreprise souhaite modifier l'opinion du public pour accroître ses bénéfices, elle déploie des outils marketings scientifiques et hautement efficaces. Que croient les gens aujourd'hui ? Que cherchons-nous à leur faire croire demain ? Comment tirer parti de leurs peurs, de leurs insécurités, de leurs espoirs et autres émotions ? Quelle est la manière la plus économique de changer les mentalités ? Organisez une campagne.

Lancez-la, et c'est fait. Le message est-il trop simple ou fallacieux ? Jette-t-il un discrédit non équitable sur cette compétition ? Ces questions ne sont pas posées lors de la commercialisation d'un smartphone ou d'une cigarette dernier cri, donc il serait naïf de croire que le code de conduite soit différent lorsque cette coalition combat la science. En tant que scientifiques, nous sommes souvent maladroitement naïfs, croyant à tort que, simplement parce que nous pensons avoir un discernement moral supérieur, nous pouvons vaincre cette coalition corporatiste-fondamentaliste en usant de stratégies obsolètes et non scientifiques. Sur quel argument scientifique pouvons-nous nous reprocher de contester, de vociférer « nous ne plierons pas » et « les mentalités doivent changer » dans les salles de cours, de brandir les statistiques aux journalistes ? Nous autres, scientifiques, avons fondamentalement pour habitude de dire « les chars ne sont pas éthiques, donc combattons les chars avec des épées ».

Pour apprendre aux gens ce qu'est un concept scientifique et comment une attitude scientifique améliorera leurs vies, nous devons aborder ce sujet sur un plan scientifique : nous avons besoin de nouvelles organisations se faisant l'avocat de la science et utilisant toutes les mêmes outils scientifiques marketings et financiers que ceux qu'utilise la coalition antiscientifique. Nous avons besoin d'employer de nombreux outils pouvant humilier les scientifiques, des petites annonces aux lobbies, pour se concentrer sur les groupes ayant identifié les formules les plus efficaces. Nous n'avons cependant pas besoin de céder constamment à la malhonnêteté intellectuelle car dans cette bataille, nous possédons l'arme la plus puissante à nos côtés : les faits.

Votre avenir – êtes-vous insignifiant ?

Après avoir consacré la majeure partie de cet ouvrage à explorer les niveaux les plus lointains et abstraits de notre réalité physique, nous avons dédié ce dernier chapitre au retour progressif vers nos lieux de vie, en discutant de l'avenir de notre Univers et celui de notre civilisation humaine. Achevons cette enquête par nous-mêmes, en examinant ce que tout ceci signifie pour vous et moi, personnellement.

Le sens de la vie

Comme nous l'avons vu, les équations mathématiques fondamentales qui semblent gouverner notre réalité physique ne font aucune référence à sa signification, de sorte qu'un univers dénué de vie n'aurait indiscutablement aucun sens. À travers nous autres, êtres humains, et les éventuelles formes de vie supplémentaires, notre Univers a pris conscience de lui-même, et l'humanité a donné naissance au concept de signification. Ainsi, *notre Univers ne donne pas du sens à la vie, c'est la vie qui donne du sens à notre Univers.*

Bien que la question « quel est le sens de la vie ? » puisse s'interpréter de nombreuses façons différentes, dont certaines seraient trop vagues pour avoir une réponse bien définie, une interprétation demeure très pragmatique et terre à terre : « Pourquoi j'aspire à continuer de vivre ? » Ceux que je connais qui pensent que leur vie a du sens se sentent généralement heureux de se lever le matin et accueillent avec plaisir cette nouvelle journée. Lorsque je songe à tous ces gens, ce qui me frappe, c'est qu'ils se divisent en deux catégories selon la source où ils puisent leur bonheur et leur sens. En d'autres termes, le problème de la signification semble avoir deux solutions distinctes, fonctionnant chacune assez bien pour une partie des gens. Je qualifie ces deux solutions de « descendante » et « ascendante ».

Selon l'approche descendante, le bonheur est exaucé par le haut, par la vision générale. Bien que la vie à l'instant et l'endroit présents puisse ne pas exister, elle possède un sens du fait qu'elle participe à un mouvement plus vaste et significatif. De nombreuses religions mettent l'accent sur ce message, de même que nos familles, nos organisations et nos sociétés où l'on explique aux individus qu'ils participent à un ensemble plus vaste et plus significatif transcendant l'individualisme.

Dans l'approche ascendante, la félicité provient des petites choses du quotidien. Si nous capturons l'instant présent et tirons notre plaisir de la beauté de ces petites fleurs situées au bord du chemin, de l'aide apportée à un ami ou du regard d'un nouveau-né, alors nous pouvons nous sentir heureux d'être vivant même si la vision générale invoque des phénomènes sinistres tels que la dislocation de la Terre par notre Soleil mourant et l'ultime désintégration de notre Univers.

Pour moi, personnellement, l'approche ascendante suffit largement pour la raison d'être, et les prétextes descendants que je m'apprête à développer ne sont que des bonus supplémentaires. Pour commencer, je trouve proprement remarquable qu'il soit possible à une poignée de particules d'avoir conscience de soi, et cette poignée particulière qui constitue Max Tegmark et ayant la chance d'être nourrie, logée et d'avoir le loisir de s'émerveiller sur le monde qui l'entoure, porte ma reconnaissance au-delà des mots.

Pourquoi nous devons prendre soin de notre Univers

De surcroît, je puise ma motivation et mon inspiration dans la méditation descendante, relative au potentiel futur de la vie dans notre Univers que nous avons largement développé auparavant dans ce chapitre. Or s'il existe des univers parallèles où tous les futurs physiquement possibles se déroulent, pourquoi devons-nous prendre soin de notre Univers ? Si toutes les issues surviendront, pourquoi devons-nous nous soucier des choix que nous faisons ? En fait, pourquoi devons-nous agir et nous intéresser à toutes les choses si le multivers de niveau IV existe et si le changement lui-même n'est qu'une illusion ? Nous avons le choix entre deux alternatives rationnelles :

1) Nous prenons soin au moins d'une chose, et par conséquent nous allons de l'avant et profitons de la vie, tout en prenant des décisions logiques incombant aux choses que nous protégeons.
2) Nous ne prenons soin de rien, et par conséquent nous ne faisons rien sinon que d'agir complètement au hasard.

Vous avez comme moi déjà fait votre choix, en sélectionnant l'option 1. C'est, me semble-t-il, le choix le plus raisonnable.

Or il possède des conséquences logiques. Lorsque je pense aux êtres qui me sont chers, il semble logique de prendre soin également de notre civilisation, de notre planète et de l'Univers qui est le nôtre. *A contrario,* il paraît sensé de ne pas se soucier des autres univers, car mes décisions dans notre Univers ici présent ne peuvent, par définition, avoir d'effet sur eux – ils sont ainsi insensibles à ce qui m'est cher. Avec ce raisonnement logique, restreignons le reste de notre discussion à notre Univers, et explorons notre rôle dans celui-ci.

Sommes-nous insignifiants ?

Lorsque nous contemplons la voûte céleste par une nuit claire, il est facile de se sentir insignifiant. Durant la majeure partie de ma vie, plus j'ai pris conscience de l'immensité de notre cosmos, et de notre place dans celui-ci, plus je me suis senti insignifiant. Mais c'est terminé !

À mesure que nos ancêtres primitifs admiraient les étoiles, nos égos humains ont subi une succession de remises en cause. Pour commencer, nous sommes plus petits que nous le pensions. Comme nous l'avons vu dans la première partie du livre, Ératosthène a montré que la Terre est plus grande que des millions d'hommes, et ses compatriotes helléniques ont réalisé que le système solaire est des milliers de fois plus grand. Malgré toute sa splendeur, notre Soleil ne s'avère être qu'une étoile assez ordinaire parmi les centaines de milliards peuplant une galaxie qui n'est à son tour qu'une parmi les centaines de milliards que compte notre Univers observable, la région sphérique depuis laquelle la lumière a eu le temps de parvenir jusqu'à nous au cours des 14 milliards d'années écoulées depuis notre Big Bang. Nos existences sont petites dans le temps comme dans l'espace : si cette histoire cosmique de 14 milliards d'années était ramenée à une année, les 100 000 ans d'histoire de l'humanité ne dureraient que 4 minutes, et une vie de 100 ans ne mettrait que 0,2 seconde. Nous avons également appris que nous ne sommes pas non plus particuliers, ce qui a davantage écorché notre nombrilisme. Darwin nous a enseigné que nous sommes des animaux, Freud nous a démontré que nous sommes irrationnels, et les machines nous surpassent maintenant en puissance et en intelligence tant aux échecs qu'au jeu télévisé *Jeopardy !* Et pour remuer le couteau dans la plaie, les cosmologistes ont découvert que nous ne sommes même pas constitués de la substance majoritaire.

Plus je prenais conscience de cela, moins je me sentais important. Or j'ai soudainement changé d'esprit et considéré un point de vue plus optimiste au sujet de notre importance cosmique. Pourquoi ? Parce que j'ai commencé à croire que la vie avancée et évoluée est très rare, possédant ainsi un potentiel futur d'envergure et accordant à notre place dans l'espace et le temps une importance formidable.

Sommes-nous seuls ?

Lors de mes cours de cosmologie, je demande souvent à mes auditeurs de lever la main s'ils pensent qu'il y a une vie intelligente ailleurs dans notre Univers. Infailliblement, presque tout le monde lève la main, des écoliers aux étudiants d'université. Lorsque je demande pourquoi, la réponse élémentaire que j'entends souvent est que l'espace est si vaste qu'il doit y avoir de la vie quelque part, du moins statistiquement parlant. Mais cet argument est-il vraiment exact ? Je pense que c'est faux – laissez-moi expliquer pourquoi.

Comme le fit remarquer l'astronome américain Francis Drake, la probabilité qu'il y ait une vie intelligente en un lieu donné peut être calculée en multipliant la probabilité qu'il y ait là un environnement habitable (disons une planète adéquate), par la probabilité que la vie puisse y évoluer et par la probabilité que cette vie évolue pour devenir intelligente. Lors de mes études supérieures, nous n'avions aucune information au sujet de ces trois probabilités. Après une décennie de découvertes fantastiques sur les planètes gravitant autour d'autres étoiles, il semble dorénavant probable que les planètes habitables soient abondantes, qu'il y en ait des milliards dans notre seule galaxie. La probabilité qu'une vie et une intelligence évoluent, néanmoins, reste extrêmement incertaine : certains spécialistes pensent que la première ou les deux sont assez inévitables et se manifestent sur la plupart des planètes habitables, tandis que d'autres suggèrent qu'elles soient extrêmement rares à cause d'un ou plusieurs passages obligés de l'évolution requérant une coïncidence fortuite incroyable pour pouvoir se produire. Ces jalons mentionnés font appel à des problèmes autoréférents aux étapes les plus précoces de la réplication vitale : par exemple, pour qu'une cellule moderne construise un ribosome, la machine moléculaire extrêmement complexe qui lit notre code génétiquc et produit nos protéines, elle a besoin d'un autre ribosome, or il n'est pas du tout trivial que le tout premier ribosome puisse progressivement évoluer à partir d'une entité plus simple. D'autres jalons proposés impliquent le développement d'une intelligence supérieure. Par exemple, bien que les dinosaures aient foulé la Terre durant plus de 100 millions d'années, une période mille fois plus longue que celle de l'homme moderne, l'évolution n'a pas cherché à les doter d'une intelligence supérieure inévitable afin qu'ils inventent le télescope ou les ordinateurs.

En quelque sorte, je pense pouvoir honnêtement dire que nous n'avons toujours aucun renseignement sur la fraction des planètes hébergeant une vie intelligente : *a priori*, avant d'observer réellement une planète pour vérifier ce point, n'importe quel ordre de grandeur supputé est à peu près aussi bon qu'un autre. C'est une manière standard de modéliser une incertitude aussi forte en science, répondant au nom ésotérique de *distribution a priori logarithmique uniforme* : en langage clair, elle signifie que la fraction des planètes ayant une vie intelligente est approximativement équiprobable à un sur mille, un sur un million, un sur un milliard, un sur un billion, un sur un billiard et ainsi de suite.

Sachant cela, à quelle distance se trouve la plus proche civilisation intelligente ? D'après notre hypothèse, il découle qu'elle suit également une distribution *a priori* logarithmique uniforme, donc avant de tenter de la mesurer, la réponse serait approximativement équiprobable à 10^{10} mètres, à 10^{20} mètres, à 10^{30} mètres, à 10^{40} mètres et ainsi de suite, comme l'illustre la figure 13.7.

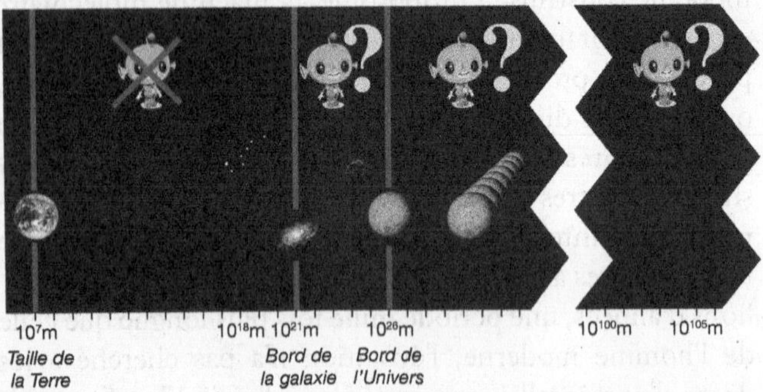

Figure 13.7 Sommes-nous seuls ? Les grandes incertitudes concernant l'évolution de la vie et de l'intelligence suggèrent que la distance de la civilisation la plus proche de nous dans l'espace soit approximativement équiprobable à n'importe quel point de l'axe horizontal ci-dessus, de sorte qu'il est quasiment improbable qu'elle se situe entre le bord de notre galaxie (à environ 10^{21} mètres) et le bord de notre Univers (à environ 10^{26} mètres). Si elle se situait bien en deçà de cet intervalle, il devrait y avoir tant de civilisations avancées distinctes dans notre galaxie que nous les aurions probablement remarquées, ce qui suggère que nous soyons réellement seuls dans notre Univers.

Revenons maintenant à ce que nous a montré l'observation. Jusqu'ici, les recherches astronomiques directes n'ont révélé aucun signe de l'existence d'une intelligence extraterrestre, et il n'y a pas de preuve consensuelle sur le fait que des êtres venus d'ailleurs aient visité la Terre. L'interprétation personnelle que j'en donne est que la fraction des planètes hébergeant une intelligence est minuscule, et qu'il n'y a probablement aucune forme de vie, d'intelligence développée, à moins d'environ 10^{21} mètres de nous, c'est-à-dire dans notre galaxie ou son voisinage immédiat. Je fonde cette conclusion sur plusieurs hypothèses :

1) La colonisation interstellaire est physiquement possible et peut facilement être réalisée si une civilisation aussi avancée que la nôtre a eu un million d'années à disposition pour développer la technologie nécessaire.
2) Il y a des milliards de planètes habitables dans notre galaxie, dont la plupart se sont formées non pas des millions mais des milliards d'années avant la Terre.
3) Une fraction non négligeable des civilisations aptes à coloniser l'espace auraient choisi de le faire.

Pour l'hypothèse 1, je suis complètement ouvert au sujet des technologies pouvant être utilisées. Par exemple, au lieu d'envoyer physiquement de grands organismes de taille humaine à travers l'espace, il pourrait être plus efficace d'envoyer une kyrielle de petites nanosondes qui s'assemblent automatiquement pour former des usines après l'atterrissage, puis qui fabriquent des formes de vie plus grandes à l'aide d'instructions transmises à la vitesse de la lumière par le truchement du rayonnement électromagnétique[5]. Parmi les objections courantes à l'hypothèse 3, on cite la supposition que des civilisations avancées soient intrinsèquement équitables ou désintéressées par la colonisation, peut-être du fait que leur technologie développée leur permette d'accomplir tout ce qu'elles désirent en puisant dans les ressources à leur disposition. À l'inverse, elles souhaitent peut-être conserver la discrétion sur leur propre protection ou sur d'autres motifs, ou colonisent uniquement d'une manière invisible pour nous : c'est ce que l'astronome américain John A. Ball a appelé l'*hypothèse du zoo*, et qui surgit dans les classiques de science-fiction tels que *Créateur d'étoiles* d'Olaf Stapledon. Personnellement, je pense que nous ne devons pas sous-estimer la diversité des civilisations avancées en supposant qu'elles partagent toutes les mêmes objectifs : il suffit qu'*une seule* civilisation décide de coloniser ouvertement tout ce qu'elle peut, et elle envahira notre galaxie, voire plus. Face à ce risque, même les civilisations

5. L'économiste Robin Hanson a souligné une idée intéressante au sujet de l'hypothèse 1. L'incompatibilité apparente entre l'abondance des planètes habitables dans notre galaxie et l'absence de visiteurs extraterrestres, connue sous le nom de *paradoxe de Fermi*, suggère l'existence de ce que Hanson appelle un « Grand filtre », un obstacle évolutionnaire ou technologique situé quelque part sur le chemin du développement allant de la matière inerte à la vie colonisant l'espace. Si nous découvrons une vie primitive développée et indépendante dans notre système solaire, cela suggérera qu'elle n'est pas rare, et que l'obstacle se situe après notre stade actuel du développement humain – peut-être parce que l'hypothèse 1 est fausse, ou parce que quasiment toutes les civilisations avancées s'autodétruisent avant d'avoir pu coloniser. Je croise par conséquent les doigts pour que toutes les recherches de vie sur Mars et ailleurs s'avèrent infructueuses : c'est cohérent avec le scénario où la vie primitive est rare mais où les êtres humains ont eu de la chance, de sorte que l'obstacle se trouve derrière nous et que nous ayons un potentiel extraordinaire d'avenir.

désintéressées par la colonisation se sentiront obligées de migrer pour assurer leur survie.

Si mon interprétation est correcte, la civilisation la plus proche est à environ 1 000... 000 mètres, où le nombre total de zéros est approximativement égal à 21, 22, 23,..., 100, 101, 102, etc. – mais pas nettement inférieur à 21. Par contre, pour que cette civilisation soit dans notre Univers, dont le rayon s'élève à 10^{26} mètres environ, le nombre de zéros ne peut excéder 26, or la probabilité qu'il tombe dans l'intervalle étroit situé entre 22 et 26 est ridiculement faible. C'est pourquoi je suis persuadé que nous sommes seuls dans notre Univers.

Sommes-nous réellement insignifiants ?

Je viens de montrer que nous sommes probablement la forme de vie la plus intelligente dans notre Univers tout entier. C'est un point de vue minoritaire[6], et je pourrais fort bien me méprendre, mais c'est pour le moins une éventualité que nous ne pouvons actuellement écarter. Du coup, explorons les conséquences de sa véracité et du fait que nous soyons la seule civilisation de notre Univers ayant progressé jusqu'au point de développer des télescopes.

Ce fut l'immensité cosmique qui me donna au départ la sensation d'insignifiance. De fait, ces splendides galaxies nous sont visibles et nous émerveillent – mais seulement nous. Nous seuls, nous leur attribuons un sens, faisant de notre minuscule planète le lieu le plus important de tout notre Univers observable. Si nous n'existions pas, toutes ces galaxies ne trouveraient simplement aucune

---

6. Cependant, John Gribbin est parvenu à une conclusion similaire dans son livre de 2011 *Alone in the Universe*. Pour un panorama des perspectives fascinantes que soulève cette question, je recommande également le livre de 2011 de Paul Davies *The Eerie Silence*.

justification et ne seraient qu'un gigantesque gaspillage cosmique.

J'ai également eu le sentiment que ma brève vie semblait insignifiante au regard de la longévité du temps cosmique. Cependant, ce court siècle qui est le nôtre est incontestablement le plus important de l'histoire de notre Univers : celui où se joue son avenir potentiellement riche en rebondissements. Nous aurons la technologie pour nous autodétruire ou pour ensemencer notre cosmos de la vie. La situation est si instable que je doute que nous puissions toujours nous trouver à la croisée des chemins le siècle prochain. Si nous empruntons le sentier de la vie plutôt que celui de l'extinction, alors dans un lointain futur notre cosmos fourmillera d'une vie trépidante, couronnement de ce que nous faisons ici en ce moment. Je n'ai aucune idée de ce que nous en penserons, mais je suis certain que nous ne nous souviendrons plus de notre sensation d'insignifiance.

Dans ce livre, nous avons exploré notre réalité physique, contemplant avec les yeux de la science un univers prodigieusement sublime qui, à travers les êtres humains que nous sommes, est devenu vivant et a commencé à prendre conscience de lui-même. Nous avons vu que le potentiel futur de vie dans notre Univers est incomparablement plus grand que dans les rêves les plus fous de nos ancêtres, mais il est mitigé par un potentiel tout aussi réel de voir la vie intelligente s'éteindre à jamais. La vie universelle fera-t-elle valoir son potentiel ou le dilapidera-t-elle ? Je pense que cette question sera tranchée au cours de notre génération, ici-bas sur notre Vaisseau Terre, par vous, moi et nos compagnons de route. Démarquons-nous sans hésiter !

En bref

- Même si nos deux expéditions intellectuelles ont emprunté des directions opposées, vers l'immense et vers le minuscule, elles nous ont mené au même endroit : dans le royaume des structures mathématiques.
- Aux échelles les plus grandes et les plus petites, l'étoffe mathématique de la réalité devient tangible, même s'il demeure facile de ne pas l'appréhender aux échelles intermédiaires qui nous sont généralement si familières.
- Si l'ultime tissu de la réalité est bel et bien mathématique, nous pourrions en principe tout comprendre, et nous ne serions limités que par notre imagination.
- Même si le multivers de niveau IV est éternel, notre Univers particulier pourrait sombrer dans un *Big Chill*, un *Big Crunch*, un *Big Rip*, un *Big Snap* ou les Bulles de la mort.
- Des preuves suggèrent qu'il n'y a aucune autre forme de vie aussi avancée que les êtres humains dans notre Univers tout entier.
- D'un point de vue cosmique, le potentiel futur de vie dans notre Univers est considérablement plus grand que tout ce que nous avons imaginé jusqu'à présent.
- Nous autres, êtres humains, consacrons une attention et des efforts insuffisants aux risques existentiels qui menacent la vie telle que nous la connaissons, notamment la guerre nucléaire accidentelle et l'intelligence artificielle hostile.
- Bien qu'il soit facile de se sentir insignifiant au regard de l'immensité du cosmos, tout l'avenir de la vie dans notre Univers se jouera incontestablement sur notre planète, durant notre génération – par vous, moi et nos compagnons de route sur notre Vaisseau Terre. Démarquons-nous sans hésiter !

Remerciements

En plus des personnes mentionnées dans l'avant-propos, je remercie les organisations dont les bourses de recherche ont permis les avancées décrites dans ce livre : la NASA, *National Science Foundation*, *Packard Foundation*, *Research Corporation for Science Advancement*, *Kavli Foundation*, *John Templeton Foundation*, l'université de Pennsylvanie et le *Massachusetts Institute of Technology*. J'aimerais également remercier Jonathan Rothberg et un donateur anonyme pour leur généreux soutien au projet de l'omniscope.

Bibliographie

Ce livre s'inspire d'un énorme corpus de travaux réalisés par la communauté scientifique. La majeure partie est publiée dans des articles de revues techniques dont vous trouverez les références dans mes propres articles techniques sur http://space.mit.edu/home/tegmark/technical.html. Il y a néanmoins, également, une littérature abondante de livres dont le but est d'expliquer ces idées fondamentales aux profanes. En plus des références citées dans les notes de bas de page, voici un bref échantillon de livres, parmi les mieux rédigés, grâce auxquels vous pourrez continuer d'explorer les sujets que nous avons abordés. J'ai tenté de les assembler par thème, même si plusieurs d'entre eux couvrent également d'autres domaines. Un ou plusieurs symboles « intégrale » ∫ indiquent que la référence est plus technique/mathématique, à l'instar du pictogramme représentant un piment qui indique le relevé des plats au restaurant.

Cosmologie (Chapitres 2-4)

Adams, Fred et Greg Laughlin. *The Five Ages of the Universe.* New York : The Free Press, 1999.

Chown, Marcus. *The Magic Furnace : The Search for the Origins of Atoms.* New York : Oxford University Press, 2001.

de Grasse Tyson, Neil. *Death by Black Hole : And Other Cosmic Quandaries.* New York : W. W. Norton & Company, 2007.

Finkbeiner, Ann. *A Grand and Bold Thing : An Extraordinary New Map of the Universe Ushering in a New Era of Discovery.* New York : Free Press, 2010.

Greene, Brian. *La magie du Cosmos.* Paris : Robert Laffont, 2005.

Hawking, Stephen. *Une brève histoire du temps.* Paris : Flammarion, 2008.

Kirshner, Robert P. *The Extravagant Universe : Exploding Stars, Dark Energy, and the Accelerating Cosmos.* Princeton : Princeton Science Library, 2004.

Kragh, Helge. *Cosmology and Controversy : The Historical Development of Two Theories of the Universe.* Princeton : Princeton University Press, 1996.

Krauss, Lawrence. *A Universe from Nothing : Why There Is Something Rather than Nothing.* New York : Free Press, 2012.

Rees, Martin. *Just Six Numbers : The Deep Forces That Shape the Universe.* New York : BasicBooks, 2000.

Rees, Martin. *Our Cosmic Habitat.* Princeton : Princeton University Press, 2002.

Seife, Charles. *Alpha and Omega : The Search for the Beginning and End of the Universe.* New York : Penguin Books, 2004.

Singh, Simon. *Le roman du Big Bang.* Paris : Fayard, 2011.

Smolin, Lee. *Time Reborn : From the Crisis in Physics to the Future of the Universe.* Boston : Houghton Mifflin Harcourt, 2013.

Weinberg, Steven. *Les trois premières minutes de l'univers.* Paris : Seuil, 1988.

Inflation, multivers de niveaux I à II (Chapitres 5-6)

Barrow, John. *Le livre des univers.* Paris : Dunod, 2012.

Davies, Paul. *Cosmic Jackpot : Why Our Universe Is Just Right for Life.* New York : Houghton Mifflin, 2007.

Guth, Alan. *The Inflationary Universe*. New York : Perseus Books Group, 1997.

ʃʃ Linde, Andrei D. *Particle Physics and Inflationary Cosmology*. Chur, Switzerland : Harwood Academic Publishers, 1990.

Steinhardt, Paul J. et Neil Turok. *Endless Universe : Beyond the Big Bang*. New York : Doubleday, 2007.

Susskind, Leonard. *Le paysage cosmique : Notre univers en cacherait-il des millions d'autres ?* Paris : Folio, 2008.

Vilenkin, Alexander. *Many Worlds in One : The Search for Other Universes*. New York : Hill and Wang, 2006.

Mécanique Quantique, multivers de niveau III (Chapitres 7-8)

Byrne, Peter. *The Many Worlds of Hugh Everett III : Multiple Universes, Mutual Assured Destruction, and the Meltdown of a Nuclear Family*. New York : Oxford University Press, 2010.

Cox, Brian et Jeff Forshaw. *L'univers quantique – Tout ce qui peut arriver arrive…* Paris : Dunod, 2013.

Deutsch, David. *Le commencement de l'infini*. Paris : Cassini, 2013.

Deutsch, David. *L'Étoffe de la réalité*. Paris : Cassini, 2002.

ʃʃ Everett, Hugh. « The Many-Worlds Interpretation of Quantum Mechanics » Ph.D. diss., Princeton University, 1957. Disponible gratuitement sur http://www.pbs.org/wgbh/nova/manyworlds/pdf/dissertation.pdf.

ʃʃ Everett, Hugh. *The Many-Worlds Interpretation of Quantum Mechanics*, edité par Bryce S. DeWitt et Neill Graham. Princeton : Princeton University Press, 1973.

ʃʃ Giulini, Domenico et Erich Joos, Claus Kiefer, Joachim Kupsch, Ion-Olimpiu Stamatescu et H. Dieter Zeh. *Decoherence and the Appearance of a Classical World in Quantum Theory*. Berlin : Springer, 1996.

Kaiser, David. *How the Hippies Saved Physics : Science, Counterculture, and the Quantum Revival*. New York : W. W. Norton & Company, 2011.

∫ Saunders, Simon et Jonathan Barrett, Adrian Kent et David Wallace. *Many Worlds ? Everett, Quantum Theory & Reality*. Oxford : Oxford University Press, 2010.

Multivers en Général (Chapitres 6 et 8)

∫ Carr, Bernard J., ed. *Universe or multiverse ?* Cambridge, Mass. : MIT Press, 2007.

Carroll, Sean. *From Eternity to Here : The Quest for the Ultimate Theory of Time*. Oxford : Oneworld Publications, 2011.

Greene, Brian. *La réalité cachée : Les univers parallèles et les lois du cosmos*. Paris : Robert Laffont, 2012.

Kaku, Michio. *Parallel Worlds : A Journey Through Creation, Higher Dimensions and the Future of the Cosmos*. New York : Anchor Books, 2006.

Lewis, David. *De la pluralité des mondes*. Paris : Éditions de l'Éclat, 2007.

L'esprit (Chapitres 9 et 11)

Blackmore, Susan. *Conversations on Consciousness : What the Best Minds Think about Free Will, and What It Means to Be Human*. New York : Oxford University Press, 2006.

Bostrom, Nick. *Anthropic Bias : Observation Selection Effects in Science and Philosophy*. New York : Routledge, 2002.

Damasio, Antonio. *Le Sentiment même de soi – Corps, émotions, conscience*. Paris : Odile Jacob, 2002.

Damasio, Antonio. *L'autre Moi-Même : les nouvelles cartes du cerveau, de la conscience et des émotions*. Paris : Odile Jacob, 2012.

Dennett, Daniel. *La conscience expliquée*. Paris : Odile Jacob, 1993.

Hawkins, Jeff et Sandra Blakeslee. *Intelligence*. Paris : CampusPress, 2005.

Hut, Piet, Mark Alford et Max Tegmark. « On Math, Matter and Mind », *Foundations of Physics*, 15 janvier 2006, http://arxiv.org/pdf/physics/0510188.pdf.

Koch, Christof. « A "Complex" Theory of Consciousness », *Scientific American*, 18 août 2009, http://www.scientificamerican.com/article.cfm?id=a-theory-of-consciousness.

Koch, Christof. *A la recherche de la conscience : Une enquête neurobiologique*. Paris : Odile Jacob, 2006.

Kurzweil, Ray. *How to Create a Mind : The Secret of Human Thought Revealed*. New York : Viking Penguin, 2012.

Penrose, Roger. *The Emperor's New Mind*. Oxford : Oxford University Press, 1989.

Pinker, Steven. *Comment fonctionne l'esprit*. Paris : Odile Jacob, 2000.

Tononi, Giulio. « Consciousness as Integrated Information : A Provisional Manifesto », *The Biological Bulletin*, 2008, http://www.biolbull.org/content/215/3/216.full.

Tononi, Giulio. *Phi : A Voyage from the Brain to the Soul*. New York : Pantheon Books, 2012.

Velmans, Max et Susan Schneider, eds. *The Blackwell Companion to Consciousness*. Malden, Mass. : Blackwell Publishing, 2007.

Mathématiques, Calcul et Complexité (Chapitres 10-12)

Barrow, John D., *Pi in the Sky*. Oxford : Clarendon Press, 1992.

Barrow, John D., *Theories of Everything*. New York : Ballantine Books, 1991.

Chaitin, Gregory J. *Algorithmic Information Theory*. Cambridge : Cambridge University Press, 1987.

Davies, Paul. *L'esprit de Dieu*. Paris : Hachette, 1998.

∫ Goodstein, Reuben L. *Constructive Formalism : Essays on the Foundations of Mathematics*. Leicester : Leister University College Press, 1951.

Hersh, Reuben, *What Is Mathematics, Really ?* Oxford : Oxford University Press, 1999.

Levin, Janna. *Un fou rêve de machines de Turing*. Genève : Markus Haller, 2007.

Livio, Mario. *Is God a Mathematician ?* New York : Simon & Schuster, 2009.

Lloyd, Seth. *Programming the Universe : A Quantum Computer Scientist Takes on the Cosmos*. New York : Vintage Books, 2007.

Rucker, Rudy. *Infinity and the Mind*. Boston : Birkhäuser, 1982.

Standish, Russell K. *Theory of Nothing*. Charleston, S.C. : BookSurge, 2006.

∫ Wolfram, Stephen. *A New Kind of Science*. New York : Wolfram Media, 2002.

Avenir de la vie (Chapitre 13)

Bostrom, Nick et Milan Ćirković, ed. *Global Catastrophic Risks*. Oxford : Oxford University Press, 2008.

Davies, Paul. *The Eerie Silence : Renewing Our Search for Alien Intelligence*. New York : Houghton Mifflin Harcourt, 2011.

Drexler, K. Eric. *Engins de création : l'avènement des nanotechnologies*. Paris : Vuibert, 2005.

Dyson, Freeman. *La vie dans l'Univers : réflexions d'un physicien*. Paris : Gallimard, 2009.

Fuller, R. Buckminster. *Operating Manual for Spaceship Earth*. Buckminster Fuller Institute, http://bfi.org/about-bucky/resources/books/operating-manual-spaceship-earth.

Gribbin, John R. *Alone in the Universe : Why Our Planet Is Unique*. Hoboken, N.J. : John Wiley & Sons, 2011.

Kurzweil, Ray. *The Age of Spiritual Machines : When Computers Exceed Human Intelligence*. New York : Viking, 1999.

Kurzweil, Ray. *The Singularity Is Near : When Humans Transcend Biology*. New York : Viking, 2005.

Kurzweil, Ray et Terry Grossman. *Serons-nous immortels ? Oméga 3, nanotechnologies, clonage…* Paris : Dunod, 2006.

Moravec, Hans. *Robot : Mere Machine to Transcendent Mind*. Oxford : Oxford University Press, 1999.

Rees, Martin. *Notre dernier siècle ?* Paris : Jean-Claude Lattès, 2004.

Sagan, Carl. *Pale Blue Dot : A Vision of the Human Future in Space*. New York : Random House, 1997.

Physique fondamentale, théorie des cordes et gravité quantique

Barbour, Julian. *The End of Time : The Next Revolution in Physics*. Oxford : Oxford University Press, 1999.

∫ Barrow, John D. et Frank J. Tipler. *The Anthropic Cosmological Principle*. Oxford : Clarendon Press, 1986.

Carroll, Sean. *Higgs, le boson manquant*. Paris : Belin, 2013.

∫ Einstein, Albert. *La théorie de la relativité restreinte et générale*. Paris : Dunod, 2012.

∫∫ Feynman, Richard, Robert Leighton et Matthew Sands. *Le cours de physique de Feynman*. 5 volumes. Paris : Dunod, 2014.

Gamow, George. *Le nouveau monde de M. Tompkins*. Paris : Le Pommier, 2012.

Greene, Brian. *L'univers élégant*. Paris : Robert Laffont, 2000.

Musser, George. *The Complete Idiot's Guide to String Theory*. New York : Penguin Group, 1998.

∫∫ Penrose, Roger. *À la découverte des lois de l'univers : La prodigieuse histoire des mathématiques et de la physique*. Paris : Odile Jacob, 2007.

Randall, Lisa. *Warped Passages : Unraveling the Mysteries of the Universe's Hidden Dimensions*. New York : Ecco, 2005.

Smolin, Lee. *Three Roads to Quantum Gravity*. New York : BasicBooks, 2001.

Smolin, Lee. *Rien ne va plus en physique ! L'échec de la théorie des cordes*. Paris : Dunod, 2007.

Susskind, Leonard. *Trous noirs : La guerre des savants*. Paris : Folio, 2012.

Weinberg, Steven. *Le rêve d'une théorie ultime*. Paris : Odile Jacob, 1997.

Wigner, Eugene P. *Symmetries and Reflections*. Cambridge, Mass. : MIT Press, 1967.

Wilczek, Frank. *The Lightness of Being : Mass, Ether and the Unification of Forces*. New York : BasicBooks, 2008.

∫ Zeh, H. Dieter. *The Physical Basis of the Direction of Time*. 4e éd. Berlin : Springer, 2002.

Index

D

E

H

I

J

K

L

P

Q

R

S

T

Table des matières

II
Zoom avant

III
Rétrospective